Slow Light:
Science and Applications

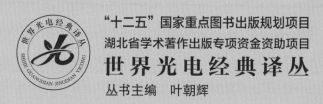

"十二五"国家重点图书出版规划项目

湖北省学术著作出版专项资金资助项目

世界光电经典译丛

丛书主编 叶朝辉

慢光科学与应用

Jacob B. Khurgin   Rodney S. Tucker 编著

贾东方 王肇颖 丁 镭 桑 梅 译

华中科技大学出版社

http://www.hustp.com

中国·武汉

Slow Light:Science and Applications 1st Edition/by Jacob B. Khurgin,Rodney S. Tucker/ISNB:9781420061512
Copyright © 2008 by CRC Press.
Authorized translation from English language edition published by CRC Press,part of Taylor & Francis
Group LLC. All rights reserved. 本书原版由 Taylor & Francis 出版集团旗下 CRC 出版公司出版,并经其
授权翻译出版。版权所有,侵权必究。
Huazhong University of Science and Technology Press is authorized to publish and distribute exclusively the
Chinese (Simplified Characters) language edition. This edition is authorized for sale throughout Mainland of
China. No part of the publication may be reproduced or distributed by any means,or stored in a database
or retrieval system,without the prior written permission of the publisher. 本书中文简体翻译版授权由华
中科技大学出版社独家出版并限在中国大陆地区销售。未经出版者书面许可,不得以任何方式复制或
发行本书的任何部分。
Copies of this book sold without a Taylor & Francis sticker on the cover are unauthorized and illegal. 本书
封面贴有 Taylor & Francis 公司防伪标签,无标签者不得销售。

湖北省版权局著作权合同登记   图字:17-2017-061 号

图书在版编目(CIP)数据

慢光科学与应用/(美)雅各布·库京,(澳)罗德尼·塔克编著;贾东方等译.—武汉:
华中科技大学出版社,2017.6
(世界光电经典译丛)
ISBN 978-7-5680-2632-1

Ⅰ.①慢…　Ⅱ.①雅…　②罗…　③贾…　Ⅲ.①光学-研究　Ⅳ.①O43

中国版本图书馆 CIP 数据核字(2017)第 052939 号

慢光科学与应用　　　　　　　　　　Jacob B. Khurgin　Rodney S. Tucker 编著
Manguang Kexue Yu Yingyong　　　　　贾东方　王肇颖　丁　镭　桑　梅 译

策划编辑:徐晓琦
责任编辑:余　涛
封面设计:原色设计
责任校对:张　琳
责任监印:周治超
出版发行:华中科技大学出版社(中国·武汉)　　电话:(027)81321913
　　　　　武汉市东湖新技术开发区华工科技园　　邮编:430223
录　　排:武汉楚海文化传播有限公司
印　　刷:湖北新华印务有限公司
开　　本:710mm×1000mm　1/16
印　　张:31.25　插页:2
字　　数:526 千字
版　　次:2017 年 6 月第 1 版第 1 次印刷
定　　价:168.00 元

本书若有印装质量问题,请向出版社营销中心调换
全国免费服务热线:400-6679-118　竭诚为您服务
版权所有　侵权必究

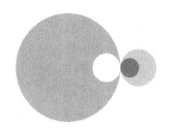

译者序

慢光是指光脉冲在介质中传输的群速度小于真空中的光速。自 1999 年哈佛大学的 Hau 等在《Nature》上发表了将光速减为 17 m/s 的实验报道以来，慢光研究获得了迅猛发展。一方面，慢光有很多重要应用，如信号延迟、光缓存、数据同步、慢光传感、非线性光学器件等；另一方面，慢光对科学研究有着积极意义，如通过对慢光的研究可以加深人们对光与物质相互作用本质的理解，在慢光过程中所呈现出来的强非线性效应也为非线性光学开辟了新的研究领域。

美国约翰·霍普金斯大学 Jacob B. Khurgin 教授和澳大利亚墨尔本大学 Rodney S. Tucker 主编的《Slow Light: Science and Applications》一书，是一本全面介绍慢光的基本原理、潜在应用和发展前沿的著作。其参编人员也均为活跃在慢光领域的权威学者，他们对这一令人兴奋和迅速发展的领域做出了重要贡献。本书内容分为六部分：第一部分（第 1～4 章）介绍了不同介质（包括原子蒸气、半导体、光波导、光子晶体波导）中慢光的物理基础；第二部分（第 5～7 章）介绍了周期性光子结构中的慢光；第三部分（第 8～9 章）介绍了光纤中的慢光；第四部分（第 10～12 章）介绍了慢光和非线性现象；第五部分（第 13～14 章）介绍了用来存储光的动态结构；第六部分（第 15～18 章）介绍了慢光的应用。纵观全书，其内容系统全面，理论体系严谨，注重理论与实践的结合。本书可作为物理学、电子科学与技术、光电子技术、光学工程、光通信以及其他相关专业高年级本科生和研究生的参考书，同时对从事光通信、非线性光学、集成光学的科研人员来说也是一本非常有价值的读物。

我们特此将它翻译出来介绍给国内读者。翻译工作是由天津大学和南开大学的老师们共同完成的,具体分工如下:天津大学的王肇颖翻译了第 1~4 章和第 16~18 章,贾东方翻译了第 7 章、第 10~15 章和索引,桑梅翻译了第 5 章和第 6 章;南开大学的丁镭翻译了第 8 章和第 9 章。全书由贾东方审校统稿。

慢光作为一种高新技术和前沿技术,将成为未来全光网络中的核心技术。国外众多高校和研究院所在该领域进行了大量研究,但离真正实用还有较长的距离,因此对国内的研究人员来说是机遇与挑战共存。我们希望本书中文版的出版,能起到抛砖引玉的作用,吸引国内更多的研究人员关注这一前沿领域并对此做出自己的贡献。

感谢华中科技大学出版社对翻译工作的大力支持,特别要衷心感谢本书的策划编辑徐晓琦和责任编辑余涛,没有他们的辛勤付出,本书难以顺利出版。

由于译者学识所限,疏漏乃至错误在所难免,恳请广大读者及专家不吝赐教,提出修改意见,我们将不胜感激。

译　者
2016 年 10 月

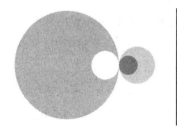

引言

慢光——迷人的科学，非凡的应用

本书的主题——慢光科学与应用，具有悠久的历史和光明的未来。"慢光"这个术语是为了描述光以减小的群速度在介质和结构中传输这种物理现象而杜撰出来的，这种现象可以追溯到 19 世纪，那时，洛伦兹在他的著作中首次阐述了电磁波色散的经典理论[1]。自从 20 世纪 40 年代以来，慢波传输还在微波范围观察到并得到广泛应用[2]。建立在这一历史之上[3][4]，慢光有望为 21 世纪最前沿的技术提供帮助和应用，如大容量通信网络、量子计算、超快全光信息处理、微波系统，等等。

慢光已经从科学的好奇转变成具有很多潜在应用的迅速成长的研究领域，这得益于慢光的实际实现所必需的技术的迅速发展，这些技术包括：高功率和窄线宽光源、低损耗光波导、光子晶体器件、精密加工技术，等等。慢光之所以成为一个特别有趣的话题，是因为它具有真正的跨学科性质。实际上，已经在很多介质和结构中观察到慢光传输，从玻色-爱因斯坦凝聚和低压金属蒸气到光纤和光子带隙结构。尽管慢光方案表面上具有多样性，但它们具有一个公共的特性——尖锐的单谐振或多谐振的存在。谐振可以通过多种形式来定义，包括简单的原子跃迁、布拉格光栅或其他谐振光子结构，以及外部的激光器，因为在方案中涉及了不同的非线性过程——谐振散射、频谱烧孔或四波混频。慢光领域是独一无二的，因为它使非线性光学的专家与集成光学的专业人才,激光冷却的专家与凝聚态物理学家、半导体激光器工程师,量子光学的研究人员,致力于光纤通信的工程师与光谱学家团结起来。这种多学科交叉有利于新思想的出现,将上述所有领域的专门知识结合起来,取得整体大于各部分之和的效果。正是在这种思想的激励下,本书应运而生。

为实现这一目标,我们组织了 18 个小组参与本书的编写工作,这些参编人员活跃在慢光领域,并在最近几年中对这一领域做出了重要贡献。虽然对慢光在过去几年中取得的所有进展做出说明是不可能的,但是我们坚信,本书对慢光领域的发展现状和主要方向提供了一个全面的介绍。

第一部分"不同介质中慢光的基础物理学"由四章组成,对不同介质中的慢光物理学进行了介绍。第 1 章介绍了原子蒸气中的慢光,包括电磁感应透明。原子蒸气是最早用来观察慢光的介质,最惊人的结果也是通过它取得的,因此,从这种介质开始介绍慢光是唯一适当的选择。第 2 章介绍了半导体中的慢光,虽然在半导体中获得的群速度减小一般小于在原子蒸气中获得的结果,但是半导体方案能够工作在通信波长,提供宽信号带宽,而且能与其他电子和光学组件集成,所有这些使这种方案特别有吸引力。在第 3 章中,我们探索了在光波导和光纤中不同慢光方案的科学,再次看到,在光纤中群速度减小的尺度远非像在原子蒸气中的那样大,但是这些器件损耗低,结构紧凑,而且能与现有技术相结合。第 4 章介绍了基于光子晶体和其他周期光子结构的慢光方案,这些方案对于宽带宽应用很有吸引力,而且可以实现慢光器件的小型化。

第二部分"周期光子结构中的慢光"包含三章内容,详细介绍了如何利用耦合光谐振器获得光群速度的显著减小。第 5 章介绍了描述各类耦合谐振器的数学工具和它们的比较分析。第 6 章介绍了先进耦合谐振器结构——垂直耦合谐振器和回音壁模式。第 7 章介绍了无序耦合谐振器中光的局域化这种引人注目的现象。

第三部分"光纤中的慢光"包含两章内容,对能在光纤中提供可调谐群延迟的两种机制进行了深入探讨。第 8 章介绍了拉曼辅助光参量放大。第 9 章介绍了受激布里渊散射放大。

很多慢光方案(电磁感应透明、拉曼、相干布居振荡,等等)依赖于非线性过程,但是,第四部分"慢光和非线性现象"专门介绍了与慢光相联系的非线性效应的增强。第 10 章全面介绍了周期光子结构中三阶非线性过程增强的处理方法,确立了因为群速度色散导致的非线性增强的极限。第 11 章专门介绍了利用带隙孤子对周期结构中的群速度色散进行补偿。第 12 章介绍了对原子慢光方案中的非线性过程的控制。

第五部分"存储光的动态结构"包含两章内容,介绍了通过动态地改变带宽和减慢因子从而减轻有害的信号展宽效应的光子结构。第 13 章介绍了结合原子和光子谐振结构的概念。第 14 章介绍了可绝热调谐的谐振器。

最后,第六部分"应用"包含四章内容。第 15 章介绍了群速度色散强加给线性和非线性应用中的慢光的严重带宽限制,对它们进行了详细讨论,并对不同方案进行了比较。第 16 章分析了慢光在不同调制格式信号的全光处理中的应用。第 17 章介绍了慢光在分组交换中的应用,并对电子方案和光学方案进行了比较。第 18 章介绍了慢光在相控阵天线中的模拟处理应用和其他微波光子学应用。

本书提供了慢光这一令人兴奋和迅速发展领域的简单印象,但是,我们希望它能带给读者在慢光领域中正在发生的、最新的、最重要的进展,激发读者的兴趣,使他们为这一领域做出自己的贡献。

Jacob B. Khurgin

Rodney S. Tucker

参考文献①

[1] H. A. Lorentz,Wiedem. Ann. ,9,641 (1880).

[2] J. R. Pierce,Bell. Syst. Tech. J. ,29,1 (1950).

[3] L. V. Hau,S. E. Harris,Z. Dutton,and C. H. Behroozi,Nature,397,594-596 (1999).

[4] D. F. Phillips,A. Fleischhauer,A. Mair,R. L. Walsworth,and M. D. Lukin,Phys. Rev. Lett. ,86,783-786 (2001).

① 本书参考文献直接引用其英文版的参考文献。

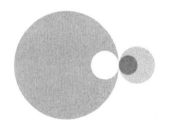

目录

第 1 章
原子蒸气中的慢光

1.1 引言

尽管慢光的基本理论早已众所周知,但是慢光的实验研究直到近年来才开始开展。起初,原子蒸气在这些实验研究中发挥了重要的作用。很多关于光群速度的初步研究都是利用原子蒸气完成的,至今,原子蒸气仍被应用于慢光的基本原理和应用研究中。

本章中,我们回顾一些重要的物理现象,这是理解原子系统中慢群速度和快群速度所必需的,并尝试追溯慢光实验观察的起源,重点侧重于原子蒸气中的慢光研究。这里,我们采用一种不太常见但却统一的处理方法,专注于利用双边费曼图来分析各种具体慢光介质的谐振相互作用[1]。采用这种方法的理由有两点:首先,这种方法提供了一种教学和系统的手段,能对引起慢光的各种各样的原子谐振可视化;其次,这种方法鲜有人知,却能提供常见的非图形化密度矩阵形式无法提供的物理图像。2002 年,Boyd、Gauthier 和 Milonni 对慢光研究的传统方法进行了总结,并做了精彩的评述[2][3]。Milonni 还在2005 年出版了一本书,包含有关慢光、快光和左旋光的内容[4]。

原子蒸气中的慢光大体上可以按照产生必要色散所需的光学谐振类型来分类。在最简单的情况下,利用一个处于二能级原子系统的单一激光器,就可以获得慢群速度。近年来的研究热点是三能级系统中的慢光,最常见的结构就是电磁感应透明(EIT)。在四能级系统、烧孔方案和各种其他方案中也观察到了慢光,总之从原理上讲,几乎任何光学谐振都可以用来产生慢光。虽然获得慢光的方法很多,这里只选择几个有代表性的系统来说明,给定合适的哈密顿量,如何对其中的任何一种机制进行简单的预测。

1.2 第一个慢光实验

第一个研究慢光的实验是在非线性光学的背景下,即通过 McCall 和 Hahn 在 1967 年发现的自感应透明(SIT)效应进行的[5]。McCall 和 Hahn 进行过一个实验,他们将红宝石激光器产生的光脉冲通过一段冷却的红宝石棒,实验中除了 SIT 效应外还观察到了相当可观的群延迟。同年,Patel 和 Slusher 利用气态 SF₆ 做延迟介质,演示了相似的延迟效应[6]。第一个基于原子蒸气中的 SIT 效应产生慢光的实验研究是由 Bradley 等在 1968 年进行的[7],他们测量了钾蒸气中的延迟。有趣的是,这个实验还包括了远离 SIT 谐振的时间延迟测量,作为对照实验。这就是在线性区实现的对慢光的第一次测量。此后在 1972 年,Slusher 和 Gibbs 报道了更多对原子蒸气中 SIT 和慢光的细致研究,其中包括对铷(Rb)的 D₁ 线上的二能级跃迁的研究[8]。由于所有这些研究都是基于脉冲在介质中传输时产生的非线性,因此群延迟大小取决于脉冲的宽度、能量和面积。事实上,一些研究者将群延迟观测结果作为 SIT 的指示进行了报道,但很快被 Courtens 和 Szöke[9] 指出这并不严谨。

当 Harris 及其合作者发现了一种在输入脉冲中呈线性的电磁感应透明(EIT)效应之后[10],很自然地研究了与这种新透明机制相对应的脉冲传输动力学。1992 年,Harris 开始其理论研究[11]。然而,第一个线性慢光的实验研究其实是由 Grischkowsky 更早之前完成的[12]。Grischkowsky 用绝热跟随效应描述了实验结果,表明尽管远离谐振,脉冲仍然可以经历显著的群速度减慢并与前面讨论的 SIT 发生联系。我们在讨论完基于 EIT 效应的慢光后,会回过头再来讨论这类慢光实验。

1.3　电磁感应透明

我们首先讨论图 1.1 所示的 Λ 型三能级系统,其中有两个场,分别是弱信号光 E_s 和强耦合光 E_c。众所周知,描述无阻尼时原子-场相互作用的哈密顿量可以在旋转坐标系中写为[13]

$$-\frac{\hbar}{2}\begin{bmatrix} 0 & \Omega_s & 0 \\ \Omega_s & -2\Delta_1 & \Omega_c \\ 0 & \Omega_c & -2(\Delta_1-\Delta_3) \end{bmatrix} \tag{1.1}$$

式中:Ω_s 和 Ω_c 分别为信号场和耦合场引起的拉比频率;Δ_1 和 Δ_3 分别表示信号场和耦合场相对光学谐振的失谐量。

当双光子失谐量为 $0(\Delta_1=\Delta_3)$ 时,可得本征值 $\left\{0,\dfrac{\hbar}{2}(\Delta_1\pm\Omega_N)\right\}$,其中我们定义了归一化的拉比频率为 $\Omega_N=\sqrt{\Omega_c^2+\Omega_s^2}$。消失的能量本征值对应于没有原子场耦合存在的情况,其本征矢量为

$$|-\rangle=\frac{\Omega_c}{\Omega_N}|1\rangle-\frac{\Omega_s}{\Omega_N}|3\rangle \tag{1.2}$$

当系统处于这个本征态时,不存在任何吸收,所以也就没有任何自发辐射发生。基于这个原因,储备于这个本征态上的原子处于暗态,对信号频率的辐射不可见。我们希望探索储备于这个暗本征态临近区域中的这种三能级系统的色散特性,因此必须考察双光子谐振附近的原子-场耦合,并将阻尼考虑在内。通过对从态 $|1\rangle$ 到态 $|3\rangle$ 的所有可能激发路径感应的极化求和,可以得出与信号频率接近谐振的稳态极化,这很方便地用双边费曼图表示[1],如图 1.1 所示。

$$\begin{aligned} P_s &= 2N\mu_{12}\frac{\Omega_s}{2}\frac{1}{\tilde{\Delta}_s}\sum_{n=0}^{+\infty}r^n \\ &= N\mu_{12}\Omega_s\frac{1}{\tilde{\Delta}_s-\dfrac{\Omega_c^2}{4\tilde{\Delta}_R}} \end{aligned} \tag{1.3}$$

其中,对 $r=\Omega_c^2/(4\tilde{\Delta}_s\tilde{\Delta}_R)$ 求和是由于耦合光子的重复辐射和吸收。物理量 $\tilde{\Delta}_s=\Delta_s-i\Gamma/2$ 和 $\tilde{\Delta}_R=\Delta_s-\Delta_c-i\gamma$ 为单光子和双光子(拉曼)的复失谐量,其中 Γ 和 γ 分别代表横向激发态和纵向基态的衰减率,N 为原子数密度,$\Omega_j=E_j$

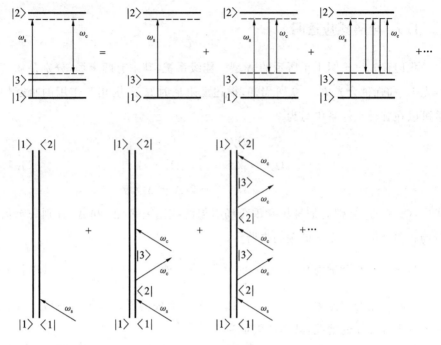

图 1.1　能级图与对应的费曼图,表明不同原子吸收路径间的干涉如何导致 EIT 效应

·$\mu_j/\hbar$ 还是代表电场振幅 E_j 经由偶极矩阵元 μ_j 引起的拉比频率。

对稳态极化谐振就信号频率(见式(1.3))在零双光子失谐($\Delta_R=0$)附近进行级数展开,我们可以得到群延迟和展宽的近似表达。假设耦合场是谐振的($\Delta_c=0$),则信号频率处折射率的实部和虚部($n_s=\sqrt{1+\chi_s}\approx1+P_s/(2E_s)$)可以写为

$$n_s'\approx1+\frac{2N\mu_{12}^2}{\hbar\epsilon_0}\frac{\Delta_s}{\Omega_c^2} \tag{1.4}$$

$$n_s''\approx\frac{2N\mu_{12}^2}{\hbar\epsilon_0}\left(\frac{\gamma}{\Omega_c^2}+\frac{2\Gamma\Delta_s^2}{\Omega_c^4}\right) \tag{1.5}$$

虽然这些表达式足以表征光脉冲的基本延迟和展宽特性,但我们还是花了一些时间,用原子蒸气的光学深度来改写它们,因为这个物理量便于在实验中测量。在无耦合场的情况下,信号频率处的极化恰好是式(1.3)中的第一项:

$$P_{s0}=\frac{N\mu_{12}\Omega_s}{2\tilde{\Delta}_s}\approx2N\mu_{12}\Omega_s\left(\frac{\Delta_s}{\Gamma^2}+i\frac{1}{2\Gamma}\right) \tag{1.6}$$

而且,我们很容易写出有、无耦合场时的线性光吸收系数,分别为 α 和 β:

$$\alpha = \frac{N\omega\mu_{12}^2}{c\epsilon_0\hbar\Gamma}$$

$$\beta = \frac{4N\omega\mu_{12}^2\gamma}{c\epsilon_0\hbar\Omega_c^2} = \frac{4\gamma\Gamma}{\Omega_c^2}\alpha \tag{1.7}$$

由此可以把折射率的实部和虚部写为

$$n_s' \approx 1 + \frac{c}{2\omega}\frac{\beta}{\gamma}\Delta_s \tag{1.8}$$

$$n_s'' \approx \frac{c}{2\omega}\left[\beta + \frac{2\Gamma\beta}{\gamma\Omega_c^2}\Delta_s^2\right] \tag{1.9}$$

未经过显著失真的脉冲将以下式给出的群速度传输:

$$v_g = \frac{c}{n_s' + \omega_s\dfrac{\mathrm{d}n_s'}{\mathrm{d}\omega_s}} \approx \frac{c}{\omega_s\dfrac{\mathrm{d}n_s'}{\mathrm{d}\omega_s}} \tag{1.10}$$

这里,我们已假设色散项 $\omega_s\mathrm{d}n_s'/\mathrm{d}\omega_s$ 远大于相位折射率 n_s'。利用恰当的推导可得脉冲群延迟为

$$t_g = \frac{L}{v_g} \approx \frac{\beta L}{2\gamma} = \frac{2\Gamma\alpha L}{\Omega_c^2} \tag{1.11}$$

光脉冲通过慢光介质在时间上的展宽源于两个因素,经常归类为吸收展宽和色散展宽。吸收展宽是由于构成脉冲波形的各个频率被介质内的不同能级吸收所致,可以通过将折射率的虚部看成以下形式的光滤波器来研究吸收展宽:

$$S(\Delta_s) = \exp\left[-\beta L\left(1 + \frac{2\Gamma}{\gamma\Omega_c^2}\Delta_p^2\right)\right] \tag{1.12}$$

当输入脉冲为中心频率在拉曼谐振处且带宽有限的高斯脉冲时,输出脉冲的频谱可以写成:

$$A_{\mathrm{out}}(\Delta_s) = A_{\mathrm{in}}(\Delta_s)S(\Delta_s) \propto \exp\left[-\beta L - \Delta_p^2\left(T_0^2 + \frac{2\Gamma}{\gamma\Omega_c^2}\beta L\right)\right] \tag{1.13}$$

式中:$A_{\mathrm{in}}(\Delta_s)$ 为输入脉冲的频谱。

由此给出输出脉冲宽度为

$$T_{\mathrm{out}} = \sqrt{T_0^2 + \frac{2\Gamma}{\gamma\Omega_c^2}\beta L} = \sqrt{T_0^2 + \frac{8\Gamma^2}{\Omega_c^4}\alpha L} \tag{1.14}$$

通过考虑中心分别位于 $\Delta_s = 0$ 和 $\Delta_s = 1/T_0$ 处的脉冲的群延迟差,可以处理色散展宽问题。然而对于 EIT 和其他所有洛伦兹型的情况,脉冲展宽几乎

完全归因于频率相关的吸收,而色散展宽可以被忽略。

通过与在原子蒸气中利用 EIT 完成的慢光实验进行比较,可以证明上述模型的这一结论和其他结果。EIT 系统中的脉冲群延迟由 Kasapi 等首先研究[14],后来又有其他人对此进行了研究[13][15][16][17]。Kasapi 等得到的结果如图 1.2 所示。该实验在铅蒸气中进行,作者测量到 EIT 线宽 2γ 近似为 10^7 rad/s。从图 1.2 中可以读出脉冲透射率峰值 T,并用来近似 EIT 谐振的光学深度,给定群延迟为 $\tau_g = \beta L/2\gamma = 25$ ns,当 $\beta L = -\ln T \approx 0.25$ 时脉冲延迟近似为 23 ns,与数据一致。Hau 等在 1992 年进行了另一项值得一提的利用 EIT 效应在原子蒸气中实现慢光的研究[18]。在该实验中,他们向自发衰减率为 $\Gamma = 61.3 \times 10^6$ rad/s 的钠原子凝聚云中输入一个 $2.5\ \mu s$ 的光脉冲,计算出光学深度 $\alpha L = 63$ 和 $\Omega_c = 0.56\Gamma$(见图 1.3)。将这些数据代入式(1.11)和式(1.14)计算脉冲延迟和展宽,可得

$$t_g = \frac{2\Gamma \alpha L}{\Omega_c^2} = \frac{2 \times 63}{(0.56)^2 \Gamma} = 6.6\ \mu s$$

$$T_{out} = \sqrt{T_0^2 + \frac{8\Gamma^2}{\Omega_c^4}\alpha L} = \sqrt{(2.5\mu s)^2 + \frac{8 \times 63}{(0.56)^4 \Gamma^2}} = 2.8\ \mu s$$

这与报道的实验数据相当吻合(实际报道的延迟为 $7.05\ \mu s$,而脉冲展宽虽然很难从图中量化,但是可以看出与预测的保持线性一致)。MaDonald 也得到了和 Hau 等同样经典的结果[19]。

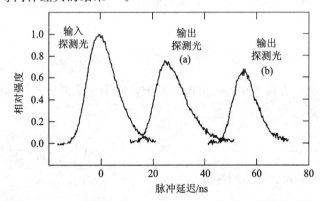

图 1.2　第一次利用 EIT 演示光脉冲延迟(经许可,引自 M. M. Kash et al.,Physical Review Letters,82,5299,1999.)

在 1999 年 Hau 等发表研究成果后不久,在相干制备原子蒸气中慢光研究的很多其他实验也被报道出来。例如,Kash 等证明无需冷却原子样品,就可

以得到很慢的群速度[20]；Budker 等报道了在与非线性法拉第旋转密切相关的现象中产生慢光[21]。自 1999 年以来，已有数百篇发表的实验和理论论文对慢、快群速度进行了研究，且近年来侧重于慢光的可能应用的研究[22]~[28]。需要注意的是，EIT 和 SIT 一样，可以在非线性范畴研究，从中可以得到匹配的脉冲解，该解耦合了慢群速度和很多其他有趣的特性[29][30]。

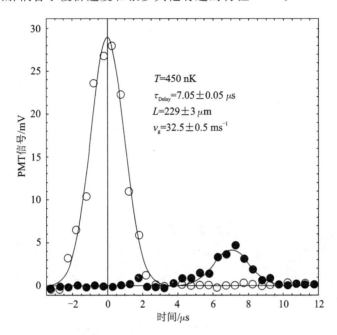

图 1.3 在低温钠原子云中实现 2.5 μs 脉冲延迟（经许可，引自 Hau,L. V. ,Harris,S. E. ,Dutton,Z. ,and Behroozi,C. H. ,Nature,397,594,1999. ）

1.4 二能级系统

虽然 EIT 实现了群速度的首次大幅度减慢，但是最早关于线性慢光的实验研究并不是利用 EIT，而是利用原子蒸气中自然发生的谐振。我们可以从线性色散理论出发来理解这些实验。对于一个与二能级系统在线性区相互作用的光场，我们可以利用式(1.6)来得到近似的群速度：

$$n \approx 1 + \frac{c}{2\omega_s}\left(\frac{2\alpha\Delta_s}{\Gamma} + i\alpha\right) \qquad (1.15)$$

从而

$$\tau_{\rm g}=\frac{L}{v_{\rm g}}\approx\frac{L\omega_{\rm s}\dfrac{{\rm d}n_{\rm s}'}{{\rm d}\Delta_{\rm s}}}{c}=\frac{\alpha L}{\Gamma} \tag{1.16}$$

首先从事这方面慢光研究的是 Grischkowsky,其实验结果如图 1.4 所示。他在实验中测量了左旋(σ^-)圆偏振光和右旋(σ^+)圆偏振光通过铷(Rb)原子蒸气的传输时间差。磁场用来移动相关跃迁的 Zeeman(塞曼)子能级,这样就使 σ^- 脉冲比 σ^+ 脉冲更接近于谐振,从而使 σ^- 脉冲获得更大的光学深度 αL。图 1.4(a)给出了图 1.4(b)和图 1.4(c)所用脉冲的干涉图,以证明脉冲的光学线宽足够窄。图 1.4(b)所示的为输入线偏振脉冲的时间轮廓,图 1.4(c)显示输出脉冲分解为 σ^- 和 σ^+ 分量。图中每小格对应 5 ns。从图中可知 σ^+ 和 σ^- 脉冲间的光学深度差为 $\alpha L\approx 1$,意味着延迟差为 $\alpha L/\Gamma=27$ ns,与图所示一致(这里利用了铷的 $\Gamma=38.1$ Mrad/s)。这些结果的一个重要特征是脉冲在时间上完全分离开多个脉冲宽度的距离,而失真却非常微小,首次实验证明了延迟-带宽积远大于 1,这个问题我们将在 1.5 节中涉及。

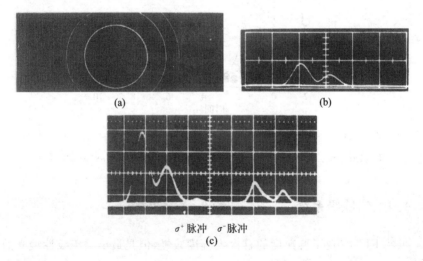

图 1.4　偏离光学谐振频率时 σ^- 偏振光和 σ^+ 偏振光的相对延迟,每小格代表 5 ns(经许可,引自 Grischkowsky,Physical Review A,7,2096,1973.)

线性区研究的另一条主线是 Chu 和 Wong[31][32] 在 1982 年开展起来的,后来由 Segard 和 Macke 在 1985 年继续[33]。Chu 和 Wong 在碱蒸气中测量了弱谐振脉冲的群速度,旨在证明群速度是可以区别于能量传输速度的可测量物理量。他们指出在光学谐振区附近,群速度既可以大于光速 c 也可以小于 c。

Garrct 和 McCumber 曾经预测过这一结果,这也可以直接从 Sommerfield 和 Brillouin 的著名结果中推导出来[34]。

1.5 色散管理

慢光的许多实现要求脉冲延迟达到其时域宽度的若干倍,或者等价地,最大化脉冲的延迟-带宽积。要定性地衡量这一目标实现得如何,可以考虑群速度公式分母中的色散项 $\omega dn/d\omega$。为了减小群速度,需要增加这个色散项,这就需要频率相关的折射率有一个较大的斜率。陡峭的斜率要求折射率的数值有一个大的变化(即大的 dn),或者在很小的频率范围内有一个适度的变化(即小的 $d\omega$)。EIT 之所以成为证明慢光存在的有效手段,一个竞争性因素就在于在 EIT 介质中可以形成极窄的谐振范围(<10 Hz),使得 $d\omega$ 很小,从而获得慢的群速度。然而,窄谐振范围只能适用于有限的带宽,这使得在基于 EIT 的系统中获得大的延迟-带宽积非常困难。少数在 EIT 系统中获得延迟-带宽积大于 1 的研究者,是通过制备样品使之在谐振和非谐振区获得较大的光学深度差,从而使 dn 项足够大,以获得多倍脉冲延迟。在 Boyd 等[35] 和 Matsko 等[36] 的研究中可以找到关于在 EIT 系统得到的最大延迟-带宽积的精彩讨论,他们得出了不同但却完全一致的结论。Miller[37][38] 和 Tucker 等[23] 在较为普遍的情况下讨论了时间-带宽积的限制因素。

另外一些方法也被提出来,以克服原子蒸气中延迟-带宽积的限制问题,包括信道化方案[39][40],以及通过改变光学谐振形状来提供更大的带宽[41]。理想的谐振形状是方波透射滤波器,这是多年前在微波物理学中发现的(事实上在购买到的多数射频滤波器产品说明书中,也是引用群延迟这个词)。同时,最不理想的形状是谐振附近的单洛伦兹线型,这是在多数 EIT 系统中发现的线型,这是因为吸收展宽将输入脉冲的带宽限制到近似为洛伦兹线宽。

但是在远离谐振处,洛伦兹线型有截然不同的延迟。例如,在远离谐振区工作时,可以更有效地管理二阶色散,并且增加给定脉冲展宽下的延迟-带宽积,正如前面 Grischkowsky 的研究结果显示的那样。

为了进一步减小脉冲展宽,一些研究人员考虑了同时利用两个谐振。首个基于此系统的研究由 Steinberg 和 Chiao 提出,他们在 1994 年提出利用两个间距较远的反转谐振,来观测具有很小二阶色散的超光速群速度[42]。他们指出在两个谐振之间存在一点,该点处的折射率没有二次项,因此可以减小色散展宽。2000 年，Wang 等利用相似结构中的两条增益谱线，测出大于光速的群速度[43][44]。2003 年，Macke 和 Segard 仔细研究了利用双增益谐振获得负群速度，同时指出当两条吸收谱线的间隔适当时，可以实现脉冲的超前[45]。与 Steinberg 和 Chiao 相互补充的首个研究始于 2003 年，Tanaka 等利用两个间隔较远的吸收谐振测量光延迟，脉冲几乎无失真[46]。这个结构自此被广泛用于不同的理论和实验研究[28][47]~[50]。

我们简要介绍这个系统值得注意的特点，考虑两个等线宽的洛伦兹型吸收谱线，它们的光谱间隔远大于各自的线宽。双洛伦兹型的极化率为

$$\chi = \frac{N\mu^2}{\hbar\epsilon_0}\left(\frac{1}{\widetilde{\Delta}_1 + \widetilde{\Delta}_2}\right) \tag{1.17}$$

式中：$\widetilde{\Delta}_i$ 代表相对于到中心 ω_i 处光学谐振的复光学失谐量 $\Delta_i - i\Gamma/2$。

做变量变换 $\omega = (\omega_1 + \omega_2)/2 + \delta$ 和 $\omega_0 = (\omega_2 - \omega_1)/2$，并且假设脉冲带宽不超过谐振之间的光谱范围，则可以将折射率的实部和虚部写为

$$n' \approx 1 + \frac{A}{\omega_0^2}\delta + \frac{A}{\omega_0^4}\delta^3 \tag{1.18}$$

$$n'' \approx 1 + \frac{A}{2\omega_0^2}\Gamma + \frac{3A}{2\omega_0^4}\Gamma\delta^2 \tag{1.19}$$

其中，幂级数在 $\delta = 0$ 和 $A = N\mu^2/\hbar\epsilon_0$ 附近展开。首先注意到，在折射率的实部中二次项消失，这意味着不存在二阶群速度色散。还可以看出 $\mathrm{d}n'/\mathrm{d}\delta = \mathrm{d}n''\Gamma/2$，由此可以得到群速度的简化形式。将此结果与 $\alpha_m = 2n''\omega/c$ 联立，其中 α_m 为脉冲载波频率处介质的光强度吸收系数，可以得到一个近似的群速度 Γ/α_m。由此得到群延迟为

$$\tau_g \approx \frac{\alpha_m L}{\Gamma} \tag{1.20}$$

这一结果在延迟-带宽积的研究中非常有用，它预测延迟与两个谐振之间的频谱间隔无关，仅依赖于远离谐振的吸收和谐振线宽。同时，由于受发生延迟的透明区形状的影响（其形状看起来更像是方波滤波器而不是单洛伦兹型），脉冲展宽主要受三阶色散而不是二阶吸收的影响，因此可以得到更大的延迟-带宽积[28]。

利用两个间隔较远的吸收洛伦兹谱线实现大延迟-带宽积的例子如图 1.5 所示，其中光脉冲在 ^{85}Rb 的两个超精细谐振间被延迟。除了脉冲延迟，由式 (1.20) 表示的理论结果也绘制在图中，其中 $\Gamma = 36.1$ Mrad/s。而延迟在数值

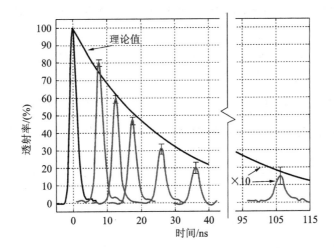

图 1.5 利用铷蒸气中的双谐振实现小失真多脉冲延迟,图中的理
论曲线是根据式(1.20)绘制的

上远小于在 EIT 系统中得到的结果,因此从原理上讲,双谐振技术没有理由可以用于产生更大的延迟。

1.6 结束语

在原子蒸气中实现慢光的实验为促进慢光研究的进一步深入提供了重要的结果,大多数出现在后续文献中的实验和理论研究结果,都可以追溯到在原子蒸气中实现慢光的早期研究中。在本章中,我们综述了在几种模型系统中预言减慢群速度的基本物理学原理。我们还回顾了在慢光系统中减小群速度色散所进行的努力,重点侧重于理解这一领域所需的一般原理。我们没有处理用来在原子系统中获得慢光的谐振的所有可能变化,而是讨论了几个代表性的系统,它们均利用了建立在费曼图上的相同模型。在充分理解本章所述的基本要点后,我们希望其他类型系统的理论(如四波混频机制、烧孔效应等),可以在理解本章内容的基础上根据相同的框架推理出来。

参考文献

[1] J. J. Su and I. A. Yu, Chinese Journal of Physics 41, 627 (2003).

[2] R. W. Boyd and D. J. Gauthier, in Progress in Optics (Elsevier, Radarweg 29, Amsterdam 1043 NX, 2002), vol. 43, pp. 497-530.

[3] P. W. Milonni, Journal of Physics B-Atomic Molecular and Optical Physics 35, R31 (2002).

[4] P. W. Milonni, in Fast Light, Slow Light, and Left-Handed Light (Institute of Physics, Bristol and Philadelphia, 2005).

[5] S. L. McCall and E. L. Hahn, Physical Review Letters 18, 908 (1967).

[6] C. K. N. Patel and R. E. Slusher, Physical Review Letters 19, 1019 (1967).

[7] D. J. Bradley, G. M. Gale, and P. D. Smith, Nature 225, 719 (1970).

[8] R. E. Slusher and H. M. Gibbs, Physical Review A 5, 1634 (1972).

[9] E. Courtens and A. Szöke, Physics Letters A 28, 296 (1968).

[10] S. E. Harris, J. E. Field, and A. Imamoglu, Physical Review Letters 64, 1107 (1990).

[11] S. E. Harris, J. E. Field, and A. Kasapi, Physical Review A 46, R29 (1992).

[12] D. Grischkowsky, Physical Review A 7, 2096 (1973).

[13] M. Fleischhauer, A. Imamoglu, and J. P. Marangos, Reviews of Modern Physics 77, 633 (2005).

[14] A. Kasapi, M. Jain, G. Y. Yin, and S. E. Harris, Physical Review Letters 74, 2447 (1995).

[15] M. Xiao, Y. Q. Li, S. Z. Jin, and J. Geabanacloche, Physical Review Letters 74, 666 (1995).

[16] O. Schmidt, R. Wynands, Z. Hussein, and D. Meschede, Physical Review A 53, R27 (1996).

[17] J. P. Marangos, Journal of Modern Optics 45, 471 (1998).

[18] L. V. Hau, S. E. Harris, Z. Dutton, and C. H. Behroozi, Nature 397, 594 (1999).

[19] K. T. McDonald, American Journal of Physics 68, 293 (2000).

[20] M. M. Kash, V. A. Sautenkov, A. S. Zibrov, L. Hollberg, G. R. Welch, M. D. Lukin, Y. Rostovtsev, E. S. Fry, and M. O. Scully, Physical Review Letters 82, 5229 (1999).

[21] D. Budker, D. F. Kimball, S. M. Rochester, and V. V. Yashchuk, Physical

Review Letters 83,1767 (1999).

[22] A. B. Matsko, O. Kocharovskaya, Y. Rostovtsev, G. R. Welch, A. S. Zibrov, and M. O. Scully, in Advances in Atomic Molecular and Optical Physics, B. Bederson, ed. (Academic Press, New York, 2001), Vol. 46, pp. 191-242.

[23] R. S. Tucker, P. C. Ku, and C. J. Chang-Hasnain, Journal of Lightwave Technology 23,4046 (2005).

[24] G. T. Purves, C. S. Adams, and I. G. Hughes, Physical Review A 74, 023805 (2006).

[25] Z. Shi, R. W. Boyd, R. M. Camacho, P. K. Vudyasetu, and J. C. Howell, Physical Review Letters 99,240801 (2007).

[26] Z. M. Shi, R. W. Boyd, D. J. Gauthier, and C. C. Dudley, Optics Letters 32,915 (2007).

[27] G. S. Pati, M. Salit, K. Salit, and M. S. Shahriar, Physical Review Letters 99 (2007).

[28] R. M. Camacho, M. V. Pack, J. C. Howell, A. Schweinsberg, and R. W. Boyd, Physical Review Letters 98,153601 (2007).

[29] S. E. Harris, Physical Review Letters 72,52 (1994).

[30] J. H. Eberly, M. L. Pons, and H. R. Haq, Physical Review Letters 72,56 (1994).

[31] S. Chu and S. Wong, Physical Review Letters 48,738 (1982).

[32] S. Chu and S. Wong, Physical Review Letters 49,1293 (1982).

[33] B. Segard and B. Macke, Physics Letters A 109,213 (1985).

[34] L. Brillouin, in Wave Propagation and Group Velocity (Academic Press, New York, 1960).

[35] R. W. Boyd, D. J. Gauthier, A. L. Gaeta, and A. E. Willner, Physical Review A 71,023801 (2005).

[36] A. B. Matsko, D. V. Strekalov, and L. Maleki, Optics Express 13,2210 (2005).

[37] D. A. B. Miller, Journal of the Optical Society of America B-Optical Physics 24,A1 (2007).

[38] D. A. B. Miller, Physical Review Letters 99, 203903 (2007).

[39] Z. Dutton, M. Bashkansky, M. Steiner, and J. Reintjes, Optics Express 14, 4978 (2006).

[40] M. Bashkansky, Z. Dutton, F. K. Fatemi, J. Reintjes, and M. Steiner, Physical Review A 75, 021401 (2007).

[41] R. M. Camacho, M. V. Pack, J. C. Howell, and Zp, Physical Review A 74, 4 (2006).

[42] A. M. Steinberg and R. Y. Chiao, Physical Review A 49, 2071 (1994).

[43] L. J. Wang, A. Kuzmich, and A. Dogariu, Nature 406, 277 (2000).

[44] K. T. McDonald, American Journal of Physics 69, 607 (2001).

[45] B. Macke and B. Segard, European Physical Journal D 23, 125 (2003).

[46] H. Tanaka, H. Niwa, K. Hayami, S. Furue, K. Nakayama, T. Kohmoto, M. Kunitomo, and Y. Fukuda, Physical Review A 68, 053801 (2003).

[47] R. M. Camacho, M. V. Pack, and J. C. Howell, Physical Review A 73, 4 (2006).

[48] B. Macke and B. Segard, Physical Review A 73, 043802 (2006).

[49] R. M. Camacho, C. J. Broadbent, I. Ali-Khan, and J. C. Howell, Physical Review Letters 98, 043902 (2007).

[50] Z. M. Zhu and D. J. Gauthier, Optics Express 14, 7238 (2006).

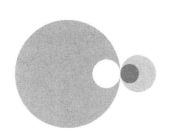

第 2 章
半导体中的
慢光和快光

2.1　引言

相干布居振荡（CPO）是利用相干泵浦-探测效应在半导体中实现慢光的成功方法。在利用红宝石棒实验演示慢光后不久，人们就在半导体多量子阱（MQW）[1][2][3]中首次实验演示了慢光的产生[1]~[5]。此后，人们还成功实现了室温下基于半导体量子阱（QW）和量子点（QD）中 CPO 的慢光[6]~[10]，很快，半导体增益介质中的慢光区很快被扩展到对应的快光区[11]~[17]，其实现方式可以是单独使用半导体光放大器（SOA），也可以是结合电吸收（EA）结。基于大部分泵浦-探测机制的慢光的基本工作原理，都是利用折射率在窄频率范围内的剧烈变化 $\partial n'/\partial \omega$ 来降低群速度 v_{g}：

$$v_{\mathrm{g}} = \frac{c}{n_{\mathrm{g}}} = \frac{c}{n' + \omega \dfrac{\partial n'}{\partial \omega}} \tag{2.1}$$

式中：$n_{\mathrm{g}} = n' + \omega \partial n'/\partial \omega$ 为群折射率；n' 为折射率 n 的实部。

对于 CPO 的情况，所需要的剧烈折射率变化来自施加在二能级系统上泵浦光和探测光引起的布居振荡，如图 2.1 所示。这个感应布居振荡产生新的极化分量并改变极化率,从而改变信号的折射率。在半导体量子结构中,这种二能级系统可以是量子阱和量子点的重空穴(HH)激子[1][2][3][6][18],或者是量子点的价带和导带基态[18][19]。理论上,只要两个态之间的光跃迁是偶极允许的,就可以实现基于CPO的慢光。

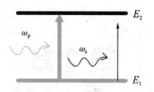

图 2.1　简单二能级系统中的相干布居振荡,信号光和泵浦光的光
子能量接近于跃迁能量 $E_2 - E_1$,产生的布居拍频等于信
号-泵浦光频率失谐量 $\omega_s - \omega_p$

　　感应布居振荡产生线性和非线性四波混频(FWM)极化,极化反过来又将作用于探测光[2][20]。由于对探测光感应了额外的线性极化,相当于探测光的线性极化率 $\chi(\omega)$ 被改变了。如果泵浦光和信号光之间的频率失谐在布居寿命的倒数 T_1^{-1} 的区间之内,那么其引入的布居振荡是显著的,因为 T_1 是一个时间尺度,在此范围内,布居振荡随泵浦和探测引起拍频变化。在半导体中,布居寿命 T_1 通常为辐射复合寿命,在数百皮秒到一纳秒的范围。如图 2.2 所示,感应布居振荡主要从两个方面改变线性折射率。首先,除了泵浦光引起的功率饱和吸收外,在探测光的吸收谱上出现了一个线宽约为 T_1^{-1}、中心位于泵浦频率处的一个凹陷,如图 2.2(a)所示。显著的布居拍频减小了探测光的线性吸收。其次,相对介电常数 $\varepsilon(\omega) = \varepsilon'(\omega) + i\varepsilon''(\omega)$ 的实部和虚部满足 Kramers-Kronig(KK)关系,介电常数虚部的凹陷对应相同频率范围内实部的正斜率变化。因此,如图 2.2(b)所示,当泵浦光施加在系统上时,如果探测光的载波频率落在吸收凹陷的中心,则探测光将经历折射率的正斜率变化,这就为获得大群折射率(小群速度)提供了必须的变化。

　　在吸收性的介质中,非线性极化不会有效地产生 FWM 信号,其影响通常可以被忽略。对于增益介质(快光区),FWM 成分的影响是否可以忽略取决于泵浦光和信号光的几何关系。例如,如果泵浦-探测方案采用反向传输结构,则不能满足在 FWM 成分的产生中所需要的动量守恒条件,此时无需考虑非线性极化。另一方面,在同向传输结构中,动量守恒条件很容易得到满足,因

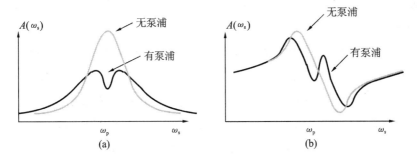

图 2.2　二能级系统中吸收和折射率实部的变化。(a)泵浦光施加到系统上时,吸收
　　　　被饱和。当信号-泵浦失谐大于布居寿命的倒数时,信号经历饱和吸收;当信
　　　　号光频率接近泵浦光频率时,感应的布居拍频在吸收谱上形成凹陷。(b)对
　　　　应吸收凹陷,在折射率谱上引入了一个折射率的正斜率变化,这个正斜率变
　　　　化使群折射率 n_g(减慢因子)增加,群速度降低

此会出现显著的耦合,此时必须考虑 FWM 的影响[12][21][22]。

与基于其他相干效应(如电磁感应透明(EIT)[23]、光折变(PR)效应[24],以
及利用其他材料系统的 CPO[4][5])的慢光相比,基于 CPO 的半导体慢光或快
光的限制因素较少,主要有如下原因:

(1)相干过程中利用的是布居弛豫时间而不是失相时间,除了有限的情况
外,在半导体中弛豫时间通常在飞秒到皮秒范围,由于时间太短而难以产生显
著的量子相干。

(2)CPO 几乎不受非均匀加宽的影响[18],而这在其他机制中通常是不可
避免的,并且会导致折射率的变化不如半导体量子结构中的剧烈[25]。

(3)布居寿命的时间尺度在纳秒范围,对应吉赫兹带宽。吉赫兹带宽比基
于其他物理机制[23][24]或其他材料系统中 CPO[4][5]的慢光要宽得多,这个宽带
宽更适合需要宽带宽的信息传输。

(4)半导体与其他有源器件相比,更易于在一个芯片上集成。

(5)在半导体中很容易处理光泵浦、偏置电压或注入电流问题,这为控制
光信号提供了又一个自由度。

另一方面,基于半导体的慢光会遭受高吸收,这阻碍了通过增加器件长度
来增大时间延迟。吸收问题可以利用增益区中的快光方案来解决,因为通常
只要考虑探测波包之间的时间差 [11]~[17][22]。这里仍然存在有限的时间-带宽
积问题[26]~[29],这是大部分慢光方案都存在的问题。理论上,可以用级联方案

增加时间-带宽积[16],类似于在基于半导体的慢光和快光中使用的信道色散[30]或波分复用(WDM)。

在2.2节和2.3节中,我们将主要综述基于半导体量子阱和量子点中CPO的慢光的物理方案。2.4节介绍基于量子点的慢光的室温工作。2.5节讨论增益区中的快光和慢光。2.6节介绍基于自旋相干的慢光方案[31][32][33],它是一种类似于CPO的泵浦-探测机制,是证明半导体中慢光的一种替代机制。最后,我们将在2.7节中总结基于半导体的慢光和快光。

2.2 基于量子阱中相干布居振荡的慢光

半导体中慢光的演示实验是在低温下的GaAs/AlGaAs量子阱[1][2]中进行的,实验装置如图2.3(a)所示。单模钛宝石激光器提供泵浦光,而可调激光器提供信号光。信号光由斩波器调制,以便在后一级中进行锁定探测。两束光输入到量子阱样品,输出信号由锁定放大器探测,得出不同泵浦强度下的振幅和射频(RF)相位。实验得到的减慢因子约为32000。在第一个低温实验后,人们采用更高的泵浦强度,将基于CPO的慢光实验研究推向了在室温下进行[6]。HH激子作为CPO的二能级系统,相应的泵浦-探测方案如图2.3(b)所示。泵浦和信号(探测)光垂直入射到量子阱,而泵浦光的偏振态 $\hat{e}_p$ 可以平行或正交于信号光的偏振态 $\hat{e}_s$。由于[001]量子阱中HH激子的选择定则,只有横电(TE)偏振可以引起其跃迁。这里,HH激子的两个子系统用它们的电子自旋(向上和向下)标记,且它们对入射的TE光是偶极活跃的,如图2.3(c)所示。两个子系统的跃迁可以由右旋圆偏振(RHC)光和左旋圆偏振(LHC)光选择性地引起,也就是说,偏振态的形式为 $(\hat{x} \pm i\hat{y})/\sqrt{2}$。实验上只利用了线偏振泵浦光和信号光,由于线偏振光总可以被分解为两个圆偏振分量,因此也就意味着两个子系统同时被激发。实验是在正入射的几何结构下进行的,但也可以用波导几何结构(SOA结构),因为TE偏振光在其中是一个导模。波导几何结构相比正入射几何结构,引入的限制因子往往更小。由于折射率的变化正比于限制因子,因此要得到同样的时间延迟量所用的波导几何结构长度就更长。然而,由于波导几何结构中的模式吸收也小,光可以传输得更远。波导几何结构在后来的慢光实验中更为普遍[6]~[14][16][17][34][35]。

对于量子阱中的HH激子,并不是所有现象都可以用简单的二能级系统

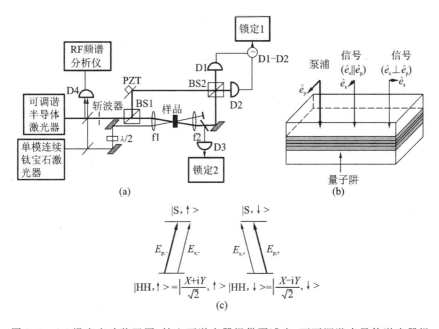

图 2.3　(a)慢光实验装置图,钛宝石激光器提供泵浦光,而可调谐半导体激光器提

供信号光,相移和吸收分别由两个锁定放大器测量(经许可,引自 Ku,P.

C.,Sedgwick,F.,Chang-Hasnain,C. J.,Palinginis,P.,Li,T.,Wang,H.,

Chang,S.W.,and Chuang,S. L.,Opt. Lett.,29(19),2291,2004.);(b)泵

浦-探测方案。信号光和泵浦光垂直入射到样品上表面,信号光和泵浦光的

偏振方向可以相互平行或正交;(c)基于量子阱中 HH 激子的 CPO 的两个

子系统,两个子系统由各自的自旋标记,且由两个圆偏振的泵浦(信号)独立

激发,两个圆偏振由线偏振的信号和泵浦光分解而得(经许可,引自 Chang,

S. W.,Chuang,S. L.,Ku,P. C.,Chang-Hansnain,C. J.,Palingnis,P.,and

Wang,H.,Phys. Rev. B,70(23),235333,2004.)

来解释。但是,二能级系统为解释基本的 CPO 现象提供了最好的出发点。在

旋波近似下,简单二能级系统的动力学性质可以用密度矩阵方程表示:

$$\frac{\partial n}{\partial t} = -\frac{n - n^{(0)}}{T_1} - 2i[\Omega_{12}(t)\rho_{21} - \Omega_{21}(t)\rho_{12}]$$

$$\frac{\partial \rho_{21}}{\partial t} = -i\left(\omega_{21} - \frac{i}{T_2}\right)\rho_{21} - i\Omega_{21}(t)n$$

$$n = \rho_{22} - \rho_{11}$$

$$\Omega_{21}(t) = \frac{e\boldsymbol{r}_{21}}{2\hbar} \cdot (\boldsymbol{E}_p e^{-i\omega_p t} + \boldsymbol{E}_s e^{-i\omega_s t})$$

$$= \Omega_p e^{-i\omega_p t} + \Omega_s e^{-i\omega_s t}) \tag{2.2}$$

式中：n 为态 2 布居数 ρ_{22} 和态 1 布居数 ρ_{11} 之差；$n^{(0)}$ 为无泵浦光和信号光时 n 的平衡值；ρ_{21}（ρ_{12}）为密度矩阵的非对角元素；$\Omega_{21}(t)$ 为时间相关的拉比频率；$\hbar\omega_{21}$ 为两个态之间的能量差；T_2 为失相时间；er_{21} 为偶极矩的矩阵元；ω_p 和 ω_s 分别为泵浦光和信号光的角频率；Ω_p 和 Ω_s 分别为泵浦光和信号光的拉比频率。

通常满足 $|\Omega_s| \ll |\Omega_p|$ 条件，因此对信号光可以使用微扰近似，即 $n = n^{(p)} + n^{(s)}$；$\rho_{21} = \rho_{21}^{(p)} + \rho_{21}^{(s)}$；$n^{(s)} \ll n^{(p)}$，$\rho_{21}^{(s)} \ll \rho_{21}^{(p)}$。泵浦光的饱和吸收由泵浦光的非扰动解 $n^{(p)}$ 和 ρ_{21} 描述（图 2.1(a) 中泵浦光的吸收包络）：

$$n^{(p)} = \frac{n^{(0)}\left[1 + T_2^2(\omega_{21} - \omega_p)^2\right]}{1 + T_2^2(\omega_{21} - \omega_p)^2 + 4T_1 T_2 |\Omega_p|^2}$$

$$\rho_{21}^{(p)} = \tilde{\rho}_{21}^{(p)} e^{-i\omega_p t}$$

$$= \frac{-n^{(p)}\Omega_p e^{-i\omega_p t}}{\omega_{21} - \omega_p - \dfrac{i}{T_2}} \tag{2.3}$$

$n^{(s)}$ 和 $\rho_{21}^{(s)}$ 的扰动解不仅包含了饱和吸收现象，还包含了当信号-泵浦失谐量 $\omega_s - \omega_p$ 很小时尖锐吸收凹陷的影响。小的布居变化 $n^{(s)}$ 与失谐频率相拍频，产生 $\rho_{21}^{(s)}$ 的线性分量和 FWM 分量分别为

$$n^{(s)} = \tilde{n}^{(s)} e^{-i(\omega_s - \omega_p)t} + \tilde{n}^{(s)*} e^{i(\omega_s - \omega_p)t}$$

$$\rho_{21}^{(s)} = \tilde{\rho}_{21,L}^{(s)} e^{-i\omega_s t} + \tilde{\rho}_{21,FWM}^{(s)} e^{-i(2\omega_p - \omega_s)t} \tag{2.4}$$

式中：$\tilde{n}^{(s)}$ 为布居拍频的振幅；$\tilde{\rho}_{21,L}^{(s)}$ 和 $\tilde{\rho}_{21,FWM}^{(s)}$ 分别为 $\rho_{21}^{(s)}$ 的线性振幅和 FWM 振幅。

在吸收区，我们只对线性分量 $\tilde{\rho}_{21,L}^{(s)}$ 感兴趣。扰动 $n^{(s)}$ 和 $\tilde{\rho}_{21,L}^{(s)}$ 可以写为

$$n^{(s)} = \frac{2n^{(p)}\left(\dfrac{1}{\omega_{21} - \omega_p + iT_2^{-1}} - \dfrac{1}{\omega_{21} - \omega_s - iT_2^{-1}}\right)\Omega_p^* \Omega_s}{\omega_s - \omega_p + \dfrac{i}{T_1} + 2|\Omega_p|^2\left(\dfrac{1}{\omega_{21} - \omega_s - iT_2^{-1}} - \dfrac{1}{\omega_{21} - 2\omega_p + \omega_s + iT_2^{-1}}\right)}$$

$$\tilde{\rho}_{21,L}^{(s)} = \frac{-n^{(p)}\Omega_s}{\omega_{21} - \omega_s - \dfrac{i}{T_2}}\left[1 + \frac{2|\Omega_p|^2\left(\dfrac{1}{\omega_{21} - \omega_p + iT_2^{-1}} - \dfrac{1}{\omega_{21} - \omega_s - iT_2^{-1}}\right)}{\omega_s - \omega_p + \dfrac{i}{T_1} + 2|\Omega_p|^2\left(\dfrac{1}{\omega_{21} - \omega_s - iT_2^{-1}} - \dfrac{1}{\omega_{21} - 2\omega_p + \omega_s + iT_2^{-1}}\right)}\right]$$

$$\tag{2.5}$$

式 (2.5) 在 $\omega_s \approx \omega_p \approx \omega_{21}$ 且 $|\omega_s - \omega_p| \ll T_2^{-1}$ 的情况下最容易理解。与信号

的线性响应有关的密度矩阵元 $\tilde{\rho}_{21,\mathrm{L}}{}^{(\mathrm{s})}$ 可以近似写为

$$\tilde{\rho}_{21,\mathrm{L}}{}^{(\mathrm{s})} \approx -\mathrm{i}n^{(\mathrm{p})}\Omega_{\mathrm{s}}T_2\left[1-\mathrm{i}\,\frac{4T_2|\Omega_{\mathrm{p}}|^2}{\omega_{\mathrm{s}}-\omega_{\mathrm{p}}+\mathrm{i}\left(\dfrac{1}{T_1}+4T_2|\Omega_{\mathrm{p}}|^2\right)}\right] \tag{2.6}$$

从式(2.6)的分母可知,失谐量 $\omega_{\mathrm{s}}-\omega_{\mathrm{p}}$ 与新的时间尺度有关,该时间尺度的倒数为 $T_1^{-1}+4T_2|\Omega_{\mathrm{p}}|^2$。当泵浦光强低($<|\Omega_{\mathrm{p}}|$)时,这个时间尺度恰为 T_1。在这种情况下,响应体现出由时间尺度 T_1 表征的变化。实际上,这个变化对应线宽约为 T_1^{-1} 的吸收凹陷,以及在相同频率范围内折射率的正斜率变化。正如前面提到的,当失谐量 $\omega_{\mathrm{s}}-\omega_{\mathrm{p}}$ 与布居寿命量级相当时 CPO 现象显著,在半导体中布居寿命为纳秒量级。因此,在半导体中这个线宽对应吉赫兹的范围。当泵浦光强增加时,线宽随之增大。线宽的展宽与泵浦光的饱和吸收一起,限制着简单二能级系统最终可以实现的减慢因子。

图 2.4 给出了实验数据和理论计算的比较结果[2]。实验上,当泵浦光强度增加时,背景吸收受功率饱和的影响而减小。同时,在饱和背景中心出现了一个吸收凹陷。凹陷的线宽随泵浦强度的增加而增大,而凹陷的深度先随泵

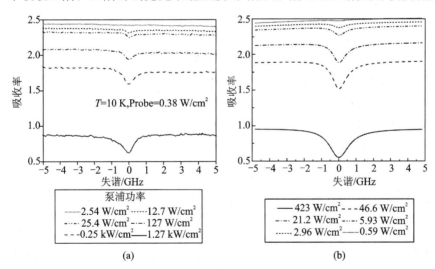

(a)　　　　　　　　　　(b)

图 2.4 (a)不同泵浦光强下信号光的吸收损耗实验数据,随着泵浦光强增加,背景吸收饱和,吸收背景上出现 CPO 引起的凹陷;(b)吸收凹陷的理论计算结果与实验数据吻合(经许可,引自 Chang,S. W.,Chuang,S. L.,Ku,P. C.,Chang-Hasnain,C. J.,Palinginis,P.,and Wang,H.,Phys. Rev. B,70(23),235333,2004.)

浦强度的增加而加深,但是最终受限于饱和吸收。相应折射率变化的最大正斜率与群折射率 n_g 或简单说与减慢因子有关,该斜率基本上正比于凹陷深度且反比于凹陷线宽。因此,随着吸收凹陷深度的改变,对应一定的最佳泵浦强度,存在一个最大的减慢因子。实验上,减慢因子可以直接从相移 $\Delta\phi(\omega_\mathrm{s})$ 的测量结果中得出,相移与群折射率(减慢因子)的近似关系为

$$\Delta\phi(\omega_\mathrm{s}) \approx \frac{2\pi f L}{c}[n_\mathrm{g}(\omega_\mathrm{s}) - n(\omega_\mathrm{s})] \tag{2.7}$$

式中:f 为信号光的调制频率;L 为提供 CPO 效应的介质的长度。

实验测量的相移与理论计算吻合,如图 2.5 所示。

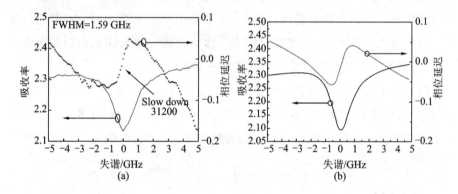

图 2.5　(a)实验测量的吸收凹陷和相移,相移中心处的斜率对应的减慢因子约为
　　　　32000;(b)对应的理论计算与实验数据非常吻合(经许可,引自 Chang, S. W. ,
　　　　Chuang, S. L. , Ku, P. C. , Chang-Hasnain, C. J. , Palinginis, P. , and Wang, H. ,
　　　　Phys. Rev. B, 70(23), 235333, 2004.)

大多数基于量子阱 HH 激子的慢光现象可以用上述简单的二能级系统来理解。但是,有些现象超出了简单二能级系统范畴。如果将量子阱 HH 激子的两个自旋子系统处理成两个独立的二能级系统,可以得到的结论是:无论泵浦光和信号光是平行偏振还是正交偏振的,结果都不会有差别。也就是说,如果我们在一个系统中观察到吸收凹陷,那么在另一个系统中也将观察到同样的现象。实验上,吸收凹陷和折射率变化只在泵浦光和信号光平行偏振时发生,两者正交偏振时不发生。不发生慢光现象的原因是由于失相时间实际上依赖于布居数 ρ_{22} 和 ρ_{11}(或者说依赖于 n),这种依赖性称为激发诱导失相(EID)[2][36][37],并可以近似为

$$\frac{1}{T_2} \approx \frac{1}{T_2^{(0)}} + \gamma(n - n^{(0)})$$

$$n = n_\uparrow + n_\downarrow \qquad\qquad (2.8)$$

式中:γ 为正比例常数;$n_\uparrow$ 和 $n_\downarrow$ 分别为两个子系统的布居数差。

　　两个自旋子系统通过这一附加项而相互耦合。只有当两个子系统的布居同相振荡时才会发生耦合,这就对应着平行偏振的结构,因此产生吸收凹陷和折射率变化。另一方面,如果两个子系统的布居反相振荡,即在正交偏振的结构下,则不会观察到慢光现象。图 2.6(a)给出了两种结构下的实验频谱,在正交偏振时没有吸收凹陷。在图 2.6(b)中,同时考虑了两个耦合子系统,理论计算与该现象定量一致。

　　基于 CPO 的慢光已经在量子阱中得到成功演示。原理上,其他半导体量子结构都有潜力实现基于 CPO 的慢光。在 2.3 节中,我们将考虑基于量子点的 CPO,并说明为什么基于 CPO 的慢光可以在制造时存在显著的不均匀性的半导体量子点中存在。

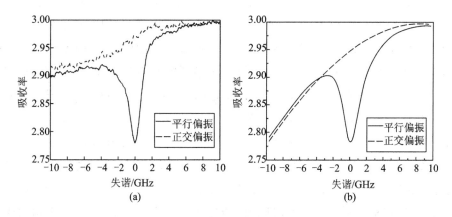

图 2.6　(a)信号光的吸收实验数据:实线为泵浦光与信号光平行偏振时的吸收,虚线为泵浦光与信号光正交偏振时的结果。正交偏振时不存在吸收凹陷,这是由于激发诱导的失相以及两个自旋子系统的布居反相振荡。(b)对应的理论计算(经许可,引自 Chang,S. W.,Chuang,S. L.,Ku,P. C.,Chang-Hasnain,C. J.,Palinginis,P.,and Wang,H.,Phys. Rev. B.,70(23),235333,2004.)

2.3　基于量子点中相干布居振荡的慢光

　　量子点中的 CPO 与量子阱中的类似。此外,量子点中的载流子存在三维

(3D)限制。原理上,3D 限制更有可能实现室温工作。因此,基于量子点的慢光首先是在室温[7][8]而不是在低温下被证实的。但是,对于大多数基于 QD 的慢光机制,一个潜在的问题是不可避免的非均匀加宽将洗掉剧烈的吸收凹陷。例如,基于 EIT 的慢光难以在具有非均匀加宽的 QD 中实现[25]。无论是在低温还是室温下,非均匀加宽总是存在于 QD 中。因此,要利用半导体 QD 演示慢光,慢光介质必须足以克服非均匀加宽。对于 CPO,非均匀加宽恶化了基于 QD 的慢光的性能,但是不能完全消除其影响。吸收凹陷的位置取决于泵浦光频率 ω_{p},而不是跃迁的谐振频率。尽管显著的非均匀加宽意味着只有一小部分 QD 参与 CPO 并为减慢光波做出了贡献,但是其影响并没有被完全消除。将来,如果近乎相同的 QD 可以被制作出来,QD 中的慢光将比 QW 或其他体器件中的慢光更具优势。

为了理解非均匀加宽的影响,我们考虑如图 2.7 所示的吸收谱。一个非均匀加宽谱是由多个独立的均匀加宽吸收峰构成的,如果泵浦光施加在这个非均匀加宽系统上,跃迁频率在泵浦光频率附近的吸收峰被饱和的程度深,而那些远离泵浦光频率的吸收峰基本不受影响。这种不均匀饱和导致一个很宽的频谱烧孔,烧孔线宽与均匀线宽 $1/T_2$ 同量级,且随着泵浦光强度的增加而增大。低温下通常可以在半导体 QD 中观察到频谱烧孔现象。另一方面,即使有 3D 限制,载流子在室温下也能更快地趋向平衡。静态频谱烧孔通常在室温下被消除。但是,CPO 是始终存在的且与温度无关。室温 CPO 将在 2.4 节中讨论。在低温下,与大的频谱烧孔不同,只有当信号-泵浦失谐量在布居寿命倒数的区间内时才有显著的 CPO 振幅。无论每个单独跃迁的谐振频率是多少,相干吸收凹陷(见图 2.7 中的窄孔)总是位于泵浦光频率处。因此,产生的窄吸收凹陷不会被每个独立跃迁的谐振频率消除。但是,那些几个均匀线宽 $1/T_2$ 距离以外的跃迁的吸收凹陷很弱,弱吸收凹陷意味着那些远离泵浦频率的跃迁没有被有效利用。如果非均匀加宽的线宽可以控制在均匀加宽线宽以下,则可以大大提高 CPO 的效率。也就是说,能用更低的泵浦强度产生同样的透明性和减慢因子,尽管此时频谱的峰值吸收由于更多集中在窄频率范围内的跃迁而变高。

我们再来考虑泵浦光和探测光垂直入射到具有几个 QD 层的样品的情况(见图 2.8)。图 2.9(a)给出了非均匀加宽 QD 类 HH 激子在不同泵浦强度下的低温吸收谱的理论计算结果[18]。太赫兹量级线宽的频谱烧孔随泵浦强度的

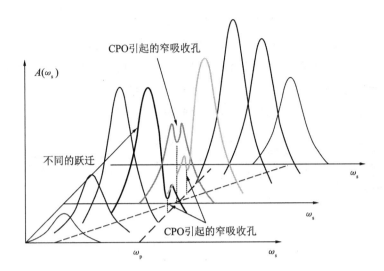

图 2.7　非均匀加宽吸收由很多均匀加宽吸收峰组成,当泵浦光施加在系统
　　　　上时,跃迁频率在泵浦光频率附近的均匀加宽吸收峰被饱和的程度
　　　　深,这种非均匀饱和导致频谱烧孔。另一方面,由于每个均匀加宽跃
　　　　迁的相干凹陷发生在吸收谱的相同频率处(ω_p),CPO 的影响没有被
　　　　完全消除

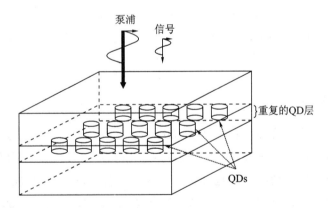

图 2.8　在计算中泵浦-探测方案的结构,泵浦和信号垂直入射到由
　　　　几个 QD 层构成的有源区内(经许可,引自 Chang,S. W.
　　　　and Chuang,S. L. ,Phys. Rev. B,72(23),235330,2005.)

增加而更加显著。频谱烧孔线宽也随泵浦光强的增加而增大,这是因为远离
泵浦频率的各个独立的吸收峰最终均被饱和了。这个频谱是信号的总吸收
谱,就像 CPO 效应不存在一样。但是,随着信号-泵浦失谐量减小,位于总频

谱烧孔下方的由 CPO 引起的相干吸收凹陷开始出现在吸收频谱中,如图 2.9
(a)中的插图所示。在总频谱烧孔下面的吉赫兹量级线宽的相干吸收凹陷如
图 2.9(b)所示。总频谱烧孔和相干吸收凹陷对应两个不同的时间尺度:一个
是从飞秒到皮秒量级的失相时间,另一个是纳秒量级的布居寿命。因此,在吸
收频谱上观察到两个线宽仅仅意味着时间尺度的不同。

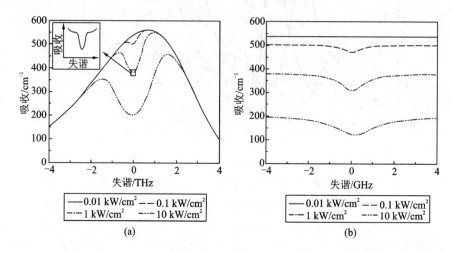

图 2.9　基于非均匀加宽 QD 的 CPO 吸收谱线的计算结果。(a)不同泵浦强度下信号
　　　　光的总吸收谱,这个吸收谱反映出随泵浦强度的增加非均匀加宽 QD 频谱烧孔
　　　　的出现。CPO 引起的相干凹陷发生在频谱烧孔底部,线宽远小于烧孔宽度,如
　　　　插图所示。(b)不同泵浦强度下,位于频谱烧孔底部的相干吸收凹陷,这些吸收
　　　　凹陷由 CPO 引起,且远比图(a)中的非相干频谱烧孔窄(经许可,引自 Chang,
　　　　S. W. and Chuang,S. L.,Phys. Rev. B,72(23),235330,2005.)

　　与 QW 中的峰值减慢因子类似,QD 中也存在一个最优化的泵浦光强度,
它对应的峰值减慢因子最大。更高泵浦光强下减慢因子减小的原因与 QW 的
情况相同,但是,这两种情况也存在一些区别。首先,两者峰值减慢因子的幅
度差别在两个数量级,其原因是受表面密度的限制,QD 有源中心的密度较小,
不如 QW 有源中心的密度高。同时,由于有限 QD 尺寸和 QD 有源层低覆盖
率的影响,QD 对垂直入射光的横向限制比 QW 的小。这两个因素导致更小
的限制因子。其次,如果我们利用最优化的强度为单位来衡量强度,与同类的
QW 相比,峰值减慢因子在非均匀加宽 QD 中随泵浦强度的减小速度缓慢得
多。减小缓慢的原因是不与泵浦频率发生谐振的 QD 尽管在 CPO 中更不活
跃,但难以达到吸收饱和。

我们考虑了低温下基于 QD 的 CPO,但是,对于实际应用,显然室温工作的慢光器件更加实用(如光缓存器)。在 2.4 节中,我们将讨论基于 QD 的室温 CPO。

2.4　基于量子点中相干布居振荡的室温工作慢光

基于 QD 中 CPO 的慢光首先是在室温而不是在低温下被实验证明的[7][8]。图 2.10 给出了基于 CPO 慢光的射频相移和小信号吸收[8]。透射频谱上清晰的透射峰和相移表明了室温下 QD 中 CPO 的存在。后来,基于 CPO 的电控慢光也得到了演示[9][11][17]。与低温情况相比,在室温下通常不存在静态频谱烧孔,因此,一种合理的近似方法是,用导带和价带中具有各自准费米能级的两个费米因子来模拟 QD 的占据数,同时考虑非均匀加宽的影响。除了泵浦光,反向偏置电压和正向注入电流可以改变有源区的偏置状态,但是这两个电控因素以两种不同的方式影响基于 CPO 的慢光。

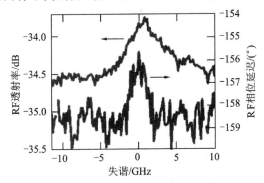

图 2.10　QD 中由 CPO 引起的吸收和射频相移的实验数据,这个实验数据表明 CPO 很少受非均匀加宽的影响(经许可,引自 Su, H. and Chuang, S. L.,Opt. Lett.,32(2),271,2006.)

如图 2.11(a)所示,在反向偏置区,泵浦光产生的载流子被外加电场扫出 QD。有效布居损耗率不仅由辐射复合决定,还取决于载流子从 QD 中的扫出情况。因此,相干吸收凹陷的线宽随电场的增加而增大,这意味着有效布居寿命变短。另一方面,在正向偏置区,外加电场不会显著改变 QD 的能带分布,但是正向偏置电流通过向 QD 中注入电子和空穴使背景吸收饱和。在这种情况下,布居寿命不会显著变化,但是饱和的背景吸收钳制了吸收凹陷的深度,减小了可以得到的减慢因子。这幅图只在注入电流低于透明电流时有效,也就是说,此时未达到布居反转。当注入电流超过透明电流时,可能就需要同时考虑增益区内的 CPO 和 FWM。在反向和正向偏置两种情况下,都可以用电控方式改变减慢因子,从而实现对光缓存器的直接控制。

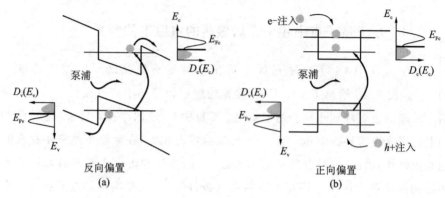

反向偏置
(a)

正向偏置
(b)

图 2.11　QD 中慢光的电学控制。(a)反向偏置下的 QD,除了斯塔克效应引起的红移,由于外加电场将载流子扫出 QD,因此有效布居寿命变短。(b)在正向偏置下,载流子被注入 QD,电子和空穴的准费米能级分离,此时有效布居寿命几乎恒定,但是背景吸收被注入载流子饱和。背景吸收的饱和限制了吸收凹陷的深度和可以得到的减慢因子(经许可,引自 Chang,S. W.,Kondratko,P. K.,Su,H.,and Chuang,S. L.,IEEE J. Quantum Electron.,43(2),196,2007.)

　　要解释如何实现慢光的电学控制,需要建立一个模型来描述反向偏置电压和正向注入电流是如何改变 QD 中基于 CPO 的慢光的。在反向偏置区,外加电场改变 QD 的能级(斯塔克频移)和有效寿命。这个模型与在 2.4 节中提到的低温下的费米-狄拉克模型相似,除了以下条件:①载流子分布用两个准费米能级的分布模拟;②有效寿命变短,能级在每个反向偏置电压下位移。

　　图 2.12(a)给出了当无光泵浦时,在不同反向偏置电压下 QD 的吸收谱[18]。样品为具有 5 个 QD 层的 P 型掺杂 InGaAs 量子点,工作波长在 1.29 μm 附近。吸收谱有红移的趋势,这与 QW 中的斯塔克频移类似。根据不同反向偏置电压下的吸收谱,可以确定非均匀加宽简单二能级系统必需的参数。图 2.12(b)给出了射频相移的实验数据和理论计算结果,对应的群折射率(减慢因子)如图 2.12(c)所示。随着反向偏置电压的增加,由于线宽(有效布居寿命的倒数)加宽,相移的幅值减小。根据实验数据可以计算出不同反向偏置电压下对应的减慢因子,在零偏压下峰值减慢因子约为 6。相比于垂直入射几何结构,减慢因子过低的原因是由于横向和传输方向的限制因子都较小,且当远离反射

面时吸收泵浦强度较低。同时,在室温下的失相时间也比低温下的失相时间短得多,这也降低了 CPO 的幅度。

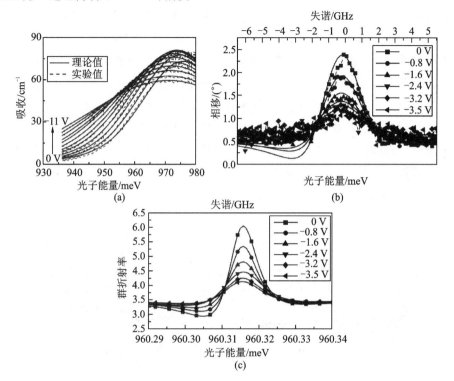

图 2.12　(a)在不同反向偏置电压下 QD 的吸收谱。吸收谱由于斯塔克效应红移,随着反向偏置电压的增加,吸收谱还出现隧道展宽现象。(b)不同反向偏置电压下,射频相移的实验数据与理论计算结果的比较。吸收线宽随反向偏置电压的增加而增大,这意味着有效布居寿命变短。(c)对应图(b)中的射频相移的减慢因子(经许可,引自 Chang, S. W., Kondratko, P. K., Su, H., and Chang, S. L., IEEE J. Quantum Electron., 43(2), 196, 2007.)

对于在正向偏置区注入电流的情况,可以利用速率方程和电中性条件,将导带和价带中的载流子密度 n_c 和 n_h 分别与注入电流密度 J_{in} 联系起来:

$$\left.\begin{aligned} \frac{\partial n_c}{\partial t} &= \frac{J_{in}}{eN_{LA}} + \frac{\partial n_c}{\partial t}\bigg|_{loss} + \frac{\partial n_c}{\partial t}\bigg|_{optical} \\ \frac{\partial n_h}{\partial t} &= \frac{J_{in}}{eN_{LA}} + \frac{\partial n_h}{\partial t}\bigg|_{loss} + \frac{\partial n_h}{\partial t}\bigg|_{optical} \\ n_c + n_A^- &= n_h \end{aligned}\right\} \tag{2.9}$$

式中：N_{LA} 为 QD 层数；$\bar{n}_A$ 为离子化受主密度。

下标"loss"表示由不同复合机制引起的复合，而下标"optical"指由光场引起的载流子产生。在稳态下，可以将两个载流子密度和两个准费米能级联系起来，并得到 QD 中的占据数。图 2.13(a)给出了在正向偏置区不同注入电流下相移的实验数据与理论计算结果，相移的减小是由于背景吸收的饱和钳制了吸收凹陷深度。图 2.13(b)给出了得到的群折射率（减慢因子）。尽管其趋势与反向偏置区的相似，但是它们各自减小的物理机制是不同的。可以通过提取射频相移的线宽，并在反向偏置（正向偏置）区绘出它与反向偏置电压（注入电流）的函数关系，如图 2.14 所示。射频相移的半极大半宽度（HWHM）在正向偏置区几乎为常数，意味着布居寿命不变，而该宽度随反向偏压的增加而增大，反映出有效布居寿命变短。

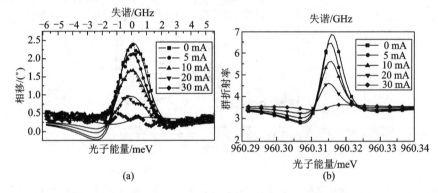

图 2.13　(a)不同正向注入电流下的射频相移，射频相移的减小是由于背景吸收的饱和限制了吸收凹陷深度和折射率变化引起的；(b)由图(a)中的射频相移得到的减慢因子（经许可，引自 Chang, S. W., Kondratko, P. K., Su, H., and Chang, S. L., IEEE J. Quantum Electron., 43(2), 196, 2007.)

以上实验数据和理论计算是针对 P 型掺杂的样品。因此，在对系统施加反向偏置电压或正向注入电流之前，QD 中已经存在空穴，这些空穴使背景吸收饱和，因此限制了可以得到的吸收深度。如果使用本征样品，背景吸收增加且可以提供更大的吸收凹陷和更大的减慢因子。但是，这里有一个权衡问题，因为随着背景吸收的增加，信号和泵浦光在 QD 样品中传输时将被衰减得更多。因此，尽管更大的背景吸收可增大减慢因子，但所需的泵浦光强实际要更高。同时，更大的衰减意味着更小的信噪比。图 2.15 所示的为测量的本征样品的减慢因子和线宽。与 P 型掺杂样品相比，由于更短的布居寿命（可能更有效的自发辐射复合），本征样品可以得到的最大减慢因子只是略大一些而已。

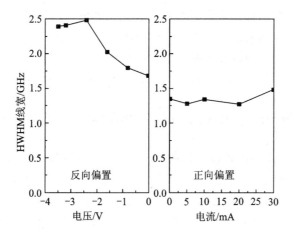

图 2.14 由射频相移得到的线宽随反向偏置电压和正向注入电流的变化关系。在正向偏置区,线宽保持为常数,意味着恒定的有效布居寿命;另一方面,由于有效布居寿命变短,线宽随反向偏压的增加而增大(经许可,引自 Chang, S. W., Kondratko, P. K., Su, H., and Chang, S. L., IEEE J. Quantum Electron., 43(2), 196, 2007.)

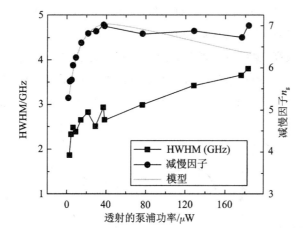

图 2.15 本征 QD 样品的减慢因子和 HWHM 线宽。本征 QD 样品可以提供更大的背景吸收,并导致更大的减慢因子。与图 2.12 和图 2.13 中得到的实验数据相比,减慢因子只是稍微增大,这主要是由于本征 QD 更短的有效寿命(更宽的 HWHM 线宽)(经许可,引自 Kondratko, P. K., Chang, S. W., Su, H., and Chuang, S. L., Appl. Phys. Lett., 90 (25), 251108, 2007.)

在本节中,我们讨论了室温下的 CPO。前面的描述仍受限于吸收区,从系统应用的角度,衰减的信号可能会使信噪比低至难以接受。在 2.5 节中,我们将讨论增益区中的 CPO 和 FWM 引起的快光。在增益区,尽管放大自发辐射是限制信噪比的另一个因素,但是这个限制远比吸收区中的限制小得多。

2.5 基于增益区中相干布居振荡和四波混频的快光和慢光

增益区中快光和慢光最直接的优点是,信号在器件内的传输过程中被放大而不是被衰减[11][17]。增益区中 CPO 快光的物理机制与吸收区中的慢光机制类似[15][21]。增益介质可以是体器件、量子阱或量子点器件,只要背景增益足够支持快光所需的变化。但是,不同维度系统的差别将导致快光现象的不同特征。例如,体器件和量子阱增益介质通常具有一个较为显著的线宽增强因子,而量子点增益介质的线宽增强因子则较小。由于 QD 增益介质中 CPO 引起的小信号吸收是关于信号-泵浦失谐对称的[11],以及有限的线宽增强因子,体器件或 QW 增益介质中的小信号增益则是明显非对称[21],如图 2.16(a) 所示。对应的折射率变化如图 2.16(b) 所示。从图中可以看出,在远离泵浦频率 ω_p 的负失谐一侧,折射率变化的正斜率增大,而在另一侧(正失谐)正斜率减小。因此,如果信号的载波频率在负失谐一侧,折射率变化的斜率为正,即使小信号增益很高,也可以在增益介质内实现慢光。另一方面,如果设计快光器件,则只需工作在增益谱的非对称凹陷处即可。然而,对于工作在增益区的慢光和快光而言,CPO 都离不开 FWM,且产生的 FWM 信号通常不能与器件

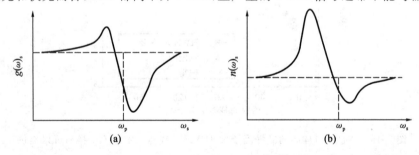

图 2.16 在有限线宽增强因子的 SOA 中小信号增益和折射率与信号频率的函数关系。(a)小信号增益谱,有限线宽增强因子导致增益凹陷不对称,负信号-泵浦失谐一侧的增益增加;(b)折射率谱。对应负失谐区的增益增加,折射率谱的正斜率增大,这部分折射率可以用来实现慢光;另一方面,负斜率特征对应图(a)中的增益凹陷,可以用来实现快光

输出的信号分离,这可能就是输入脉冲显著失真的一个原因[14]。

正如前面所述,当偏置条件改变时,一些原本在吸收区忽略的效应不能再被忽略了。例如,当注入电流小于透明电流时,有效布居寿命在正向偏置区几乎为常数。但是,当大量载流子注入 QD 之后,载流子之间通过浸润层的联系变得更加重要。如果泵浦-探测方案为反向传输,CPO 和泵浦-探测引起的驻波图样形成动态布居光栅,而浸润层中的扩散过程会将这个光栅擦除,扩散将有效布居寿命显著降低到数十皮秒[11]。如图 2.17 所示,QD 增益区内的射频相移,与吸收区内(见图 2.11)的情况相比,更浅也更宽(HWHM 线宽约为13 GHz)。由背景折射率变化引起的射频相移比 CPO 引起的更显著。尽管更短的有效布居寿命可以增加快光带宽,但快光效应也被显著减小了。

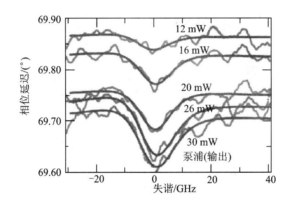

图 2.17　QD 增益区内快光引起的射频相移。布居光栅在浸润层被擦除导致有效布居寿命显著缩短,从而导致相移远小于吸收区的情况(经许可,引自 Su, H. and Chuang, S. L. , Appl. Phys. Lett. , 88(6), 061102,2006.)

CPO 自身引起的快光或慢光在实际应用中不一定足够明显,但是,如果利用 FWM,慢光和快光引起的相移(延迟/超前)可以大幅度增加[12][14][15][21][22]。正如前面提到的,如果在泵浦-探测实验中采用同向传输方案,FWM 所需的动量守恒条件很容易被满足,FWM 成分在增益介质内传输时被放大。此时,CPO 和 FWM 效应不能单独区分开,因为这两个过程在光波传输过程中相互耦合,线性以及 FWM 响应的产生和它们相互之间的转换并不是相互独立的。正是这个耦合在同向传输机制中导致了显著的射频相移和时间超前(时间延迟)[12][13][14][22]。如果信号是正弦调制的,可以得到相位超前和小信号增益的解析表达式[22]。通常,对任意输入脉冲,由于增益区内的 FWM 是一个非线性过程,往往需要用数值分析获得时间延迟/超前。图 2.18(a)给出了不同注入电流下,在 SOA 中传输信号的相位超前与射频调制频率的关系,其中实线为理论计算值,它与实验数据很吻合。注入电流越大,提供给有源区的载流子就越多,信号和泵浦的增益就越高。当频率为几吉赫兹时,产生数十度的相位超前,这远大于吸收区内 CPO 的结果。与增加注入电流类似,如果泵浦强度增加,作为射频调制频率的函数的相移也随之增大,如图 2.18(b)所示。上述实验数据为测量的信号的频率响应。图 2.18(c)给出了相位超前的实时数据,这证实实现了几十度的实时时间超前。还可以通过在基于 CPO 的吸收区(慢光)和基于 CPO/FWM 的增益区之间的切换来增加相移[12]。

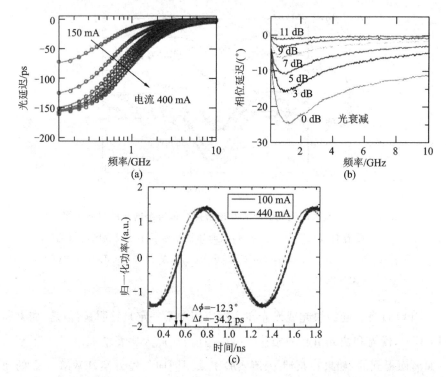

图 2.18　(a)不同注入电流下 SOA 内 CPO 和 FWM 引起的射频相移,射频相移的显著增加是由于当信号在器件中进行非线性传输时 CPO 和 FWM 的相互耦合引起的;(b)不同泵浦强度下的射频相移;(c)射频相移的实时数据。这个实验证实了快光的实时获得(经许可,引自 Su, H., Kondratko, P. K., and Chuang, S. L., Opt. Express, 14(11), 4800, 2006.)

对于实际应用,输入信号通常不是连续(CW)载波,因此,需要了解真实的脉冲在器件中传输时是如何被超前(延迟)的。参考文献[14]中的实验指出,脉冲的时间延迟趋势反映着有限线宽增强因子的出现,如图 2.16(b)所示。与那些具有很大失谐、经历了极小慢光或快光效应的输出相比,负失谐时输出被延迟了 0.59 ns(慢光),而正失谐有一点超前(快光)。但是,快光输出信号脉冲显著失真,在脉冲拖尾处有一个凹陷[14],这意味着脉冲失真是基于增益介质中 CPO 和 FWM 的慢光和快光的一个重要问题。

到目前为止,我们讨论了基于吸收和增益区中 CPO 和 FWM 的慢光和快光。在 2.6 节中,我们将介绍类似于 CPO 的另外一种慢光方案。这种慢光机制与 CPO 在几个方面类似,如都出现线性和 FWM 响应。但是,所用的时间尺度将不再是布居寿命,而是自旋相干时间。

2.6 基于自旋相干的慢光方案

演示慢光的两个关键要求是:①相对长的时间尺度来产生吸收谱和折射率的剧烈变化;②合适的泵浦-探测方案来检测这个长时间尺度。对于 CPO,长时间尺度为布居寿命 T_1。在半导体中,还有另外一个长时间尺度可以用于慢光实验,这个时间尺度就是电子自旋相干时间,通常从数皮秒到1 ns,具体取决于系统材料、掺杂浓度和自旋弛豫/退相干机制[38]~[41]。通常,空穴自旋相干时间比电子自旋相干时间短得多,如果半导体中存在任何自旋相干,大部分是由电子自旋相干贡献的。对于[001]量子阱,电子自旋相干时间在有些情况下可以很长(纳秒范围),如局域化 HH 激子[42]或者足够低温度下的激子[33]。但是通常情况下,[001]量子阱中的电子自旋相干时间还是在数十皮秒的范围内,不足以演示显著的慢光现象。半导体 QW 中一个主要的自旋弛豫/退相干原因是 Dyakonov-Perel(DP)机制[38][39]。如果这种机制能被有效抑制,电子自旋相干时间可以变长。DP 机制的抑制可以在[110]QW[38]中进行并已经得到实验证实[43]。如果我们能找到一种合适的泵浦-探测方案,这个时间尺度就可以被用来证明 QW 中的慢光。

一个可以检测电子自旋相干的特殊泵浦-探测方案是双 V 电磁感应透明。这种泵浦-探测方案利用类轻空穴激子,TM 偏振光和 TE 偏振光均可引起其跃迁[31][32]。图 2.19(a)给出了基于[110]QW 中类轻空穴激子的泵浦-探测方

案,泵浦光为 TE 偏振光,而信号光为 TM 偏振光。由于在[110]QW 的布里渊区已经存在能带混合,类轻空穴态 $|\tilde{\phi}_{h1}\rangle$ 和 $|\tilde{\phi}_{h2}\rangle$ 包括了无扰动布洛赫态 $|j,3/2\rangle,j=\pm 3/2,\pm 1/2$ 的混合态。$|\tilde{\phi}_{h1}\rangle$ 态有一个较大的 $|3/2,1/2\rangle$ 分量,而 $|\tilde{\phi}_{h2}\rangle$ 态有一个较大的 $|3/2,-1/2\rangle$ 分量。导态 $|\phi_c \uparrow\rangle$ 和 $|\phi_c \downarrow\rangle$ 与[110]QW 中的相同,且包含一个 $|S\uparrow\rangle$ 分量和一个 $|S\downarrow\rangle$ 分量。已存在的能带混合改变了 TE 偏振光的选择定则。$|\tilde{\phi}_{h1}\rangle - |\phi_c \downarrow\rangle$ 和 $|\tilde{\phi}_{h2}\rangle - |\phi_c \uparrow\rangle$ 跃迁不再各自由两个圆偏振光引起,相反,它们各自由两个椭圆偏振光引起。TM 偏振光引起 $|\tilde{\phi}_{h1}\rangle - |\phi_c \uparrow\rangle$ 和 $|\tilde{\phi}_{h2}\rangle - |\phi_c \downarrow\rangle$ 跃迁,而 TE 偏振泵浦光使对应的吸收饱和。图 2.19(b)给出了实际空间中泵浦-探测方案的结构,由于使用了 TM 偏振信号,它是通过波导几何结构输入到器件中的。另一方面,泵浦光可以通过垂直入射几何结构或波导几何结构输入到器件中。

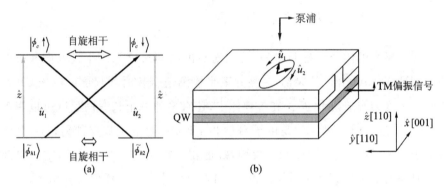

图 2.19　(a)基于自旋相干的双 V 电磁感应透明的泵浦-探测方案。TE 偏振泵浦光引起图中的交叉跃迁,而 TM 偏振信号引起垂直跃迁。由于[110]QW 的能带混合,由 TE 偏振泵浦光引起的两种跃迁由两个椭圆偏振态独立地引起。导带中的自旋相干在引起吸收谱的相干凹陷中起到主要作用。(b)双 V 电磁感应透明中的泵浦-探测方案。由于信号是 TM 偏振的,它必须通过波导几何结构输入到器件中;另一方面,TE 偏振的泵浦光可以通过波导几何结构或者垂直入射的结构输入到器件中(经许可,引自 Chang,S. W.,Chuang,S. L.,Chang-Hasnian,C. J.,and Wang,H.,J. Opt. Soc. Am. B,24(4),849,2007.)

　　与 CPO 中的布居拍频类似,在 QW 平面内产生了频率等于信号-泵浦失谐量的微小的电子自旋进动(正比于密度矩阵的非对角元素 $\rho_{\uparrow\downarrow}$)。这个进动是光学产生的,其强度正比于小信号的振幅,远小于存在外加磁场的情况。因

此,我们还可以认为这个泵浦-探测方案是没有自旋进动的[33]。原理上,空穴在"$j \sim |3/2, \pm 1/2\rangle$"自旋空间中可以表现出一种进动。但是,空穴的自旋相干时间远远小于电子的自旋相干时间,因此其贡献通常小得多。

用于 CPO 中的大多数概念都适用于这个基于自旋相干的方案,这个微小的自旋进动还会对信号产生线性和 FWM 响应。与布居寿命类比,自旋相干时间就是自旋进动可以跟随泵浦和信号拍频的时间尺度。因此,线宽为自旋相干时间倒数量级的相干凹陷出现在吸收谱上,对应这个吸收凹陷,在折射率谱的相同频率范围内有一个尖锐的正斜率变化,于是这个正斜率可以用来减慢光波包。由此可以预期,基于自旋相干计算的物理量的大部分趋势与基于CPO 的结果相似。实际也确实如此,有兴趣的读者可以参阅参考文献[32]。基于 CPO 的慢光和基于双 V 电磁感应透明的慢光的一个区别是,由于后者使用了 TM 偏振信号,LH 激子的 TM 振子强度大于 HH 激子的 TE 振子强度,因此,与 CPO 情况相比,信号得到更大的减慢因子,但固有吸收也更高。较强的信号吸收是基于双 V 电磁感应透明慢光的一个缺点,可以通过切换泵浦和信号的偏振态来避免信号的强吸收。尽管这样可以使信号的吸收较弱,但减慢因子也被减小,而且此时泵浦光的吸收较强。

基于类轻空穴激子的泵浦-探测方案还有另外一个缺点。通常,类轻空穴激子处于类重空穴连续态,TE 偏振泵浦光可能遭受来自类重空穴连续态有害的耗散。要避免这个问题,一种方式是用拉伸应变将类轻空穴能带提升到类重空穴能带的上面[32]。利用拉伸应变,类轻空穴激子吸收将具有最低的跃迁能量,可以避免来自类重空穴连续态有害的耗散。拉伸应变可以利用应变材料产生,或者沿生长方向施加单轴应力。图 2.20 给出了在布里渊区中心最高价带的轻空穴分量 $|\pm 1/2, 3/2\rangle$ 与外加应力的函数关系,从图中可以看出,当应力足够大时,最高的价带变为类轻空穴能带,这可以帮助减小 TE 偏振泵浦光的额外吸收。

图 2.21 给出了在 [001] QW 中轻空穴激子的双 V 电磁感应透明的实验数据[33]。实验是在 50 K 温度下进行的,可以看到线宽约为 1 GHz 的尖峰出现在透射谱上。事实上,这些 [001] QW 的自旋相干时间对一些要求带宽低于吉赫兹范围的实际应用来讲足够长了。在这些 QW 中没有应变,因此,来自类重空穴连续态的额外吸收会使泵浦光衰减并劣化慢光器件的性能。

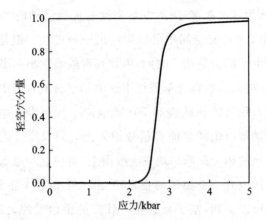

图 2.20 单轴应变下最高价带的轻空穴分量。单轴应力能产生双轴应变,这
可以将类轻空穴能带提升到类重空穴能带上面。这个能量移动导
致类轻空穴激子的光子能量较小,并避免 TE 偏振泵浦下有害的耗
散(经许可,引自 Chang, S. W., Chuang, S. L., Chang-Hasnain, C.
J., and Wang, H., J. Opt. Soc. Am. B, 24(4), 849, 2007.)

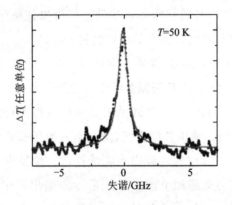

图 2.21 在[001]QW 中双 V 电磁感应透明引起的透射峰,尖锐的透
射峰意味着双 V 电磁感应透明是证明半导体中慢光的一种
可能的备选方案(经许可,引自 Sarkar, S., Palinginis, P., Ku,
P. C., Chang-Hasnain, C. J., Kwong, N. H., Binder, R., and
Wang, H., Phys. Rev. B, 72(3), 035343, 2005.)

2.7　总结

我们讨论了半导体量子结构中基于吸收区和增益区中的 CPO 的慢光和快光。低温下基于 QW 中重空穴激子的 CPO 可以提供 $10^4 \sim 10^5$ 的减慢因子,如果提高泵浦光的强度,可以将工作温度提高到室温。与 EIT 和其他慢光机制相比,CPO 还相对免于非均匀加宽的影响,这种免疫力已被室温下 QD 中的慢光实验所证实。但是,低表面覆盖率、低限制因子以及非均匀加宽导致的 QD 的低效利用,显著降低了减慢因子。

在半导体中实现慢光还使得电控光缓存成为可能,我们既可以利用反向偏置电压也可以利用正向注入电流来电控减慢因子。然而,基于吸收区内纯 CPO 机制的慢光遭受高吸收的影响,大幅度降低了其信噪比。为了解决这个问题,可以利用增益区内的 CPO 和 FWM,这样信号在通过整个器件的过程中是被放大而不是被衰减的。体器件或 QW SOA 内有限的线宽增强因子既可以实现基于 CPO 的慢光工作,也可以实现快光工作。但是,基于 CPO 和 FWM 的非线性传输过程使产生的线性和非线性光学分量不可分离,这种不可分离性是导致光波包显著失真的部分原因。

与 CPO 类似,基于轻空穴激子的自旋相干也可以作为证明慢光的机制。此时,利用的是微小的自旋进动而不是布居拍频。但是,大量的 TM 吸收导致信号光和泵浦光都受到显著的吸收,强固有吸收限制了器件的长度。同时,类轻空穴激子位于类重空穴连续态,并带来有害的耗散。但是,通过在 QW 系统内建立拉伸应变,降低远离类重空穴连续态的类轻空穴激子的跃迁能量,可以克服这个难题。

参考文献

[1] P. C. Ku, F. Sedgwick, C. J. Chang-Hasnain, P. Palinginis, T. Li, H. Wang, S. W. Chang, and S. L. Chuang. Slow light in semiconductor quantum wells. Opt. Lett., 29(19):2291-2293, 2004.

[2] S. W. Chang, S. L. Chuang, P. C. Ku, C. J. Chang-Hasnian, P. Palinginis, and H. Wang. Slow light using excitonic population oscillation. Phys. Rev. B, 70(23):235333, 2004.

[3] P. Palinginis, S. Crankshaw, F. Sedgwick, E. T. Kim, M. Mocwe, C. J.

Chang-Hasnain, H. L. Wang, and S. L. Chuang. Ultraslow light (<200 m/s)propagation in a semiconductor nanostructure. Appl. Phys. Lett. ,87 (17):171102,2005.

[4] M. S. Bigelow, N. N. Lepeshkin, and R. W. Boyd. Superluminal and slow light propagation in a room-temperature solid. Science, 301: 200-202,2003.

[5] M. S. Bigelow, N. N. Lepeshkin, and R. W. Boyd. Observation of ultraslow light propagation in a ruby crystal at room temperature. Phys. Rev. Lett. ,90(11):113903,2003.

[6] P. Palinginis, F. G. Sedgwick, S. Crankshaw, M. Moewe, and C. J. Chang-Hasnain. Room temperature slow light in a quantum-well waveguide via coherent population oscillation. Opt. Express,13(24):9909-9915,2005.

[7] J. Mork, R. Kjaer, M. van der Poel, and K. Yvind. Slow light in a semiconductor waveguide at gigahertz frequencies. Opt. Express, 13(20):8136-8145,2005.

[8] H. Su and S. L. Chuang. Room-temperature slow light with semiconductor quantum-dot devices. Opt. Lett. ,31(2):271-273,2006.

[9] P. K. Kondratko, S. W. Chang, H. Su, and S. L. Chuang. Optical and electrical control of slow light in p-doped and intrinsic quantum-dot electroabsorbers. Appl. Phys. Lett. ,90(25):251108,2007.

[10] H. Gotoh, S. W. Chang, S. L. Chuang, H. Okamoto, and Y. Shibata. Tunable slow light of 1. 3 μm region in quantum dots at room temperature. Jpn. J. Appl. Phys. ,Part 1,46(4B):2369-2372,2007.

[11] H. Su and S. L. Chuang. Room temperature slow and fast light in quantum-dot semiconductor optical amplifiers. Appl. Phys. Lett. , 88 (6): 061102,2006.

[12] P. K. Kondratko and S. L. Chuang. Slow-to-fast light using absorption to gain switching in quantum-well semiconductor optical amplifier. Opt. Express,15(16):9963-9969,2007.

[13] A. Matsudaira, D. Lee, P. K. Kondratko, D. Nielsen, and S. L. Chuang. Electrically tunable slow and fast lights in a quantum-dot semiconductor

optical amplifier near 1. 55 μm. Opt. Lett. ,32(19):2894-2896,2007.

[14] B. Pesala, Z. Y. Chen, A. V. Uskov, and C. J. Chang-Hasnain. Experimental demonstration of slow and superluminal light in semiconductor optical amplifiers. Opt. Express,14(26):12968-12975,2006.

[15] A. V. Uskov and C. J. Chang-Hasnain. Slow and superluminal light in semiconductor optical amplifiers. Electron. Lett. ,41(16):922-924,2005.

[16] F. Ohman, K. Yvind, and J. Mork. Slow light in a semiconductor waveguide for true-time delay applications in microwave photonics. IEEE Photon. Tech. Lett. ,19(15):1145-1147,2007.

[17] F. Ohman,K. Yvind,and J. Mork. Voltage-controlled slow light in an integrated semiconductor structure with net gain. Opt. Express,14(21):9955-9962,2006.

[18] S. W. Chang and S. L. Chuang. Slow light based on population oscillation in quantum dots with inhomogeneous broadening. Phys. Rev. B,72(23):235330,2005.

[19] S. W. Chang,P. K. Kondratko,H. Su,and S. L. Chuang. Slow light based on coherent population oscillation in quantum dots at room temperature. IEEE J. Quantum Electron. ,43(2):196-205,2007.

[20] R. W. Boyd,M. G. Raymer,P. Narum,and D. J. Harter. Four-wave parametric interactions in a strongly driven two-level system. Phys. Rev. A,24(1):411-423,1981.

[21] P. Agrawal. Population pulsations and nondegenerate four-wave mixing in semiconductor lasers and amplifiers. J. Opt. Soc. Am. B,5(1):147-159,1988.

[22] H. Su,P. K. Kondratko,and S. L. Chuang. Variable optical delay using population oscillation and four-wave-mixing in semiconductor optical amplifiers. Opt. Express,14(11):4800-4807,2006.

[23] L. V. Hau,S. E. Harris,Z. Dutton,and C. H. Behroozi. Light speed reduction to 17 metres per second in an ultracold atomic gas. Nature,397:594,1999.

[24] E. Podivilov, B. Sturman, A. Shumelyuk, and S. Odouiov. Light pulse

slowing down up to 0. 025 cm/s by photorefractive two-wave coupling. Phys. Rev. Lett. ,91(8):083902,2003.

[25] J. Kim, S. L. Chuang, P. C. Ku, and C. J. Chang-Hasnain. Slow light using semiconductor quantum dots. J. Phys. Cond. Matt. ,16(35):S3727-S3735,2004.

[26] R. S. Tucker, P. C. Ku, and C. J. Chang-Hasnain. Slow-light optical buffers: Capabilities and fundamental limitations. J. Lightwave Tech. , 23 (12):4046-4066,2005.

[27] R. S. Tucker, P. C. Ku, and C. Chang-Hasnain. Delay-bandwidth product and storage density in slow-light optical buffers. Electron. Lett. ,41(4): 208-209,2005.

[28] A. V. Uskov, F. G. Sedgwick, and C. J. Chang-Hasnain. Delay limit of slow light in semiconductor optical amplifiers. IEEE Photon. Tech. Lett. ,18(6):731-733,2006.

[29] F. G. Sedgwick, C. J. Chang-Hasnain, P. C. Ku, and R. S. Tucker. Storage-bit-rate product in slow-light optical buffers. Electron. Lett. , 41 (24):1347-1348,2005.

[30] Z. Deng, D. K. Qing, P. Hemmer, C. H. Raymond, M. S. Zubairy, and M. O. Scully. Time-bandwidth problem in room temperature slow light. Phys. Rev. Lett. ,96(2):023602,2006.

[31] T. Li, H. Wang, H. H. Kwong, and R. Binder. Electromagnetically induced transparency via electron spin coherence in a quantum well waveguide. Opt. Express,11(24):3298-3303,2003.

[32] S. W. Chang, S. L. Chuang, C. J. Chang-Hasnain, and H. Wang. Slow light using spin coherence and v-type electromagnetically induced transparency in [110] strained quantum wells. J. Opt. Soc. Am. B. ,24(4): 849-859,2007.

[33] S. Sarkar, P. Palinginis, P. C. Ku, C. J. Chang-Hasnain, N. H. Kwong, R. Binder, and H. Wang. Inducing electron spin coherence in GaAs quantum well waveguides: Spin coherence without spin precession. Phys. Rev. B,72(3):035343,2005.

[34] F. G. Sedgwick, B. Pesala, J. Y. Lin, W. S. Ko, X. X. Zhao, and Chang-Hasnain CJ. Thz-bandwidth tunable slow light in semiconductor optical amplifiers. Opt. Express, 15(2):747-753, 2007.

[35] M. van der Poel, J. Mork, and J. M. Hvam. Controllable delay of ultra-short pulses in a quantum dot optical amplifier. Opt. Express, 13(20): 8032-8037, 2005.

[36] H. Wang, K. Ferrio, D. G. Steel, Y. Z. Hu, R. Binder, and S. W. Koch. Transient nonlinear optical response from excitation induced dephasing in GaAs. Phys. Rev. Lett., 71(8):1261, 1993.

[37] H. Wang, K. B. Ferrio, D. G. Steel, P. R. Berman, Y. Z. Hu, R. Binder, and S. W. Koch. Transient four- wave-mixing line shapes:Effects of ex-citation-induced dephasing. Phys. Rev. A, 49(3):R1551, 1994.

[38] M. I. Dyakonov and V. Y. Kachorovskii. Spin relaxation of two-dimen-sional electrons in noncentrosym-metric semiconductors. Sov. Phys. Semicond., 20(1):110-112, 1986.

[39] M. I. Dyakonov and V. I. Perel. Spin relaxation of conduction elec-trons in noncentrosymmetric semiconductors. Sov. Phys. Solid State, 13: 3023-3026, 1972.

[40] G. L. Bir, A. G. Aronove, and G. E. Pikus. Spin relaxation of electrons due to scattering by holes. Sov. Phys. JETP, 42:705-712, 1975.

[41] R. J. Elliott. Theory of the effect of spin-orbit coupling on magnetic res-onance in some semiconductors. Phys. Rev., 96(2):266-279, 1954.

[42] P. Palinginis and H. L. Wang. Vanishing and emerging of absorption quantum beats from electron spin coherence in GaAs quantum wells. Phys. Rev. Lett., 92(3):037402, 2004.

[43] Y. Ohno, R. Terauchi, T. Adachi, F. Matsukura, and H. Ohno. Spin re-laxation in GaAs(110) quantum wells. Phys. Rev. Lett., 83(20):4196-4199, 1999.

第 3 章
光波导中的慢光

正如本书可以证明的,在过去的 10 年间有一阵关于修饰光学材料色散特性的研究[1],而吸引研究人员注意的是有关产生大的正色散的频谱区的一些早期研究结果[2][3][4]。大的正色散导致非常小的群速度,这里,群速度近似为脉冲在材料中的传输速度。我们将群速度表示为 $v_g = c/n_g$,其中 c 为光在真空中的速度,n_g 为群折射率。在早期实验中,正如第 1 章详细描述的,原子的稀释气体被频率精确调谐到原子光学跃迁处的控制光束或耦合光束激发,这里控制光场改变了共享相同能级的另一个原子跃迁的吸收和色散特性。在这第二个跃迁上,产生了一个窄的透明窗口——该过程即为电磁感应透明(EIT),且在该窗口内,v_g 的值非常小,很多实验已经观测到 $v_g \approx 1$ m/s 或更小,这意味着 $n_g > 10^8$。这个结果是卓越的,因为材料的折射率 n 在可见光谱区事实上很少超过 3。如此大的群折射率意味着什么?这个基本的科学发现有什么应用?

我们脑海里能够想到的一个直接应用就是利用慢光(当 $v_g \ll c$ 时)来实现光脉冲的实时可调光缓存。例如,能够延迟整个光信息包的光缓存可以充分增加光通信网络中路由器的效率[5]~[8]。过去几年中我们的主要目标是研究新的机制,以在光波导中实现处于或接近于室温工作的慢光。波导几何结构使得光与物质的相互作用发生在长距离内,其中光的横向尺寸在波长量级,因此降低了产生慢光效应所需的光功率。同时,基于波导的慢光器件可以有很紧凑的结构并与现有技术集成。

本章的主要目的是回顾我们自己对光波导中慢光的研究,特别地,介绍了如何在透明光纤中通过受激布里渊散射和受激拉曼散射(分别为 SBS 和 SRS),通过掺铒光纤放大器中的相干布居振荡(CPO)、充气空芯光纤中的 EIT 以及波长变换和色散等技术实现慢光。

3.1 基于受激散射的慢光

要理解如何通过受激散射实现慢光,重要的是回顾 Kramers-Kronig 关系[9],它将满足因果关系的电介质复折射率的实部和虚部联系在一起。特别地,频率相关的材料色散(或增益)必然与频率相关的折射率关联在一起。考虑群折射率的定义为 $n_g = n + \omega dn/d\omega$,其中 ω 为光频率,可以看到群折射率通过所谓的色散项 $\omega dn/d\omega$ 而区别于折射率。因此,当折射率在窄频率区间内显著变化(使 $dn/d\omega$ 很大)时,产生一个大的 n_g,这与材料吸收谱的快速变化相联系。

在受激散射过程中[10],光散射的发生是由于介质介电常数高度局域化的变化。对于足够强的光场,这些改变是通过将材料激发耦合到两个光场中产生的,这两个光场的频率差为激发频率。这个激发过程在两个光场之间产生了非线性光耦合,它使一束光的能量转移到另一束光中,引起探测光束的吸收或放大。这个耦合发生在很窄的频谱范围内,并产生一个窄带谐振,通过调节激光束强度可以用该窄带谐振来控制 v_g。受激散射谐振的重要特征是它可以发生在室温下,且它是由泵浦激光束产生的,因此可以发生在材料透明的整个频率范围内。在我们的研究中,我们研究了 SBS 和 SRS 引起的材料谐振,如 3.1.1 节至 3.1.5 节所述。

3.1.1 基于 SBS 的慢光

在 SBS 过程中,电致伸缩效应在材料中感应高频声波,即材料密度在高光强区也随之增强。SBS 过程可以经典地描述为泵浦(角频率为 ω_p)和探测光场(ω)通过感应的声波(Ω_B)产生的非线性相互作用[10]。声波反过来调制介质的折射率,将泵浦波散射到(出)探测波,其频率被下移(上移)一个声波频率。当满足这个谐振条件时,这个非线性过程使三个波之间发生强烈的耦合,最终导致探测波的指数放大(吸收)。当同时满足能量和动量守恒时,将发生有效的SBS,当泵浦波和探测波反向传输时满足这个条件。

基于SBS的慢光可以通过研究连续波泵浦的介质下,探测波经历的谐振来理解。这里,我们重点考虑反向传输探测波的频率接近放大谐振(亦称斯托克斯谐振)的情况,其结果可以直接推广到吸收谐振(亦称反斯托克斯谐振)的情况,在小信号限制(即泵浦消耗可忽略)下,光纤中的探测波(沿$+z$方向传输)经历的有效复折射率$\tilde{n}(\omega)$为

$$\tilde{n} = n_{\mathrm{f}} - \mathrm{i}\,\frac{c}{\omega}\,\frac{g_0 I_{\mathrm{p}}}{1 - \mathrm{i}2\delta\omega/\Gamma_{\mathrm{B}}} \tag{3.1}$$

式中:n_{f}为光纤模式的模折射率;I_{p}为泵浦光强度;g_0为谱线中心的增益因子;$\delta\omega = \omega - \omega_{\mathrm{p}} + \Omega_{\mathrm{B}}$,且$\Gamma_{\mathrm{B}}/2\pi$为布里渊谐振线宽的半极大全宽度(FWHM)。

对于典型的光通信光纤,$\Omega_{\mathrm{B}}/2\pi \approx 10\ \mathrm{GHz}$且$\Gamma_{\mathrm{B}}/2\pi \approx 30\ \mathrm{MHz}$。相比基于原子的慢光用到的原子跃迁的自然线宽,这里的谐振线宽如此之窄的事实,意味着可以在光纤中实现对v_{g}的控制。从式(3.1)可以看出,探测波经历洛伦兹型谐振的增益和色散,增益系数$g = -2(\omega/c)\mathrm{Im}(\tilde{n})$,实折射率$n = \mathrm{Re}(\tilde{n})$,群折射率$n_{\mathrm{g}} = n + \omega\mathrm{d}n/\mathrm{d}\omega$分别由

$$g(\omega) = \frac{g_0 I_{\mathrm{p}}}{1 + 4\delta\omega^2/\Gamma_{\mathrm{B}}^2} \tag{3.2a}$$

$$n(\omega) = n_{\mathrm{f}} + \frac{c g_0 I_{\mathrm{p}}}{\omega}\frac{\delta\omega/\Gamma_{\mathrm{B}}}{1 + 4\delta\omega^2/\Gamma_{\mathrm{B}}^2} \tag{3.2b}$$

$$n_{\mathrm{g}}(\omega) = n_{\mathrm{fg}} + \frac{c g_0 I_{\mathrm{p}}}{\Gamma_{\mathrm{B}}}\frac{1 - 4\delta\omega^2/\Gamma_{\mathrm{B}}^2}{(1 + 4\delta\omega^2/\Gamma_{\mathrm{B}}^2)^2} \tag{3.2c}$$

给出,其中n_{fg}为不存在SBS时光纤模式的群折射率。图3.1给出了SBS放大谐振的折射率、增益和群折射率,可以看出谐振中心附近的正色散导致群折射率的增加,因此使群速度$v_{\mathrm{g}} = c/n_{\mathrm{g}}$减小。

对于前面提到的光学数据缓存应用,慢光器件的一个重要特性是它可控地延迟脉冲的能力。对于脉冲频谱的大部分落在v_{g}几乎为常数的区域内的情况,慢光延迟(定义为有、无SBS时脉冲通过的时间差)由

$$\Delta T_{\mathrm{d}} = \frac{G}{\Gamma_{\mathrm{B}}}\frac{1 - 4\delta\omega^2/\Gamma_{\mathrm{B}}^2}{(1 + 4\delta\omega^2/\Gamma_{\mathrm{B}}^2)^2} \approx \frac{G}{\Gamma_{\mathrm{B}}}(1 - 12\delta\omega^2/\Gamma_{\mathrm{B}}^2),\ 4\delta\omega^2/\Gamma_{\mathrm{B}}^2 \ll 1 \tag{3.3}$$

给出,其中$G = g_0 I_{\mathrm{p}} L$为增益参数,其指数e^G为小信号增益,L为光纤长度。

最大延迟发生在布里渊增益的峰值处($\delta\omega=0$)且由

$$\Delta T_{\mathrm{d}}=G/\Gamma_{\mathrm{B}} \qquad (3.4)$$

给出。可以看出,通过调整泵浦光强,慢光延迟 ΔT_{d} 可调谐。由式(3.4)给出当 $\Gamma_{\mathrm{B}}/(2\pi)=30$ MHz 时,$\Delta T_{\mathrm{d}}\approx1.2$ ns/dB。

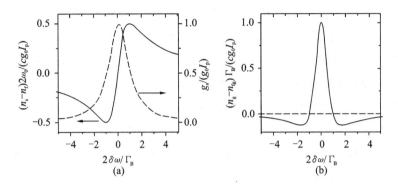

图 3.1　SBS 谐振的大色散。(a)谐振的增益(实线)和折射率(虚线);(b)谐振的归一化群折射率(经许可,引自 Zhu, Z., Gauthier, D. J., Okawachi, Y., Sharping, J. E., Gaeta, A. L., Boyd, R. W., and Willner, A. E., J. Opt. Soc. Am. B, 22, 2378, 2005.)

慢光延迟总是伴随着一定程度的脉冲失真,这是由于一部分脉冲频谱扩展到了增益和群折射率显著变化的区域。例如,一个高斯型脉冲在时域上被展宽的因子为[12]

$$B\equiv\tau_{\mathrm{out}}/\tau_{\mathrm{in}}=[1+(16\ln2)G/(\tau_{\mathrm{in}}^{2}\Gamma_{\mathrm{B}}^{2})]^{1/2} \qquad (3.5)$$

式中:τ_{in} 和 τ_{out} 分别为输入和输出脉冲的宽度(FWHM),且在得到这个表示式时忽略了三阶和更高阶色散。

脉冲宽度展宽主要是因为来自带宽限制的增益引发的频谱整形,它窄化了输出脉冲的谱宽。

分数延迟(延迟与脉宽的比)与脉冲展宽相联系,即

$$\Delta T_{\mathrm{d}}/\tau_{\mathrm{in}}=[(B^{2}-1)G/(16\ln2)]^{1/2} \qquad (3.6)$$

这个结果意味着由于 G 受自产生的限制,在单一 SBS 慢光元件中存在一个可以得到的最大分数延迟。在自产生过程中,在斯托克斯频率处(由热扰动产生)产生自发散射光,并在光纤入射面附近经历 SBS 过程引起的指数增长。对于足够高的增益(通常对于长光纤 $G=10\sim15$),自产生光消耗泵浦光,从而导致增益饱和[11]。利用极限 $G=15$ 和约束 $B=2$,对于单一洛伦兹型放大谐振,

得到分数延迟的极限为 2.6。Song 等证实,利用衰减器分离的多 SBS 慢光延迟线,可以避免自产生问题[13]。

基于光纤中 SBS 的可调谐慢光延迟首先由 Song 等[14]和 Okawachi 等[12]各自独立证实。在 Okawachi 等的实验中(见图 3.2),波长 1550 nm 处的单一连续波窄线宽可调谐激光器用于产生泵浦波和探测脉冲,探测脉冲由该激光器泵浦的 SBS 发生器产生。探测脉冲与泵浦波在 500 m 长 SMF-28e 光纤中反向传输,其中探测脉冲经历放大和慢光延迟。延迟的输出脉冲由高速探测器记录并显示于示波器上。实验证实,通过调整泵浦光场强度,延迟可以被连续调谐 25 ns,该技术可以用于脉宽短至 15 ns 的脉冲。图 3.3 给出了当输入脉宽分别为 63 ns 和 15 ns 时,测量的慢光延迟与增益参数的关系。图 3.4 给出了增益参数 $G=11$ 时,两种脉宽下延迟(实线)和未延迟(点线)的脉冲,在 15 ns 输入脉宽下实现分数慢光延迟为 1.3 且脉冲展宽因子为 1.4。

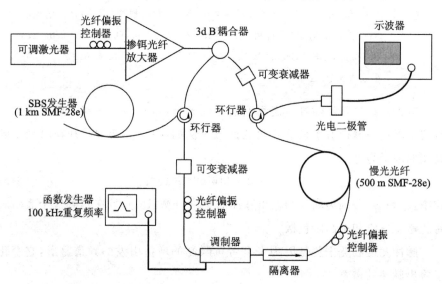

图 3.2　SBS 慢光实验装置(经许可,引自 Okawachi, Y., Bigelow, M. S., Sharping, J. E., Zhu, Z., Schweinsberg, A., Gauthier, D. J., Boyd, R. W., and Gaeta, A. L., Phys. Rev. Lett., 94, 153, 902, 2005.)

还有可能观察到基于 SBS 的快光(其中 $v_g > c$ 或 $v_g < 0$)。特别地,对反斯托克斯频率,反常色散发生在吸收谐振的中心,只要将 g 反号并重复上述分析,就可以得到这个结果。Song 等[14]利用这个效应在光纤中观察到了脉冲超前。

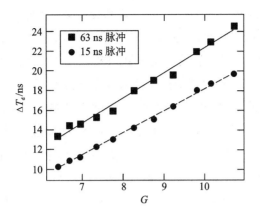

图 3.3　光学可控的慢光脉冲延迟。对于 63 ns(方点)和 15 ns(圆点)输入斯托克斯脉冲,产生的延迟随布里渊增益参数 G 的变化(经许可,引自 Okawachi, Y., Bigelow, M. S., Sharping, J. E., Zhu., Z., Schweinsberg, A., Gauthier, D. J., Boyd, R. W., and Gaeta, A. L., Phys. Rev. Lett., 94, 153, 902, 2005.)

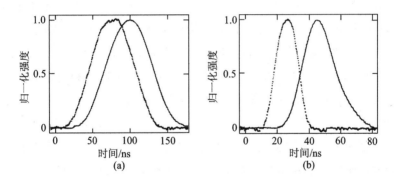

图 3.4　有(实线)和无(点线)输入泵浦光时,63 ns(见图(a))和 15 ns(见图(b))的输入斯托克斯脉冲从光纤输出的时域波形变化(增益参数 $G=11$)(经许可,引自 Okawachi, Y., Bigelow, M. S., Sharping, J. E., Zhu., Z., Schweinsberg, A., Gauthier, D. J., Boyd, R. W., and Gaeta, A. L., Phys. Rev. Lett., 94, 153, 902, 2005.)

在光纤中 SBS 慢光的首次实验演示后,人们对开发慢光在通信中应用的方法产生了极大的兴趣。SBS 慢光技术的吸引力在于:其相对简单,工作在室温,材料对任意波长透明,且使用商用化的通信元件。

一条研究主线集中在减小脉冲失真和提高系统性能上[15]~[21]。Stenner 等[15]首先考虑了这个问题,他们提出并证明了一种普遍的脉冲失真管理方法,利用多条 SBS 增益谱线来优化一定失真和泵浦功率限制下的慢光延迟。在他们的实验演示中,用双频泵浦产生了两条间隔紧密的 SBS 增益谱线,相比优化过的单一 SBS 谱线延迟,利用这种方法得到的慢光脉冲延迟提高了接近 2 倍。这个结果提供了一种减小脉冲失真的有效方法,并通过调整信号脉冲经历的增益谐振优化了 SBS 慢光。沿着这条主线,通过不同方法定制增益谐振轮廓,也使 SBS 慢光效率(定义为每 dB 增益的延迟)得到了改善[22][23][24]。

另一条研究主线集中在宽带 SBS 慢光[25]~[31]。产生慢光效应的谐振宽度限制了无显著失真时可以实现延迟的最小脉宽,因此也限制了光通信系统的最大数据率。由于窄布里渊谐振宽度(在标准单模光纤中约为 30 MHz),基于光纤的 SBS 慢光限制了数据率小于每秒几十兆比特。Herráez 是最早研究增加 SBS 慢光带宽的,并通过展宽 SBS 泵浦光的频谱得到大约 325 MHz 的慢光带宽。Zhu 等继续深入这项研究,实现了 SBS 慢光带宽可达 12.6 GHz,因此可以支持的数据率超过 10 Gb/s[26]。在这项研究中,75 ps 数据脉冲在增益约为 14 dB 时被延迟 47 ps 以上。图 3.5 给出了宽带 SBS 慢光的实验结果,从图 3.5(a)可以看出,发生在 $\omega_p - \Omega_B$ 处的 SBS 增益谐振和发生在 $\omega_p + \Omega_B$ 处的吸收谐振扩展到了它们几乎重叠的点,此时,反斯托克斯吸收趋向于减小慢光效率并将可以得到的带宽大约限制到 Ω_B。最近,利用中心频率高于第一个宽带泵浦 $2\Omega_B$ 的第二个宽带泵浦,克服了上述限制[28][29]。这第二个泵浦产生增益谐振来补偿第一个泵浦引起的吸收,使得可以利用更宽的泵浦频谱来增加 SBS 慢光的带宽。利用这种方法实现的慢光带宽大约为 25 GHz[29]。

SBS 慢光的其他研究包括延迟的退耦合增益[32][33][34]和减小控制延迟[22][35]。在 SBS 慢光中,脉冲延迟总是伴随着信号放大,在需要恒定的信号功率时,这种放大可能是不可取的。为了减小慢光中的信号功率变化,Zhu 等利用两个分离很远的反斯托克斯线来形成慢光元素,相比单一 SBS 谐振情况,利用该方法信号放大的变化很小[32]。在参考文献[33][34]中,通过组合一个宽带吸收谐振和一个窄带增益谐振,产生一个合成的谐振轮廓,这个合成的谐振轮廓被用来实现具有恒定信号振幅的慢光延迟。在调整泵浦激光器强度所需的时间和 2 倍光在光纤中传输的时间中,较短的那个时间决定了 SBS 慢光中的控制延迟,后者经常是限制因素。因此,利用短光纤实现 SBS 慢光可以增

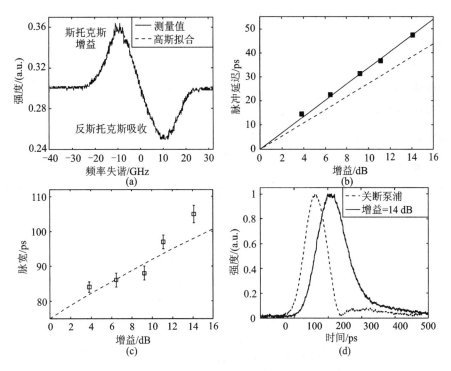

图 3.5　(a)双高斯拟合测量的 SBS 增益谱,SBS 增益带宽(FWHM)为 12.6 GHz;(b)脉冲延迟随 SBS 增益的变化,实线为测量数据(实方点)的线性拟合,虚线为不考虑反斯托克斯吸收时得到的结果;(c)脉冲宽度随 SBS 增益的变化,虚线为理论预测结果;(d)0 dB 和 14 dB SBS 增益下的脉冲波形,输入数据脉宽约为75 ps(经许可,引自 Zhu,Z.,Dawes,A. M. C.,Gauthier,D. J.,Zhang,L.,and Willner,A. E.,J. Lightw. Technol.,25,201,2007.)

加调节 SBS 慢光延迟的速度[22][35]。

　　此外,非石英光纤在慢光研究界也引起了很大的兴趣。例如,硫化物玻璃光纤[22][36]和亚碲酸盐玻璃光纤[37]都显示出更大的 SBS 增益因子 g_0,正被用于 SBS 慢光研究。关于不同光纤用于 SBS 慢光的严格比较可参见参考文献[36]。

3.1.2　基于 SRS 的慢光

　　基于 SRS 的慢光也可以在光纤中实现,它具有更大的带宽,因此可以用于更短脉宽的脉冲延迟。这个 SRS 散射产生于各个分子的受激振动或转动,这些分子称为光学声子,与 SBS 过程中的激发声波不同。不考虑产生材料激发的微观机制,SRS 慢光可以类似地理解为是基于泵浦光在光纤中传输引起的谐振。

与 SBS 中的简单洛伦兹型谐振相比,光纤中的 SRS 有一个更为复杂的谐振形状,这取决于光纤结构和材料组分。图 3.6 给出了石英光纤中的典型 SRS 频谱响应函数 $\tilde{h}_R$[38][39],其中斯托克斯带的最大增益峰发生在低于泵浦光频率约 13.2 THz 处。$\tilde{h}_R$ 的实部正比于 SRS 引起的折射率变化,而虚部正比于增益(对于斯托克斯带)或损耗(对于反斯托克斯带)。尽管增益谱(即 $\tilde{h}_R$ 的虚部)远不是洛伦兹型的,$\tilde{h}_R$ 的实部仍然随谱带中心附近的频率近似线性变化,意味着可以观察到慢光。

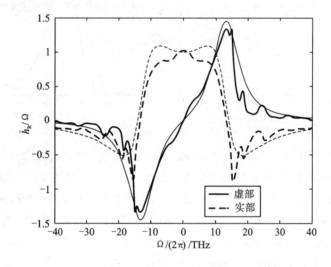

图 3.6　石英光纤典型拉曼增益谱 $\tilde{h}_R(\omega)$ 的实部和虚部(引自 Stolen,R. H. ,Gordon,J. P. ,Tomlinson,W. J. ,and Haus,H. A. ,J. Opt. Soc. Am. B 6,1159,1989;Hollenbeck,D. and Cantrell,C. D. ,J. Opt. Soc. Am. B 19,2886,2002),细线是将实验观察到的数据用简单的阻尼振子模型拟合得到的(引自 Blow,K. J. and Wood,D. ,IEEE J. Quantum Electron. ,25,2665,1989.)

在参考文献[40]中提出了一个测量拉曼响应函数的模型,其中含单阻尼振子,由

$$h_R(t) = (\tau_1^2 + \tau_2^2)/(\tau_1 \tau_2^2) \exp(-t/\tau_2) \sin(t/\tau_1) \qquad (3.7)$$

给出,其中 $\tau_1 = 12.2$ fs 且 $\tau_2 = 32$ fs。其傅里叶变换 $\tilde{h}_R$ 如图 3.6 的细线所示,从图中可知线形接近洛伦兹型,这是很好的近似。可以将上述 SBS 的结果用

于 SRS,只要将增益系数和线宽换成 SRS 的对应参数即可。在这个模型中,SRS 线宽约为 9.5 THz。

由于其宽线宽,SRS 对实现皮秒或更短脉宽的脉冲延迟非常有用。因为标准光纤的拉曼增益系数相对较小,要获得和输入脉冲宽度相当的延迟,通常需要高功率连续波或脉冲泵浦光束。但是,在强泵浦条件下传输皮秒脉冲,就必须理解光纤色散、自相位调制、交叉相位调制、群速度失配各自扮演的角色,以及它们与 SRS 过程的竞争。

SRS 与 SBS 的另一个差别在于,SRS 既可以发生在同向泵浦-探测结构中,也可以发生在反向结构中。当泵浦和探测光反向传输时,通常要求使用连续泵浦光,这样它在光纤中传输时可以充分地与探测脉冲重叠。但是,由于光纤中自发布里渊散射的阈值较低(比 SRS 低 2 到 3 个数量级),自发布里渊散射将消耗泵浦光并抑制 SRS。因此,大多数 SRS 实验采用同向泵浦-探测结构,其中泵浦光为脉宽短于声子寿命(通常为几纳秒)的脉冲。产生大 SRS 增益和慢光延迟的另外一个考虑是,泵浦和探测脉冲的群速度匹配问题,这样当它们在光纤中传输时不会在时间上分离。要获得较长的走离长度,可以通过选择具有合适色散特性的光纤实现,对于给定的光纤也可以通过选择合适的泵浦波长实现。

Sharping 等[41]在光纤拉曼放大器中演示了一个超快全光可控的延迟。在这个实验中,430 fs 脉冲被延迟了其脉宽的 85%。SRS 慢光具有能够在基于光纤的系统中适用于窄于 1 ps 脉冲带宽的能力,使其对在超宽带通信系统产生可控延迟非常有用。图 3.7 给出了实验装置,其中信号和泵浦脉冲同向传输,信号脉冲来自钛宝石激光器泵浦的光参量振荡器(OPO),其中心波长为 1640 nm,变换极限脉宽为 430 fs。用傅里叶变换频谱干涉法(FTSI)测量信号脉冲的延迟,这种方法具有精确测量小到峰值功率很低的脉冲之间数十飞秒延迟的能力。将信号脉冲序列通过一个非对称的迈克尔逊干涉仪,可以产生用于测量信号延迟的时间上分离的参考脉冲。将 500 ps 宽的 1535 nm 泵浦脉冲与信号脉冲、参考脉冲一起同步地在 1 km 高非线性光纤(HNLF)中同向传输,其中信号脉冲被放大且延迟,而参考脉冲没被放大。光谱仪(OSA)测得的干涉图通过傅里叶变换,用来确定慢光延迟。

图 3.8 给出了拉曼放大器中的慢光结果,其中信号波长为 1637 nm,非常接近拉曼增益包络的峰值。增益参数(左坐标轴)和信号延迟(右坐标轴)与峰

值泵浦功率的函数关系如图 3.8 所示,从图中可以看出,增益和延迟都随泵浦功率线性变化。图 3.8 中的数据显示最大延迟为 140 fs,是输入变换极限脉冲宽度的 40%。

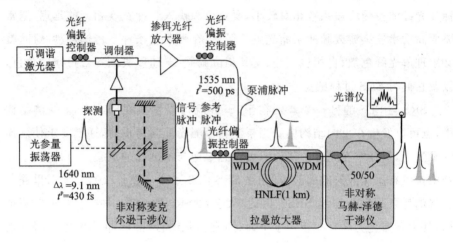

图 3.7　在拉曼光纤放大器中演示慢光的实验装置图(经许可,引自 Sharping,J. E. , Okawachi,Y. ,and Gaeta,A. L. ,Opt. Express,13,6092,2005.)

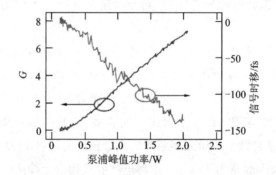

图 3.8　在 SRS 慢光中信号增益和延迟与泵浦功率的关系(经许可,引自 Sharping,J. E. ,Okawachi,Y. ,and Gaeta, A. L. , Opt. Express, 13, 6092, 2005.)

　　图 3.9 利用傅里叶变换的时域表示,给出了三个延迟信号脉冲,这里,在每次测量之前系统都被调整到尽可能得到的最大延迟。测得的脉冲峰值的延迟来自受激拉曼散射、交叉相位调制和波长位移的贡献。对于这些脉冲,相对信号延迟从 0 到 370±30 fs 变化,在最大延迟下延迟量为脉冲宽度的 85%。

在最大延迟下测得的增益 $G=7$,这意味着由 $\Delta T_d = G/\Gamma_R$ 可推算出拉曼增益的带宽为 3 THz。可以看出,当延迟变化时,脉冲的谱宽相对于零延迟下的值并没有变化。

除了光纤,SRS 慢光已经在绝缘体上硅平面波导中得到了证实[42]。这里,利用 8 mm 长的纳米级波导产生了 0.15 的群折射率变化,对于输入脉宽为 3 ps 的窄脉冲,证明实现了可控延迟达 4 ps。这个方案代表了用于通信和光信号处理的芯片级光子学器件的发展迈出了重要一步。

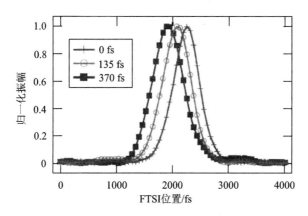

图 3.9 当脉冲延迟变化为 0、135 fs 和 370 fs 时,傅里叶变换干涉图的振幅(经许可,引自 Sharping. J. E. ,Okawachi,Y. ,and Gaeta,A. L. ,Opt. Express,13,6092,2005.)

3.2 相干布居振荡

相干布居振荡(CPO)是一种量子效应,它在吸收谱线上产生窄频谱烧孔,频谱烧孔附近快速的折射率变化导致慢光或快光(超光速)传输。

当饱和介质的基态布居数以泵浦波和信号波间的拍频振荡时,便发生相干布居振荡。布居振荡只有在 $\delta T_1 \leqslant 1$ 时才显著,其中 δ 为拍频,T_1 为基态恢复时间。当满足这个条件时,泵浦波可以有效地将时间调制的基态布居数散射到探测波上,导致探测波的吸收减小。在频域,这将在吸收谱线上产生一个窄频谱烧孔,这个烧孔的线宽的量级为激发态寿命的倒数。

可以通过简单二能级系统的运动密度矩阵方程来透彻地理解 CPO(见图 3.10(a))。利用这个形式得到的探测吸收谱线的形状为

$$\alpha(\delta)=\frac{\alpha_0}{1+I_0}\left[1-\frac{I_0(1+I_0)}{(T_1\delta)^2+(1+I_0)^2}\right] \tag{3.8}$$

式中：α_0 为未饱和吸收系数；$I_0=\Omega^2 T_1 T_2$ 为相对于饱和强度归一化的泵浦强度，Ω 为拉比频率，T_2 为偶极矩的失相时间。

折射率变化与吸收特性相联系，这一特性导致群折射率显著增加和慢光脉冲传输。谱线中心处的慢光延迟为

$$\Delta T_d=\frac{\alpha_0 L T_1}{2}\frac{I_0}{(1+I_0)^3} \tag{3.9}$$

式中：L 为慢光介质长度。

从式(3.9)可以看出，由于 L 是没有限定的，因此通过 CPO 可以实现的延迟量不存在理论上的限制。但实际上，残余吸收、群速度色散(GVD)以及频谱整形将可以实现的分数延迟限制在 10% 左右。

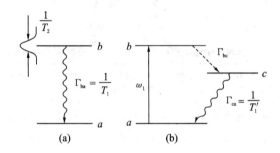

图 3.10 (a)观察 CPO 的二能级系统；(b)用于 CPO 慢光的红宝石的相关
能级(经许可，引自 Bigelow，M. S.，Lepeshkin，N. N.，and Boyd，
R. W.，Phys. Rev. Lett.，90，113，903，2003.)

1967 年，Schwartz 和 Tan[44] 首先预见了 CPO 引起的频谱烧孔。第一个 CPO 引起频谱烧孔的实验研究，在 514.5 nm 波长附近的红宝石吸收带中观察到了一个极窄的传输窗口(37 Hz 宽)[45]。Bigelow 等[43] 首次利用这个窄频谱特性实现了慢光，室温下在 7.25 cm 长的红宝石棒(有关能级如图 3.10(b)所示)中观察到低至 57.5 ± 0.5 m/s 的 v_g。室温下紫翠玉晶体[46]、半导体结构[47]~[50] 和掺铒光纤[51][52] 中的 CPO 慢光传输也都得到了证实。

在 CPO 慢光实验中，泵浦光和探测光不需要是分离的光束，时间调制的单光束也可以经历慢光延迟。但是，调制频率或脉冲谱宽必须足够窄，基本上在慢光效应的频谱烧孔范围内并且脉冲失真最小，这意味着慢光带宽受 CPO 产生的频谱烧孔的宽度限制。

除了吸收介质，CPO 还可以发生在放大（布居反转）介质中。此时，频谱烧孔由增益谱的特性产生，其导致的反常色散可以产生超光速或负群速度。慢光和快光效应最近都在掺铒光纤中得到证实，其中吸收或增益可以由产生布居反转的泵浦激光控制[51][52]。在一个实验中[51]，在用 980 nm 波长后向泵浦的 13 m 长掺铒光纤中，波长为 1550 nm 的调制或脉冲光被延迟或超前了，得到的最大分数超前为 0.12，最大分数延迟为 0.09。图 3.11 给出了当正弦调制光在掺铒光纤中传输时，观察到的分数延迟对频率和泵浦功率的依赖关系，通过调整泵浦功率可以对工作区进行调谐。图 3.12 给出了在慢光和超光速区分数超前与脉冲宽度的函数关系。

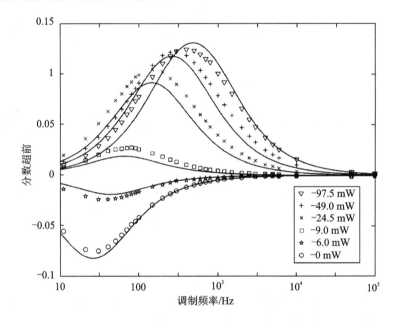

图 3.11　平均功率为 0.8 mW 的 1550 nm 正弦调制光在掺铒光纤中传输时，观察到的分数延迟对频率和泵浦功率的依赖关系。数值模型的结果用实线表示，与实验数据点一起在图中给出（经许可，引自 Schweinberg, A., Lepeshkin, N. N., Bigelow, M. S., Boyd, R. W., and Jarabo, S., Europhys. Lett., 73, 218, 2006.）

最近，已在掺铒光纤中观察到 CPO 引起的负群折射率超光速传输，其中信号脉冲是后向传输的[52]，这证明"后向"传输是一种可以实现的物理效应。

与已经讨论过的其他慢光和快光技术一样，基于 CPO 的慢光和快光脉冲传输也遭受脉冲失真问题。在快光区，掺铒光纤放大器（EDFA）中的脉冲展宽和压缩可以用两类竞争机制描述：增益恢复和频谱展宽[53]。Shin 等[53]观察到这些效应导致的脉冲失真取决于输入脉冲宽度、泵浦功率和背景-脉冲功率比,他们证明适当选择这些参数可以实现脉冲失真的最小化。在他们的实验中,在背景-脉冲功率比约为 0.75、泵浦功率为 17.5mW 且输入脉宽为 10 ms 时,得到显著的分数超前(大约 0.17)和最小的失真。

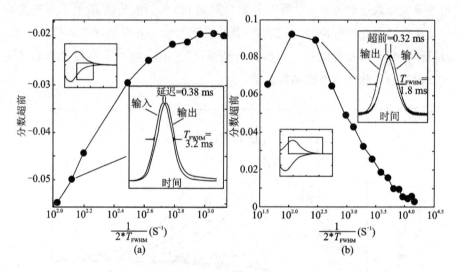

图 3.12　(a)、(b)分别为慢光传输区和超光速传输区,分数超前与脉宽倒数的对数的关系(经许可,引自 Schweinberg,A.,Lepeshkin,N. N.,Bigelow,M. S.,Boyd,R. W.,and Jarabo,S.,Europhys. Lett.,73,218,2006.)

尽管掺铒光纤中 CPO 慢光或快光的带宽通常被限制在千赫兹频率范围,半导体中的 CPO 慢光带宽却超过了 1 GHz[47][48]。这个大带宽再加上成熟的半导体加工工艺,使半导体结构中的 CPO 成为实现芯片级慢光器件的重要途径。

3.3　空芯光纤中的电磁感应透明

正如本章引言提到的,电磁感应透明(EIT)[54]技术可以在吸收带很窄的频谱范围内使原子介质透明,并且已经在原子蒸气[55]、玻色-爱因斯坦凝聚[2]、晶体[4]、半导体量子阱和量子点[47]中观察到该现象。EIT 应用包括超慢光[2][3]、光存储[56][57]、非线性光学效应增强[58]以及量子信息处理[59]。

在最简单的情况下,EIT 可以发生在如图 3.13 所示的三能级 Λ 系统中。弱探测场(ω_p)被调谐在 $|1\rangle \leftrightarrow |2\rangle$ 跃迁频率附近并用来测量跃迁的吸收谱,而较强的耦合场(ω_c)被调谐在 $|2\rangle \leftrightarrow |3\rangle$ 跃迁频率附近。$|1\rangle \leftrightarrow |3\rangle$ 跃迁为偶极禁戒的。$|1\rangle \leftrightarrow |2\rangle$ 和 $|3\rangle \leftrightarrow |2\rangle$ 跃迁振幅间的量子干涉导致激发态 $|2\rangle$ 几率幅的消减,因此减小了探测光吸收。如果态 $|3\rangle$ 的寿命较长,量子干涉会产生一个完全包含在 $|1\rangle \leftrightarrow |2\rangle$ 吸收谱线内的窄透明窗口。在透明窗口内快速的折射率变化对探测光场产生一个极低的群速度,从而导致慢光。

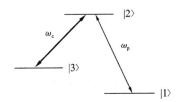

图 3.13　三能级 Λ 系统中的电磁感应透明

在适当的条件下[60][61],EIT 产生的透明窗口近似为洛伦兹型,因此频率相关的复吸收系数写为

$$\alpha(\delta) = \alpha_0 \left(1 - \frac{f}{1 + \delta^2/\gamma^2} \right) \tag{3.10}$$

且

$$f = \frac{|\Omega_c/2|^2}{\gamma_{31}\gamma_{21} + |\Omega_c/2|^2}, \quad \gamma = \frac{|\Omega_c/2|^2}{\gamma_{21}} \tag{3.11}$$

式中:Ω_c 为强耦合场的拉比频率;γ_{21} 为 $|1\rangle \leftrightarrow |2\rangle$ 跃迁的相干失相率;γ_{31} 为基态相干失相率。

在透明窗口中心折射率陡峭的线性区产生慢光,窗口中心的慢光延迟为

$$\Delta T_d = \frac{\alpha_0 L}{2} \frac{\gamma_{21}}{\gamma_{31}\gamma_{21} + |\Omega_c/2|^2} \tag{3.12}$$

与 CPO 的情况一样,EIT 产生的延迟量没有理论上限,但是 EIT 比 CPO 有一个实际的优点,那就是透明深度 f 通常可以达到 1,极大地减小了残余吸收。但是,频谱整形将分数超前近似限制为

$$\Delta T_{frac} = \frac{3}{2} \frac{|\Omega_c/2|^2 T_{FWHM}}{\gamma_{21}} \tag{3.13}$$

基于 EIT 的慢光已经在不同的材料系统中得到了演示。例如,Hau 等[2]在玻色-爱因斯坦凝聚中观察到了 17 m/s 的群速度;Turukhin 等[4]演示了在

5 K的低温下晶体中 45 m/s 的慢光传输。这些结果的确引人注目,在波导中实现 EIT 的兴趣与日俱增。

由于波导对光的紧束缚和长作用距离,相干的光-物质相互作用被增强。例如,填充原子蒸气的集成空芯反谐振反射光波导(ARROW)近来作为芯片级 EIT 平台被提出并研究[62][63][64]。将原子介质置于波导之外也可以观察到 EIT 效应。例如,Patnaik 等[65]提出的基于光纤的 EIT 慢光方案将锥形光纤浸泡在原子蒸气中,他们在理论上预测可能实现很慢的群速度。

另外一种方法是用气体填充空芯光子带隙光纤(HC-PBF)。这些光纤引起了人们的极大兴趣,光纤的空芯由光子晶体结构包围且光被局域在空芯内,因此光可以限制在空芯内并在其中低损耗地传导。通过向空芯填充想要的气体,可以在长作用距离上产生谐振光相互作用,如 EIT。这样的 HC-PBF 气室紧凑且可以和现有基于光纤的技术集成。

最近,基于 EIT 的慢光传输已经在填充乙炔(C_2H_2)的 HC-PBF 中得到实验证实[66]。图 3.14 给出了 HC-PBF 中 EIT 慢光的实验装置,以及光纤横向结构的扫描电子显微镜图像。1.33 m 长 HC-PBF 的纤芯直径为 12 μm,带隙从 1490 nm 扩展到 1620 nm。光纤端面用真空气室密封,纤芯用纯度为 99.8% 的乙炔填充。实验中所用分子的能级如图 3.15 所示。探测光和耦合光分别调谐到 C_2H_2 在 1517.3144 nm 和 1535.3927 nm 的 R(15) 和 P(17) 谱线上。

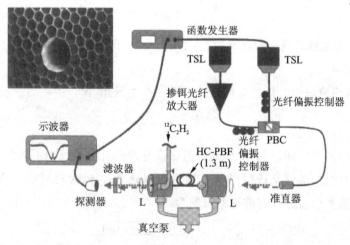

图 3.14 空芯光纤中 EIT 慢光的实验装置(经许可,引自 Gosh, S., Sharping, J. E., Ouzounov, D. G., and Gaeta, A. L., Phys. Rev. Lett., 94, 093, 902, 2005.)

图 3.15(a)给出了无控制光束时,探测光 480 MHz 宽的多普勒展宽吸收
谱。有控制光束时,透明窗口打开。图 3.15(b)给出了典型的探测光场的吸收
曲线,此时 320 mW(在光纤输出端测量)的控制光束被精确调谐到 P(17)跃迁
的中心。在乙炔中观察到的透明特性很显著,因为其跃迁强度比 EIT 中常用
气体的跃迁强度弱很多。

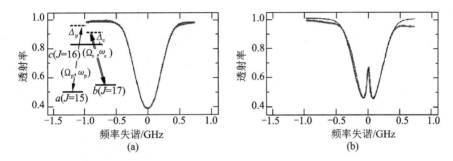

图 3.15　测量的探测光吸收(经许可,引自 Gosh,S.,Sharping,J. E.,Ouzounov,D. G.,
and Gaeta,A. L.,Phys. Rev. Lett.,94,093,902,2005.)

透明窗口可以通过控制光束调谐。图 3.16(a)给出了测量的透明度随在
光纤输出端测量的控制光功率的变化关系,同时给出了相应的理论预测结果。
图 3.16(b)中测量的透明度的半极大全宽度(FWHM)与控制光功率呈线性
关系。

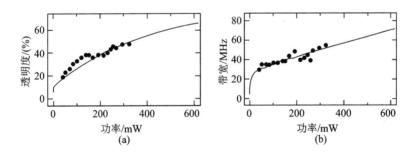

图 3.16　EIT 的透明度和带宽(经许可,引自 Gosh,S.,Sharping,J. E.,Ouzounov,
D. G.,and Gaeta,A. L.,Phys. Rev. Lett.,94,093,902,2005.)

在填充乙炔的空芯光纤中,已经证实了 19 ns 宽探测光的慢光传输。图
3.17 给出了输出探测光在有、无控制光束时的结果,有控制光束时测量的延迟
为 800 ps,这是第一次在通信波长演示 EIT 慢光。

除了乙炔,碱原子蒸气(如铷)也被注入 HC-PBF 中,以实现超低功率水平下的光相互作用[67]。铷原子蒸气对 EIT 是一种很好的选择,因为其相对简单的能级结构和大的原子吸收截面可以在适中的原子数密度下产生大的光学深度。但是,由于铷原子和石英光纤壁的强相互作用,制造有用的基于 HC-PBF 的铷蒸气室是一个挑战。Ghosh 等通过在纤芯内壁上涂覆有机硅烷,并利用光致原子去吸附效应将铷原子释放到纤芯中,在 HC-PBF 纤芯中实现了显著的铷原子密度,光学深度超过 2000[67]。他们在这个 HC-PBF 铷蒸气室中证明了 EIT,控制光功率低至 10 nW,相比在 HC-PBF 乙炔气室中获得 EIT 所需的控制光功率,该方法所需控制光功率下降了 10^7。这些结果意味着空芯光纤中的 EIT 是获得慢光的一种可行且重要的途径。

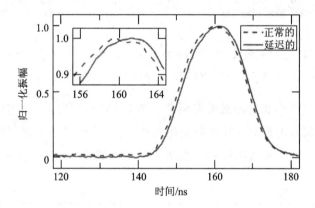

图 3.17　在乙炔填充空芯光纤中观察到的 EIT 慢光(经许可,引自 Gosh,S.,Sharping,J. E.,Ouzounov,D. G.,and Gaeta,A. L.,Phys. Rev. Lett.,94,093,902,2005.)

3.4　波长变换和色散

到目前为止,我们讨论的慢光方法都是基于吸收或放大谐振在窄频谱范围内产生折射率的快速变化。大的慢光延迟还可以通过波长变换加色散的方法来获得,而不依赖于这些谐振效应;相反,这种方法利用光波导的群速度色散(GVD)和波长变换技术。实质上,入射信号脉冲通过波长变换器件变换到另一个载波频率,再在一段高色散波导(具有大的 GVD)中传输,被延迟的脉冲再由第二个波长变换器变换回初始波长。由于在色散波导中群速度的频率

相关性,可以得到可调谐的信号脉冲群延迟,群延迟与载波波长位移 $\Delta\lambda$ 之间的关系为

$$\Delta T_d = LD\Delta\lambda \tag{3.14}$$

式中:L 为高色散波导长度;D 为入射脉冲载波处波导的 GVD 参数;$\Delta\lambda$ 为第一个波长变换器产生的波长位移。

Sharping 等[68]首先在光纤中证实了这种技术。图 3.18 给出了实验装置图,其中波长变换和再变换由光纤参量放大器实现,波长变换和再变换发生在相同的光纤(高非线性(HNL)色散补偿光纤(DCF))中,但是沿相反的传输方向。色散补偿光纤的 GVD 在信号波长 1565 nm 处为 -74 ps/nm,来自光参量振荡器(OPO)的信号脉冲的脉宽为 10 ps,重复速率为 75 MHz。通过改变光纤参量放大器输出的泵浦波长,证明可调谐脉冲延迟超过了 800 ps,相对延迟了 80 个脉宽。图 3.19 给出了测量的延迟和相应的时域脉冲形状;图 3.20 给出了输入脉冲和延迟脉冲的频谱。因为波长变换和再变换是在相同的光纤中利用相同的频率泵浦实现的,所以延迟脉冲与输入脉冲有相同的中心波长。从峰值下降 8 dB 的频谱形状几乎相同,在该点可以在边带中观察到可观的噪声,这个噪声由掺铒光纤放大器和参量放大器的放大自发辐射组合而成。

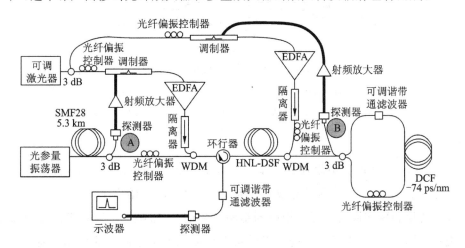

图 3.18 基于波长变换和色散的可调谐延迟实验装置(经许可,引自 Sharping,J. E.,Okawachi,Y.,van Howe,J.,Xu,C.,Wang,Y.,Willner,A. E.,and Gaeta,A. L.,Opt. Express,13,7872,2005.)

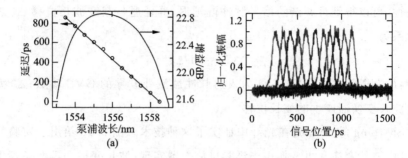

图 3.19　(a)测量的延迟和计算的增益与泵浦波长的关系;(b)在图(a)中指示的不
　　　　同泵浦波长下测量的脉冲波形(经许可,引自 Sharping,J. E.,Okawachi,
　　　　Y.,van Howe,J.,Xu,C.,Wang,Y.,Willner,A. E.,and Gaeta,A. L.,
　　　　Opt. Express,13,7872,2005.)

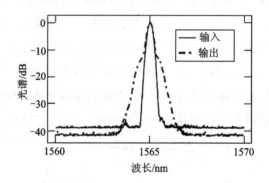

图 3.20　在波长变换和色散过程的一次实施中输入和输出脉冲的频谱(经许
　　　　可,引自 Sharping,J. E.,Okawachi,Y.,van Howe,J.,Xu,C.,
　　　　Wang,Y.,Willner,A. E.,and Gaeta,A. L.,Opt. Express,13,7872,
　　　　2005.)

Okawachi 等[69]最近简化了基于光纤的波长变换和色散技术,将 3.5 ps
脉冲延迟了 4.2 ns,对应的分数延迟为 1200。图 3.21 给出了实验装置,其中
波长变换和再变换是利用自相位调制展宽频谱,再跟随一个可调谐滤波器实
现的。图 3.22 给出了测量的延迟随可调谐滤波器中心波长的变化。通过适
当选择可调谐滤波器,延迟脉冲的频谱可以和输入脉冲的相同。

波长变换-色散技术另一个改进的变化是利用周期极化铌酸锂(PPLN)波
导来实现波长变换[70]。色散元件是 DCF,由 DCF 引起的信道内色散由第二
个波长变换单元后面的啁啾光纤布拉格光栅补偿。PPLN 波长变换器的优点

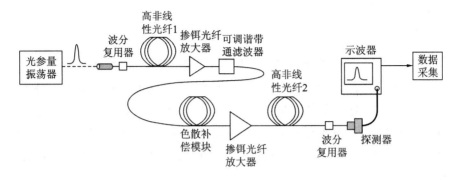

图 3.21　实验装置(经许可,引自 Okawachi,Y.,Sharping,J. E.,Xu,C.,and Gaeta,A.
　　　　L.,Opt. Express,14,12,022,2006.)

是,在双泵浦结构中可以在大带宽内快速调谐,允许大延迟变化和快重构速率。在这个实验中,证明了 10 Gb/s NRZ 系统中连续的光延迟达 44 ns,相当于 440 比特隙。正如最近在参考文献[71]中所证实的,在波长变换级利用硅波导可以进一步改善波长变换-色散技术,实现慢光的全硅集成电路方法。

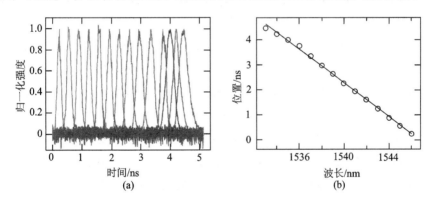

图 3.22　(a)在不同泵浦波长下测量的脉冲;(b)测量的脉冲延迟与泵浦波长
　　　　的关系(经许可,引自 Okawachi,Y.,Sharping,J. E.,Xu,C.,and Gae-
　　　　ta,A. L.,Opt. Express,14,12,022,2006.)

与基于谐振的慢光技术相比,波长变换-色散方法有几个优点:①它具有从皮秒到纳秒的宽可调延迟范围和大的分数延迟;②它支持宽带宽,可以适用于数据率超过 10 Gb/s 的系统;③延迟脉冲可以具有相同的波长和带宽。目前,重构速率仍然受滤波器的调谐速度或泵浦激光频率限制。同时,需要小心选择色散元件和波长变换范围,以使色散脉冲展宽最小化和慢光延迟最大化。

3.5 结论

慢光是一个重要的研究领域,不但有基础科学意义,而且有巨大的应用潜力。光波导在实际应用中有其独特的吸引力,因为它可以与现有技术集成。本章中,我们描述了在光纤和其他类型波导中获得全光可调谐慢光延迟的一些重要发展;我们预期其中的一些技术很快将应用于通信系统、超高速诊断设备、综合孔径雷达探测和测距(RADAR)以及激光探测和测距(LADAR)系统中。

参考文献

[1] R. W. Boyd and D. J. Gauthier, Progress in Optics, vol. 43, chap. 6, pp. 497-530 (Elsevier, Amsterdam, 2002).

[2] L. V. Hau, S. E. Harris, Z. Dutton, and C. H. Behroozi, Light speed reduction to 17 meters per second in an ultracold atomic gas, Nature 594, 397-598(1999).

[3] M. M. Kash, V. A. Sautenkov, A. S. Zibrov, L. Hollberg, G. R. Welch, M. D. Lukin, Y. Rostovtsev, E. S. Fry, and M. O. Scully, Ultraslow group velocity and enhanced nonlinear optical effects in a coherently driven hot atomic gas, Phys. Rev. Lett. 82, 5229-5232 (1999).

[4] A. V. Turukhin, V. S. Sudarshanam, M. S. Shahriar, J. A. Musser, B. S. Ham, and P. R. Hemmer, Observation of ultraslow and stored light pulses in a solid, Phys. Rev. Lett. 88, 023, 602(2002).

[5] D. J. Gauthier, Slow light brings faster communication, Phys. World 18, 30-32 (2005).

[6] D. J. Gauthier, A. L. Gaeta, and R. W. Boyd, Slow Light: from basics to future prospects, Photon. Spectra 44-50, March, (2006).

[7] R. W. Boyd, D. J. Gauthier, and A. L. Gaeta, Applications of slow-light in telecommunications, Opt. Photon. News 17, 19-23(2006).

[8] E. Parra and J. R. Lowell, Toward applications of slow light technology, Opt. Photon. News 18, 40-45(2007).

[9] L. D. Landau and E. M. Lifshitz, Electrodynamics of Continuous Media

（Pergamon,New York,1960）.

[10] R. W. Boyd,Nonlinear Optics,2nd edn. （Academic,San Diego,2003）.

[11] Z. Zhu,D. J. Gauthier,Y. Okawachi,J. E. Sharping,A. L. Gaeta,R. W. Boyd,and A. E. Willner,Numerical study of all-optical slow-light delays via stimulated Brillouin scattering in an optical fiber,J. Opt. Soc. Am. B 22,2378-2384（2005）.

[12] Y. Okawachi,M. S. Bigelow,J. E. Sharping,Z. Zhu,A. Schweinsberg,D. J. Gauthier,R. W. Boyd,and A. L. Gaeta,Tunable all-optical delays via Brillouin slow light in an optical fiber,Phys. Rev. Lett. 94,153,902 （2005）

[13] K. Y. Song,M. G. Herráez,and L. Thévenaz,Long optically controlled delays in optical fibers,Opt. Lett. 30,1782-1784（2005）.

[14] K. Y. Song,M. G. Herráez,and L. Thévenaz,Observation of pulse delaying and advancement in optical fibers using stimulated Brillouin scattering,Opt. Express 13,82-88（2005）.

[15] M. D. Stenner,M. A. Neifeld,Z. Zhu,A. M. C. Dawes,and D. J. Gauthier,Distortion management in slow-light pulse delay,Opt. Express 13, 9995-10,002（2005）.

[16] T. Luo,L. Zhang,W. Zhang,C. Yu,and A. E. Willner,Reduction of pattern dependent distortion on data in an sbs-based slow light fiber element by detuning the channel away from the gain peak,in,Conference on Lasers and Electro-Optics,paper CThCC4 （2006）.

[17] A. Minardo,R. Bernini,and L. Zeni,Low distortion Brillouin slow light in optical fibers using AM modulation,Opt. Express 14,5866-5876 （2006）.

[18] B. Zhang,L. Yan,I. Fazal,L. Zhang,A. E. Willner,Z. Zhu,and D. J. Gauthier,Slow light on Gbps differential-phase-shift-keying signals,Opt. Express 15,1878-1883（2007）.

[19] Z. Lu,Y. Dong,and Q. Li,Slow light in multi-line Brillouin gain spectrum,Opt. Express 15,1871-1877（2007）.

[20] Z. Shi,R. Pant,Z. Zhu,M. D. Stenner,M. A. Neifeld,D. J. Gauthier,and

R. W. Boyd, Design of a tunable time-delay element using multiple gain lines for increased fractional delay with high data fidelity, Opt. Lett. 32, 1986-1988(2007).

[21] R. Pant, M. D. Stenner, M. A. Neifeld, Z. Shi, R. W. Boyd, and D. J. Gauthier, Maximizing the opening of eye diagrams for slow-light systems, Appl. Opt. 46, 6513-6519(2007).

[22] K. Y. Song, K. S. Abedin, K. Hotate, M. G. Herráez, and L. Thévenaz, Highly efficient Brillouin slow and fast light using As2 Se3 chalcogenide fiber, Opt. Express 14, 5860-5865(2006).

[23] A. Zadok, A. Eyal, and M. Tur, Extended delay of broadband signals in stimulated Brillouin scattering slow light using synthesized pump chirp, Opt. Express 14, 8498-8505 (2006).

[24] T. Schneider, R. Henker, K. U. Lauterbach, and M. Junker, Comparison of delay enhancement mechanisms for SBS-based slow light systems, Opt. Express 15, 9606-9613(2007).

[25] M. G. Herráez, K. Y. Song, and L. Thévenaz, Arbitrary-bandwidth Brillouin slow light in optical fibers, Opt. Express 14, 1395-1400(2006).

[26] Z. Zhu, A. M. C. Dawes, D. J. Gauthier, L. Zhang, and A. E. Willner, 12-GHz-bandwidth SBS slow light in optical fibers, Optical Fiber Conference 2006, paper PDP1(2006).

[27] Z. Zhu, A. M. C. Dawes, D. J. Gauthier, L. Zhang, and A. E. Willner, Broadband SBS slow light in an optical fiber, J. Lightw. Technol. 25, 201-206(2007).

[28] T. Schneider, M. Junker, and K.-U. Lauterbach, Potential ultra wide slow-light bandwidth enhancement, Opt. Express 14, 11,082-11,087 (2006).

[29] K. Y. Song and K. Hotate, 25 GHz bandwidth Brillouin slow light in optical fibers, Opt. Lett. 32, 217-219(2007).

[30] L. Yi, L. Zhan, W. Hu, and Y. Xia, Delay of broadband signals using slow light in stimulated Brillouin scattering with phase-modulated pump, IEEE Photon. Technol. Lett. 19, 619-621(2007).

[31] L. Yi, Y. Jaouen, W. Hu, Y. Su, and S. Bigo, Improved slow-light performance of 10 Gb/s NRZ, PSBT and DPSK signals in fiber broadband SBS, Opt. Express 15, 16, 972-16, 979 (2007).

[32] Z. Zhu and D. J. Gauthier, Nearly transparent SBS slow light in an optical fiber, Opt. Express 14, 7238-7245(2006).

[33] S. Chin, M. Gonzalez-Herraez, and L. Thévenaz, Zero-gain slow & fast light propagation in an optical fiber, Opt. Express 14, 10, 684-10, 692 (2006).

[34] T. Schneider, M. Junker, and K. -U. Lauterbach, Time delay enhancement in stimulated-Brillouin scattering- based slow-light systems, Opt. Lett. 32, 220-222 (2007).

[35] C. J. Misas, P. Petropoulos, and D. J. Richardson, Slowing of pulses to c/10 with subwatt power levels and low latency using Brillouin amplification in a Bismuth-oxide optical fiber, J. Lightw. Technol. 25, 216-221 (2007).

[36] C. Florea, M. Bashkansky, Z. Dutton, J. Sanghera, P. Pureza, and I. Aggarwal, Stimulated Brillouin scattering in single-mode As2 S3 and As2 Se3 chalcogenide fibers, Opt. Express 14, 12, 063-12, 070(2006).

[37] K. S. Abedin, Stimulated Brillouin scattering in single-mode tellurite glass fiber, Opt. Express 14, 11, 766-11, 772(2006).

[38] R. H. Stolen, J. P. Gordon, W. J. Tomlinson, and H. A. Haus, Raman response function of silica-core fibers, J. Opt. Soc. Am. B 6, 1159-1166 (1989).

[39] D. Hollenbeck and C. D. Cantrell, Multiple-vibrational-mode model for fiber-optic Raman gain spectrum and response function, J. Opt. Soc. Am. B 19, 2886-2892(2002).

[40] K. J. Blow and D. Wood, Theoretical description of transient stimulated Raman scattering in optical fibers, IEEE J. Quantum Electron. 25, 2665-2673(1989).

[41] J. E. Sharping, Y. Okawachi, and A. L. Gaeta, Wide bandwidth slow light using a Raman fiber amplifier, Opt. Express 13, 6092-6098(2005).

[42] Y. Okawachi, M. A. Foster, J. E. Sharping, A. L. Gaeta, Q. Xu, and M. Lipson, All-optical slow-light on a photonic chip, Opt. Express 14, 2317-2322(2006).

[43] M. S. Bigelow, N. N. Lepeshkin, and R. W. Boyd, Observation of ultra-slow light propagation in a ruby crystal at room temperature, Phys. Rev. Lett. 90, 113, 903 (2003).

[44] S. E. Schwartz and T. Y. Tan, Wave interactions in saturable absorbers, Appl. Phys. Lett. 10, 4-7(1967).

[45] L. W. Hillman, R. W. Boyd, J. Krasinski, and C. R. S. Jr. , Observation of a spectral hole due to population oscillations in a homogeneously broadened optical absorption line, Opt. Commun. 45, 416-419(1983).

[46] M. S. Bigelow, N. N. Lepeshkin, and R. W. Boyd, Superluminal and slow light propagation in a room-temperature solid, Science 301, 200-202 (2003).

[47] P. C. Ku, F. Sedgwick, C. J. Chang-Hasnain, P. Palinginis, T. Li, H. Wang, S. W. Chang, and S. L. Chuang, Slow light in semiconductor quantum wells, Opt. Lett. 29, 2291-2293(2004).

[48] J. Mørk, R. Kjær, M. van der Poel, and K. Yvind, Slow light in a semiconductor waveguide at gigahertz frequencies, Opt. Express 13, 8136-8145(2005).

[49] P. Palinginis, S. Crankshaw, F. Sedgwick, E. -T. Kim, M. Moewe, C. J. Chang-Hasnain, H. Wang, and S. -L. Chuang, Ultraslow light (<200 m/s) propagation in a semiconductor nanostructure, Appl. Phys. Lett. 87, 171, 102(2005).

[50] H. Su and S. L. Chuang, Room temperature slow and fast light in quantum-dot semiconductor optical amplifiers, Appl. Phys. Lett. 88, 61, 102 (2006).

[51] A. Schweinsberg, N. N. Lepeshkin, M. S. Bigelow, R. W. Boyd, and S. Jarabo, Observation of superluminal and slow light propagation in erbium-doped optical fiber, Europhys. Lett. 73, 218-224(2006).

[52] G. M. Gehring, A. Schweinsberg, C. Barsi, N. Kostinski, and R. W. Boyd,

Observation of backwards pulse propagation through a medium with a negative group velocity, Science 312, 895-897(2006).

[53] H. Shin, A. Schweinsberg, G. Gehring, K. Schwertz, H. J. Chang, R. W. Boyd, Q. -H. Park, and D. J. Gauthier, Reducing pulse distortion in fast-light pulse propagation through an erbium-doped fiber amplifier, Opt. Lett. 32, 906-908(2007).

[54] S. E. Harris, Electromagnetically induced transparency, Phys. Today 50, 36-42 (1997).

[55] K. J. Boller, A. Imamoglu, and S. E. Harris, Observation of electromagnetically induced transparency, Phys. Rev. Lett. 66, 2593-2596(1991).

[56] C. Liu, Z. Dutton, C. H. Behroozi, and L. Hau, Observation of coherent optical information storage in an atomic medium using halted light pulses, Nature 409, 490-493(2001).

[57] D. F. Phillips, A. Fleischhauer, A. Mair, R. L. Walsworth, and M. D. Lukin, Storage of light in atomic vapor, Phys. Rev. Lett. 86, 783-786 (2001).

[58] H. Schmidt and A. Imamoglu, Giant Kerr nonlinearities obtained by electromagnetically induced transparency, Opt. Lett. 21, 1936-1938 (1996).

[59] M. D. Lukin and A. Imamog˘ lu, Controlling photons using electromagnetically induced transparency, Nature 413, 273-276(2001).

[60] R. W. Boyd, D. J. Gauthier, A. L. Gaeta, and A. E. Willner, Maximum time delay achievable on propagation through a slow-light medium, Phys. Rev. A 71, 023,801 (2005).

[61] R. W. Boyd, D. J. Gauthier, A. L. Gaeta, and A. E. Willner, Erratum: Maximum time delay achievable on propagation through a slow-light medium, Phys. Rev. A 72, 059,903(E) (2005).

[62] D. Yin, H. Schmidt, J. Barber, and A. Hawkins, Integrated ARROW waveguides with hollow cores, Opt. Express 12, 2710-2715(2004).

[63] D. Yin, J. Barber, A. Hawkins, and H. Schmidt, Waveguide loss optimization in hollow-core ARROW waveguides, Opt. Express 13, 9331-9336

(2005).

[64] W. Yang,D. B. Conkey,B. Wu,D. Yin,A. R. Hawkins,and H. Schmidt, Atomic spectroscopy on a chip,Nat. Photon. 1,331-335(2007).

[65] A. K. Patnaik,J. Q. Liang,and K. Hakuta,Slow light propagation in a thin optical fiber via electromagnetically induced transparency,Phys. Rev. A 66,63,808(2002).

[66] S. Ghosh,J. E. Sharping,D. G. Ouzounov,and A. L. Gaeta,Resonant optical interactions with molecules confined in photonic band-gap fibers, Phys. Rev. Lett. 94,093,902 (2005).

[67] S. Ghosh,A. R. Bhagwat,C. K. Renshaw,S. Goh,A. L. Gaeta,and B. J. Kirby,Low-light-level optical interactions with rubidium vapor in a photonic band-gap fiber,Phys. Rev. Lett. 97,023,603(2006).

[68] J. E. Sharping,Y. Okawachi,J. van Howe,C. Xu,Y. Wang,A. E. Willner,and A. L. Gaeta,All-optical,wavelength and bandwidth preserving, pulse delay based on parametric wavelength conversion and dispersion, Opt. Express 13,7872-7877(2005).

[69] Y. Okawachi,J. E. Sharping,C. Xu,and A. L. Gaeta,Large tunable optical delays via self-phase modulation and dispersion,Opt. Express 14,12, 022-12,027(2006).

[70] Y. Wang,C. Yu,L. S. Yan,A. E. Willner,R. Roussev,C. Langrock,M. M. Fejer,Y. Okawachi,J. E. Sharping,and A. L. Gaeta,44-ns continuously-tunable dispersionless optical delay element using a PPLN waveguide with a two pump configuration,DCF,and a dispersion compensator,IEEE Photonics Technol. Lett. 19,861-863(2007).

[71] M. A. Foster,A. C. Turener,J. E. Sharping,B. S. Schmidt,M. Lipson, and A. L. Gaeta,Broad-band optical parametric gain on a silicon photonic chip,Nature 441,960-963 (2006).

第 4 章
光子晶体波导
中的慢光

4.1 引言

人们对纳米结构介质中慢光的强烈兴趣来自慢光仅通过周期结构就增加了材料功能这一事实。与本书讨论的基于电磁感应透明(EIT)的方案不同,纳米结构是波长无关的,即它可以调节到材料透明窗口内任意感兴趣的波长上。此外,它增强了感兴趣材料(如硅)中弱的光-物质相互作用,而且它为已经具有高电光或非线性特性的材料(如硫化物玻璃)增加了另一个自由度[1]。线性光学效应如增益、热光和电光相互作用与减慢因子成比例,而非线性光学效应可能与它的二次方成比例[2][3],对此我们将做具体讨论。

本章处理基于线缺陷光子晶体波导中的慢光。由一排缺失空气孔构成的典型波导如图 4.1 所示。与在光子晶体和纳米光子领域中被广泛研究且提供可观光学线性和非线性增强的单腔相比,慢光结构能提供更大的带宽,即更宽的工作波长范围。引入由强度增强与工作带宽定义的品质因数(FOM)可以证明这一说法。大带宽对高数据率应用尤为重要,如 100 Gb/s 及以上的数据率,有时这对于电子器件是难以实现的。此外,大带宽能更好地抗环境和技术起伏的影响。但是,获得特定目标波长的高 Q 腔很困难,例如,它仍然对温度变化敏感,而这些问题在宽带宽慢光波导中都可以得到缓解。因此,基于慢光波导的器件是一个可以解决通信中两个关键问题的平台:带宽和开关功率。增强的非线性可以实现低功率全光开关和数据处理器的设计,同时为未来超高速系统提供大的带宽。

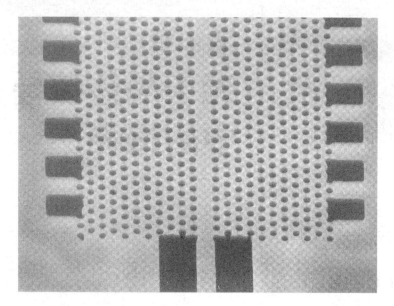

图 4.1　光子晶体线缺陷波导的微观图。波导为 W1 型,即它是通过在完美晶格中去除一排空气孔实现的。对于 1550 nm 工作波长,典型的晶格常数(即相邻空气孔之间的距离)为 420 nm 且空气孔直径为 250 nm。这种类型的波导已经显现出慢光区域,通过有选择地调节空气孔的大小、晶格常数或波导宽度,可以进一步增强慢光区域。波导的实现如同一个空气桥,即通过在空气中产生悬浮的薄膜来构成,这可以最大化垂直折射率对比度和限制因子

　　在别处已经将减慢因子 S 定义为相速度与群速度的比,即 $S = v_\phi / v_g$。减慢因子是通过某种结构实现的减慢和超前的量度,即它指材料有效折射率产生的减慢因子。在这点上,它量化的是通过材料的结构化实现的效应。很多作者用群折射率 n_g 来表示同样的含义,这在参照自由空间中传输时的减慢因子是合理的。如果考虑更全面的 FOM 而不单单是减慢因子,并将带宽和色散也考虑进去[4],可以发现,介质慢光器件的性能与折射率对比度成比例。折射

率对比度起着 EIT 介质中振子强度的作用,折射率对比度越高,在允许的色散和带宽下得到的群折射率越大。因此,高折射率结构(如光子晶体)在慢光效应的产生方面似乎特别有希望。

4.2 光子晶体如何产生慢光

光子晶体首先是一个光栅,且大多数慢光效应可以从一维光栅的角度来解释。事实上,在本书其他地方讨论的耦合谐振结构和它同属一类。光栅和光子晶体用它们的能带结构来描述很方便,能带结构为晶体允态或模式的能量-波矢(ωk)图。能带结构这个术语起源于描述晶体的电子性质的固体物理中,且已被证明它在半导体中尤为重要。将这一工具用于光子则赋予了很多新的内涵,如缺陷波导和异质结构腔的研究进展[5];它还为描述电磁波和周期结构介质的相互作用的不同方法提供了一个统一的术语,如布洛赫模式和布拉格镜。

最简单的色散曲线如图 4.2(a)所示,它描述了波在无色散介质如自由空间中的传输,此时斜率 c 为直线,$c=\omega/k$ 由波动方程直接导出。对于折射率为 n 的材料,对应的斜率为 $c/n=\omega/k$,因此色散曲线的斜率反比于折射率。在图 4.2(b)所示的周期结构介质中,曲线不再是直线,而是呈现出不连续性,这是由于光反射处阻带的打开造成的。在这个阻带附近,色散曲线不再是直线,需要区分相速度 $v_\phi=\omega/k$ 和群速度 $v_g=\mathrm{d}\omega/\mathrm{d}k$,后者表示曲线的局部斜率。例如,在图 4.2(b)中,阻带边缘 $k=\pi/a$ 处色散曲线的斜率是平坦的,因此群速度为 0。慢光则指光的群速度大于 0 但小于相速度,或者指具有低或非零斜率的色散曲线。

这个禁带是如何产生的? 将两种不同折射率 n_1 和 n_2 的材料组合在一起,在界面处产生反射,根据菲涅尔公式(对于正入射情况),$r=\dfrac{n_1-n_2}{n_1+n_2}$。对于多层等间隔介质界面,常见的结构如布拉格镜或布拉格光栅,这些反射同相叠加。重复单位为晶格常数 a,反射同相相加的波长范围为光栅的阻带。阻带中心波长 λ_{Bragg} 对应晶格常数的两倍,因此 $\lambda_{\mathrm{Bragg}}=2a$,这就是布拉格条件。

从能带结构的角度,布拉格条件发生在 $k=\pi/a$,它是 $\lambda_{\mathrm{Bragg}}=2a$ 的等效表达式。这点尤为重要,由于 $G=2\pi/a$ 代表光栅在 k 空间的重复单元,因此重复

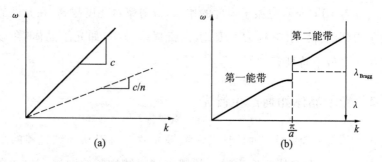

图 4.2　(a)光波在自由空间(实线)和折射率 n 恒定的介质(虚线)中传输的色散
图;(b)光波在周期介质中传输的色散图。图(b)中的周期性破坏了色散
曲线的连续性而使其分成多个能带,这些能带由增长的频率标记

单元的边界为 $k=\pm\pi/a$。根据能带理论,将 k 空间分成不同的布里渊区,$k=$
$\pm\pi/a$ 称为第一布里渊区的边界,$k=\pm2\pi/a$ 称为第二布里渊区的边界,以此
类推。在布里渊区的边界处,色散曲线变得不连续,正如前面已经讨论过的,
这是由于在阻带内波长不能传输造成的。这个不连续性称为能带边缘,仅仅
是因为能带突然被中断。阻带内的波长是倏逝的,因此它们在光栅内传输一
小段距离但最终被反射,因此它们不是系统的允态。最终得到的色散曲线如
图 4.2(b)所示,突出了在 $k=\pi/a$ 处的第一布里渊区的边界和 λ_{Bragg} 附近对应
的阻带。请注意,能带结构通常是以频率为单位画出的,但是由于在光子学中
更习惯于用自由空间波长来指定频率,因此在纵轴上同时给出了这两者。

　　现在可以很容易地将光栅分成两个分离的工作区,即光被反射的阻带和
光能传输的通带。慢光区域位于这两者之间,即它属于通带但通常处于能带
边缘,在这一区域能带斜率从初始值 c/n 变化到零。

　　慢光区域事实上是如何工作的? 我们从能带边缘开始,并考虑波矢为 $k=$
π/a 的入射波。这个波被反射回来,方向的改变用波矢符号的变化来表示,因
此 $k=\pi/a$ 变成了 $k=-\pi/a$。这个现象也可以用布洛赫定理解释,布洛赫定理
最初用来描述结晶材料中电子波的传输。布洛赫定理指出,波在周期性材料
中的传输等于多个散射分量的叠加,每个散射分量的波矢为 $k\pm nG(0\leqslant n\leqslant$
$+\infty)$,与前面一样,$G=2\pi/a$。为了解释以上讨论的简单情节,即能带边缘的
情况,我们只需考虑前两个分量,即 $n=0$ 和 $n=1$。得到的波矢分别为 k 和
$k-G$,或 $k=\pi/a$ 和 $k=-\pi/a$,与前面一致。

　　由这两个波叠加产生的对应布洛赫模式实际看起来是什么样的呢？两个大小相同但符号相反的波矢的叠加将产生众所周知的驻波现象,驻波是以一定的相速度振荡但是包络静止的一种波,因此它的群速度为零。这就解释了为什么色散曲线的斜率在能带边缘处趋于零。当远离能带边缘时,波矢 k 和 $k-G$ 不再大小相等、符号相反,因此这两者的叠加产生一个缓慢移动的干涉图样,这个干涉图样就是慢模,如图 4.3(b) 所示。

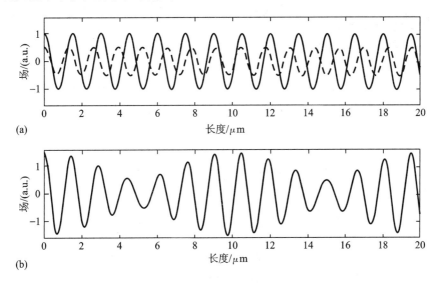

图 4.3　(a) 慢模可以理解为前向(实线, k 分量)和后向(虚线, $k-G$ 分量)传输模式的叠加, $k-G$ 分量的振幅较小,因为它不再与晶格同相;(b)两个分量叠加产生的慢模的特征包络,或称为拍频图样

　　慢模由其特征拍频图样标识,这个拍频图样起因于 k 和 $k-G$ 的失配。离开能带边缘时,失配量增加且拍频图样的周期变短。此外, $k-G$ 分量的振幅减小,因为产生它的多次反射不再同相干涉而只是部分干涉。最终, $k-G$ 分量消失,传输由 k 分量独自主导。因此,周期材料类似于有效折射率为 $n_1 <$ $n_{eff} < n_2$ 的介质。从能带结构的角度,色散曲线演化为斜率为 c/n_{eff} 的直线。

4.2.1　二维周期结构中的慢光

　　上面的解释基于简单的一维光栅。类比发现,光子晶体波导的工作原理与一维光栅相似,如图 4.4 所示。波导通过从完好的晶格中去除一排或多排空气孔而得到,其中第一排空气孔造成的周期扰动对这种波导特性的影响最强(见图 4.4(b)),这等效于一个一维周期结构的有效折射率调制(见图 4.4(c)),由此得到的色散曲线如图 4.5 所示。与图 4.2 相比,W1 模工作在第二个能带,为了方便显示把它对折到第一布里渊区。

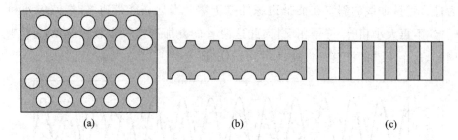

图 4.4 W1 光子晶体波导和一维周期晶格之间的相似性:图(a)中与线缺陷相邻的第一排空气孔对传输的影响最强,且它与截断的光子晶体波导(见图(b))类似,可以理解为有效折射率的周期调制(见图(c))

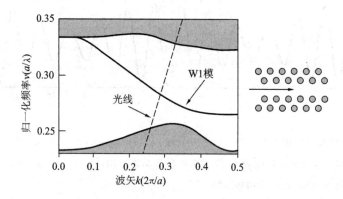

图 4.5 W1 光子晶体波导的色散曲线。图中清晰地标出了 W1 模和光线,即垂直方向上全内反射限制的极限;晶格模式的连续区用灰色显示

4.2.2 远离能带边缘的慢光

能带边缘是发生慢光现象最明显的地方,大多数慢光观察也是在这里实现的。虽然方便,但是能带边缘并不是最佳工作点。首先,典型的能带边缘附近的色散曲线为抛物线,这意味着群速度随频率快速变化,因此具有有限带宽的光脉冲将在一小段距离内发生色散[6]。其次,能带边缘出现一个断点,在该点模式从传输模转为倏逝模。于是,任何制造公差表现为这个断点的一个局部变化,因此在一部分结构中传输的慢模可能在另一部分结构中转变为倏逝

模,能带边缘附近的慢模似乎损耗很大[7][8]。这两个问题都可以通过控制缺陷模的色散曲线来解决。已有一些色散管理的例子,例如,对波导特性引入啁啾[9],改变波导宽度[10][11],改变邻近线缺陷波导的光子晶格的空气孔的尺寸[12]和位置[13]。这些方法大多数(除了引入啁啾外)涉及协调 W1 模的折射率导引和带隙导引两方面的相互作用。对这个相互作用的解释,需要意识到前面用到的最简单的模型忽略了光子晶体波导既可以通过全内反射也可以利用光子带隙效应限制光的事实;其支持的模式由此可以分为折射率导引模式和带隙导引模式两类,或者是这两者的组合[10][14]。这两类限制机制间的相互作用将决定波导色散曲线的局部形状。这个相互作用从 W1 模的色散曲线和最上面晶格模式的色散曲线的反交叉可以明显看出,例如,图 4.5 中在 $k =$ 0.35 附近,W1 模的色散曲线不是严格的抛物线,其形状由能带边缘的抛物性和这个反交叉的组合决定。对这个相互作用的理解给了我们进一步处理色散曲线形状的方法,并使我们创造具有低斜率的平坦能带区间,也称为"平带"慢光区间。

例如,改变波导宽度能增加缺陷模的有效折射率,因此其色散曲线在能带中下移。当色散曲线接近顶端晶格模式的能带时,这两个模式之间的相互作用使这些能带曲线的形状局部发生形变,这个形变可以用来作为管理色散曲线形状的工具,特别是获得恒定斜率的平坦区间。如图 4.6 所示,这个平带慢光可以在一定的参数和群速度范围内实现。在该例中,通过适当移动最内侧两排空气孔实现了群折射率 $n_g = 30$、50 和 80[13]。注意到,群折射率在接近 20% 的布里渊区内几乎恒定(在 ±10% 误差内),这是一个重要的工作区。这些具有恒定群速度的区间对研究慢光效应非常重要,因为 4.3 节讨论的增强效果只在光信号不发生色散时才有可能。在这方面,证明与群速度减小相应的脉冲压缩(脉冲在群折射率为 25 的平带慢光区间内被压缩了 25 倍)是很重要的[11],因为它表明了可以在宽带宽内获得恒定群折射率的事实(这里,在1500 nm 处带宽为 2.4 THz 或 19 nm,横跨了飞秒光脉冲的整个带宽)。因此,在非管理缺陷波导中观察到的色散展宽确实可以被克服[6]。总之,现在很显然,适当设计的光子晶体波导可以提供大的频谱带宽,因此它们是演示和应用慢光效应的很有希望的材料。

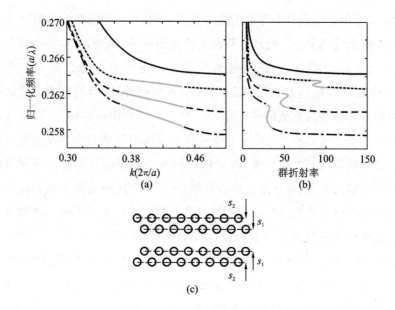

图 4.6　对在从 $n_g=30$ 到 $n_g=80$ 的大范围内(即图(a)和(b)中用浅色突出的完整曲线区间)管理群折射率的能力的说明。图(a)给出了相关的色散曲线,而图(b)给出了相同频率尺度下对应的群折射率,连续实线代表初始 W1 波导情况。这个群速度管理是通过移动关于完好晶格的 W1 缺陷波导的两排最内侧的空气孔实现的,如图(c)中的参数 s_1(最内侧一排空气孔的移动)和 s_2(第二排空气孔的移动)指示的那样

4.3　线性相互作用的增强

大多数光开关器件工作在相对相位改变 π 的基础之上。例如,在马赫-泽德干涉仪中,需要干涉仪一条臂相对于另一条臂产生半个波长的延迟,以使器件实现从开到关或者从关到开的工作。从原理上讲,这样的器件基于双光束干涉,输出光强 I_{tot} 取决于两个输入光强 I_1、I_2 和它们之间的相对相位差 $\Delta\phi$:

$$I_{tot}=I_1+I_2+2\sqrt{I_1 I_2}\cos\Delta\phi \tag{4.1}$$

相位差 $\Delta\phi$ 通常用相互作用长度 L 和波矢差 Δk 来表示,因此 $\cos\Delta\phi=\cos(\Delta kL)$,$\Delta k$ 通常表示为 Δnk_0,其中 Δn 为外界效应或材料非线性引入的折射率变化,k_0 为真空中的波矢。减慢因子 S 不在讨论范围内,因此看起来好像光开关器件并没有从慢光区域受益。但是,这里有一个微小的差别:由于引起式(4.1)中的相位差的是 Δk,因此,Δn 应是有效模折射率差 Δn_{eff},而不是材料

折射率差 Δn_{mat}。这个差别在图 4.7 中重点标出了。

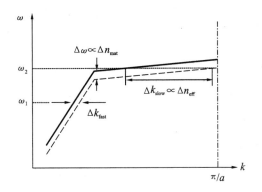

图 4.7　慢光器件增强相位敏感性的说明；对于给定的折射率变化
Δn_{mat}，色散曲线移动 $\Delta\omega$。ω_2 附近的慢光区域对应的 Δk 远大
于 ω_1 附近的快光区域对应的 Δk，因此，慢光器件相比快光器
件更加是相位敏感的

给定模式的色散曲线用实线表示，这里简化为只包含一个快（陡峭坡度）
区间和一个慢（平缓坡度）区间；回忆起群速度 v_{g} 和群折射率 n_{g} 由色散曲线的
斜率给出，即 $v_{\mathrm{g}}=\dfrac{c}{n_{\mathrm{g}}}=\dfrac{\mathrm{d}\omega}{\mathrm{d}k}$。如果材料折射率改变，色散曲线将在图中上移或下
移，如图 4-7 中的虚线所示。对频率为 ω 的传输模式的影响由 $\Delta k=k_0\Delta n_{\mathrm{eff}}$ 给
出。从图中可以清楚看出，频率 ω_1 的模式为快模，其 Δk 远小于频率 ω_2 的慢
模的 Δk。因此，对于给定的材料折射率变化，慢模经历的有效折射率改变大于
快模的对应值，并且显然这种效应与色散曲线的梯度成比例，即 $\Delta n_{\mathrm{eff}}=S\times n_{\mathrm{mat}}$。
我们可以将以上讨论做一总结，并将基于式(4.1)的开关条件表示为

$$\Delta\phi=\pi=\Delta kL=k_0 S\Delta n_{\mathrm{mat}}L \qquad (4.2)$$

因此，对于给定的 Δn_{mat}，慢光区域能提供更大的 Δk。Vlasov 等[15] 提供了该效
应的一个例子。他们利用光子晶体波导证明，热光调谐的马赫-泽德调制器工
作在慢光区域比工作在快光区域需要的能量更少。在一个不同的实施方案
中，Beggs 等[16] 利用折射率变化 $\Delta n=4\times10^{-3}$，给出了只有 5 μm 长的慢光增
强定向耦合器，而传统设计的定向耦合器则需要 200 μm 长。

4.4　腔和慢光波导的比较

腔和慢光波导都以带宽为代价来增强电场。明显的问题是，对于给定的

应用应该选择这两者中的哪一个？它们的性能相似还是不同？为了回答这个问题，我们以强度增强和带宽来比较两种通用结构的性能，并弄清对于给定的强度增强，两个系统的带宽代价是否不同。为了量化这个比较，我们引入 $\mathrm{FOM}=\dfrac{\Delta\nu_{\mathrm{SL}}}{\Delta\nu_{\mathrm{cav}}}$，其中 $\Delta\nu_{\mathrm{SL}}$ 代表慢光结构的有用带宽，$\Delta\nu_{\mathrm{cav}}$ 为腔的有用带宽，并假设强度增强相同。如果 $\mathrm{FOM}>1$，则慢光结构提供的带宽更宽；如果 $\mathrm{FOM}<1$，则腔提供的带宽更宽。

4.4.1 强度增强

在腔中，强度建立是由于光的多次往返；对于谐振腔，光损耗的部分等于光从腔外耦合到腔内的部分。为了理解在腔内捕获了多少光，即腔强度 I_{cav}，可参考图 4.8(a)。我们假设强度为 I_0 的光从左侧入射到无损的法布里-珀罗腔，腔由两个反射率为 R 的反射镜构成。我们从腔内开始讨论，假设强度为 I_{cav} 的光在腔内传输。在右侧反射镜处，$(1-R)I_{\mathrm{cav}}$ 被耦合输出，RI_{cav} 留在腔内；在左侧反射镜处，应该是 $R(1-R)I_{\mathrm{cav}}$ 被耦合输出。但与此同时，I_0 入射到腔内，且 RI_0 被反射。由于反射引起相位改变，RI_0 和 $R(1-R)I_{\mathrm{cav}}$ 是反相的（相差 π），因此两者相消；如果这两个强度相等，则完全相消且根本不发生 I_0 的反射。这就是在谐振腔内观察到的。当两个强度相等，即 $RI_0=R(1-R)I_{\mathrm{cav}}$ 时，满足这个条件，因此

$$I_{\mathrm{cav}}=\frac{I_0}{1-R} \tag{4.3}$$

达到谐振时，腔内的强度增强了 $\dfrac{1}{1-R}$。

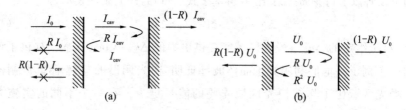

图 4.8　反射镜处的增益和损耗效应导致光学腔内的强度增强的示意图。(a)谐振腔内的强度增强；(b)腔品质因数对腔镜反射率的依赖关系

为了将这个增强与腔品质因数联系起来，我们引入 U_0 对腔镜反射率 R 的依赖关系，如图 4.8(b)所示。腔 Q 因子定义为

$$Q = 2\pi \frac{\text{Energy stored(存储的能量)}}{\text{Energy lost per cycle(每次循环损失的能量)}} \tag{4.4}$$

假设腔内存储的能量为 U_0 且唯一的损耗机制是腔镜反射率(不等于 1),我们发现在单模腔内每循环一次的能量损耗为 $(1-R)U_0 + R(1-R)U_0 \approx 2(1-R)U_0$。在模式阶数为 m 的多模腔内,每次循环的损耗减小 m 倍,因为腔镜损耗在 m 次循环中只发生一次,因此式(4.4)变为

$$Q = 2\pi m \frac{U_0}{2(1-R)U_0} = \frac{m\pi}{1-R} \tag{4.5}$$

将式(4.3)和式(4.5)联立,可以很容易发现 $I_{\text{cav}} = I_0 \frac{Q}{m\pi}$,因此腔内强度的增强因子为 $\frac{Q}{m\pi}$。

慢光结构用减慢因子 S 表征,它定义为相折射率与群折射率的比值,即 $S = \frac{n_\phi}{n_g}$。如果光脉冲进入慢光介质中,并假设发生完全的能量转移,则脉冲前沿相对其后沿减慢,因此脉冲总体被压缩。这个效应如图 4.9 所示,并由 Engelen 等[11]在实验中观察到。这很容易理解,当没有色散和非线性时,入射脉冲形状不受影响。再假设减慢并不是由材料谐振激发的(例如,像 EIT 中的减慢),脉冲越短,它就必须将入射能量调整为更高的强度。因此,慢光结构中的脉冲强度 I_{SL} 与减慢因子成比例,即 $I_{\text{SL}} = I_0 S$。

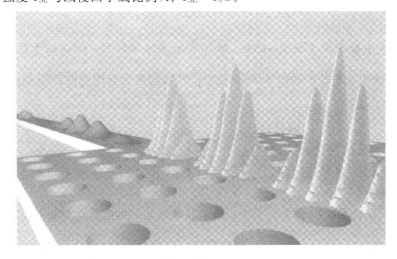

图 4.9　进入慢光波导的光脉冲的示意图;光脉冲从左上进入并在慢光区域被空间压缩,因此强度增强

总之,我们可以将这两类结构中的强度增强写为

$$\frac{I_{cav}}{I_0}=\frac{Q}{m\pi}, \quad \frac{I_{SL}}{I_0}=S \quad\quad (4.6)$$

现在,我们已经推导出了不同结构中的强度增强的表达式,所以可以考虑带宽问题了。

4.4.2 带宽比较

腔的带宽简单由其 Q 因子给出,即众所周知的公式 $Q=\frac{\nu_0}{\Delta\nu_{cav}}$,其中 ν_0 为谐振频率。假设 $\Delta\nu_{cav}$ 为腔的半极大全宽度,即腔透射率下降50%处的带宽。考虑到有用带宽可能比 $\Delta\nu_{cav}$ 低的事实,我们引入前因子 q_{cav},例如,只在透射率下降80%而不是50%的透射点之间,因此 $q_{cav}\leqslant1$。总之,可得

$$\Delta\nu_{cav}=q_{cav}\frac{\nu_0}{Q} \quad\quad (4.7)$$

基于周期结构的慢光波导的带宽可以由其色散图决定。回忆一下色散图,群速度 v_g 由色散曲线的斜率给出,因此 $v_g=\frac{d\omega}{dk}$。假设在考虑的区间内色散曲线是线性的,因此 $\frac{d\omega}{dk}=\frac{\Delta\omega}{\Delta k}$。利用 $v_g=\frac{c}{n_g}$ 引入群折射率,其中 c 为真空中的光速,并从角频率变换过来,可以写出

$$\Delta\nu_{SL}=\frac{1}{2\pi}\frac{c\Delta k}{n_g} \quad\quad (4.8)$$

最大 Δk 由布里渊区的大小给定($\Delta k=\frac{\pi}{a}$,a 为系统周期),但是由于色散曲线的线性区间并不是扩展到整个布里渊区的,我们需要像腔的前因子 q_{cav} 一样引入另一个前因子 q_{SL}:

$$\Delta\nu_{SL}=q_{SL}\frac{c}{2n_g a} \quad\quad (4.9)$$

通过 $\nu_0=u\frac{c}{a}$ 将工作频率 ν_0 引入到式(4.9)中,u 为无量纲的比例因子($u=\frac{a}{\lambda}$)。根据前面提到的 $S=\frac{n_\phi}{n_g}$,最后可以得到慢光结构的带宽有如下表达式:

$$\Delta\nu_{SL}=q_{SL}\frac{\nu_0}{2uSn_\phi} \quad\quad (4.10)$$

两类结构的 FOM 由式(4.10)和式(4.7)的比给出:

$$\text{FOM}=\frac{\Delta\nu_{\text{SL}}}{\Delta\nu_{\text{cav}}}=\frac{q_{\text{SL}}}{q_{\text{cav}}}\frac{Q}{2uSn_\phi} \tag{4.11}$$

因为带宽比较只在两类结构强度增强相同的情况下方有意义,我们利用式(4.6)并令 $I_{\text{cav}}=I_{\text{SL}}$,用 Q 来表示 S,因此 $S=\dfrac{Q}{m\pi}$。FOM 的最终形式为

$$\text{FOM}=\frac{q_{\text{SL}}}{q_{\text{cav}}}\frac{m\pi}{2un_\phi} \tag{4.12}$$

为了理解这个 FOM 的物理意义,我们代入一些实际的数值,q_{SL} 可以达到 $20\%^{[11][13]}$,q_{cav} 可以设为 60%,因此 $\dfrac{q_{\text{SL}}}{q_{\text{cav}}}\approx\dfrac{1}{\pi}$。光子晶体波导典型的工作点在 $u=0.25\dfrac{a}{\lambda}$ 附近,相折射率一般在 $n_\phi=2$ 左右,因此上式中的第二个分母近似为 1,即 $2un_\phi\approx1$。由此最终得到令人吃惊的简单表达式:

$$\text{FOM}=m \tag{4.13}$$

它意味着什么?对于单模腔($m=1$),给定强度增强,慢光波导和腔得到相同的带宽。而对于更大的腔,FOM 增加,这意味着对于给定的强度增强,慢光波导可以提供更宽的带宽。因此,慢光波导就像一个有任意长度的单模腔。

4.4.3 与耦合腔波导的比较

将上述结果与耦合腔波导(CCW)比较是非常有趣的,CCW 在本书中也称为耦合谐振光波导(CROW)。CCW 应该被看成是腔还是慢光波导呢?单腔在给定工作频率下支持单光子谐振,而多耦合腔产生多光子谐振的干涉。由于光子晶体波导中的慢模也可以被认为是多光子谐振间的干涉图样,因此在 CCW 和光子晶体波导间显然存在相似性。而且,与慢光波导一样,CCW 用表征带宽和群速度的传输带描述。但是,从 FOM 的角度,CCW 在性能上通常不如光子晶体波导。FOM 主要取决于慢光区域所占据的 k 范围,正如前面引入的因子 q_{SL} 表示的那样。由于 CCW 用相邻腔的距离来表征,该距离是晶格常数的多倍(通常为 4~10 倍),因此可用的 k 空间被减小了相同的倍数。例如,在基于光子晶体耦合异质结构腔的 CCW 中$^{[17]}$,色散曲线从 $k=0.43\times2\pi/a$ 延伸至 $k=0.5\times2\pi/a$,而有用的慢光区间只在 $\Delta k=(0.04\sim0.05)\times2\pi/a$ 范围,对应 $q_{\text{cav}}<0.1$;只有不到 10% 的 k 范围对慢光工作有用。显然,这取决于具体设计,即越紧密耦合的腔,它们占据的 k 范围越大。作为比较,最好的光子晶体波导得到的 q_{cav} 值超过 0.2。

4.4.4　品质因数的含义

为了理解这个 FOM 的含义,有必要考虑几个例子,它们对我们有启发作用。

4.4.4.1　非线性折射率

基于非线性折射率变化的全光效应已经被应用于很多器件中,如定向耦合器中的开关[18]或光子晶体腔中的光学双稳态[19]。在这些应用中,开关作用都是基于强度引起的折射率变化,即 $n=n_0+n_2 I$,其中 n_0 为线性折射率,n_2 为非线性折射率且 I 为光强。要驱动开关,我们需要在相互作用长度 L 上建立 $\frac{\lambda}{2}$ 的光程差。如果为简单起见,我们只考虑材料折射率的变化并忽略图 4.7 所示和 4.4.4.2 节讨论的相位变化问题,得到如下对比。利用式(4.6)中各自的强度增强并考虑折射率变化为 $n_2 I$,可以得到

$$n_2 I_0 SL=\frac{\lambda}{2}$$

$$n_2 I_0 \frac{Q}{\pi}L=\frac{\lambda}{2}$$

如果令相互作用长度增加 m 倍,则有

$$n_2 I_0 SmL=\frac{\lambda}{2}$$

$$n_2 I_0 \frac{Q}{m\pi}mL=\frac{\lambda}{2}$$

比较上边两组方程,可以观察到腔不会从长度的增加中受益(假设 Q 不变,因此带宽不变);较长的腔相互作用长度也较长,但是强度的谐振增强下降,因此两个 m 因子抵消。但在慢光波导的情况下,器件越长效应越明显,因为强度增强与长度无关。因此,我们在慢光波导中确实得到一个近似 m 倍的非线性相互作用,这与上面推导的品质因数 FOM=m 相称。

4.4.4.2　线性折射率

利用式(4.2),可以将干涉器件的开关长度表示为

$$L=\frac{\lambda}{2S\Delta n} \tag{4.14}$$

工作在 m 阶模式的环形腔的长度应为 $nL=m\lambda$。如果为了比较,我们令两个长度相同,可以得到

$$m = \frac{n}{2 \Delta n S} \tag{4.15}$$

以参考文献[20]中的环形腔为例,其直径为 12 μm,并工作在近似 75 阶的模式下,工作波长 $\lambda = 1570$ nm(设 $n \approx 3$)。要实现开关需要的折射率变化为 $\Delta n = 10^{-4}$。根据式(4.15),近似 $S = 200$ 的慢光波导将具有相同的长度,因此需要同样的开关能量。

$S = 200$ 的慢光波导的带宽是多少? 如果我们由参考文献[11]简单推断结果,其中当减慢因子 $S = 12$ 时观察到带宽 $\Delta \lambda = 19$ nm,因此当减慢因子 $S = 200$ 时我们得到 $\Delta \lambda \approx 1$ nm 的带宽值。作为对比,参考文献[20]中的环形腔显示有用带宽为 $\Delta \lambda \approx 0.01 \sim 0.02$ nm,比慢光波导中的 $\Delta \lambda \approx 1$ nm 小50~100倍。因此,当模式阶数 $m = 75$ 时,带宽减小的幅度相似,这证明了上面推导的 FOM $= m$。

实际上,我们需要在开关长度/能量和带宽之间权衡,例如,使其工作在 $S = 20$,此时慢光波导的长度大于腔长,但是反过来得到了更宽的带宽。

总之,将线性和非线性增强结合起来,如在全光马赫-泽德器件中,有潜力使开关功率以减慢因子的平方减小,这已在参考文献[2][3]中指出。

4.5 损耗

传输损耗是一个重要的问题,特别是在慢光区域。如果在减慢过程中大部分光被损耗掉,上面讨论的开关和非线性增强中的所有好处和增强将毫无意义。同样,如果慢光波导的损耗比等价的较长传统波导的损耗大,那么在延迟线中使用慢光就不那么吸引人了。下面我们具体考察一下损耗。首先,本征损耗为零,因为波导模式被很好地定义并工作在光线以下。仅有的损耗来自于缺陷,如粗糙度以及其他相对于理想结构的偏差,这些损耗也称为非本征损耗。由于本章讨论的慢光需要周期皱褶结构,利用光子晶体波导与光子线相比会有损耗代价吗? 也许有人认为光子晶体的周期皱褶结构和表面,相比光子线光滑的外壁会造成更多的散射,但实际上并非如此。目前报道的最好的光子线的损耗在 $1 \sim 2$ dB/cm 的量级[21][22],光子晶体波导的损耗的最小值与此差得并不远,在 $2 \sim 4$ dB/cm 的量级[7][23]并且将来会进一步减小。

但是,一旦光速减慢,问题就产生了。关于这个问题的一篇关键性论文[7]指出,损耗与群速度平方的倒数成比例,因此如果光减慢 2 倍,则损耗增加 4

倍。这一点已通过研究 W1 波导能带边缘附近的慢光，并对比实验和理论数据得到。如果被证明这是一个普遍趋势，这一结果将明显限制慢光在介质结构中的应用。然而，一些实验结果指出事实并非如此简单。例如，O'Faolain 等[8]指出，远离能带边缘的损耗正比于群速度平方根的倒数，因此如果光速减慢 2 倍，损耗只增加 1.4 倍。更好的情况是，在 Li 等[13]的色散管理波导中，当群折射率从 5 变化到 30 时，没有观察到透射率的变化，因此当光速减慢 6 倍时没有任何明显的损耗代价。这个值得注意的观察如图 4.10 所示。

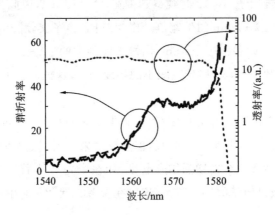

图 4.10　在 Li 等的色散管理波导中，透射率（点线）和群速度（实线表示实验结果，虚线表示模拟结果）与波长的关系[13]。当光速从 $c/5$ 减慢到 $c/30$ 时，透射率没有明显减小

　　为什么存在这个差异？这个问题尚未有定论，但是一些观察已经指向了参考文献[7]中所用模型的局限性。损耗与群速度平方的倒数成比例的主要结果是用慢光区域态密度的增加（这也是造成增强的光-物质相互作用的原因）以及背向散射来解释的，这个模型是基于微扰近似，它假设在完好结构和无序结构中的场分布相同。粗糙度和空气孔形状或尺寸的变形等这类小的偏差，将作为散射中心辐射或背向散射光。

　　(1)如果实验结构中出现小的偏差（粗糙度一般在几个纳米量级，特征尺寸如空气孔直径在 200～300 nm），此时尽管微扰方法仍然正确，但是微扰的总体效应远大于这些数字暗示的那样。例如，参考文献[7]的数据适用于透射率小于 10% 的区域，引起 90% 或更多光损耗的效应很难被视为微扰，因此微扰方法的正确性存在疑问。

(2)已经观察到由慢光区域的无序引起的局域化现象(见参考文献[24]),而局域化需要多重散射,这是微扰方法没有考虑的。

(3)O'Faolain[8]关于无序的研究指出,在能带边缘附近,无序引起的晶格局部变化改变了模式的截止。这个改变导致强反射,强反射作为重要的损耗源,远超过其他类型的损耗。同样,微扰方法还是没有考虑模式截止的这种变化。

(4)背向散射成分是导致损耗与 $1/v_g^2$ 相关的第二个因素,它在群速度确实很低之前并不显著,如低至 $c/50$ 或 $c/100$ 之前,主要取决于粗糙度[25]。因此,它的影响在参考文献[7]中被高估了。

所有这些观察都认为,需要对群速度相关的损耗进行更全面的描述,在能带边缘附近数据的简单拟合不足以描述涉及的不同效应间的相互作用。但是,如图 4.10 所示,实验证明在 $c/50\sim c/20$ 范围存在一个"甜蜜点",此处损耗低且它对群速度的依赖性小,这是非常令人振奋的。只要避免超高的减慢因子,可以期待前面讨论的线性和非线性增强将在实验中实现。

4.6　耦合

工作在慢光区域的另一个重要问题是将所有的光注入结构中的能力,否则从非线性效应的角度讨论的强度增强就无法实现。能无损耗地实现从快光区域到慢光区域的完全转换吗?一个普遍的错误概念认为群速度失配是关键问题,它采用与微波中的阻抗失配或光学中的菲涅尔反射相似的方法来理解该问题。一个简单的考虑表明,这种情况是不可能的;假设在超冷气体和类似材料中得到巨大的减慢因子,如果仅仅是群折射率不同的问题,则不可能将光注入这些材料中。另一方面,这里显然还存在一些关键问题,因为大量研究人员报道过向慢光区域注入光的困难。

(1)在不同类型波导间的过渡中,无论是快光还是慢光,关键问题是过渡区两侧的相折射率需要很好地匹配;否则,将发生与相折射率差 Δn 成比例的菲涅尔反射。前面提到的超冷气体在这方面不存在任何问题的唯一原因是,它们的相折射率接近于 1,因此菲涅尔反射可以忽略。在光子晶体波导中,光通常是从全内反射模式注入的,它与慢光模式有相似的相折射率,因此相位匹配看起来也不是主要问题。

（2）另一个问题是模式重叠，它源于不同波导中的模式之间存在物理尺寸的差异。例如，当将光从光纤耦合到纳米光子波导时，这就是最大的问题。将光耦合进慢光模式时引起这个问题：如图 4.11 所示，由于慢光模式的形状与快光模式的不同，因此耦合效率变成群速度的函数。这个问题至少部分可以通过调整过渡区宽度以及调整光子晶体相对波导输入端的位置解决，如 Vlasov 等[26]指出的。

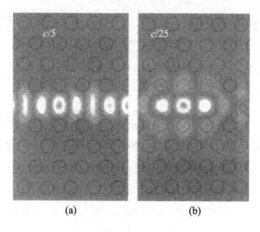

图 4.11　(a)、(b)分别为快(c/5)和慢(c/25)光子晶体
波导模式的模式形状，模式形状的不同是造成
耦合系数与群折射率有关的部分原因。图 4.3
中突出的慢光模式的特征包络也得到承认

（3）但是，关于向慢光模式中耦合的要点是，认为慢光是前向和后向传输分量之间的干涉图样。如图 4.3 所示，正是这个叠加导致了被我们称为慢光模式的干涉图样的特征包络。这个现象固有地需要光子晶体出现在模式的两侧，在界面上显然不是这种情况，因为光子晶体只出现在模式的一侧，且模式只具有前向传输分量。因此，无法立刻在界面处建立起慢光模式的干涉图样，且它需要一个过渡区才能建立。这个过渡区最常见的解决方法是采用锥形区，在锥形区中折射率逐渐增加，允许干涉图样缓慢建立。这样的一个锥形区可以通过缓慢改变晶格常数或波导宽度实现[27][28]，偶尔可见利用很多层不同晶格常数的多层界面设计来解决这个问题[29]。但是后一种解决方案提供了最短的过渡区，因此可以设计成对任意希望的群折射率实现统一注入。

总之,对注入效率显然不存在固有的限制,目前已有效率高达 100% 的大量解决方案。

4.7 结论

光子晶体线缺陷波导提供了一个研究和开发慢光效应的有用平台。它们属于基于光子谐振的慢光器件,与独立的腔和耦合腔波导同属一类。与基于原子谐振如 EIT 的慢光器件相比,它们提供了更大的工作带宽且更灵活的工作波长,而这只取决于结构的尺寸,主要是晶格常数、空气孔尺寸和波导宽度;当将这些参数有效组合时,能提供数量惊人的排列来修饰慢光特性,如带宽、减慢因子以及目标波长,这只受基质材料的透明窗口限制。尽管已经证明对于 $n_g = 20 \sim 50$ 区间内的大小适中的群折射率可以获得低损耗,而且光可以有效注入这种结构中,但是损耗和注入问题仍然是活跃的研究领域。

光子晶体线缺陷波导方法的缺点是,减慢因子的调谐仍然是一个挑战,因为它不像 EIT 型系统或耦合腔那样自然来的。因此,光子晶体线缺陷波导更适用于静态延迟线或线性和非线性光学效应的增强。

参考文献

[1] S. J. Madden, D. -Y. Choi, M. R. E. Lamont, V. G. Ta'eed, N. J. Baker, M. D. Pelusi, B. Luther-Davies, and B. J. Eggleton. Chalcogenide glass photonic chips. Opt. Photon. News, 19(1):18-23, 2008.

[2] M. Soljačić, S. G. Johnson, S. Fan, M. Ibanescu, E. Ippen, and J. D. Joannopoulos. Photonic-crystal slow-light enhancement of nonlinear phase sensitivity. J. Opt. Soc. Am. B, 19(9):2052-2059, 2002.

[3] T. F. Krauss. Slow light in photonic crystal waveguides. J. Phys. D Appl. Phys. , 40(9):2666-2670, 2007.

[4] J. B. Khurgin. Optical buffers based on slow light in electromagnetically induced transparent media and coupled resonator structures: Comparative analysis. J. Opt. Soc. Am. B, 22(5):1062-1074, 2005.

[5] B. -S. Song, S. Noda, T. Asano, and Y. Akahane. Ultra-high-q photonic double-heterostructure nanocavity. Nat. Mater. , 4:546-549, 2005.

[6] R. J. P. Engelen, Y. Sugimoto, Y. Watanabe, J. P. Korterik, N. Ikeda, N.

F. van Hulst, K. Asakawa, and L. Kuipers. The effect of higher-order dispersion on slow light propagation in photonic crystal waveguides. Opt. Express, 14(4):1658-1672, 2006.

[7] E. Kuramochi, M. Notomi, S. Hughes, A. Shinya, T. Watanabe, and L. Ramunno. Disorder-induced scattering loss of line-defect waveguides in photonic crystal slabs. Phys. Rev. B(Condens. Matter Mater. Phys.), 72 (16):161318, 2005.

[8] L. O'Faolain, T. P. White, D. O'Brien, X. Yuan, M. D. Settle, and T. F. Krauss. Dependence of extrinsic loss on group velocity in photonic crystal waveguides. Opt. Express, 15(20):13129-13138, 2007.

[9] D. Mori, S. Kubo, H. Sasaki, and T. Baba. Experimental demonstration of wideband dispersion-compensated slow light by a chirped photonic crystal directional coupler. Opt. Express, 15(9):5264-5270, 2007.

[10] A. Yu. Petrov and M. Eich. Zero dispersion at small group velocities in photonic crystal waveguides. Appl. Phys. Lett. , 85 (21): 4866-4868, 2004.

[11] M. D. Settle, R. J. P. Engelen, M. Salib, A. Michaeli, L. Kuipers, and T. F. Krauss. Flatband slow light in photonic crystals featuring spatial pulse compression and terahertz bandwidth. Opt. Express, 15(1):219-226, 2007.

[12] L. H. Frandsen, A. V. Lavrinenko, J. Fage-Pedersen, and P. I. Borel. Photonic crystal waveguides with semi-slow light and tailored dispersion properties. Opt. Express, 14(20):9444-9450, 2006.

[13] J. Li, T. P. White, L. O'Faolain, A. Gomez-Iglesias, and T. F. Krauss. Systematic design of flat band slow light in photonic crystal waveguides. Opt. Express, 16(9):6227-6232, 2008.

[14] M. Notomi, K. Yamada, A. Shinya, J. Takahashi, C. Takahashi, and I. Yokohama. Extremely large group-velocity dispersion of line-defect waveguides in photonic crystal slabs. Phys. Rev. Lett. , 87 (25): 253902, 2001.

[15] Y. A. Vlasov, M. O'Boyle, H. F. Hamann, and S. J. McNab. Active con-

trol of slow light on a chip with photonic crystal waveguides. Nature, 438(7064):65-69,2005.

[16] D. M. Beggs, T. P. White, L. O'Faolain, and T. F. Krauss. Ultracompact and low-power optical switch based on silicon photonic crystals. Opt. Lett. ,33(2):147-149,2008.

[17] D. O'Brien, M. D. Settle, T. Karle, A. Michaeli, M. Salib, and T. F. Krauss. Coupled photonic crystal heterostructure nanocavities. Opt. Express,15(3):1228-1233,2007.

[18] A. Villeneuve, C. C. Yang, P. G. J. Wigley, G. I. Stegeman, J. S. Aitchison, and C. N. Ironside. Ultrafast all-optical switching in semiconductor nonlinear directional couplers at half the band gap. Appl. Phys. Lett. ,61 (2):147-149,1992.

[19] M. Notomi, A. Shinya, S. Mitsugi, G. Kira, E. Kuramochi, and T. Tanabe. Optical bistable switching action of si high-q photonic-crystal nanocavities. Opt. Express,13(7):2678-2687,2005.

[20] Q. Xu, B. Schmidt, S. Pradhan, and M. Lipson. Micrometre-scale silicon electro-optic modulator. Nature,435:325-327,2005.

[21] M. Gnan, S. Thoms, D. S. Macintyre, R. M. De La Rue, and M. Sorel. Fabrication of low-loss photonic wires in silicon-on-insulator using hydrogen silsesquioxane electron-beam resist. Electron. Lett. ,44(2):115-116,2008.

[22] F. Xia, L. Sekaric, and Y. Vlasov. Ultracompact optical buffers on a silicon chip. Nat. Photon. ,1(1):65-71,2007.

[23] L. O'Faolain, X. Yuan, D. McIntyre, S. Thoms, H. Chong, R. M. De La Rue, and T. F. Krauss. Low-loss propagation in photonic crystal waveguides. Electron. Lett. ,42(25):1454-1455,2006.

[24] J. Topolancik, B. Ilic, and F. Vollmer. Experimental observation of strong photon localization in disordered photonic crystal waveguides. Phys. Rev. Lett. ,99(25):253901,2007.

[25] L. C. Andreani and D. Gerace. Light-matter interaction in photonic crystal slabs. phys. Stat. Solidi (b),244(10):3528-3539,2007.

[26] Y. A. Vlasov and S. J. McNab. Coupling into the slow light mode in slab-type photonic crystal waveguides. Opt. Lett. ,31(1):50-52,2006.

[27] S. G. Johnson, P. Bienstman, M. A. Skorobogatiy, M. Ibanescu, E. Lidorikis,and J. D. Joannopoulos. Adiabatic theorem and continuous coupled-mode theory for efficient taper transitions in photonic crystals. Phys. Rev. E,66(6):066608,2002.

[28] P. Pottier,M. Gnan,and R. M. De La Rue. Efficient coupling into slow-light photonic crystal channel guides using photonic crystal tapers. Opt. Express,15(11):6569-6575,2007.

[29] J. P. Hugonin,P. Lalanne,T. P. White,and T. F. Krauss. Coupling into slow-mode photonic crystal waveguides. Opt. Lett. , 32 (18): 2638-2640,2007.

第5章
周期耦合谐振器结构

5.1 引言

由于光学微谐振器结构的紧凑性(基本上在芯片级尺寸),引起了理论和实验上的极大关注。它们在从基础物理到电信系统的广泛领域具有应用前景[1]。由于光学微谐振器具有在微小物理空间存储光的能力,我们预想周期耦合的微谐振器结构可以提供一种在芯片上控制光脉冲群速度的新方法。为此,已经提出了两种主要的结构设想:耦合谐振器光波导(coupled-resonator optical waveguide,CROW)[2][3] 和间隔排列光谐振器的侧耦合集成序列(SCISSOR)[4][5]。CROW 是一个谐振器链,光在其中凭借邻近谐振器之间的直接耦合传输(见图 5.1(a))。相反,SCISSOR 由彼此互不直接耦合的谐振器链组成,但是至少通过一个侧耦合波导进行耦合(见图 5.1(b))。CROW 和 SCISSOR 都具有明显减慢光的传输的潜力。

耦合光谐振器近年来已经在非线性光学研究和电信应用中变得非常重要[4][6][7][8]。已提出并演示了由几个耦合谐振器组成的系统(如 $1<N<5$),以用于光滤波和调制[9][10][11]。在另一个极端,CROW 和 SCISSOR 的大系统(如

$N>10$），可以被认为是具有独特的和可控的色散特性的波导[2][3][6][12][13]。

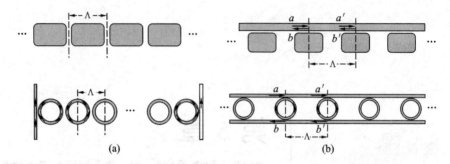

图 5.1　(a)、(b)分别为周期为Λ的 CROW 和 SCISSOR 结构示意图。图(a)和(b)的上
　　　半部分分别显示了 CROW 和 SCISSOR 的一般实现方式(灰色方块表示通用
　　　谐振器)，而下半部分显示的是基于环形谐振器的具体实现方式。在 CROW
　　　中，谐振器之间直接耦合，而在 SCISSOR 中，耦合是借助波导实现的。实心箭
　　　头表示波导中光场的传输方向

　　本章将提供一个 CROW 和 SCISSOR 的简单综述，有兴趣的读者应该针
对某个特定主题深入阅读参考文献以便了解更多细节。对于 SCISSOR，我们
将关注其结构，其中每个如图 5.1(b)所示的单元由于具有更加有趣的色散关
系，它们之间存在反馈。我们将从 CROW 和 SCISSOR 的理论描述开始，然后
对这两种结构进行比较。我们将描述 CROW 和 SCISSOR 中一些有趣的传输
效应，包括单模驻波谐振器，接着讨论一些在使用周期耦合谐振器减慢光速时
的实际应用问题以及各种权衡。最后，将概述这一领域的实验进展。

5.2　一般描述

　　在这部分，我们将引入 CROW 和 SCISSOR 的色散关系的基本特征。
CROW 和 SCISSOR 的概念是通用的，适用于许多不同类型的谐振器，这样就
可以用不同类型的公式对它们进行分析。在此，我们选择了物理上直观的公
式来描述 CROW 和 SCISSOR，并且尽可能一般性地描述其色散特性。

5.2.1　CROW 色散关系

　　CROW 色散关系可以用紧束缚公式[2]、传递矩阵[14]或者时域耦合模理
论[15]进行推导。这三种分析方法可以在弱耦合极限条件下得到相同形式的色
散关系[16]。这里，我们将简单描述如何用紧束缚方法推导出对任何类型的谐

振器都适用的色散关系。

在紧束缚方法中,我们将频率为 ω_K 的 CROW 本征模的电场 E_K 近似为每个单独的谐振器模 E_{ω_0} 布洛赫波的叠加[2]:

$$E_K(\boldsymbol{r},t) = \exp(\mathrm{i}\omega_K t)\sum_N \exp(-\mathrm{i}NK\Lambda)E_{\omega_0}(\boldsymbol{r}-N\Lambda\hat{\boldsymbol{z}}) \qquad (5.1)$$

式中:谐振器链中第 N 个谐振器的中心位于 $z=N\Lambda$ 处;Λ 是周期;K 是布洛赫波数;ω_0 是单个谐振器的谐振频率。

将式(5.1)代入麦克斯韦方程组,假设最邻近的耦合是对称的,经过数学推导,可以得到 CROW 的色散关系[2]:

$$\omega_K = \omega_0\left[1-\frac{\Delta\alpha}{2}+\kappa\cos(K\Lambda)\right] \qquad (5.2)$$

式中:ω_0 是单个谐振器的谐振频率;$\Delta\alpha$ 和 κ 定义为

$$\Delta\alpha = \int \mathrm{d}^3\boldsymbol{r}\left[\epsilon(\boldsymbol{r})-\epsilon_0(\boldsymbol{r})\right]E_{\omega_0}(\boldsymbol{r})\cdot E_{\omega_0}(\boldsymbol{r}) \qquad (5.3\mathrm{a})$$

$$\kappa = \int \mathrm{d}^3\boldsymbol{r}\left[\epsilon_0(\boldsymbol{r}-\Lambda\hat{\boldsymbol{z}})-\epsilon(\boldsymbol{r}-\Lambda\hat{\boldsymbol{z}})\right]E_{\omega_0}(\boldsymbol{r})\cdot E_{\omega_0}(\boldsymbol{r}-\Lambda\hat{\boldsymbol{z}}) \qquad (5.3\mathrm{b})$$

式中:$\epsilon(\boldsymbol{r})$ 是 CROW 的介电常数;$\epsilon_0(\boldsymbol{r})$ 是单个谐振器的介电常数。

这样,耦合参数 κ 表示两个相邻谐振器的模式的重叠积分,而 $\Delta\alpha/2$ 给出了它们在中心频率 ω_0 的自频移。

由式(5.2)能够证明,在 CROW 中通过谐振器彼此之间的耦合产生了以谐振频率为中心(有较小的自耦合偏移)的导波频带,这些频带在频率上以谐振器的自由频谱范围分开。在带隙中,光波与结构不谐振,于是在 CROW 中衰减掉。图 5.2 显示了当 κ 取两个不同值时 CROW 的色散关系和群速度。由于群速度 v_g 的定义为 $v_g = \mathrm{d}\omega/\mathrm{d}K$,要获得慢光传输,谐振器间必须是弱耦合的,这样才能获得在色散关系上相对平坦的传输带。

5.2.2 SCISSOR 色散关系

为了确定 SCISSOR 的色散关系,可以采用传递矩阵、散射矩阵或广义的哈密顿方法[17][18][19]。利用传递矩阵,我们采用 SCISSOR 一个单元的透射和反射系数来描述场从一个单元到下一个单元的传输,然后可以利用传输方向上的平移对称性推导出布洛赫模式和色散关系。

对于图 5.1(b)中的单元,如果前向传输和后向传输的波导模式被耦合到一个无损耗的谐振器模式中,并且单元具有沿 z 方向的镜面反射对称性,那么

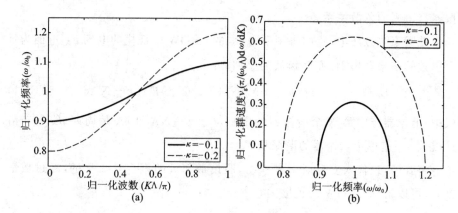

图 5.2　当 κ 取不同值且 $\Delta\alpha=0$ 时,CROW 的色散关系(见图(a))和归一化群速度(见图(b)),归一化群速度定义为 $\pi/(\omega_0\Lambda)\mathrm{d}\omega/\mathrm{d}K$

对于图 5.1(b)中标注的场振幅,频率相关的传递矩阵 $\boldsymbol{T}(\omega)$ 具有以下形式[17]:

$$\begin{bmatrix} a' \\ b' \end{bmatrix} = \boldsymbol{T}(\omega) \begin{bmatrix} a \\ b \end{bmatrix} \tag{5.4a}$$

$$\boldsymbol{T}(\omega) = \begin{bmatrix} \exp(-\mathrm{i}\beta\Lambda) & 0 \\ 0 & \exp(\mathrm{i}\beta\Lambda) \end{bmatrix} \begin{bmatrix} \dfrac{T^2-R^2}{T} & \dfrac{R}{T} \\ -\dfrac{R}{T} & \dfrac{1}{T} \end{bmatrix} \tag{5.4b}$$

式中:Λ 是结构的周期;$\beta=\omega n/c$ 是波导的传输常数,ω 是光的频率,n 是波导的有效折射率,c 是光速。

我们已经假设了谐振器的耦合进和耦合出仅发生在谐振器与波导之间分开最小的点上,T 和 R 是谐振器的透射和反射系数,对于紧邻谐振频率 ω_0 的频率,T 和 R 可以写成[19]:

$$T(\omega) \approx \frac{-\mathrm{i}\delta}{\gamma-\mathrm{i}\delta} \tag{5.5a}$$

$$R(\omega) \approx (-1)^q \frac{\gamma}{\gamma-\mathrm{i}\delta} \tag{5.5b}$$

式中:$\gamma=2\pi n\kappa_{sc}/c$,$\kappa_{sc}$ 是在频率 ω_0 谐振器与波导之间的耦合系数;q 是由模式的对称性决定的整数,并且对于偶(奇)谐振器模式它是奇数(偶数);$\delta=\omega-\omega_0(1-\Delta\alpha')$ 是包括自耦合产生的频移 $\omega_0\Delta\alpha'$ 相对于谐振频率的频率失谐。

由式(5.5)可以看出,当入射光的频率与谐振频率相匹配时,单个谐振器表现出 100% 的反射和 0% 的透射。

对于一个无限长的 SCISSOR,模式和色散关系可以通过对式(5.4)利用布洛赫边界条件并求解本征值和本征模式来获得。经过数学推导,SCISSOR 的色散关系如下:

$$K(\omega)=-\frac{\mathrm{i}}{\Lambda}\ln\left\{\left[(T_{11}(\omega)+T_{22}(\omega))\pm\sqrt{(T_{11}(\omega)+T_{22}(\omega))^2-4}\right]/2\right\}$$

(5.6)

其中,$T_{11}(\omega)$和 $T_{22}(\omega)$是矩阵 $T(\omega)$的适当矩阵元。

一个 SCISSOR 结构的典型色散关系如图 5.3 所示,色散关系表现出两种类型的带隙——间接的“谐振器带隙”和直接的“布拉格带隙”。对于直接带隙,我们指的是上下能带边缘频率之间的布洛赫波数不存在不连续性;对于间接带隙,上下能带边缘频率的波矢之差为 π/Λ。

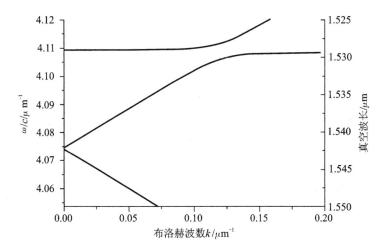

图 5.3 由环形谐振器侧耦合到两个波导构成的 SCISSOR 典型的色散关系曲线,参数为 $\Lambda=16\ \mu m$,$n=3.47$,环的周长为 26 μm,长度集成耦合系数 $\kappa_{sc}=0.20$,谐振器带隙接近 $\omega/c=4.11\ \mu m^{-1}$,布拉格带隙接近 $\omega/c=4.075\ \mu m^{-1}$

色散关系中的两类带隙是由 SCISSOR 结构中两种不同的反射机制造成的,当频率接近布拉格频率时,由系统的相继谐振器单元引起的附加相移是 2π 的整数倍,并且弱耦合能够通过反射的相长干涉的布拉格型过程而加强,这与一维分布反馈光栅结构中的布拉格反射相似,并且也会导致在色散关系中具有与 DBF 光栅中相同的布拉格带隙特性。如果光的频率与谐振器的谐振频率接近,那么两个通道间的有效耦合就变得很强,并且带隙也会产生,这个带隙称为"谐振器带隙"。两种反射机制(布拉格反射和谐振反射)的差别对于与两种类型的带隙有关的脉冲传输方程具有重要的影响。

5.2.3　CROW 与 SCISSOR 之间的比较

在许多方面,CROW 与 SCISSOR 的结构是互补的。在 CROW 中,光以纯实数波数在谐振器中以谐振频率传播,带隙频率不与结构发生谐振;相反,在 SCISSOR 中,光波在谐振器的谐振频率处反射,并且也在结构的布拉格频率处反射。在更加基础的层面上,CROW 与 SCISSOR 的差别在于每个单元中模式的数量和它们耦合在一起的方式。最简单的 CROW 是由包含单模谐振器的单元组成的,每个单元只含一种模式。对于 SCISSOR,传输带是由每一个单元中的至少三个模式耦合形成的:一个前向传输和一个后向传输的波导模式,它们通过谐振模式耦合在一起。

对于慢光,我们对色散关系曲线中平坦处的频率感兴趣,对 CROW 和 SCISSOR,能带边缘附近的群速度 v_g 近似为零。然而,群速度色散(GVD)也应该最小($\frac{\partial^2 K}{\partial \omega^2} \approx 0$),这样才能减少脉冲畸变[20]。在 CROW 中,正如从图 5.2 和式(5.2)推断出的,零 GVD 的区域位于能带中心,$K\Lambda \approx \pi/2$,这里群速度最大,$v_{g,max} = |\kappa|\omega_0\Lambda$,因此,要想在 CROW 中获得慢光,$|\kappa|$ 必须保持很弱,并且 Λ 应该很短。

对于 SCISSOR,在两种类型带隙附近的传输带表现出不同的 GVD 特性。在谐振器带隙附近色散关系的曲率要比在布拉格带隙附近的小得多(见图 5.4)。谐振器带隙的间接特性导致在谐振器带隙附近线性更好的色散关系[21]。然而,因为能带曲率非零,在能带边缘 GVD 为零是不可能的,因此对于线性脉冲传输,能带边缘的频率总是不希望的。那么,对慢光传输更有用的区域是平坦的中间能带,当调谐布拉格带隙和谐振器带隙使它们彼此接近时就会产生中间能带,如图 5.3 所示。对于第一布里渊区内一个宽范围的波数,这个中间能带能支持非常小的群速度,还能拥有非常小的 GVD。

CROW 和 SCISSOR 都能减慢光,尽管在这两种器件中能实现减慢的基本机制不同。而且,CROW 和 SCISSOR 的慢光机制和可能的几何结构能够结合起来,例如,CROW 可以侧耦合到波导和(或)其他谐振器[22][23]。将以这些结构为基础的基本原理结合起来进一步增加了复杂性,但是也丰富了周期耦合谐振器系统中可能的传输和色散类型。

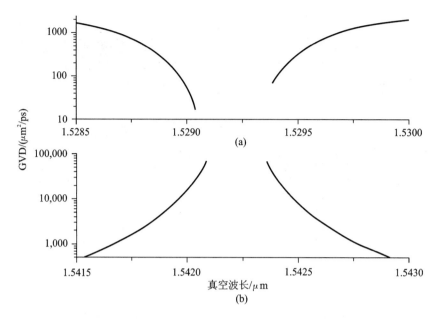

图 5.4 在图 5.3 考虑的系统的谐振器带隙(见图(a))和布拉格带隙(见图(b))的附近，
GVD 作为真空中波长的函数，在谐振器带隙附近 GVD 小几个数量级

5.3 驻波谐振器

在本节中，我们将描述存在于基于法布里-珀罗(FP)谐振器的 CROW 和
SCISSOR 中的一些有趣的传输效应。因为 FP 谐振器属于驻波谐振器，且在
谐振频率处只支持一个模式，与行波谐振器(如微环)相比它们可以表现出相
当不同的特性[23][24]。

5.3.1 FP-CROW

为在 CROW(对其他任何介质也是如此)中实现显著的光速减慢，沿光传
输方向应在尽可能短的器件长度上实现光延迟。倏逝波耦合 FP 谐振器阵列
能作为低折射率对比度慢光结构的一种解决方案。尽管折射率对比度低，但
通过在传输方向解耦合器件的长度，获得了高减慢因子，这些 CROW 的某些
实现绘在图 5.5 中。

大减慢因子是可能的，因为器件沿传输方向 z 的周期可以很短，对于倏逝
波耦合的单模波导来说大约是 5 μm，这个周期性与在高折射率对比度光子晶
体(PC)、环形或圆盘谐振器中可获得的类似。在 y 方向，传输的光波是与腔谐

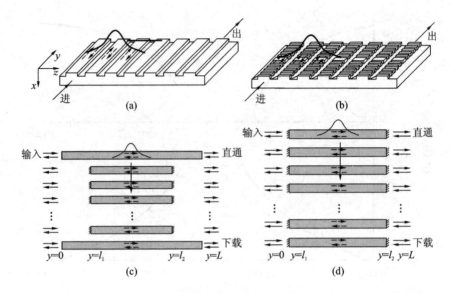

图 5.5　平面几何结构的 CROW 中波导激光器阵列(见图(a))和 DFB 激光器阵列(见
　　　　图(b))的示意图。输入/输出信号关于阵列可以是侧耦合的(见图(c))或端耦
　　　　合的(见图(d)),倾斜的线条代表定义每个谐振器的反射器,在图(c)和(d)中
　　　　平行于 y 轴的箭头指示场传输的方向,沿 z 轴的粗实箭头指示脉冲传输的方向

振的。此外,光增益与电控制可以借助于二极管激光器阵列技术较容易地集成到耦合波导阵列中[25][26]。光信号可以耦合进如图 5.5(c)和图 5.5(d)所示的边耦合或端耦合结构的第一个阵列单元中,然后以类似的方式从最后一个阵列单元中耦合输出。

这些 FP-CROW 的色散关系可以从传统波导阵列的耦合模理论[26],通过包含描述谐振的适当边界条件推导出来[24];对于一般的激励,透射振幅可以利用传递矩阵来计算。由耦合模理论,我们发现 FP-CROW 的色散关系为

$$\omega(K)=\omega_0-\frac{M_l c}{n}-2\,\frac{\kappa_l c}{n}\cos(K\Lambda) \tag{5.7}$$

其中,我们已经假设 $n(\omega)=n(\omega_0)=n$ 是常数,并且 κ_l、M_l 分别是单位长度最邻近耦合系数和自耦合系数[26]。由于 CROW 的带宽预计不会很大($\omega/\omega_0 \ll 1$),耦合系数可以假设为常数。

由式(5.7)描述的色散关系与由紧束缚近似和传递矩阵得到的结果具有相同的形式[14],FP 谐振器与环形谐振器之间的关键差别是:对于 FP 谐振器,仅有两个 **K** 矢量对应于特定的本征频率;而对于环形谐振器,有四个 **K** 矢量

对应于特定的本征频率。这是因为环形谐振器支持两个简并的谐振模式,而FP 谐振器只支持一个谐振模式。

在 CROW 中,能带中心的减慢因子由光速与最大群速度的比率给出,即$S = \dfrac{c}{v_{\mathrm{g,max}}} = \dfrac{n}{2\kappa l \Lambda}$。与耦合光栅缺陷或环形谐振器不同,CROW 的周期 Λ 与 y 方向谐振器的长度 L 无关,因为对于弱耦合单模波导 $\kappa_l \approx 10^{-4} \sim 10^{-3}\ \mu\mathrm{m}^{-1}$,即使对于最中庸的折射率对比度($\Delta n/n \approx 10^{-3} - 10^{-2}$),$\Lambda$ 可以大约为 $5\ \mu\mathrm{m}^{-1}$,因此数百至上千的大减慢因子是可能的。

为了确定 FP-CROW 的透射谱,可以利用 $2N \times 2N$ 传递矩阵描述光的传输,传递矩阵作为列向量,包括了每个 FP 谐振器输入端的前向和后向传输场,通过对如图 5.5(c)和图 5.5(d)所示结构的输入端反射器、传输和耦合、输出端反射器的矩阵进行定义,可以推导出系统作为一个整体将场从 $y=0$ 传输到 $y=L$ 的传递矩阵。

传递矩阵可以说明在 $y=0$ 入射的任意输入光场,并且可以用来计算任何谐振器的反射系数和透射系数。然而,在大多数情况下,我们主要对第一个单元的激励感兴趣,仅关注第一个和最后一个单元的透射和反射系数。一个由具有侧耦合输入/输出波导的 5 个谐振器组成的 CROW 的透射谱和反射谱如图 5.6 所示。计算中反射器由布拉格光栅组成,其交替层的厚度分别为 $d_H = 119$ nm 和 $d_L = 123$ nm,它们的有效折射率分别为 $n_H = 3.25$ 和 $n_L = 3.15$,光栅为 24 μm 或 100 个周期长;波导部分的有效折射率为 3.25,长度为 50 μm;

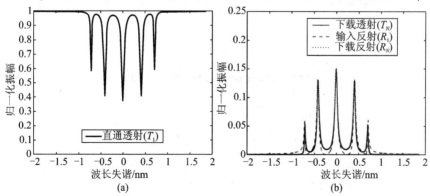

图 5.6 (a)侧耦合阵列的直通端口的透射谱;(b)侧耦合阵列的输入端和输出端口的透射谱和反射谱

耦合常数为 $\kappa_l = 4 \times 10^{-3} \ \mu m^{-1}$。

通过设计,驻波腔支持一个自由空间波长为 $1.551 \ \mu m$ 的谐振模式,在谐振频率 ω_0 附近,沿腔透射是增加的。与行波谐振器(如环形/圆盘谐振器)组成的 CROW 相反,目前情况下最大透射率是 25% 而不是 1,这是因为驻波腔在 ω_0 没有简并模式,并且腔内的场可以衰减到前后两个方向的波导中[27]。通过将输出端口组合在一起,利用非对称镜面反射,或者引入光增益,这个限制是可以克服的。

5.3.2 双通道 FP-SCISSOR

SCISSOR 还可以由图 5.7 所示的 FP 谐振器组成,在每个 FP 谐振器的末端用布拉格光栅作为反射器。这种周期结构的单元由侧耦合到两条波导的 FP 谐振器组成。这种 SCISSOR 的几何结构不同于 5.2.2 节中描述的那种,因为单模腔被耦合到了两条波导中。一般来说,中间波导中的 FP 谐振器可以用其他单模腔代替,只要谐振器只支持一种谐振模式。这些 FP-SCISSOR 通过对输入场的相对相位进行调谐,很容易支持"明"和"暗"两种态[23]。与电磁感应透明(EIT)类似[28],这里的暗态是指即使在谐振状态谐振器对光信号也是透明的。这些暗态和明态可以用于构成可切换的延迟线。

为了分析图 5.7 中的耦合波导结构,我们可以再次利用传递矩阵来描述沿 z 方向从一个单元到另一个单元传输的输入/输出场[23]。通过仅考虑最邻近波导的耦合而忽略外部的波导和光栅之间的耦合,这些矩阵可以很容易处理;若将光栅区域中波导和腔之间的耦合考虑在内,将导致我们的结果出现量变而不是质变。

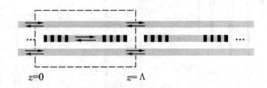

图 5.7 侧耦合到两条波导的驻波谐振器的示意图。浅灰色的区域表示波导部分,而深色的区域表示反射器中的高折射率区。箭头指出每个波导中光场的传输方向

FP-SCISSOR 色散关系的一个例子用图 5.8 来描述,计算时,光栅由折射率为 3.25 和 2.25 的交替层组成,满足在 $1.55 \ \mu m$ 的 1/4 波长条件。腔长为

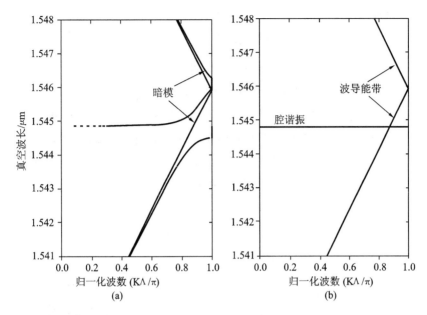

图 5.8　双通道 FP-SISSOR 在两种极限下的色散关系。(a)弱波导-腔耦合;(b)无波导-
　　　　腔耦合

$12\ \mu\mathrm{m}$,折射率为 3.25,并且波导耦合强度为 $8.3\times10^{-3}\ \mu\mathrm{m}^{-1}$。100 个光栅周期分开连续的腔,图 5.8 中仅显示了具有实数波数的非倏逝布洛赫模式的色散关系。

　　这些结构的本征模式可以从两种不同的模式体系来理解:具有常数群速度的暗模和亮模。暗模不受腔的影响,以波导的相速度传播,并且用线性色散曲线表示。微环 SCISSOR 和 CROW 不支持暗模[14][21]。亮模的色散关系在定性上与 5.2.2 节中描述的非常类似,具有两种带隙[21]。对于暗模,谐振器和它们的反馈对光是透明的,这种效应能以与 EIT 和光栅中的暗态相似的方式来理解[29][30]。在暗模中,光在上部和下部的波导中发生相消干涉,因此没有光耦合进谐振器。光在上部和下部波导中对亮模是同相位的,而对于暗模则有 π 的相位差。在这两种情况中,上部和下部波导中光的振幅都是相同的。

　　为了更清楚地说明这种效应,我们可以采用一个简单的双波导和谐振器的模耦合模型。令 A、B、C 分别表示在上部波导、FP 谐振器、下部波导中波的前向传输分量,则耦合模方程可以写为

$$\frac{\mathrm{d}A}{\mathrm{d}z}=-\mathrm{i}\kappa B,\quad \frac{\mathrm{d}B}{\mathrm{d}z}=-\mathrm{i}\kappa A-\mathrm{i}\kappa C,\quad \frac{\mathrm{d}C}{\mathrm{d}z}=-\mathrm{i}\kappa B \qquad (5.8)$$

式中：κ 是描述波导-腔耦合的单位长度的耦合系数。

由方程(5.8)描述的本征模的传输常数是 $\beta=0,\pm\sqrt{2}\kappa$。解 $\beta=0$ 暗示了场振幅与 z 和 κ 是无关的，它对应的本征矢量是 $1/\sqrt{2}[1\ 0\ -1]^{\mathrm{T}}$，这清楚表明了暗模在谐振器中由于相消干涉而没有光传输。

暗态和亮态还存在于更一般的光子晶体结构中，图 5.9(a)中的插图显示了一个 PC-SCISSOR，该结构中的波导和腔分别由线缺陷和点缺陷组成，在归一化谐振频率 $\tilde{\omega}=0.396$ 附近的色散关系如图 5.9(a)所示，其对应的场分布由图 5.9(b)~(e)描述。计算的场说明，光子晶体结构可以显示出与图 5.8 考虑的 FP-SCISSOR 结构相同的特性。

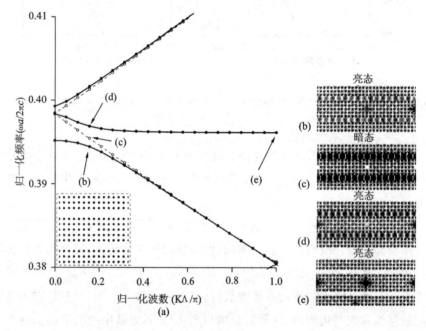

图 5.9 　(a)PC-SCISSOR 的 TM 色散；(b)~(e)在图(a)中标记的场；插图是 PC-SCISSOR 的一个单元。暗棒的折射率 $n=3.0$，半径为 $0.2a$，a 是方晶格的晶格常数，背景材料的折射率 $n=1.0$

亮模和暗模可以用于产生具有可切换延迟的慢光，由于这些模式可以通过上部和下部波导之间的相对相位来辨别，通过这些器件的延迟能够仅通过交替两束入射光的相对相位来调节。通过切换入射光之间的相对相位，延迟可以改变几个数量级的大小[23]。

5.4 一些实际考虑

在前几节中描述了基本特性和传输现象,我们现在着重考虑用耦合谐振器结构减慢光速和制作延迟线的几个设计事项,特别地,我们将讨论耦合谐振器传输的有限尺寸效应,以及延迟、损耗和带宽之间的权衡。

5.4.1 有限尺寸效应

有限尺寸效应是指当结构不是无限周期情况下的频谱特性。在原理上,对于无限长的 CROW 和 SCISSOR,作为波长的函数的透射谱的通带是平坦的。然而,即使在谐振器完全相同的理想情况下,有限谐振器链的透射谱也会产生起伏,并且起伏的深度取决于耦合系数和其他结构参数。这些透射谱中的起伏会使传输的脉冲畸变,并限制了器件的带宽。有这样的滤波器设计技术,即通过沿谐振器链切趾耦合常数来优化透射带的平坦度[31][32][33]。这里,我们将简单描述一个更直观的方法来理解这些起伏的起源,使我们得到在参考频率 ω_{ref} 处或其附近有限长度效应最小化的闭合形式的解析表达式。

作为一个例子,我们考虑图 5.10(a)描述的一个微环 CROW。对于由 10 个($N=10$)谐振器组成的有限结构,典型的透射谱如图 5.10(b)所示。对于由 N 个谐振器组成的有限结构,具有透射率为 1 的 N 个分立的透射峰,由于结构的尺寸有限,其周期方向上的谐振条件引起了这些透射峰,可以看作是 FP 干涉条纹。这种解释可以通过传递矩阵严格证明[34][35]。这样,想要抑制参考频率 ω_{ref} 的条纹,仅仅需要微调器件任意一端的谐振器的物理参数,使得反射抵消 FP 谐振,为结构提供一个有效的减反(AR)膜。实际中,这种 AR 结构可以通过调整第一个和最后一个环形谐振器的周长和/或耦合常数来完成。

如果第一个和最后一个环的周长和耦合常数都被调整,我们可以找到关于 AR 结构的环半径和耦合系数的精确表达式。定义($L+L'$)/2 为 AR(或第一个/最后一个)环的周长,$\theta'=\omega nL'/4c$,κ_{wg} 为输入/输出波导与环之间被调整的耦合系数,并且对于无损耗耦合 $\kappa_{wg}^2+t_{wg}^2=1$,有

$$2\theta'(\omega_{ref})=\begin{cases}\pi,\text{奇数 } m\\0,\text{偶数 } m\end{cases}, \quad t_{wg}=\sqrt{\eta^2+1}-\eta \tag{5.9}$$

其中,

$$\eta(\omega_{ref})=t^{-1}\sqrt{1-t^2}\sin\psi(\omega_{ref}) \tag{5.10}$$

其中,t 是耦合器的透射系数,这样如果 κ_r 是微环之间无量纲的长度集成的耦合系数,则在无损耗耦合的情况下 $t^2+\kappa_r^2=1$。

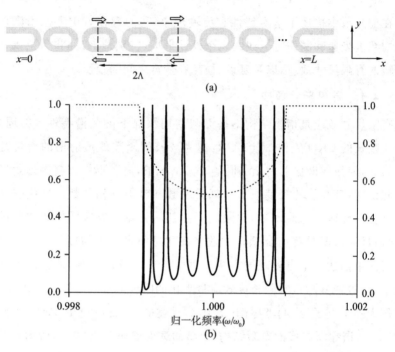

图 5.10　(a)耦合微环谐振器结构示意图,结构的单元被封闭在虚线范围内;(b)N =10(实线)时的透射谱和 $N=R_\infty(\omega)$(点线)时的透射谱。所有环的有效折射率均为 3.0,周长为 52 μm,谐振器间的耦合系数 $\kappa_r=0.31$

换句话说,AR 结构可以被设计成仅第一个单元与相邻单元的耦合系数不同,而与 CROW 其余单元具有相同的周长。这种情况下,AR 环与输入波导之间调整后的耦合系数 κ'_{wg} 和 t'_{wg},以及 AR 环与下一个环形谐振器的耦合系数 κ'_r 和 t' 由下式给出:

$$t'=t(1+\kappa_r^2)^{-1/2}, \quad t'_{wg}=\sqrt{4\eta^2+1}-2\eta \tag{5.11}$$

这里 η 继续沿用式(5.10)的定义。可以证实,两个分别根据式(5.9)和式(5.11)设计的 AR 结构可以导致在 $t\approx1$ 的近似下基本具有相同的透射谱。AR 结构的有效性如图 5.11 所示,图中已经画出了两端有和没有 AR 结构的有限结构的透射谱。尽管 AR 结构是针对 $\omega_{ref}=\omega_0$ 优化的,实际上,在可观察的频率范围透射率都有了提高。这些结论可以推广到由广义 Breit-Wigner 公式描述的耦合腔(如光子晶体耦合腔)。

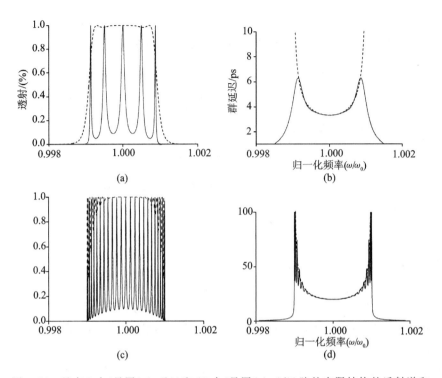

图 5.11　具有 5 个(见图(a)、(b))和 25 个(见图(c)、(d))腔的有限结构的透射谱和
　　　　群延迟,采用的参数如图 5.10 中所列。(a)和(c)比较了结构中有(虚线)
　　　　和没有(实线)AR 调整的透射谱;(b)和(d)比较了具有 AR 结构的延迟(虚
　　　　线)和对应的无限结构中的延迟(实线)

5.4.2　延迟、带宽和损耗

尽管可以设计耦合谐振器件的结构以改善透射谱,但这些结构的延迟、带
宽和损耗的权衡问题依然存在。本节我们将着重用式(5.2)给出的色散关系
讨论 CROW 中的这些关键问题,类似的分析也可用在 SCISSOR 或者其他类
型的周期结构中。

延迟、带宽和损耗之间的权衡问题可以从色散关系理解。式(5.2)的直接
结果是群速度:

$$| v_g | \equiv \left| \frac{\partial \omega}{\partial K} \right| = | \kappa \omega_0 \Lambda \sin(K\Lambda) | \tag{5.12}$$

它依赖于耦合系数 $|\kappa|$,由于 $|\kappa|$ 可以通过相邻谐振器之间的间隔来控制,
原理上,我们可以获得光脉冲的任意大的减慢效应。然而,正如 5.2.3 节中讨
论的那样,群速度色散(GVD)仅在 CROW 的能带中心频率处为零,因此传输

脉冲应以这个频率为中心或在其附近。由于 CROW 的能带跨越 $\Delta\omega = 2|\kappa|\omega_0$ 的频率范围,我们定义 CROW 的可用带宽为中心在 ω_0 的这个总带宽的一半,即

$$\Delta\omega_{\text{use}} \equiv |\kappa|\omega_0 \qquad (5.13)$$

一个脉冲通过 CROW 全部长度的时间延迟由其在 CROW 中的穿越距离和在 $K\Lambda = \pi/2$ 的群速度来定义,即

$$\tau_d = \frac{N}{|\kappa|\omega_0} \qquad (5.14)$$

因此,如果谐振器有一个固有的能量耗散率 $1/\tau_l$,则在 CROW 中累积的总损耗由下式给出:

$$\alpha = \frac{\tau_d}{\tau_l} = \frac{N}{|\kappa|Q_{\text{int}}} \qquad (5.15)$$

式中:Q_{int} 是谐振器的固有品质因数。

图 5.12 总结了由式(5.13)~式(5.15)描述的权衡,并且以微环 CROW 为例,比较了这些简单、直观的公式与由传递矩阵计算获得的数值结果。要想用固定数量的谐振器获得大延迟,谐振器之间的弱耦合系数 κ_r 是必要的。然而,随着耦合的降低,CROW 的带宽也会降低,CROW 的总损耗变得对每一个谐振器的固有损耗更加敏感,这是因为光在进入下一个谐振器之前,在这个谐振器中花费了更多时间。

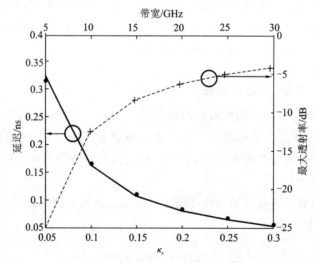

图 5.12　包含 10 个环形谐振器的 CROW 的延迟、带宽和损耗之间的权衡。环的半径为 $100~\mu m$,$n=1.54$,损耗为 4 dB/cm。图中的标记是由传递矩阵计算出来的结果,直线为由式(5.13)~式(5.15)计算出来的结果。选取环与输入/输出波导之间的耦合系数 κ_r 的每个值,以获得平坦透射谱

5.5 实验进展

实现周期耦合谐振器件的主要挑战是制备许多具有几乎相同且相对低损耗的谐振器。当谐振器之间发生弱耦合时,它们一致性的容差变得更加严格,因为耦合谐振器的带宽比强耦合时相应变窄了。近年来随着制备技术的发展,高阶($N>10$)芯片上耦合微谐振器链已经在石英、聚合物、单晶硅和半导体化合物材料中利用微环和光子晶体缺陷腔实现[13][36]~[41]。

5.5.1 无源微环 CROW

在我们加州理工学院的研究组中,报道了在聚合物材料中制备的基于高阶弱耦合(1‰谐振器间强度耦合系数)微环谐振器链的 CROW[36][42],微环谐振器与其他类型的谐振器(如锥形、碟形和光子晶体缺陷)相比,其显著优点是它具有清晰而简单的频谱响应。我们的实验是首次报道这种光学聚合物中的高阶耦合谐振器,结果表明在这种 CROW 中获得大光延迟(大于 100 ps)是可行的。以前,Little optics 报道了在石英材料中制备多达 11 个微环谐振器的耦合微环滤波器,尽管器件的光延迟特性没有讨论[13]。最近,IBM 报道了迄今为止最长的微环 CROW,它由制作在绝缘体上硅(silicon-on-insulator)中的100 个微环谐振器组成[37]。

这里,简要总结一下我们的实验结果和在聚合物微环 CROW 上使用的方法。器件采用电子束光刻法直接制备,聚甲基丙烯酸甲酯(PMMA)构成波导层,低折射率的全氟聚合物氟树脂(Asahi Glass 公司产品)作为低折射率包层。环形谐振器的半径为 60 μm,以使弯曲损耗低于 1 dB/cm,图 5.13 给出了制作出来的器件的光学显微镜像和扫描电子显微镜像。波导的宽度为2.9 μm,高度为 2.6 μm,包层区域有 4 μm 宽,谐振器之间和波导与第一个/最后一个谐振器之间没有耦合缝隙。然而,由于环的弯曲半径以及波导设计和折射率差,即使没有耦合缝隙,谐振器之间的弱耦合也能获得。

图 5.14 显示了横电(TE)偏振光通过 10 个微环谐振器后的透射谱。透射谱没有伪峰,说明微环谐振器几乎是相同的。微环的传输损耗为 15 dB/cm,相当于固有品质因数为 1.8×10^4。聚合物的固有材料损耗为数 dB/cm,波导损耗主要由侧壁粗糙度产生的散射造成。

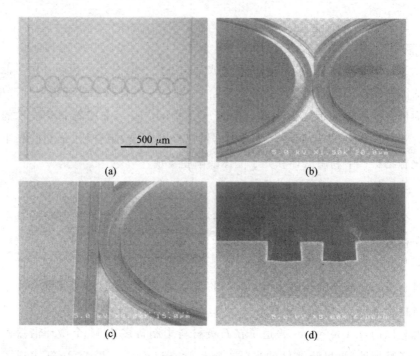

图 5.13　制备在硅树脂上聚甲基丙烯酸甲酯(PMMA)中器件的光学显微镜像(见图 (a))和扫描电子显微镜像(见图(b)~(d))。(a)10 个耦合微环谐振器,微环 的半径为 60 μm;(b)两个微环之间的耦合区;(c)输入/输出波导与微环之间 的耦合区;(d)通过解理制作的波导端面

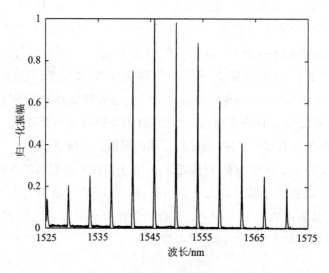

图 5.14　TE 偏振光通过 10 个耦合微环谐振器后在下载端口的透射谱

我们已经表征了具有 12 个微环谐振器的 CROW 的透射和群延时特性,用带射频锁定放大器的相移技术测量了群延迟[32][42]。图 5.15 总结了 TE 偏振光通过 12 个微环组成的 CROW 的透射、群延迟、相位响应和群速度色散特性。半极大全宽度(FWHM)为 0.13 nm(17 GHz)的窄透射峰表明了谐振器之间为弱耦合,图 5.15 中透射峰的非对称性可能是由于轻微的偏振混合和微环尺寸小的偏差,以及由损耗耦合造成的。不同程度的非对称现象在所有被测器件中都有所体现。通过振幅与延迟的数值拟合得到的谐振器间强度耦合系数约为 1%。

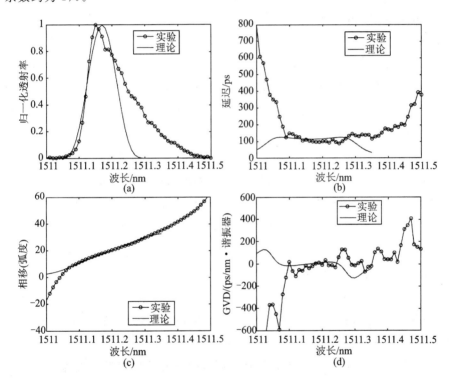

图 5.15　在 12 个微环长的 CROW 中 TE 偏振光的透射振幅(见图(a))、群延迟(见图(b))、相位响应(见图(c))、群速度色散(见图(d))

从图 5.15(b)可以发现,透射峰值处的群延迟为 110±7 ps,并且向透射峰边缘处增加到 140 ps,高于 200 ps 的大群延迟是不准确的,因为在那些波长处透射振幅接近于零。我们定义减慢因子 S 为真空中的光速 c 与被谐振器间的耦合调整的光速的比值,因此 $S = c\tau_d / N\Lambda$。对于微环 CROW,S 在透射谱峰值中心处约为 23,在 FWHM 处约为 29。

相位响应通过延迟对频率的积分获得,而群速度色散通过用测量的群延迟对波长求导获得。理论计算的群延迟和群速度色散的曲线在能带边缘的弯曲是由于谐振器中的损耗造成的[43]。在图 5.15 中,当群速度色散的曲线与谐振峰交叉时其值由负变为正,在峰值边缘处大群延迟和群速度色散可能不是物理上的原因,因为透射振幅在这些波长处是很低的。在计算结果中,能带边缘处群速度色散和群延迟弯曲的变化不能被测出来,很可能是因为低透射振幅的缘故。

不出所料,CROW 的群速度色散可以非常高,测得的 GVD 在峰值的 FWHM 区间从−100 ps/(nm·谐振器)变到 70 ps/(nm·谐振器),在 1511.18 nm 处(1511.15 nm 的谐振峰附近)GVD 等于零。测量的 GVD 明显高于理论计算结果(在峰值的 FWHM 区间从−17 ps/(nm·谐振器)变到 17 ps/(nm·谐振器))。出现的偏差可能是制备出来的谐振器偏离了理想方案(即每个谐振器完全相同)造成的。由于 GVD 随 $1/v_g^3$ 变化[42],群速度的任何微小偏差将导致色散很大的变化。

与迄今报道的其他波导结构(如光子晶体波导和光纤)相比,我们报道的 CROW 具有明显高的 GVD,尽管聚合物材料的折射率相对较低。高 GVD 是谐振器间弱耦合的结果,测量的 GVD 值大约为±100 ps/(nm·谐振器),相当于±8.3×10⁸ ps/(nm·km),而计算的 GVD 是±17 ps/(nm·谐振器),相当于±1.4×10⁸ ps/(nm·km)。我们报道的 CROW 的色散比普通光纤的高 10^7 倍,比高色散光子晶体光纤的高 10^6 倍[44],比光子晶体波导的高 100~1000 倍[45][46]。与以前报道的光子晶体 CROW[47] 的 GVD 值相比,我们的微环 CROW 的 GVD 值高了一个数量级。以这样高的正常或反常色散,CROW 可以在色散管理和非线性光学中得到应用[7][8][48]~[51]。

无源 CROW 的主要缺点是损耗。假设输入和输出损耗对直通端口和下载端口是相同的,下载端口功率与"开"和"关"谐振直通端口功率之差的比值给出每个谐振器 2.35 dB 的等效损耗。由于 CROW 的损耗与延迟是线性关系,在无源耦合谐振器链中可以获得的最终延迟和耦合谐振器的个数可能是受谐振器的传输损耗而不是制作精度限制的。

5.5.2 带有光增益的 CROW

为了克服光损耗的限制,我们研究了在 5.3.1 节中描述的在 InP-InGaAsP 半导体材料中制备的有源 FP 谐振器阵列形式的 CROW[52],增益通过注入电流提供。

在参考文献[52]中的结果表明,尽管损耗可以完全补偿(因为它们可以起到激光器的作用),还存在与有源耦合谐振器相伴的许多挑战。首先,因为理想的 CROW 包含很多谐振器,所制作的器件必须是相同的,这就要求在材料、蚀刻、电接触方面都是一致的。另外,我们发现透射谱、放大、自发辐射噪声都强烈依赖于耦合谐振器的终止和激发,并且可以不必模拟无限长结构的特性[15]。

由于引入增益允许激光振荡,一个重要问题是有源周期谐振器应当工作在激光阈值以上,还是工作在激光阈值以下。亚阈值运转容易理解和建模,但要求很高的制作精度以保障谐振器彼此完全相同。然而,为了抑制激光行为,输入和输出耦合常数以及谐振器间的耦合强度应该很大,这就为群速度和可获得的净放大设置了一个下限[15]。在阈值以上运行更加复杂,难以分析,因为锁模效应开始发挥作用,但从根本上讲也更加有趣。高于阈值,CROW 能够锁定到输入信号,并且谐振器之间彼此是相位相干的[25][53]~[57],即使当谐振器不完全相同时这种情况也会发生。激光行为还能够钳制增益,这有助于稳定一个放大耦合谐振器件的运转,这很像增益钳制的半导体光放大器[58][59][60]。

5.6 结论

总之,我们讨论了两种用于慢光的周期耦合谐振器结构:CROW 和 SCISSOR。我们描述了它们的色散特性以及采用行波和驻波谐振器的几种实现方法。CROW 和 SCISSOR 在利用光谐振的方式上是互补的。近年来,随着制作技术的提高,耦合微谐振器领域得到了迅猛的发展。然而,容易调谐(最好是用电信号调谐)并且能够补偿损耗的有源器件还有很大的探索空间。与基于原子或材料谐振的方法相比,利用耦合谐振器产生慢光的主要优点是高紧凑、芯片级,并且它们能提供可控的色散特性,而不受传输介质特定谐振频率的严格限制。

参考文献

[1] K. J. Vahala. Optical microcavities. Nature,424(6950):839-846,2003.

[2] A. Yariv, Y. Xu, R. K. Lee, and A. Scherer. Coupled-resonator optical waveguide:A proposal and analysis. Opt. Lett. ,24(11):711-713,1999.

[3] N. Stefanou and A. Modinos. Impurity bands in photonic insulators. Phys. Rev. B,57(19):12127-12133,1998.

[4] J. E. Heebner and R. W. Boyd. "Slow" and "fast" light in resonator-coupled waveguides. J. Mod. Opt. ,49(14-15):2629-2636,2002.

[5] J. E. Heebner,R. W. Boyd,and Q. -H. Park. SCISSOR solitons and other novel propagation effects in microresonator-modified waveguides. J. Opt. Soc. Am. B,19(4):722-731,2002.

[6] Y. Xu,R. K. Lee,and A. Yariv. Propagation and second-harmonic generation of electromagnetic waves in a coupled-resonator optical waveguide. J. Opt. Soc. Am. B,77(3):387-400,2000.

[7] D. N. Christodoulides and N. K. Efremidis. Discrete temporal solitons along a chain of nonlinear coupled microcavities embedded in photonic crystals. Opt. Lett. ,27(8):568-570,2002.

[8] S. Mookherjea and A. Yariv. Kerr-stabilized super-resonant modes in coupled-resonator optical waveguides. Phys. Rev. E,66(4):046610,2002.

[9] C. K. Madsen. General IIR optical filter design for WDM applications using all-pass filters. J. Lightw. Technol. ,18(6):860-868,2000.

[10] G. Lenz,B. J. Eggleton,C. K. Madsen,and R. E. Slusher. Optical delay lines based on optical filters. IEEE J. Quantum Elect. , 37 (4): 525-532,2001.

[11] B. E. Little,S. T. Chu,W. Pan,D. Ripin,T. Kaneko,Y. Kokubun,and E. Ippen. Vertically coupled glass microring resonator channel dropping filters. IEEE Photon. Technol. Lett. ,11(2):215-217,1999.

[12] M. Bayindir,B. Temelkuran,and E. Ozbay. Tight-binding description of the coupled defect modes in three-dimensional photonic crystals. Phys. Rev. Lett. ,84(10):2140-2143,2000.

[13] B. E. Little,S. T. Chu,P. P. Absil,J. V. Hryniewicz,F. G. Johnson,F. Seiferth,D. Gill,V. Van,O. King,and M. Trakalo. Very high-order microring resonator filters for WDM applications. IEEE Photon. Technol. Lett. ,16(10):2263-2265,2004.

[14] J. K. S. Poon,J. Scheuer,S. Mookherjea,G. T. Paloczi,Y. Huang,and A.

Yariv. Matrix analysis of microring coupled-resonator optical waveguides. Opt. Express,12(1):90-103,2004.

[15] J. K. S. Poon and A. Yariv. Active coupled-resonator optical waveguides—Part Ⅰ:Gain enhancement and noise. J. Opt. Soc. Am. B,24(9):2378-2388,2007.

[16] J. K. S. Poon,J. Scheuer,Y. Xu,and A. Yariv. Designing coupled-resonator optical waveguide delay lines. J. Opt. Soc. Am. B,21(9):1665-1673,2004.

[17] Y. Xu,Y. Li,R. K. Lee,and A. Yariv. Scattering-theory analysis of waveguide-resonator coupling. Phys. Rev. E,62(5):7389-7404,2000.

[18] J. E. Heebner,P. Chak,S. Pereira,J. E. Sipe,and R. W. Boyd. Distributed and localized feedback in microresonator sequences for linear and nonlinear optics. J. Opt. Soc. Am. B,21(10):1818-1832,2004.

[19] P. Chak,S. Pereira,and J. E. Sipe. Coupled-mode theory for periodic side-coupled microcavity and photonic crystal structures. Phys. Rev. B,73(3):035105,2006.

[20] J. B. Khurgin. Optical buffers based on slow light in electromagnetically induced transparent media and coupled resonator structures:Comparative analysis. J. Opt. Soc. Am. B,22(5):1062-1074,2005.

[21] S. Pereira,P. Chak,and J. E. Sipe. Gap-soliton switching in short micro-resonator structures. J. Opt. Soc. Am. B,19(9):2191-2202,2002.

[22] M. F. Yanik and S. Fan. Stopping light all optically. Phys. Rev. Lett. ,92:083901,2004.

[23] P. Chak,J. K. S. Poon,and A. Yariv. Optical bright and dark states in side-coupled resonator structures. Opt. Lett. ,32(13):1785-1787,2007.

[24] J. K. S. Poon,P. Chak,J. M. Choi,and A. Yariv. Slowing light with Fabry-Perot resonator arrays. J. Opt. Soc. Am. B,24(11):2763-2769,2007.

[25] D. Botez and D. R. Scifres. Diode Laser Arrays. Cambridge University Press,Cambridge,1994.

[26] A. Yariv. Optical Electronics in Modern Communications,5th edn. Oxford University Press,New York,1997.

［27］ S. Fan, P. R. Villeneuve, J. D. Joannopoulos, and H. A. Haus. Channel drop filters in photonic crystals. Opt. Express,3(11):4-11,1998.

［28］ L. V. Hau, S. E. Harris, Z. Dutton, and C. H. Behroozi. Light speed reduction to 17 meters per second in an ultracold atomic gas. Nature,397 (6720):594-598,1999.

［29］ J. P. Marangos. Electromagnetically induced transparency. J. Mod. Opt. , 45(3):471-503,1998.

［30］ E. Peral and A. Yariv. Supermodes of grating-coupled multimode waveguides and application to mode conversion between copropagating modes mediated by backward Bragg scattering. J. Lightw. Technol. ,17 (5):942-947,1999.

［31］ B. E. Little, S. T. Chu, H. A. Haus, J. Foresi, and J. -P. Laine. Microring resonator channel dropping filter. J. Lightw. Technol. ,15(6):998-1005, 1997.

［32］ C. K. Madsen and J. H. Zhao. Optical Filter Design and Analysis:A Signal Processing Approach. Wiley,New York,1999.

［33］ A. Melloni and M. Martinelli. Synthesis of direct-coupled-resonators bandpass filters for WDM systems. J. Lightw. Technol. , 20 (2): 296-303,2002.

［34］ P. Chak and J. E. Sipe. Minimizing finite-size effects in artificial resonance tunneling structures. Opt. Lett. ,13(17):2568-2570,2006.

［35］ G. Boedecker and C. Henkel. All-frequency effective medium theory of a photonic crystal. Opt. Express,11(13):1590-1595,2003.

［36］ J. K. S. Poon, L. Zhu, G. A. DeRose, and A. Yariv. Transmission and group delay in microring coupled-resonator optical waveguides. Opt. Lett. ,31(4):456-458,2006.

［37］ F. N. Xia, L. Sekaric, and Y. Vlasov. Ultracompact optical buffers on a silicon chip. Nat. Photon. ,1(1):65-71,2007.

［38］ S. Olivier, C. Smith, M. Rattier, H. Benisty, C. Weisbuch, T. Krauss, R. Houdre, and U. Osterle. Miniband transmission in a photonic crystal waveguide coupled-resonator optical waveguide. Opt. Lett. , 26 (13):

1019-1051,2001.

[39] S. Nishikawa,S. Lan,N. Ikeda,Y. Sugimoto,H. Ishikawa,and K. Asakawa. Optical characterization of photonic crystal delay lines based on one-dimensional coupled defects. Opt. Lett. ,27(23):2079-2081,2002.

[40] T. D. Happ,M. Kamp,A. Forchel,J. L. Gentner,and L. Goldstein. Two-dimensional photonic crystal coupled-defect laser diode. Appl. Phys. Lett. ,82(1):4-6,2003.

[41] F. Pozzi,M. Sorel,Z. S. Yang,R. Iyer,P. Chak,J. E. Sipe,and J. S. Aitchison. Integrated high order filters in AlGaAs waveguides with up to eight side-coupled racetrack microresonators,in Conference on Lasers and Electro-Optics,p. CWK2,Optical Society of America,Washington, DC,2006.

[42] J. K. S. Poon,L. Zhu,G. A. DeRose,and A. Yariv. Polymer microring coupled-resonator optical waveguides. J. Lightw. Technol. ,24(4):1843-1849,2006.

[43] H. Kogelnik and C. V. Shank. Coupled-wave theory of distributed feedback lasers. J. Appl. Phys. ,43(5):2327-2335,1972.

[44] J. C. Knight,J. Arriaga, T. A. Birks, A. Ortigosa-Blanch, W. J. Wadsworth,and P. St. Russell. Anomalous dispersion in photonic crystal fiber. IEEE Photon. Technol. Lett. ,12(7):807-809,2000.

[45] M. Notomi, K. Yamada, A. Shinya, J. Takahashi, C. Takahashi, and I. Yokohama. Extremely large group-velocity dispersion of line-defect waveguides in photonic crystal slabs. Phys. Rev. Lett. , 87 (25): 253902,2001.

[46] T. Asano, K. Kiyota, D. Kumamoto, B. -S. Song, and S. Noda. Time-domain measurement of picosecond light-pulse propagation in a two-dimensional photonic crystal-slab waveguide. Appl. Phys. Lett. ,84(23): 4690-4692,2004.

[47] T. J. Karle,Y. J. Chai,C. N. Morgan,I. H. White,and T. F. Krauss. Ob-

servation of pulse compression in photonic crystal coupled cavity waveguides. J. Lightw. Technol. ,22(2):514-519,2004.

[48] S. Mookherjea. Dispersion characteristics of coupled-resonator optical waveguides. Opt. Lett. ,30(18):2406-2408,2005.

[49] W. J. Kim, W. Kuang, and J. D. O'Brien. Dispersion characteristics of photonic crystal coupled resonator optical waveguides. Opt. Express,11 (25):3431-3437,2003.

[50] J. B. Khurgin. Expanding the bandwidth of slow-light photonic devices based on coupled resonators. Opt. Lett. ,30(5):513-515,2005.

[51] J. K. Ranka,R. S. Windeler,and A. J. Stentz. Visible continuum generation in air-silica microstructure optical fibers with anomalous dispersion at 800 nm. Opt. Lett. ,25(1):25-27,2000.

[52] J. K. S. Poon, L. Zhu, G. A. DeRose, J. M. Choi, and A. Yariv. Active coupled-resonator optical waveguides—Part II:Current injection InP-In-GaAsP Fabry-Perot resonator arrays. J. Opt. Soc. Am. B,24(9):2389-2393,2007.

[53] W. W. Chow, S. W. Koch, and M. Sargent III. Semiconductor-Laser Physics. Springer,Berlin,1997.

[54] H. G. Winful,S. Allen,and L. Rahman. Validity of the coupled-oscillator model for laser-array dynamics. Opt. Lett. ,18(21):1810-1812,1993.

[55] A. E. Siegman. Lasers. University Science Books,Mill Valley,1986.

[56] L. Goldberg,H. F. Taylor,J. F. Weller,and D. R. Scifres. Injection locking of coupled-stripe diode laser arrays. Appl. Phys. Lett. ,46(3):236-238,1985.

[57] J. P. Hohimer, A. Owyoung, and G. R. Hadley. Single-channel injection locking of a diode-laser array with a cw dye laser. Appl. Phys. Lett. ,47 (12):1244-1246,1985.

[58] B. Bauer,F. Henry,and R. Schimpe. Gain stabilization of a semiconductor optical amplifier by distributed feedback. IEEE Photon. Technol.

Lett. ,6(2):182-185,1994.

[59] L. F. Tiemeijer,P. J. A. Thijs,T. Dongen,J. J. M. Binsma,E. J. Jansen, and H. R. J. R. Vanhelleputte. Reduced intermodulation distortion in 1300 nm gain-clamped MQW laser amplifiers. IEEE Photon. Technol. Lett. ,7(3):284-286,1995.

[60] M. Bachmann,P. Doussiere,J. Y. Emery,R. NGo,F. Pommereau,L. Goldstein,G. Soulage,and A. Jourdan. Polarisation-insensitive clamped-gain SOA with integrated spot-size convertor and DBR gratings for WDM applications at 1. 55 μm wavelength. Electron. Lett. , 32 (22):2076-2078,1996.

第 6 章
谐振器慢光：新结构、应用与权衡

6.1 引言

光主动参与信息处理过程依赖于动态可控的全光缓存器，人们在发展这些器件和研究引导它们发展的基本原理方面，已经有一个稳定的兴趣点。与通常依赖于信号光的相位延迟的光延迟线不同，新一代可控的光缓存器是基于群延迟的，相位延迟 $\tau_{ph} = Ln_0/c$ 依赖于材料的折射率 n_0、延迟线的长度 L 和真空中的光速 c，群延迟 $\tau_g = d(\omega Ln_0(\omega)/c)/d\omega$ 建立在材料色散的基础上，即折射率 $n_0(\omega)$ 对频率 ω 的依赖关系。

自从 Lene Vestergaard Hau 等[1]发表了开创性论文以来，数以千计的与慢光相关的研究已经出现，并通过基于原子的慢光实验开启了全光缓存器的研究活动。在相干原子介质中观察到的巨大群延迟已经导致这种介质在制备微型延迟线中的应用，它们的优点包括体积小、延迟时间可调，以及通过外部控制实现光信息存储和释放的可能性。它们的缺点主要是因为：①对应适当的原子跃迁的特定的光波长，也就是可以获得的波长范围，是很小的且是独特的；②原子系统残留的固有吸收；③工作带宽窄。与这些线宽对应的延迟通常在微秒范围或更长，实际应用需要的纳秒范围的延迟不能用原子蒸气中的电磁感应透明（EIT）轻易获得，因为需要高功率激光作为光泵浦，高功率激光可能与很多原子能级相互作用，从而降低了 EIT 的效率并导致非线性光波混频和振荡。另外，也不是总能从信号光中滤除泵浦光。最后，EIT 的参数可能依赖于探测功率和驱动功率，在实际的原子系统中，很难在光网络中利用 EIT 获得慢光。

只有几个实验报道了超过一个脉冲的半极大全宽度的延迟[1][2]，这种方法的可行性引起人们的热烈讨论[3][4][5]。很大一部分延迟是在热原子蒸气中实现的，没有利用低频原子相干性。例如，当脉冲的载频被调到介于 D_2 线超精细谐振之间时，在热 ^{85}Rb 原子蒸气中实现了超过 7 个脉冲宽度、吸收为 3 dB 的延迟[6]。脉冲被延迟是因为它们的频率被调到由两个强吸收的谐振频率限定的透明窗口[7]。基于频谱烧孔效应和在 3 dB 吸收分数延迟大约为 3 的光缓存器已经在热 Rb 蒸气中实现[8]，此外，该实验没有涉及类 EIT 效应。与基于 EIT 的延迟相比，这些延迟方法的缺点是缓存器的慢可调谐性。

用原子蒸气将光速减慢的最初构想被扩展到了各种各样的色散材料和结构中，包括人工材料和结构。试图减少原子群延迟线在实际应用中的弊端成为发展新型材料和结构的基本驱动力之一，半导体介质、光放大器、光子晶体和谐振器结构都被提出作为实现光缓存器的潜在候选对象。

人造固态慢光结构的优点包括：①调谐简单；②频率选择无限制；③损耗小；④功耗低；⑤体积小。固态结构的调谐可以通过载流子注入或者电光方式实现，在谐振器和半导体结构中，延迟时间可以从微秒到纳秒变化。固态结构透明窗口的中心频率由结构的形态给定，并且是任意的。固态结构的损耗可以很小，因为它们是基于光的反射而不是吸收。固态结构不需要光驱动，因此，在产生同样的群延迟特性时，与原子结构相比它们的功耗更低。固态结构可以做得真正的小，而原子系统的尺寸受原子容器尺寸（厘米量级）的限制。

本章将讨论用于光缓存的耦合谐振器的一些具体应用。我们并不试图覆盖整个领域，而是关注慢光结构的几个实例，并讨论它们的特性。这些实例包括垂直耦合的谐振器光波导和干涉谐振器结构，我们还将讨论谐振器在稳频方面的应用。

6.2　作为延迟线的垂直耦合谐振器光波导

本节将描述垂直耦合的回音壁模式(whispering gallery mode,WGM)谐振器光延迟线[9][10],计算延迟线的群速度和高阶色散,并讨论它们调谐的可能性。最近,利用光平面波导和轴对称固态 WGM 谐振器之间形态上的相似性,我们报道了一个一维环状谐振器[11][12],这样一个垂直耦合的 WGM 谐振器光波导链,相对耦合谐振器光波导(CROW)和其他谐振器[13]~[17]以及广义的基于光滤波器的波导[18][19][20]而言,是一种新颖的结构。我们的谐振器链与线圈光谐振器波导(coil optical resonator waveguide)[21]和垂直堆栈多环谐振器(vertically stacked multi ring resonator,VMR)[22]具有某种相似性,主要区别在于谐振器的低对比度。链的基本特性可以通过改变谐振器的形状和它们之间的距离来调节,不像通常的 CROW 和 VMR 把耦合谐振器视为集总的元件对象,我们的结构易于调节能态的光子密度,类似于光子晶体的分布式系统。

垂直耦合的 WGM 谐振器波导属于一类新型的光缓存器,它们具有光纤[23]、开放光谐振器[24][25]以及光子晶体[26]~[29]的某些特性,这些系统的统一特征是电磁场和能态的光子密度可以以规定的方式调整。态密度的操控可以用于调整这些系统的线性、非线性和量子光学特性。

6.2.1　理想的垂直耦合谐振器光波导

让我们考虑一个如图 6.1 所示的谐振器光波导。将线偏光用棱镜或光纤耦合器耦合到谐振器的一个模式中,光通过相邻谐振器间的耦合传输,这种耦合通过倏逝场发生在制作谐振器的棒中而不是在空气中,正如传统的 CROW那样。为了理解两者的差别,值得注意的是在谐振器外部的空气中倏逝场的尺寸可表示为 $l_e \approx \lambda/\pi (\epsilon_0 - 1)^{1/2}$,其中 ϵ_0 是谐振器材料的电极化率,λ 是真空中的光波长,这个值通常是数百纳米。相反,耦合可以在彼此间隔在几个微米之内的垂直堆栈谐振器间有效地实现。

在波导中光的传输可以用通常的波动方程来描述:

$$\nabla \times (\nabla \times \boldsymbol{E}) - k^2 \epsilon(\boldsymbol{r})\boldsymbol{E} = 0 \qquad (6.1)$$

式中:$k = \omega/c$ 是波数;$\epsilon(\boldsymbol{r})$ 是空间相关的折射率;$\boldsymbol{E}$ 是模式的电场;$\boldsymbol{r}$ 是径向矢量。

假设谐振器结构是用无损耗的材料制成的。

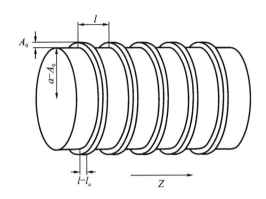

图 6.1 一个垂直耦合 WGMR 链(经允许,引自 Maleki,L.,Matsko,
A. B.,Savchenko,A. A.,and Strekalov,D.,Proc. SPIE,6130,
61300R,2006.)

我们对被局域在谐振器赤道附近的高阶 WGM 感兴趣。为了简单起见,
我们考虑 TE 模式族并将方程(6.1)中的变量改写为 $E=\Psi e^{\pm iv\phi}/\sqrt{r}$,$v$ 是模式
的角动量数。我们考虑一个低对比度结构,假如谐振器的半径变为 $R=a-$
$A(z)$ 且 $a\gg|A(z)|$,这样方程(6.1)变为

$$\frac{\partial^2 \Psi}{\partial r^2}+\frac{\partial^2 \Psi}{\partial z^2}+\left[k^2\epsilon_0\left(1-2\frac{A(z)}{a}\right)-\frac{v^2}{r^2}\right]\Psi=0 \qquad (6.2)$$

上述表达式中使用了 $v\gg1$ 和 $v^2\approx a^2k^2\epsilon_0$ 的条件。

考虑一个无限大的波导,我们分离变量并引入 $\Psi=\Psi_r\Psi_z$:

$$\frac{\partial^2 \Psi_z}{\partial z^2}-2k^2\epsilon_0\frac{A(z)}{a}\Psi_z=-k_z^2\Psi_z \qquad (6.3)$$

$$\frac{\partial^2 \Psi_r}{\partial r^2}+\left(k^2\epsilon_0-k_z^2-\frac{v^2}{r^2}\right)\Psi_r=0 \qquad (6.4)$$

式中:k_z^2 是间隔参数。

如果 $A(z)$ 是具有某个周期 l 的周期性函数,方程(6.3)和方程(6.4)有解
析解,其解为 $\Psi=\Psi_0 e^{i\beta z}\varphi(k_z z)J_v(k_{v,q}r)$,这里 β 为传输常数,$J_v(k_{v,q}r)$ 是贝塞
尔函数,$\Psi_z=\exp(i\beta z)\varphi(k_z z)$ 是布洛赫函数($\Psi_z(z+l)=\exp(i\beta l)\Psi_z(z)$),$k_{v,q}$
是径向波数,q 是描述 WGM 径向量子化的量。

参数 β 和 k_z 能从方程(6.3)推导出来,它们代表在谐振器链中传输的光的
波数和对应的频率(频率由方程(6.3)和方程(6.4)的本征值确定)。参数通过
色散方程联系起来,在中间有间隙的圆柱形 WGM 谐振器最简单的周期光栅

的情况下,用高度 $A(z)=A_0$ 和长度 $l_g(l_g<l)$ 来表征,可以表示为

$$\cos(\beta l)=\cosh\left[l_g\sqrt{2k^2\epsilon_0 A_0/a-k_z^2}\right]\cos\left[k_z(l-l_g)\right]$$
$$+\frac{k^2\epsilon_0 A_0/ak_z}{\sqrt{2k^2\epsilon_0 A_0/a-k_z^2}}\sinh\left[l_g\sqrt{2k^2\epsilon_0 A_0/a-k_z^2}\right]\sin\left[k_z(l-l_g)\right] \quad (6.5)$$

这里,假设 $k(2\epsilon_0 A_0/a)^{1/2}>k_z$(这个假设来自单一局域 WGM 谐振器至少有一个约束模式的条件),遵照方程(6.5),k_z 由被禁带带隙隔开的允带决定。

让我们表征整个系统的频谱特性。从由方程(6.4)推导的 WGM 的频率表达式开始:

$$\frac{\omega^2}{c^2}\epsilon_0=k_{v,q}^2+k_z^2 \quad (6.6)$$

在谐振器之间弱相互作用的情况下,当 $k(2\epsilon_0 A_0/a)^{1/2}\gg k_z$ 且 $kl_g(2\epsilon_0 A_0/a)^{1/2}\gg1$ 时,我们由方程(6.5)和方程(6.6)估计,在谐振器链中每个 WGM 模式转化为具有中心频率

$$\frac{\omega_c}{c}\sqrt{\epsilon_0}\approx k_{v,q}+\frac{1}{2k_{v,q}}\left[\frac{\pi m}{l-l_g}\right]^2 \quad (6.7)$$

和带宽

$$\frac{\Delta\omega}{c}\sqrt{\epsilon_0}\approx\frac{4\pi^2 m^2}{k_{v,q}^2(l-l_g)^3}\sqrt{\frac{a}{2A_0}}\exp\left(-l_g k_{v,q}\sqrt{\frac{2A_0}{a}}\right) \quad (6.8)$$

的频带。由于模式的径向约束,其频谱是方程(6.4)的本征值,可以描述为

$$k_{v,q}\approx\frac{1}{a}\left[v+\alpha_q\left(\frac{v}{2}\right)^{1/3}-\sqrt{\frac{\epsilon_0}{\epsilon_0-1}}\right] \quad (6.9)$$

其中,α_q 是艾里函数 Ai$(-z)$ 的第 q 个根(q 是自然数),这实际上是半径为 a 的无限大圆柱的高阶 WGM 的频谱,现在我们有了描述波导的所有必要元素。

它的参数之一是群速度,能够用波数 β(见方程(6.5))和频率 ω(见方程(6.6))来评价。首先,无需计算,也无需与光子带隙材料类比,显然,在系统中传输的光的群速度由 $V_g=d\omega/d\beta$ 决定,如果光被调谐到能带边缘,则群速度是趋近于零的。然而,在那一点群速度色散是很大的,因此,这样的调谐是不切实际的。在带隙中心附近色散近似是线性的,群速度可以用下式估算:

$$\frac{V_g\sqrt{\epsilon_0}}{c}\approx\frac{\Delta\omega\sqrt{\epsilon_0}l}{2\pi c}=\frac{2\pi m^2 l}{k_{v,q}^2(l-l_g)^3}\sqrt{\frac{a}{2A_0}}\exp\left(-l_g k_{v,q}\sqrt{\frac{2A_0}{a}}\right) \quad (6.10)$$

容易发现,当谐振器被分开或者它们之间沟槽的深度增加时,群速度是呈指数减小的,即使没有解析解,这个答案也很容易想象到。确实,光的传输是因为

相邻谐振器之间的耦合,耦合越弱,光传输越慢。

垂直耦合 WGMR 光延迟线相比基于 CROW 的光延迟有一定的优越性[13]。在 CROW 中谐振器排列在一个平面上,这样,如果每个谐振器的群延迟为 τ_{gr},则在谐振器链中脉冲传输的群速度等于 $2a/\tau_{gr}$,这里 a 是谐振器的半径。每个谐振器的延迟主要由谐振器的负载决定,并且可以将任何谐振器链中的每个谐振器的负载设置成相等的值。这个延迟也决定了延迟线的频率带宽。对于垂直耦合谐振器,如果每个谐振器的延迟与在 CROW 中的相等,则其群速度等于 l/τ_{gr}。对于相同延迟线带宽,因为 $2a \gg l$,垂直耦合谐振器链中的群速度总是比 CROW 中的小。

6.2.2 吸收

一个垂直耦合谐振器阵列与单个环形谐振器决定的延迟相比,可以产生更大的延迟吗?因为耦合高 Q 光环形谐振器提高了通常由谐振结构的宽度(衰荡时间)所表征的单个谐振器的性能,这样的问题也就应运而生了。在耦合谐振器链中大的群延迟已经在文献中提过[14][30];最近的研究表明,包含 N 个相同的耦合谐振器的系统的耦合分离模式的 Q 因子,要比在链中的单个谐振器大 N 倍,并且在最佳耦合的情况下会更大[31]。参考文献[32]讨论了利用全光手段即相互作用的可调谐光谐振器链实现光停止的方法。而且,即使一对相互作用的谐振器也能够产生无法预料的窄谱线,比每个独立谐振器的响应宽度要明显窄化。这个线宽窄化是由于法诺干涉效应造成的,它导致在周期结构和波导腔系统中,在很窄的频率范围内出现尖锐的不对称线形[33][34]。

我们认为,上面提到的研究结果受限于谐振器无损耗或损耗非常小的情况,由于辐射衰减品质因数受限的微谐振器链,能够引入比单个谐振器的衰荡时间更长的群延迟,因为辐射损耗能通过干涉抑制[35][36][37]。

限制在大的实际谐振器中的光要经历吸收和散射,这与整个系统的结构和谐振器的数量无关,材料损耗和(或)镜面损耗限制了最小谐振宽度。而且,根据以前的研究结果[19]可以推断出,我们的结果自动显示了利用基于谐振器链的光延迟线所能获得的最大群延迟的限制。这导致一个荒谬的结论,即最好使用单个光谐振器而不是光谐振器链来实现由有限 Q 因子谐振器提供的最有效的绝对群延迟元件。另一方面,耦合谐振器链能够产生大的分数延迟。

让我们以一个侧耦合到波导的谐振器链为例说明吸收的重要性。频率为

ω 的单色电磁波在通过无损耗谐振器这样一个系统时,其透射特性可以用下面的系数来表征:

$$S_{12} = \frac{\gamma_c - i(\omega - \omega_0)}{\gamma_c + i(\omega - \omega_0)} \tag{6.11}$$

式中:S_{12} 是振幅透射系数;γ_c 是负载(由谐振器耦合到波导)模式线宽;ω_0 是模式的谐振频率(我们假设 $|\omega - \omega_0|$ 远小于谐振器自由频谱范围)。

对于输出场包络,我们得到

$$E_{out}(t) = E_{in}\left(t - \frac{2\tau \mathcal{F}}{\pi}\right) \tag{6.12}$$

这里 $\tau = 2\pi R n_0/c$ 是光在谐振器中的往返时间,n_0 是材料的折射率,R 是谐振器的半径,而 $\mathcal{F}$ 是由耦合决定的精细度。可以看到,这样一个谐振器产生没有载波相位延迟的群延迟,在这方面它与电磁感应透明(EIT)的"慢光"现象相似。群延迟正比于在谐振器中建立的光功率。式(6.12)对远长于群延迟时间 $2\tau \mathcal{F}/\pi$ 的脉冲是有效的,这个条件与谐振器模式谱宽相比脉冲谱宽狭窄的条件是一样的。当将 N 个相同的谐振器连接到一条波导上时,系统的群延迟是单个谐振器的 N 倍[14][30];而系统的线宽与单个谐振器的相比,变窄了 N 倍。

这个结论对有吸收的谐振器链不是完全有效,这种情况下透射系数应修正为

$$S_{12} = \frac{\gamma_c - \gamma - i(\omega - \omega_0)}{\gamma_c + \gamma + i(\omega - \omega_0)} \tag{6.13}$$

其中,γ 是源于谐振器固有损耗的线宽,在实际谐振器中光子平均寿命不会超过 $(2\gamma)^{-1} = n_0 (\alpha c)^{-1}$,其中 α 是谐振器材料的线性损耗系数。谐振器 Q 因子的最大值可从下式得到:

$$Q = \frac{2\pi n_0}{\alpha \lambda} \tag{6.14}$$

在谐振和临界耦合条件下($\gamma_c = \gamma$)透射为零。

对于损耗谐振器,式(6.12)应当修正为

$$E_{out}(t) \approx \frac{\gamma_c - \gamma}{\gamma_c + \gamma} E_{in}\left(t - \frac{2\tau \mathcal{F}}{\pi} \frac{\gamma_c}{\gamma_c + \gamma}\right) \tag{6.15}$$

这里,我们假设 $\gamma_c \gg \gamma$。

对于与多个谐振器耦合的长波导(波导长度 L 远大于谐振器半径 R,所以谐振器的数量 $N \approx L/(2R)$),其透射和色散可以估计为

$$E_{out}(t) \approx \exp\left(-\frac{\gamma L}{\gamma_c R}\right) E_{in}\left(t - \frac{2L}{\gamma_c R}\right) \qquad (6.16)$$

它说明对于吸收 $\exp(-1)$ 最大时间延迟受限于材料的特性,这样一个系统的线宽可以与无负载单个谐振器的线宽相比。与具有最大可能 Q 因子的单个谐振器相比,包含大量谐振器的结构不会导致延迟时间的有效增加。

现在让我们考虑由垂直耦合 WGM 谐振器形成的波导的情况。波导的基质材料由于材料散射、表面非均匀性及吸收而具有固有损耗,非耦合谐振器的模式有有限的衰荡时间 τ,自然,一组耦合谐振器的最大群延迟不能超过这个衰荡时间而没有明显的光吸收,于是最小群速度等于 $V_{gmin} \approx l/(2\pi\tau)$,对应光通过单个非耦合谐振器的传输。在谐振器之间强耦合的情况下,当 $\Delta\omega\tau \gg 2\pi$ 时,光与多个谐振器的相互作用及其传输可以用上面给出的公式来研究。

6.2.3　基本限制和制作难题

下面我们讨论对任何谐振器链都相同的制作问题。谐振器的模式应该有几乎相同的频率和加载 Q 因子,制作具有一致的光学模式的一对高 Q 值 WGR 在技术上是一种挑战。例如,如果半径切割的误差远小于 $\Delta R = R/Q$,WGR 就有相同的频谱。对于一个 $Q = 10^8$、直径 $2a = 0.2$ cm 的谐振器,它近似等于 0.01 nm。因此,利用现有的制作技术不可能使 Q 因子超过一百万的谐振器在链中有效地耦合。

即使制作几乎相同的谐振器,它们的相对温度应该被稳定在 $\Delta T = n/\kappa Q \approx$ 2 mK,以避免频谱相对漂移,式中 $\kappa \approx 10^{-5}$ K^{-1} 和 $n = 2.3$ 分别是铌酸锂的组合热膨胀(热折射)系数和非常折射率。这样的热稳定性同样是个挑战。垂直耦合谐振器链比 CROW 更紧凑,因此,它们的温度更容易被稳定。

6.3　谐振器链中的干涉

耦合谐振器可以具有相干原子介质相似的特性[38]~[44]。这里,我们分析图 6.2 所示的两个 WGM 谐振器的特殊结构,该结构导致亚自然(即比加载更窄)的像 EIT 那样的线宽[38][39]。这种利用线性环形谐振器作为 WGM 腔的方案已经在文献中被广泛讨论过了[45][46][47],窄频谱特性的存在已经有实验报道过[48],但没有揭示与原子 EIT 的相似性和谐振器中的干涉效应。在谐振器无吸收的情况下,其线宽可以任意窄[38];然而,实际上,谐振器的最小线宽还是由材料吸收决定的。

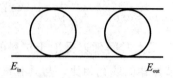

图 6.2　两个相同的 WGM 谐振器侧耦合到两个相同波导的
系统（经允许，引自 Maleki，L.，Matsko，A. B.，
Savchenko，A. A.，and Ilchenko，V. S.，Opt. Lett.，
29，626，2004.）

我们发现，这样一个结构的透射系数为

$$T_P = \frac{[\gamma + i(\omega - \omega_1)][\gamma + i(\omega - \omega_2)]}{[2\gamma_c + \gamma + i(\omega - \omega_1)][2\gamma_c + \gamma + i(\omega - \omega_2)] - 4e^{i\psi}\gamma_c^2} \quad (6.17)$$

式中：γ、γ_c、ω_1 和 ω_2 分别是源自腔的固有损耗的线宽、耦合到波导的线宽和谐振器模式的两个谐振频率；ω 是载波频率（我们假设 $|\omega - \omega_1|$ 和 $|\omega - \omega_2|$ 远小于腔的自由频谱范围）；ψ 代表耦合相位，它可以通过改变腔间距离调节。

选择 $\exp i\psi = 1$ 并假设强耦合 $\gamma_c \gg |\omega_1 - \omega_2| \gg \gamma$ 的情况，我们看到当 $\omega = \omega_1$ 和 $\omega = \omega_2$ 时，透射功率 $|T_P|^2$ 有两个极小值：

$$|T_P|_{\min}^2 \approx \frac{\gamma^2}{4\gamma_c^2}$$

当 $\omega = \omega_0 = (\omega_1 + \omega_2)/2$ 时，它有一个局部最大值：

$$|T_P|_{\max}^2 \approx \frac{(\omega_1 - \omega_2)^4}{[16\gamma\gamma_c + (\omega_1 - \omega_2)^2]^2}$$

重要的是要注意，对于 $\gamma = 0$ 透射谱的谱宽可以任意窄，但实际上，谐振线宽被非零 γ 限制。

腔的透射谱中的这种"亚自然"结构起源于腔的衰减辐射的干涉。事实上，在这里考虑的过耦合情况下，腔能量主要衰减到波导而不是自由空间中，这样，通过腔传输的光子存在几种可能的路径，并且由于它们被局域在由波导决定的同样的空间结构中，光子可以发生干涉。当光与谐振器的模式产生谐振时，透射接近被抵消。然而，在模式之间干涉会导致一个狭窄的透射谐振。这种现象与源自干涉衰减的 EIT 相似，理论上的预期读者可以参阅参考文献[49]。

源自狭窄透明谐振的群时间延迟为

$$\tau_g \approx \frac{16\gamma_c(\omega_1-\omega_2)^2}{[16\gamma\gamma_c+(\omega_1-\omega_2)^2]^2} \gg \gamma_c^{-1} \tag{6.18}$$

这个延迟超过了从单个谐振器可获得的最小群延迟。

为了更好地理解图 6.2 所示系统的行为，我们来研究它的本征频率，这可以从下式中发现：

$$[2\gamma_c+\gamma+\mathrm{i}(\omega-\omega_1)][2\gamma_c+\gamma+\mathrm{i}(\omega-\omega_2)]=4\gamma_c^2 \tag{6.19}$$

其中，我们假设 $\exp\mathrm{i}\psi=1$。很容易得到这个方程的根。在模式之间频率差很小的情况下，$\gamma_c \gg |\omega_1-\omega_2|$，有

$$\omega_b \approx \frac{\omega_1+\omega_2}{2}+4\mathrm{i}\gamma_c \tag{6.20}$$

$$\omega_d \approx \frac{\omega_1+\omega_2}{2}+\mathrm{i}\gamma+\mathrm{i}\frac{(\omega_1-\omega_2)^2}{8\gamma_c} \tag{6.21}$$

容易看出，存在着一个正常模式（ω_d），与单个谐振器的模式衰减相比，它衰减缓慢。还存在一个衰减较快的模式（ω_b）。衰减慢的模式是导致狭窄频谱特性的原因，然而，最慢的衰减被腔的固有 Q 因子（γ）所限制，这就意味着狭窄谐振不能比单个亚临界耦合谐振器的可能最窄谐振更窄了。

6.4 谐振器稳定的振荡器

在谐振器中观察到的大的群延迟对于微波光子振荡器的稳定是十分有用的[50]。能够在高频产生频谱纯净信号的微波谐振器对许多应用都是非常重要的，包括通信、导航、雷达以及精密测试与测量。传统的振荡器是基于电子技术的，利用高品质因数的谐振器获得高频谱纯净度，但是这些振荡器的性能既受限于室温下可获得的 Q 值，还受限于谐振器对环境扰动（如温度、振动）的敏感度。通过对高质量、低频（MHz）石英谐振器产生的信号复用，还可以获得高频微波参考信号，但遗憾的是，与复用步骤相关的噪声降低了高频信号在高端应用水平上所要求的性能。

产生高纯度信号一种强有力的方法是基于光子学的技术，它没有超高频电子学中那些固有的限制。特别地，光电振荡器（OEO）是一种在几十吉赫兹产生频谱纯净信号的光子器件[51]~[57]，它仅受限于调制器和探测器的带宽，目前这个带宽已经扩展到 100 GHz 范围。

除了一个关键特性外，OEO 与微波振荡器类似。在微波振荡器中，稳定

性是通过存储在高 Q 值微波谐振器中的微波能量获得的,振荡频率被锁定到谐振器的频率。在 OEO 中,微波通过调制光的相位或振幅承载,其能量存储在光延迟线或光谐振器中,这样,有 OEO 就不再需要微波腔。例如,一条在室温下的长光纤就能起到一个在液氮温度下高 Q 值微波谐振器同样的作用。

OEO 是一种由作为光能量源的激光器组成的通用结构,激光辐射在被光探测器转化为电能之前,传输通过一个调制器和一个光能量存储单元。在调制器的出射端,电信号被放大和滤波,然后反馈给调制器,这样就完成一个带增益的反馈环路,可以产生频率由滤波器决定的持续振荡。

由于振荡器的噪声性能是由能量存储时间或者品质因数 Q 决定的,因此光存储单元的使用可以实现极高的 Q 值,这样就获得了频谱纯净的信号。特别是,一条长光纤可以实现微秒量级存储时间,对应 10 GHz 振荡频率下大约一百万倍 Q 值,这相比于传统的用于振荡器的介电微波腔来说是很高的值。光纤延迟线还提供宽频带工作,而不受通常情况下振荡器的 Q 值随频率增加而减小的阻碍。于是,仅受调制器和探测器带宽限制的频率高达 43 GHz 的频谱纯净信号,已经得到了演示。

另一方面,长光纤延迟线支持加载于光波上的许多个微波模式。为了实现单模工作,应将一个窄带电滤波器插入到 OEO 反馈环路的电路部分中,该滤波器的中心频率决定了 OEO 的工作频率。这种方法能产生想要的频谱纯净的高频信号,但它需要在尺度上受公里长度的光纤延迟线限制的 OEO 结构。而且,长光纤延迟线对周围环境特别敏感,这使得 OEO 不能产生具有长期频率精确度和稳定性的输出。为了获得长期稳定性,OEO 一般被相位锁定到一个稳定的参考信号。

在谐振器结构中,光信号的群延迟可以认为是外加在光波上的微波信号的相位延迟,因此,具有大的群延迟的光学结构可以用来代替长的光纤延迟线和窄带电滤波器对 OEO 进行稳定[50]。例如,OEO 还可以用高 Q 值光学谐振腔或者原子能电池进行稳定。第一种方法允许人们通过调谐谐振腔无形中选择一个任意的振荡频率。如果 OEO 被锁定到原子时钟跃迁,则第二种方法允许产生一个稳定的频率;如果 OEO 被锁定到磁敏跃迁,则第二种方法允许创造一个稳定的磁力计[58][59]。

6.5　系统中具有离散频谱的慢光

在材料的响应度可以被看作是频率的连续函数这类问题中，通常会引入群速度这个概念。例如，窄带光在像原子介质这样的系统中的传输问题就属于这种类型[1]。然而，正如在近期的参考文献中所展示的[60][61]，对于具有离散频谱的一大类系统，群速度的一般定义有时不再是有效的，光学谐振器就是这类系统的一个例子。频谱的离散性给定义为光脉冲序列的速度的群速度概念带来新颖的特性，例如，这样的脉冲序列能够被线性谐振器延迟一个比谐振器的衰荡时间长得多的时间段，这样的延迟时间对于与线性无损耗谐振器相互作用的单脉冲来说是不可能实现的，尽管线性谐振器和线性谐振器链能够引入明显的群延迟[13][14][30][31]。

当在概念上从分布式谐振器的框架转变到集总式谐振器的框架时，这种特性就出现了。这是一个相当普遍的转变：尽管分布式谐振器具有无限多模式，在研究它们的频谱时通常只考虑有限数量的模式，并且为了简单起见，经常保留一个模式。这样的近似悄悄地将分布式对象转变为集中式对象，丢弃了多种现象，其中一个就是我们研究的课题。

对于具有连续频谱的线性无损耗介质，我们列出群速度的基本定义。光脉冲以速度 $V_g = c/n_g$ 在这样的介质中传播，其中群折射率的定义为

$$n_g(\omega_0) = n(\omega_0) + \omega_0 \frac{\partial n(\omega)}{\partial \omega}\Big|_{\omega=\omega_0} \qquad (6.22)$$

式中：V_g 是群速度；c 是光在真空中的速度；$n(\omega)$ 是材料的折射率，它与频率有关。

在一个受限制的频率范围 $\delta\omega(\omega)$，群折射率 $n_g(\omega)$ 可以看作是频率无关的。当载波频率为 ω 的光脉冲在介质中传输时，如果光脉冲的频谱宽度远小于 $\delta\omega(\omega)$，则它的形状不改变。

慢光在色散介质中的传输可以用两束单色平面电磁波（$E_1 = \tilde{E}\exp(-i\omega_1 t + ik_1 z) + \text{c. c.}$ 和 $E_2 = \tilde{E}\exp(-i\omega_2 t + ik_2 z) + \text{c. c.}$）的拍音包络在介质中的传输来表征[62]。波的拍音写为 $|E_1 + E_2|^2 = 2|\tilde{E}|^2[1 + \cos((\omega_1 - \omega_2)t - (k_1 - k_2)z)]$，它的传输速度 $V_g = (\omega_1 - \omega_2)/(k_1 - k_2)$，与群速度的传统定义 $\partial\omega/\partial k$ 相符，如果 $\omega_1 \to \omega_2$ 并且波矢 k 是频率 ω 的连续函数的话。

我们考虑具有以下传递函数的环形谐振器的集总式模型：

$$H(\omega) = \frac{\gamma + i(\omega - \omega_0)}{\gamma - i(\omega - \omega_0)} \tag{6.23}$$

式中:γ 是半极大全宽度;ω_0 是谐振频率。

当频率为 ω 的单色信号通过谐振器时,将获得一个相移 $\arg[H(\omega)]$,如果假设谐振器的长度为 L,则单色信号在谐振器出口处的电场可以写成

$$E(L,\omega) = E(0,\omega) e^{i \arg[H(\omega)]} = E(0,\omega) e^{ik(\omega)L} \tag{6.24}$$

式中:$E(0,\omega)$ 是谐振器入口处的电场。

在式(6.24)中,我们已经假定光在谐振器中的传输由波数 k 给出。利用式(6.23),可以写出

$$k(\omega) \equiv \frac{2}{L} \arctan\left(\frac{\omega - \omega_0}{\gamma}\right) \tag{6.25}$$

谐振器的群速度可以定义为

$$V_g(\omega) = \left(\frac{\partial k}{\partial \omega}\right)^{-1} = \frac{\gamma L}{2}\left[1 + \left(\frac{\omega - \omega_0}{\gamma}\right)^2\right] \tag{6.26}$$

容易看出,谐振器延迟了波 E_1 和 E_2 的拍音,延迟时间为 $\tau_g(\omega_1,\omega_2) = L/V_g(\omega) \leqslant 2/\gamma$。当 $\omega_1 \to \omega_2$ 可获得最大延迟量,一般情况下 $\tau_g(\omega_1,\omega_2)(\omega_1-\omega_2) = L(k_1-k_2) \leqslant 2\pi$。作为上述条件的一个结果,通常认为由线性谐振器引入的群延迟不能超过谐振器的衰荡时间

$$\tau_r = \frac{\pi}{\gamma} \tag{6.27}$$

对于光脉冲来说,如果假设它在色散的线性区传播,则这种限制更加强烈。如果假设 $\omega_{1,2} = \omega_0 \pm \gamma$,则有 $\tau_g(\omega_1,\omega_2)(\omega_1-\omega_2) = L(k_1-k_2) = \pi$ 和 $\tau_g = \pi/(2\gamma) = \tau_r/2$。

模型的传递函数(见式(6.23))可以由一个具有单模族的无损耗分布式谐振器的模型获得,这样一个分布式谐振器的传递函数为[15]

$$H(\omega) = -e^{i\varphi} \frac{1 - \sqrt{1-T} e^{-i\varphi}}{1 - \sqrt{1-T} e^{i\varphi}} \tag{6.28}$$

式中:$\varphi = 2\pi N + \Delta\varphi$ 是频率为 ω 的光在谐振器中经一次往返获得的相位,$2\pi N = \omega_0 \tau_0$,$\tau_0 = Ln/c$ 是往返时间,$\Delta\varphi = (\omega - \omega_0)\tau_0$;$T$ 是前镜的能量传输系数。

容易看出 $T/(2\tau_0) = \gamma$。自然地,如果 $\Delta\varphi \ll 1$ 和 $T \ll 1$,式(6.23)与式(6.28)是可以互换的。

这个结论对于 WGM 谐振器或者支持多模的任何其他谐振器都是不适用

的[60][61],在这种谐振器中群延迟能够明显超过它的衰荡时间。这是因为 WGM 谐振器属于具有离散频谱的系统类型,在每个谱线内,这种谐振器可以用集总模型来描述。然而,如果光与多个模式相互作用,则该模型是无效的,群速度的通常定义 $\partial\omega/\partial k$ 在这种情况下也不成立。例如,表达式 $V_g = (\omega_1 - \omega_2)/(k_1 - k_2)$ 只有对双色场才是群速度的正确定义。类似的方法应该用来描述具有离散频谱的广义的光场(比如在分布式谐振器中的脉冲序列)的传输。场的频谱由一系列任意窄带(对任意长序列)谱线组成,其包络是各个脉冲的傅里叶变换。那些没有被包络强烈抑制掉的"重要"谱线的个数,基本上是由脉冲序列的占空比给出的,对于平滑脉冲(如高斯脉冲)的密集序列这个数可能只是几个。如果与脉冲相互作用的谐振器的频谱可以很好地设计和控制的话,脉冲序列的群速度可以非常小。

我们给出微球谐振器内的电场:

$$E = \Psi e^{-i\omega t} + \text{c. c.} \tag{6.29}$$

其中空间场分布具有一般形式:

$$\Psi = \bar{\Psi} P_l^m(\cos\theta) J_{l+1/2}(k_{l,q}r) e^{im\phi}/\sqrt{r} \tag{6.30}$$

式中:θ、ϕ 和 r 是球坐标;指标 l、m 和 q 决定了场的空间分布。

$m = 0, 1, 2, \cdots$ 和 $q = 1, 2, \cdots$ 分别是角向和径向量子数,而 $l = 0, 1, 2, \cdots$ 是轨道模式数,$\Psi(\theta, \phi, r)$ 是模场的空间分布,并且

$$k_{l,q} \approx \frac{1}{R}\left[l + \alpha_q\left(\frac{l}{2}\right)^{1/3}\right] \tag{6.31}$$

是模的波数,$k_{l,q} = \omega n/c$,n 是谐振器材料的折射率,R 是谐振器半径,α_q 是艾里函数 $\text{Ai}(-\alpha_q) = 0$ 的第 q 个根。

我们现在来说明在微球中传输的光的群速度可以有任何想要的值。假设用双色光通过一个棱镜耦合器激发微球,这个光的频率与两个 WGM 发生谐振,两个模式在微球表面有非零的电磁场,结果它们发生干涉。通过用一种荧光物质覆盖微球,并利用模式的倏逝场与物质的相互作用,可以观察到这种干涉现象。被物质散射的功率 P 的表面分布可由下式描述:

$$P \approx \tilde{P}(\theta)[1 + \cos(\Delta\omega_{ab}t - \Delta m_{ab}\phi)] \tag{6.32}$$

式中:$\tilde{P}(\theta)$ 是归一化函数;$\Delta\omega_{ab} = 2\pi\Delta\nu_{ab}$,并且当模式属于基本方位角族时,$\Delta m_{ab} = l_a - l_b$。

根据式(6.32),Δm_{ab}是谐振器表面上干涉图样的最大数,条纹沿着微球表面以速度 $V_g = R\Delta\omega_{ab}/\Delta m_{ab}$ 移动,这就是在谐振器中传输的双色光拍音的速度,也就是群速度。对于选定的 WGM((a)和(b)),它的值等于 $1.4\times10^{-2}c$。当两个模式之间的频率差很小时,群速度的值是非常小的,如果 $\omega_a - \omega_b \to 0$,则群速度趋向于零,即在这种情况下光被停止在谐振器中。最后,当 $\Delta m_{ab} < 0$ 时,群速度是负值;或者当 $R/\Delta m_{ab}$ 足够大时,群速度是超光速的。

我们已经讨论了光场(E)在谐振器中的传输,现在比较一下谐振器中的群速度与已经通过谐振器的光的有效群速度(场 E_{out} 相对于场 E_{in} 的群延迟)。考虑一个带有两个光纤耦合器的谐振器,假设谐振器无损耗并且入口/出口处的耦合效率是相同的,我们推断传输通过谐振器的双色光的每一个谐波获得一个相移:

$$E_{\text{out } a} = E_{\text{in } a} \exp(\text{i}\pi m_a) \tag{6.33}$$

$$E_{\text{out } b} = E_{\text{in } b} \exp(\text{i}\pi m_b) \tag{6.34}$$

谐波的拍音获得 $\pi(m_a - m_b)$ 的相移,对于主模式序列来说它相当于 $\pi(l_a - l_b)$。记住,光已走了距离 πR,我们发现群速度为

$$V_g = \frac{R\Delta\omega_{ab}}{l_a - l_b} \tag{6.35}$$

此速度既可以是亚光速也可以是超光速,这取决于光与之相互作用的 WGM。群延迟 $\tau_g = \pi(l_a - l_b)/\Delta\omega_{ab}$ 不依赖于模式的谱宽,也不依赖于它们的衰荡时间,从而证明了上面的断言。

现在,容易发现乘积的值为

$$\tau_g \Delta\nu_{ab} = \frac{l_a - l_b}{2} \tag{6.36}$$

其中,$2\pi\Delta\nu_{ab} = \Delta\omega_{ab}$,这个值可以很容易大于 1,对于具有单棱镜耦合器的谐振器,分数群延迟有两倍大。

$$\tau_g \Delta\nu_{ab} = l_a - l_b \tag{6.37}$$

我们已经考虑了两个和三个单色波拍音的延迟的可能性。理论上,可以通过加工 WGM 谐振器的形状(不一定必须是球形)和倏逝场耦合器,以使两个以上的波的拍音被延迟;也可以构建基于 WGM 谐振器的用于光脉冲序列的延迟线。

为了证实这个理论上的预言,我们进行了一个实验,用 WGM 谐振器演示停止光的情况,即 $\Delta\omega_{ab} = 0$。谐振器是半径 $R = 150~\mu m$ 的微球,利用由多模光纤获得的光学级熔石英制备而成。先通过手工用氢-氧喷灯将这种光纤拉制成一个光锥,光锥的细端直径大约为 $50~\mu m$;再用氢火焰逐渐加热,直到所需

要尺寸的微球出现。

我们用单支非调制 635 nm 二极管激光器来演示光的零群速度,当单色行波在微球体的表面产生稳定的干涉图样时,就应该能看到这种情况。光是通过附在微操作器上的切角光纤送入谐振器的,激光器以每秒 20 次的速度在 5 GHz 的频带宽度上扫频。光纤耦合器的输出被导入光探测器中(Thorlabs Det110),从探测器出来的信号在示波器屏幕上观察。这种装置允许激发不同的 WGM 并通过频率选择它们,耦合效率通过耦合器和石英谐振器表面之间的缝隙来控制。用这种方式制成的干型谐振器的固有品质因数 $Q = 10^9$,这受限于谐振器表面的颗粒物污染,纳米级尘粒附在谐振器表面,导致容易识别的表面发光。

光纤耦合器和谐振器放在用来可视化干涉图样的显微镜的焦平面上的一个液体微型盒当中,其中 670 nm 波长的可视化是用 1 μmol 荧光染料 Cy5 的甲醇溶液实现的。用安装在盒和显微镜之间的薄膜陷波滤波器阻隔 635 nm 的弹性散射光,当眼睛观察到谐振器表面上溶解的染料发出荧光时进行频谱测量。

染料溶液的光吸收导致 Q 因子下降到 10^6,这可以有效地消除属于不同模式族的近乎简并的 WGM 的残余频率差,结果单色光可以同时与几个 WGM 相互作用。Q 因子的减小也保证了在谐振器表面不会发生瑞利散射,避免了光在谐振器内部的反射。

不同模式组的干涉导致不同的静态荧光图样(见图 6.3 以及参考文献 [61] 中的图样),观察到的图样是由两个以上空间交叠的 WGM 频率的干涉形成的,这些频率在它们的谱宽之内。由行波产生的这些图样的稳定性肯定了理论上的预测,特别是,通过实验我们观察到了光被停止的情况。值得注意的是,被停止的光不携带任何信息,因为它代表几个频率简并的单色行波的拍音。

我们的观察与众所周知的属于同一个光谐振器的模式是正交的这个事实并不矛盾,用数学术语,给定波动方程和谐振器形状的特定边界条件,人们可以获得按照定义在时间和空间上零交叠的一系列本征值和本征矢量。物理上,这意味着所有的谐振器模式必须既在频率上又在空间分布上是不同的。这对 WGM 谐振器非常有效,并且我们的观察与之并不矛盾。我们能够观察到干涉图样是由于模式带宽有限,它们在空间上交叠,所以单色光源同时激发几个模式。

物理上,WGM 谐振器与光的慢群速度毫无关系,凭直觉这是很显然的,从群延迟不依赖于谐振器的品质因数这个事实就可以看出。如果将脉冲序列

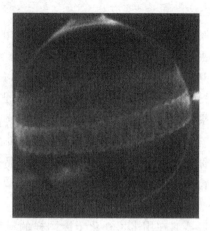

图 6.3   在直径为 $300\ \mu m$ 的光泵微球表面上观察到的干涉图样的示例。注意尽管是行波(顺时针方向)激发,静态干涉图样依然存在。用切角光纤实现光耦合

的每个谐波发送到长度选定的光波导,可以实现相同类型的延迟(见图 6.4)。每个波导的长度应比前面的波导的长度大一个给定值,较高的频率对应较长的波导。这样的选择保持了正常群速度色散,也导致了脉冲序列的延迟。尽管图 6.4 的示意非常清楚,也众所周知,它的实现并非总是技术上可行的,特别是如果脉冲的重复率较低时。WGM 谐振器的一个优点是它能够支持多个适合于实现延迟的模式,另一个优点是直接可视化慢光传输的可能性。

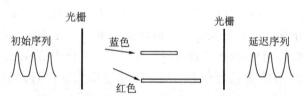

图 6.4   基于 WGM 谐振器的群速度延迟线的等效示意图(经许可,引自 Matsko, A. B. , Savchenko, A. A. , Ilchenkov, V. S. , Strekalov, D. , and Maleki, L. , SPIE Pro. , 6452, 64520P, 2007.)

参考文献

[1] L. V. Hau, S. E. Harris, Z. Dutton, and C. H. Behroozi, Light speed reduction to 17 metres per second in an ultracold atomic gas, Nature 397, 594-598 (1999).

[2] A. Kasapi, M. Jain, G. Y. Yin, and S. E. Harris, Electromagnetically induced

transparency：propagation dynamics，Phys. Rev. Lett. 74，2447-2450 (1995).

［3］ R. W. Boyd，D. J. Gauthier，A. L. Gaeta，and A. E. Willner，Maximum time delay achievable on propagation through a slow-light medium，Phys. Rev. A 71，023801 (2005).

［4］ A. B. Matsko，D. V. Strekalov，and L. Maleki，On the dynamic range of optical delay lines based on coherent atomic media，Opt. Express 13，2210-2223 (2005).

［5］ J. B. Khurgin，Optical buffers based on slow light in electromagnetically induced transparent media and coupled resonator structures：comparative analysis，J. Opt. Soc. Am. B 22，1062-1074 (2005).

［6］ R. M. Camacho，M. V. Pack，and J. C. Howell，Low-distortion slow light using two absorption resonances，Phys. Rev. A 73，063812 (2006).

［7］ B. Macke and B. Segard，Propagation of light-pulses at a negative group-velocity，Eur. Phys. J. D 23，125-141 (2003).

［8］ R. M. Camacho，M. V. Pack，and J. C. Howell，Low-distortion slow light using two absorption resonances，Phys. Rev. A 74，033801 (2006).

［9］ A. B. Matsko，A. A. Savchenkov，and L. Maleki，Vertically coupled whispering-gallery-mode resonator waveguide，Opt. Lett. 30，3066-3068 (2005).

［10］ L. Maleki，A. B. Matsko，A. A. Savchenkov，and D. Strekalov，Slow light in vertically coupled whispering gallery mode resonators，Proc. SPIE 6130，61300R (2006).

［11］ A. A. Savchenkov，I. S. Grudinin，A. B. Matsko，D. Strekalov，M. Mohageg，V. S. Ilchenko，and L. Maleki，Morphology-dependent photonic circuit elements，Opt. Lett. 31，1313-1315 (2006).

［12］ I. S. Grudinin，A. Savchenkov，A. B. Matsko，D. Strekalov，V. Ilchenko and L. Maleki，Ultra high Q crystalline microcavities，Opt. Commun. 265，33-38 (2006).

［13］ A. Yariv，Y. Xu，R. K. Lee，and A. Scherer，Coupled-resonator optical waveguide：a proposal and analysis，Opt. Lett. 24，711-713 (1999).

［14］ A. Melloni，F. Morichetti，and M. Martinelli，Linear and nonlinear pulse propagation in coupled resonator slow-wave optical structures，Opt. Quantum Electron. 35，365-379 (2003).

［15］ J. E. Heebner，P. Chak，S. Pereira，J. E. Sipe，and R. W. Boyd，Distributed and localized feedback in microresonator sequences for linear and non-linear optics,J. Opt. Soc. Am. B 21,1818-1832 (2004).

[16] J. K. S. Poon, L. Zhu, G. A. DeRose, and A. Yariv, Transmission and group delay of microring coupled-resonator optical waveguides, Opt. Lett. 31,456-458 (2006).

[17] J. K. S. Poon, L. Zhu, G. A. DeRose, and A. Yariv, Polymer microring coupled-resonator optical waveguides,J. Lightw. Technol. 24,1843-1849 (2006).

[18] G. Lenz,B. J. Eggleton,C. R. Giles,C. K. Madsen,and R. E. Slusher,Dispersive properties of optical filters for WDM systems,IEEE J. Quantum Electron. 34 1390-1402 (1998).

[19] G. Lenz,B. J. Eggleton,C. K. Madsen,and R. E. Slusher,Optical delay lines based on optical filters, IEEE J. Quantum Electron. 37, 525-532 (2001).

[20] F. N. Xia, L. Sekaric, and Y. Vlasov, Ultracompact optical buffers on a silicon chip, Nat. Photon. 1,65-71 (2007).

[21] M. Sumetsky, Uniform coil optical resonator and waveguide: transmission spectrum, eigenmodes, and dispersion relation, Opt. Express 13, 4331-4340 (2005).

[22] M. Sumetsky, Vertically-stacked multi-ring resonator, Opt. Express 13, 6354-6375 (2005).

[23] L. Tong, R. R. Gattass, J. B. Ashcom, S. He, J. Lou, M. Shen, I. Maxwell, and E. Mazur, Subwavelength-diameter silica wires for low-loss optical wave guiding, Nature 426,816-819 (2003).

[24] K. J. Vahala, Optical microcavities, Nature 424,839-846 (2003).

[25] A. B. Matsko and V. S. Ilchenko, Optical resonators with whispering gallery modes I: basics, J. Sel. Top. Quantum Electron. 12,3-14 (2006).

[26] E. Yablonovitch, Inhibited spontaneous emission in solid-state physics and electronics, Phys. Rev. Lett. 58,2059-2062 (1987).

[27] J. B. Khurgin, Light slowing down in Moiré fiber gratings and its implications for nonlinear optics, Phys. Rev. A 62,013821 (2000).

[28] V. N. Astratov, R. M. Stevenson, I. S. Culshaw, D. M. Whittaker, M. S. Skolnick, T. F. Krauss, and R. M. De La Rue, Heavy photon dispersions in photonic crystal waveguides, Appl. Phys. Lett. 77,178-180 (2000).

[29] R. Binder, Z. S. Yang, N. H. Kwong, D. T. Nguyen, and A. L. Smirl, Light pulse delay in semiconductor quantum well Bragg structures, Phys. Stat. Solidi B 243, 2379-2383 (2006).

[30] J. E. Heebner, R. W. Boyd, and Q. H. Park, Slow light, induced dispersion, enhanced nonlinearity, and optical solitons in a resonator-array waveguide, Phys. Rev. E 65, 036619 (2002).

[31] D. D. Smith, H. Chang, and K. A. Fuller, Whispering-gallery mode splitting in coupled microresonators, J. Opt. Soc. Am. B 20, 1967-1974 (2003).

[32] M. F. Yanik and S. Fan, Stopping light all optically, Phys. Rev. Lett. 92, 083901 (2004).

[33] S. Fan, Sharp asymmetric line shapes in side-coupled waveguide-cavity systems, Appl. Phys. Lett. 80, 908-910 (2002).

[34] S. Fan, W. Suh, and J. D. Joannopoulos, Temporal coupled-mode theory for the Fano resonance in optical resonators, J. Opt. Soc. Am. A 20, 569-572 (2003).

[35] E. I. Smotrova, A. I. Nosich, T. M. Benson, and P. Sewell, Threshold reduction in a cyclic photonic molecule laser composed of identical microdisks with whispering-gallery modes, Opt. Lett. 31, 921-923 (2006).

[36] M. L. Povinelli and S. H. Fan, Radiation loss of coupled-resonator waveguides in photonic-crystal slabs, Appl. Phys. Lett. 89, 191114 (2006).

[37] D. P. Fussell and M. M. Dignam, Engineering the quality factors of coupled-cavity modes in photonic crystal slabs, Appl. Phys. Lett. 90, 183121 (2007).

[38] L. Maleki, A. B. Matsko, A. A. Savchenkov, and V. S. Ilchenko, Tunable delay line with interacting whispering-gallery-mode resonators, Opt. Lett. 29, 626-628 (2004).

[39] A. B. Matsko, A. A. Savchenkov, D. Strekalov, V. S. Ilchenko, and L. Maleki, Interference effects in lossy resonator chains, J. Mod. Opt. 51, 2515-2522 (2004).

[40] M. F. Yanik, W. Suh, Z. Wang, and S. H. Fan, Stopping light in a waveguide with an all-optical analog of electromagnetically induced transparency, Phys. Rev. Lett. 93, 233903 (2004).

[41] A. Naweed, G. Farca, S. I. Shopova, and A. T. Rosenberger, Induced transparency and absorption in coupled whispering-gallery microresonators, Phys. Rev. A 71, 043804 (2005).

[42] Y. P. Rakovich, J. J. Boland, and J. E. Donegan, Tunable photon lifetime in photonic molecules: a concept for delaying an optical signal, Opt. Lett. 30, 2775-2777 (2005).

[43] Q. F. Xu, S. Sandhu, M. L. Povinelli, J. Shakya, S. H. Fan, and M. Lipson, Experimental realization of an on-chip all-optical analogue to electromagnetically induced transparency, Phys. Rev. Lett. 96, 123901 (2006).

[44] Q. Xu, J. Shakya, and M. Lipson, Direct measurement of tunable optical delays on chip analogue to electromagnetically induced transparency, Opt. Express 14, 6463-6468 (2006).

[45] B. E. Little, S. T. Chu, H. A. Haus, J. Foresi, and J. P. Laine, Microring resonator channel dropping filters, J. Lightw. Technol. 15, 998-1005 (1997).

[46] P. Urquhart, Compound optical-fiber-based resonators, J. Opt. Soc. Am. A 5, 803-812 (1988).

[47] K. Oda, N. Takato, and H. Toba, A wide-FSR waveguide double-ring resonator for optical FDM transmission systems, J. Lightw. Technol. 9, 728-736 (1991).

[48] S. T. Chu, B. E. Little, W. Pan, T. Kaneko, and Y. Kukubun, Second-order filter response from parallel coupled glass microring resonators, IEEE Photon. Technol. Lett. 11, 1426-1428 (1999).

[49] A. Imamoglu, Interference of radiatively broadened resonances, Phys. Rev. A 40, 2835-2838 (1989).

[50] D. Strekalov, D. Aveline, N. Yu, R. Thompson, A. B. Matsko, and L. Maleki, Stabilizing an optoelectronic microwave oscillator with photonic filters, J. Lightw. Technol. 21, 3052-3061 (2003).

[51] X. S. Yao and L. Maleki, Optoelectronic microwave oscillator, J. Opt. Soc. Am. B 13, 1725-1735 (1996).

[52] Y. Ji, X. S. Yao, and L. Maleki, Compact optoelectronic oscillator with ultralow phase noise performance, Electron. Lett. 35, 1554-1555 (1999).

[53] T. Davidson, P. Goldgeier, G. Eisenstein, and M. Orenstein, High spec-

tral purity CW oscillation and pulse generation in optoelectronic micro-wave oscillator, Electron. Lett. 35, 1260-1261 (1999).

[54] S. Romisch, J. Kitching, E. Ferre-Pikal, L. Hollberg, and F. L. Walls, Performance evaluation of an optoelectronic oscillator, IEEE Trans. Ultraconics Ferroelectrics Freq. Control 47, 1159-1165 (2000).

[55] X. S. Yao and L. Maleki, Multiloop optoelectronic oscillator, IEEE J. Quantum Electron. 36, 79-84 (2000).

[56] S. Poinsot, H. Porte, J. P. Goedgebuer, W. T. Rhodes, and B. Boussert, Continuous radio-frequency tuning of an optoelectronic oscillator with dispersive feedback, Opt. Lett. 27, 1300-1302 (2002).

[57] D. H. Chang, H. R. Fetterman, H. Erlig, H. Zhang, M. C. Oh, C. Zhang, and W. H. Steier, 39-GHz opto-electronic oscillator using broad-band polymer electrooptic modulator, IEEE Photon. Technol. Lett. 14, 191-193 (2002); ibid 14, 579 (2002).

[58] A. B. Matsko, D. Strekalov, and L. Maleki, Magnetometer based on the opto-electronic microwave oscillator, Opt. Commun. 247, 141-148 (2005).

[59] D. Strekalov, A. B. Matsko, N. Yu, A. A. Savchenkov, and L. Maleki, Application of vertical cavity surface emitting laser in self-oscillating atomic clocks, J. Mod. Opt. 53, 2469-2484 (2006).

[60] A. B. Matsko, A. A. Savchenkov, V. S. Ilchenko, D. Strekalov, and L. Maleki, The maximum group delay in a resonator: an unconventional approach, SPIE Proc. 6452, 64520P (2007).

[61] A. A. Savchenkov, A. B. Matsko, V. S. Ilchenko, D. Strekalov, and L. Maleki, Direct observation of stopped light in a whispering-gallery-mode microresonator, Phys. Rev. A 76, 023816 (2007).

[62] M. M. Kash, V. A. Sautenkov, A. S. Zibrov, L. Hollberg, G. R. Welch, M. D. Lukin, Y. Rostovtsev, E. S. Fry, and M. O. Scully, Ultraslow group velocity and enhanced nonlinear optical effects in a coherently driven hot atomic gas, Phys. Rev. Lett. 82, 5229-5232 (1999).

第 7 章
无序光慢波结构：什么是慢光的速度

　　光慢波结构,如耦合光子晶体腔、耦合微环和耦合量子阱等,正成为有希望的慢光器件,因为它们的色散关系遵循固体物理中著名的紧束缚模型。在完美的均匀结构中,色散曲线的斜率(它定义了群速度)在波导的能带边缘为零,这将导致慢光以及光与物质的相互作用增强。尽管群速度色散(和高阶色散)效应能限制慢波结构的性能[1]~[4],原则上,可以通过各种机制来补偿色散的影响,包括在光纤通信中通用的某些机制。

　　更基本的限制是通过无序效应施加的,这种无序效应可能因粗糙引起,或更常见地因与制作或自组装缺陷有关的问题引起。所有已知的制作光慢波结构的方法都已表明,在至少纳米长度的尺度上存在结构上的缺陷,尽管可以认为这种弱无序的影响非常弱,实际上,它对光速减慢的影响非常严重。这里,我们推导并讨论在这种结构中弱无序对慢光速度的影响的模型,该模型还能用来研究在任何弱无序紧束缚晶格中的弹道输运。

7.1　引言:紧束缚光波导

　　发现(或更好是发明)一种能允许显著控制光的传输(比如,控制光的速度或色散)的物理上的波导机制是非常好的。光慢波结构,如耦合光子晶体腔、耦合微环、耦合法布里-珀罗腔等,是"工程化色散"波导,它们能在可与光波长相比拟的长度尺度上通过光刻形成图样或进行自组装。我们希望它们能导致光子芯片级器件的发明,从而实现对光传输的控制。

光慢波结构由重复单元的链或网络组成,光在其中通过从一个单元跳跃到离它最近的单元来传输。举例来说,每个单元可以由微环谐振器、光子晶体中的缺陷谐振器或法布里-珀罗腔组成。最近邻光子跳跃隐含的这个物理原理能用来推导波导色散、脉冲传输以及各种非线性效应(如二次谐波产生或光克尔效应)的解析表达式。

在这些计算中采用的紧束缚耦合谐振子模型不仅在光学中重要,而且在物理学的许多其他分支学科中也很重要。它是关于传输最基本的且被广泛应用的物理模型之一,在固体物理中被普遍用来描述晶格中的电子输运和声子振动。由于在薛定谔方程和电磁波方程之间有许多类似之处[5][6],紧束缚理论还应该在光学结构中有应用,尤其是在那些与晶格或光子晶体有关的光学结构中,这一点毫不奇怪。确实,最近的理论和实验研究已经从多个方面发展了紧束缚模型,以用于光子学的研究[7]~[15]。

7.1.1 慢波色散关系

在适用于一维(1D)点阵中的单元链的紧束缚方法中,用 $n=1,2,\cdots,N$ 对单元编号,单元之间的距离记为 R,激子被描述为一组时间相关的系数 $\{a_n\}$,它们表示在格点处各个场模的振荡振幅。振幅的演化可以用以下方程来描述:

$$i\frac{da_n}{dt}+\Omega a_n+\Omega\kappa(a_{n-1}+a_{n+1})=0 \tag{7.1}$$

式中:Ω 和 κ 分别为自耦合系数和最近邻耦合系数(无量纲),如表 7.1 所示。

假设周期边界条件①,我们猜测方程有以下形式的解:

$$a_n(t)=\frac{1}{\sqrt{N}}e^{i(\omega t-nk_mR)} \tag{7.2}$$

式中:$k_m=m2\pi/(NR)$。

---

① 在假设周期边界条件时,我们依靠直觉,认为波导内部的"体"光学性质不受边界的确切性质的影响。在只有几个单元(少于 10 个)组成的链中,这显然不再成立[16],带有增益的谐振器链可能也对边界条件非常敏感[17]。

将式(7.2)代入方程(7.1)中,可以得到

$$\frac{\omega_m}{\Omega} = 1 + 2\kappa \cos(k_m R), \quad m = 0, 1, \cdots, N-1 \tag{7.3}$$

这就是链的 N 个归一化本征频率的方程。在 N 取较大值的极限下,式(7.3)定义 ω 为 k 的连续函数,在第一布里渊区,k 从 $-\pi/R$ 到 π/R 取值。在二维和三维点阵中存在类似的色散关系,如图7.1所示。由于当 $k \to 0$,$\pm\pi/R$ 时,群速度 $v_g = \mathrm{d}\omega/\mathrm{d}k \to 0$,也就是,慢光有望在能带边缘处产生。慢光还可以在能带中心观察到,其减慢因子与耦合系数的大小有关:对于频率为 $\omega = \Omega$(能带中心)的光,从输入端传输到输出端所需的时间为 $\tau_{\min} = N/(2\Omega|\kappa|)$。

表7.1 微谐振器耦合系数的典型值

		$\|\kappa\|$	参考文献
微球	2～5 μm 聚苯乙烯	$(2.8\sim3.5)\times10^{-3}$	[47]
	4.2 μm 聚苯乙烯	1.3×10^{-2}	[74]
二维光子晶体缺陷(缺失一个空气孔,H1,偶对称)	缺陷之间有一排空气孔	4.7×10^{-2}	[28]
	缺陷之间有两排空气孔	5.4×10^{-3}	[19]
	缺陷之间有三排空气孔	3.7×10^{-3}	[75]
		1.3×10^{-3}	[19]
微环	60 μm 半径的聚合物(聚甲基丙烯酸甲酯(PMMA))	1.2×10^{-1}	[9]
	6.5～9 μm 半径的石英上的硅	$0.22\sim0.34$	[14]
法布里-珀罗	硅超晶格	1.23×10^{-2}	[76]

对应由式(7.3)给出的本征频率的本征矢称为结构的简正模式,它们允许我们计算格林函数和每个位置的态密度[18]。

如果除了上面考虑的最近邻单元的耦合外,仅次于最近邻单元的单元之间也存在显著的耦合,这时色散关系就需要修正,见参考文献[19]。相邻单元的间距较近,或发生与平板模式或辐射模式的耦合,可能在超过最近邻间距的距离上引起谐振器之间的耦合。

7.1.2 光信号处理:下一代

包含数个光谐振器并涉及它们之间相互作用的光子器件正在光信号处理中扮演重要角色[1][15][20]~[24],它们还可以用紧束缚或最近邻耦合模型来描述。耦合谐振器和滤波器的许多潜在应用,比如用作延迟线、光数字滤波器和光缓

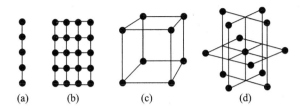

$(a)\omega(k_z)=\Omega+2\Omega\kappa\cos(k_zR)$

$(b)\omega(k_x,k_z)=\Omega+2\Omega\kappa[\cos(k_xR)+\cos(k_zR)]$

$(c)\omega(k_x,k_y,k_z)=\Omega+2\Omega\kappa[\cos(k_xR)+\cos(k_yR)+\cos(k_zR)]$

$(d)\omega(k_x,k_y,k_z)=\Omega+4\Omega\kappa\left[\cos\left(\dfrac{1}{2}k_xR\right)\cos\left(\dfrac{1}{2}k_yR\right)\right.$

$\left.+\cos\left(\dfrac{1}{2}k_yR\right)\cos\left(\dfrac{1}{2}k_zR\right)+\cos\left(\dfrac{1}{2}k_zR\right)\cos\left(\dfrac{1}{2}k_xR\right)\right]$

图 7.1　一些光慢波耦合谐振器结构的示意图,其中每个黑圆圈相当于一
　　　　个单元,每个单元与它最近邻的单元相耦合(用连线指示)。单元
　　　　可以沿直线排列(见图(a)),可以排列成二维结构(见图(b)),可以
　　　　排列成三维的简单立方结构(见图(c)),还可以排列成更复杂的面
　　　　心立方结构(见图(d)),在每一种情况下,相邻单元的距离取为 R,
　　　　在表明色散关系时,假设单元中的场是实的和非简并的,并且只
　　　　取决于 $|\boldsymbol{r}|$,无角度变化

存器,将受益于大量谐振器的级联。例如,

　　(1)脉冲通过耦合谐振器延迟线的时间与谐振器的个数 N 呈线性关系[1];

　　(2)在数字滤波器的耦合谐振器实现中,平均群延迟与 N 呈线性关系,这
与非线性灵敏度相同,非线性灵敏度量度的是由光克尔效应引起的单位强度
的非线性相位变化[25];

　　(3)在耦合谐振器"光缓存器"中,存储 N_{st} 比特所需的谐振器的个数按
$(N_{\mathrm{st}})^{3/2}$ 变化(考虑到高阶色散的影响)[3]。

　　这种光学结构用紧束缚模型描述,在本章中,它们通常被称为耦合谐振器
光波导(CROW)[26]。光在 CROW 中传输的基本机制与在传统波导中的不
同:CROW 是通过将光波导以线形(或二维/三维)阵列形式放置而形成的,目
的是通过相邻谐振器之间的光子跳跃也就是谐振器电磁场的时空交叠,将光
从该谐振器链的一端导引到另一端[8][27]。要通过实验在图上标出紧束缚色散
关系,通常 10~100 个耦合谐振器就足够了[28][29]。

然而,谐振器的本征频率或谐振器之间的耦合系数不一定完全相同。在任何实际的光器件中,对无序的研究非常重要,但是,无序研究对波导结构如耦合谐振器链尤其重要,因为波导结构依赖于许多重复单元两两相互作用时的相长干涉。

7.1.3 疑难问题:无序光的速度

根据紧束缚色散关系(见式(7.3)),在波导的能带边缘应该观察到慢光。实际上,当 $k \to \pm\pi/R$ 时,$v_g \equiv \mathrm{d}\omega/\mathrm{d}k \to 0$,也就是,光的速度应趋于零——与它在能带中心的典型值相比,v_g 的大小减小了 6 个数量级——但通过实验观察(后面将引用)测量到在波导的能带边缘处 v_g 的大小只减小了 1 个或 2 个数量级。如此大的分歧值得解释一下,因为光学图像和电子显微图像显示对制作工艺有很好的控制,结构的非均匀性少之又少,侧壁粗糙度不超过数纳米[14][30],未来改进的空间不大。而且,周期介质慢波结构的带隙特性在出现弱无序时大部分能得以保持[31][32]。

这就带来了一个基本问题:在弱扰动紧束缚晶格中,弹道激子仍然能从链的一端传输到另一端,这种激子的速度是多少?并且它是如何与无序成比例变化的?

7.1.4 使用"Bandsolver"仿真工具时要小心

光慢波结构,包括光子晶体波导和耦合谐振器光波导,经常用平面波或本征函数展开法[33]或时域有限差分法[19]来研究。读者可以考虑将随机扰动加到介质分布中并计算新的能带结构。利用平面波展开法完成的这种计算如图7.2所示,虽然在场的空间分布中可以看见无序的影响,但由色散关系仍能预测在能带边缘光的速度为零。

这是错误的:误差来源于周期边界条件的假设,它将计算区域限制到一个有限尺寸的单胞中,这总是导致在色散关系的边缘能带弯曲到零斜率,于是错误地预测出光的速度为零。

7.1.5 态密度

在 ω-k 色散关系的能带边缘发生了什么?更深入的理解来自用于分析光慢波结构的一个新框架,它引入两个感兴趣的主要物理量 $\rho(\omega)$ 和 $\rho(k)$——ω 空间和 k 空间的态密度,也就是单位体积、单位光频率或波数本征模的个数[①]。

---

① 实际上,我们能够猜出需要 $\rho(\omega)$ 和 $\rho(k)$,因为群速度的定义 $v_g \equiv \mathrm{d}\omega/\mathrm{d}k$ 包含了在特定的 ω-k 点附近 ω 和 k 的变化,当然,这种变化关联到沿 ω 和 k 轴点(态)的密度。

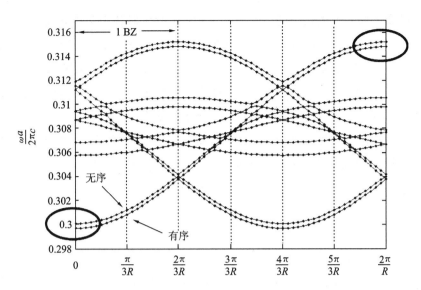

图 7.2　在重复区域方案中,由光子晶体平板($n_{slab}=2.65$)中的耦合缺陷谐振器组成的
　　　　慢波结构的色散关系,晶格周期 $a=477$ nm,空气孔按照六边形排布,谐振器
　　　　间距 $R=1.65$ μm。利用平面波展开法计算三个单胞的超晶胞的色散,因此,
　　　　展开的能带沿 3 个布里渊区(BZ)延伸。与有序的情况相比,无序的情况包含
　　　　了 5 nm 的均方根位置不确定度。在慢波能带边缘,斜率 $d\omega/dk$ 仍然归零,因
　　　　为在超晶胞的边缘强制执行了周期边界条件

　　通过数值方法计算具有适当有限长度的弱无序结构的本征频率表明,这
些本征频率位于其解析表达式已知的曲线上。此后,我们能够利用 $\rho(\omega)$ 的解
析表达式来得到在无序晶格中关于传输速度和局域化的答案,好像我们更准
确地知道了 $\rho(\omega)$。通过一阶微扰理论可以得到无序的 $\rho(k)$,与弱无序的假设
一致。

　　尽管态密度是从时域形式体系中得到的,这也是研究耦合谐振器的谐振、
激射和其他集体振荡现象的自然而然的方法,我们还可以利用其他方法来计
算 $\rho(\omega)$。经常用空间传递矩阵方法[34]来研究一维随机链中的传输和局域化
现象[35][36]。在与李雅普诺夫指数的计算和安德森局域化有关的凝聚态物理
学中,关于这个主题有大量的参考文献(见参考文献[18][37]～[40])。

7.2　形式体系

　　在光慢波波导中,最近邻单胞的耦合通常能很好地用耦合模理论描述,它是一种众所周知的微扰描述方法,可用来描述谐振器各正交模式之间的感应相互作用。通过弹簧耦合的两个摆锤的路易塞尔形式体系[41]描述了这个模型的突出特点(见附录 A),其他有用的参考文献在时域中描述耦合光谐振器[42][43][44]。类似的方程被用于各种自旋 1/2 系统的量子力学、布洛赫方程、拉比频率的计算等[45],以及量子力学二能级系统的光学类比物中[46][47]。

假设光慢波结构由 N 个单元组成,每个单元中的场用 m 个本征模表征。用列矢量(态矢量)列出这些场分量为

$$u = \begin{pmatrix} u_1 \\ u_2 \\ \vdots \\ u_N \end{pmatrix} \tag{7.4}$$

式中:$u_l = (a_l b_l c_l \cdots m_l)^{\mathrm{T}}$ 描述了第 l 个单元的 m 个本征模。

物理上,这些标量系数出现在对电场的描述中:

$$E(r,t) = \sum_{l=1}^{N} \frac{1}{2} \left[\hat{e}_{a_l}(r) a_l(t) e^{i\omega_{a_l} t} + \hat{e}_{b_l}(r) b_l(t) e^{i\omega_{b_l} t} + \cdots + \hat{e}_{m_l}(r) m_l(t) e^{i\omega_{m_l} t} \right] + \text{c. c.}$$
$$\tag{7.5}$$

其中,$\hat{e}_{a_l}(r)$ 是单位大小的矢量场,它描述了一个特定模式的空间分布,ω_{a_l} 是它的本征频率,等等。我们假设这些本征频率是简并的($\omega_{a_l} = \omega_{b_l} = \cdots = \omega_{m_l}$)或它们在数值上足够接近,以允许在线性光学的框架内模式之间是绝热耦合的。在由级联的微环谐振器组成的光慢波结构中,每个单元由单个环形谐振器组成。除了沿波传输方向的周期边界条件施加的纵模谱外,每个频率对应两个模式,因为在场的圆周方向(顺时针或逆时针)模式是双重简并的。

正如在附录 B 中推导的,u 的时间演化是由矩阵 M 决定的,即

$$\mathrm{i} \frac{\mathrm{d}}{\mathrm{d}t} u = Mu \tag{7.6}$$

其中,M 具有下面的结构:

$$M = \begin{pmatrix} \Omega_1 & C_{12} & 0 & 0 & \cdots \\ C_{21} & \Omega_2 & C_{23} & 0 & \cdots \\ 0 & C_{32} & \Omega_3 & C_{34} & \cdots \\ 0 & 0 & C_{43} & \Omega_4 & \cdots \\ \vdots & \vdots & \vdots & \vdots & \end{pmatrix} \tag{7.7}$$

每个 $\boldsymbol{\Omega}_l$ 和 C_{kl} 自身都是 $m \times m$ 的正方矩阵。$\boldsymbol{\Omega}_l$ 的对角元素是第 l 个单元的自耦合系数，$\boldsymbol{\Omega}_l$ 的非对角元素表示一个单元内部模式的耦合（举例来说，因为侧壁轻微的不均匀引起的瑞利散射，导致环形谐振器的顺时针模式与逆时针模式之间的耦合[48]），C_{kl} 表示相邻单元之间的耦合系数。

7.3 解的谱：一般原则

方程(7.6)的本征解具有时间演化行为 $\boldsymbol{u} \approx \exp(i\omega t)$，因此，通过解下面的变量 ω 的行列式方程能得到本征解：

$$|\boldsymbol{M} - \omega \boldsymbol{I}| = 0 \tag{7.8}$$

式中：$\boldsymbol{I}$ 是单位矩阵。

计算大矩阵（具有复杂的元素）的本征值的算法可以在教科书中找到[49]，7.4 节将讨论具有实际意义的一些特殊情况。

$\boldsymbol{M}$ 总共有 $N \times m$ 个本征值，并非所有的本征值都是相异的。我们可以将一组本征值标记为 $\{\omega_1, \omega_2, \cdots\}$，将对应的本征矢标记为 $\{\boldsymbol{v}_1, \boldsymbol{v}_2, \cdots\}$。假设各单元在名义上完全相同（$\omega_{a_l} = \omega_{b_l} = \cdots = \omega_{m_l}$），则方程(7.8)的实数解相当于系统的集体谐振，各单元之间有着固定的时间相位关系，有时称为超模。原则上，通过非线性效应[50]或增益[51]可以稳定这个相位关系；这些额外的复杂性在这里不予讨论。

7.3.1 $\boldsymbol{M}$ 和耦合系数的实验测定①

怎么能通过实验来估计矩阵 $\boldsymbol{M}$ 的元素也就是耦合系数呢？如果我们通过成像和光谱技术[13][52]的结合测量出本征频率和对应的本征矢（也就是单元的激子振幅），那么就可以按照下面的方法构造矩阵 $\boldsymbol{M}$。

如果假设矩阵 $\boldsymbol{M}$ 具有相异的本征值，也就是，若 $i \neq j$，则 $\omega_i \neq \omega_j$，或者它是厄米的（虽然本征值不是相异的），则有

$$\boldsymbol{M} = \boldsymbol{T} \, \mathrm{diag}\{\omega_1, \omega_2, \cdots\} \boldsymbol{T}^{-1} \tag{7.9}$$

式中：$\boldsymbol{T}$ 是根据本征矢的列（线性无关的）构造的矩阵，$\boldsymbol{T} = [\boldsymbol{v}_1, \boldsymbol{v}_2, \cdots]$[53]。

我们被迫假设 $\boldsymbol{M}$ 的本征值是相异的，这似乎是有限制的，但在实际中，与这个假设有关系的代价并不大。显然，矩阵 $\boldsymbol{M}$ 的元素只能在某个有限的精度

---

① 英文原版只有 7.3.1 节，故本书也只有 7.3.1 节。

内知道,它们还可以随环境条件的改变(如温度起伏、机械振动、施加电场或磁场等)而变化。能够证明,M 的本征值连续依赖于矩阵的元素[53],这一观察有两个后果。

第一,通过式(7.9)计算的具有相异本征值的 M 与真实的 M 别无二致,因为下面的引理,可能有多个本征频率。

引理 7.1 令 M 为具有多个本征值的正方矩阵,则存在具有相异的本征值的矩阵 $\tilde{M}$,使得对于任意 $\varepsilon > 0$,有 $|\tilde{m}_{ij} - m_{ij}| < \varepsilon$。

证明见参考文献[53]。

第二,对于厄米矩阵,我们能利用韦尔不等式来估计因为无法知道 M 的准确值而带来的本征值的误差。

引理 7.2 令 $\tilde{M}$ 表示接近 M 的矩阵,这样有 $\tilde{M} = M + P$,此处 P 是元素为 p_{ij} 的误差矩阵。于是,在估计 M 的本征值 ω_i 时,误差是有界的,即

$$|\delta\omega_i| \leqslant \max_i \left(\sum_j |p_{ij}| \right) \tag{7.10}$$

证明见参考文献[53]。

7.4 耦合矩阵的特殊形式

为理解大量耦合谐振器集合的频谱特性,我们首先考虑耦合矩阵 M 的两种特殊形式。

[例 7.1]

$$M_{\mathrm{I}} = \begin{pmatrix} \omega_1 & \kappa_1 & 0 & 0 & \cdots \\ \kappa_1^* & \omega_2 & \kappa_2 & 0 & \cdots \\ 0 & \kappa_2^* & \omega_3 & \kappa_3 & \cdots \\ 0 & 0 & \kappa_3^* & \omega_4 & \cdots \\ \vdots & \vdots & \vdots & \vdots & \end{pmatrix} \tag{7.11}$$

式中:ω 和 κ 是数字而不是矩阵。

这个三对角厄米矩阵描述了在每个单元中被限制到单一非简并场模式的一维最近邻耦合模型。

7.4.1 计算态密度 $\rho(\omega)$ 的快速方法

特征多项式 $\phi(\omega) = \det(M_{\mathrm{I}} - \omega I)$ 能够根据下面的递归过程得到:

$$
\left.
\begin{aligned}
\phi_0(\omega) &= 1 \\
\phi_1(\omega) &= \omega_1 - \omega \\
\phi_n(\omega) &= (\omega_n - \omega)\phi_{n-1} - |\kappa_{n-1}|^2\phi_{n-2}, \quad n \geqslant 2
\end{aligned}
\right\}
\tag{7.12}
$$

这里，我们连续计算，直至达到 $N = \dim(\boldsymbol{M}_{\mathrm{I}})$。当然，特征多项式中的零点对应于 $\boldsymbol{M}_{\mathrm{I}}$ 的本征值。

多项式序列 $\phi_0(\omega), \phi_1(\omega), \cdots, \phi_N(\omega)$ 构成一个斯图姆序列，它具有下面的特性。

引理 7.3 令 $\phi_0(\omega), \phi_1(\omega), \cdots, \phi_N(\omega)$ 是区间 (a, b) 上的一个斯图姆序列，$\sigma(\omega)$ 是在有序数组 $\phi_0(\omega), \phi_1(\omega), \cdots, \phi_N(\omega)$ 中符号改变的次数。假设 $\phi_N(a) \neq 0$ 且 $\phi_N(b) \neq 0$，则在区间 (a, b) 上函数 ϕ_N 达到零点的次数等于 $\sigma(b) - \sigma(a)$。

证明见参考文献[53]。

假设在波导中有 N 个单元，在区间 (ω_k, ω_{k+1}) 上 ϕ_N 达到零点的次数近似为 $\rho(\omega_k)$，因此，为计算 $\rho(\omega)$，需要

(1) 将 ω 轴划分成段 $\{\omega_1, \omega_2, \cdots\}$；

(2) 在每个 ω_k 处，利用式(7.12)来计算多项式的斯图姆序列 $\phi_0(\omega_k), \cdots, \phi_N(\omega_k)$；

(3) 在列表中计算符号改变的次数，定义 $\sigma(\omega_k)$；

(4) 除了归一化因子外，$\rho(\omega_k/2 + \omega_{k+1}/2) = \sigma(\omega_{k+1}) - \sigma(\omega_k)$。

[**例 7.2**]

$$
\boldsymbol{M}_{\mathrm{II}} =
\begin{pmatrix}
\boldsymbol{\Omega} & \boldsymbol{C}_{12} & \boldsymbol{C}_{13} & \boldsymbol{C}_{14} & \cdots \\
0 & \boldsymbol{\Omega} & \boldsymbol{C}_{23} & \boldsymbol{C}_{24} & \cdots \\
0 & 0 & \boldsymbol{\Omega} & \boldsymbol{C}_{34} & \cdots \\
0 & 0 & 0 & \boldsymbol{\Omega} & \cdots \\
\vdots & \vdots & \vdots & \vdots &
\end{pmatrix}
\tag{7.13}
$$

是一个块三角非厄米矩阵，它表示一个具有单向耦合的系统，在侧面耦合波导和侧面耦合间隔排列光谐振器的集成序列(SCISSOR)波导结构的研究中起重要作用[54]。决定 $\boldsymbol{M}_{\mathrm{II}}$ 的本征值的特征多项式为

$$
\phi(\omega) = [\det(\boldsymbol{\Omega} - \omega\boldsymbol{I})]^n
\tag{7.14}
$$

式中：$n = \dim(\boldsymbol{M}_{\mathrm{II}})/\dim(\boldsymbol{\Omega})$。

本征值不依赖于 $\boldsymbol{C}$ 的任何元素，也就是谐振器之间的耦合系数——它们只是没有出现在特征多项式中，因此，这种耦合谐振器系统不会遭受模式分裂问题，而且本征值谱对耦合系数的变化不敏感。这与 Heebner 等[55] 的评论

"光学性质（SCISSOR 波导）与相邻谐振器的间距是否相同无关"一致。

M_{II} 的结构足以避免模式分裂，但不是不可或缺的。参考文献[56]给出了另一个例子，那里，模式分裂是通过某些耦合系数而不是其他耦合系数发生的。

耦合矩阵 M 的非厄米结构还能够利用在耦合区中具有增益或损耗（导致两个波导之间的耦合是非对称的）的光栅辅助定向耦合器实现[57]。参考文献[58]分析了具有增益的慢波结构。多模波导中的折射率扰动能充当单向耦合器，如波导的横电（TE）模和横磁（TM）模之间的耦合[59]。这种组件的一个应用范围是实现高阶光学滤波器和分插组件，而无模式分裂的缺点。

7.5　无序模型和 $\rho(\omega)$ 的计算

7.5.1　耦合系数的随机性

在微谐振器的一个大集合中，描述式（7.7）中矩阵 M 的参数完全相同是不太可能的（根据横向场分布和折射率分布写出的波导之间耦合系数的显式表达式见附录 B）。

遵照齐曼的一般分类[38]，我们考虑两类无序：①同位素无序，M 的对角元素是随机的；②相互作用无序，以非对角耦合项的变化为特征。我们首先考虑后一种类型，因为非对角项相当于耦合谐振器模型的相互作用能，所以与谐振器是如何耦合的这个根本问题有关。

如果矩阵 M 是三对角矩阵，正如在 7.4.1 节中讨论的，态密度很容易得到。在一般情况下，我们利用蒙特卡洛技术由本征值列表得到态密度：将 ω 轴分割成若干个区间并计算有多少个本征值落在每个区间内，进而生成本征值的柱状图。任何一个特别的计算也不可避免地在结果中产生某些噪声，于是，我们对大量独立计算（$N_{trials} = 256$ 似乎绰绰有余）的结果求和，并取走该柱状图的片段，切掉那些计数少于 $\sqrt{N_{trials}}$ 的区间（结果似乎对这个阈值不敏感）。态密度 $\hat{\rho}(\omega)$ 是归一化的，因此曲线下的面积 $\int d\omega \hat{\rho}(\omega) = 2$，我们假设在单个谐振器中它等于模式（如微环的顺时针（CW）和逆时针（CCW）循环模式）的个数。

如果进一步将 $\hat{\rho}(\omega)$ 除以 NR，我们就得到了单位频率单位体积态的个数（对于一维结构中的经典波，该值为 $1/(\pi c)$，单位是 s/m）。

在下面的例子中,我们计算分别由 256 个、512 个和 1024 个谐振器组成的集合的本征谱,其中每个谐振器都有两个简并(频率相等)模式,如在环形、圆盘形或球形谐振器中的顺时针和逆时针循环模式。耦合矩阵具有以下形式:

$$M = \begin{pmatrix} \boldsymbol{\Omega} & \boldsymbol{C}_{12} & 0 & 0 & \cdots \\ \boldsymbol{C}_{21} & \boldsymbol{\Omega} & \boldsymbol{C}_{23} & 0 & \cdots \\ 0 & \boldsymbol{C}_{32} & \boldsymbol{\Omega} & \boldsymbol{C}_{34} & \cdots \\ 0 & 0 & \boldsymbol{C}_{43} & \boldsymbol{\Omega} & \cdots \\ \vdots & \vdots & \vdots & \vdots & \end{pmatrix} \tag{7.15}$$

其中,

$$\boldsymbol{\Omega} = \begin{pmatrix} \Delta\omega_1 & \sigma_l \\ \sigma_l & \Delta\omega_2 \end{pmatrix}, \quad \boldsymbol{C}_{l+1,l} = \begin{pmatrix} 0 & \kappa_{l+1,l}^{(1)} \\ \kappa_{l+1,l}^{(2)} & 0 \end{pmatrix}$$

$$\boldsymbol{C}_{l,l+1} = \begin{pmatrix} 0 & \kappa_{l+1,l}^{(2)} \\ \kappa_{l+1,l}^{(1)} & 0 \end{pmatrix} \tag{7.16}$$

$C_{l+1,l}$ 和 $C_{l,l+1}$ 的形式由以下事实引起:在耦合谐振器链中,一个谐振器的顺时针循环模式耦合到它最近邻谐振器的逆时针循环模式中,反之亦然。我们忽略自耦合项 $\Delta\omega_1 = \Delta\omega_2 = 0$,因为常数值对谱没有影响,这些项中随机变化的影响将在后面讨论。耦合系数 $\kappa_{l+1,l}^{(1)}$、$\kappa_{l+1,l}^{(2)}$ 和 σ 是独立的恒等分布的实随机变量[1],选自均匀的随机分布。但是,κ 表示谐振器之间的耦合系数,σ 表示在单一谐振器内两个正交简正模式之间因为无序而引起的耦合[48][60]。

对于由 256 个耦合谐振器构成的光慢波结构,态密度的计算结果如图 7.3 所示。由图可知,当耦合系数中存在无序时,在能带边缘态密度不再表现出奇点,反而平滑地向外延伸,如图 7.3 中的插图所示呈指数衰减。在这个计算中,假设 κ 选自区间 10 ± 2.5 Mrad/s 上的均匀随机分布。

基于态密度和群速度之间的关系(见 7.6 节),我们得出结论:在能带边缘奇点的不存在意味着群速度不再变为零。物理上,有序模型中的零群速度模式是非常特殊的谐振,由谐振器链的静态同相激发形成;耦合系数的随机性破坏了相邻谐振器之间相对相移的这一精确平衡,能容易导致激发沿谐振器链的传输。

---

① 在实际相关的三对角厄米矩阵的情况下(见 7.4 节),没有必要考虑 κ 的复杂变化,因为根据式 (7.12),只有实数 $|\kappa|^2$ 参与了特征多项式的计算。

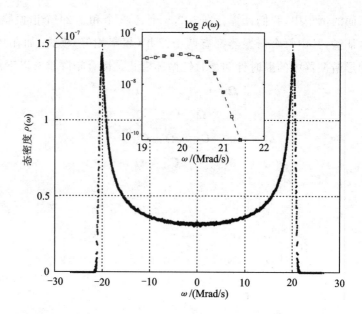

图 7.3　无序情况下的态密度 $\rho(\omega)$，这里 ω 是从零失谐测量的，单位为 Mrad/s。与
有序的情况相比，能带边缘不再是一个奇点；插图表明 $\rho(\omega)$ 的尾部到达一
个与无序的程度有关的确定的峰值，而且按照指数规律（在对数坐标上是线
性的）变化到尾部。远离能带边缘的态密度相对未受影响（经许可，引自
Mookherjea，S.，J. Opt. Soc. Am. B，23，1137，2006.）

　　为了提供能准确模拟如图 7.3 和图 7.4 所示谱线形状的 $\rho(\omega)$ 的理论表达
式，我们利用具有随机耦合常数的 X-Y 模型的数学表达式，该表达式是由史密
斯[61]提出的（见参考文献[62]），他解析地求出了具有最近邻耦合的无序一维
点阵态密度的渐近准确表达式——见参考文献[61]中的式(4.6)、式(4.8)和
式(4.16)，这里我们简单重复一下。依据归一化频率失谐 $y=\omega/\omega_{edge}$，可得

$$\rho(y)\approx\frac{1}{2\pi}\Big[\Big(1-\frac{y^2}{4}\Big)^{-1/2}+\frac{1}{4N}\Big(1-\frac{y^2}{4}\Big)^{-3/2}\Big],\quad |y|<2-\delta \quad (7.17a)$$

$$\rho(y)\approx 0.18N^{1/3}\Big\{1-0.53\Big[N^{2/3}\Big(\frac{y^2}{4}-1\Big)\Big]^2\Big\},\quad |y|\in(2-\delta,2+\delta)$$

$$(7.17b)$$

$$\rho(y)\approx\frac{y}{2\pi\sinh\varphi}[2N\varphi(\cosh\varphi-1)+\varphi-1]$$
$$\times\exp[-\varphi-2N(\sinh\varphi-\varphi)],\quad |y|>2+\delta \quad (7.17c)$$

其中有下面的定义：

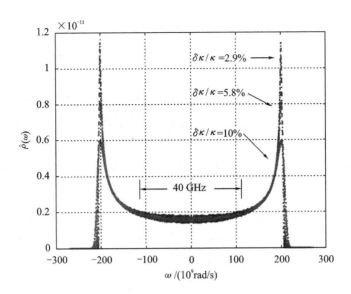

图 7.4 从方程(7.6)中矩阵 M 的本征值的数值计算得到的态密度 $\hat{\rho}(\omega)$,$\delta\kappa/\kappa$ 的指示值表示耦合系数的标准差,横坐标是相对能带中心失谐的角频率(经许可,引自 Mookherjea, S. and Oh, A., Opt. Lett., 32, 289, 2007.)

$$\varphi \equiv \cosh^{-1}\left(\frac{y^2}{2}-1\right), \quad \delta \equiv N^{-2/3}$$

其中,N 是表示耦合系数的均方根变化的参数(通常 $N \gg 1$),我们选择它的值使式(7.17a)~式(7.17c)能最好地拟合数值计算的 $\rho(\omega)$ 分布(见图 7.3 和图 7.4)。在 7.6 节的最后,我们将给出联系 N 与耦合系数的均方根变化 $\delta\kappa$ 和它的平均值 κ 的表达式。

7.5.2 对角项的随机性

在 7.5.1 节中,我们讨论了在耦合系数中存在无序(出现在矩阵 M 的非对角元素中)时 $\rho(\omega)$ 的计算,对角项的随机性相当于自耦合系数从一个谐振器到另一个谐振器变化,正如方程(7.B.3)表示的那样。

让我们回忆一下盖尔定理。

引理 7.4 矩阵 $M=\{m_{ij}\}$ 的每个本征值位于至少一个封闭的圆盘上,即

$$|\omega - m_{ii}| \leqslant \sum_{j \neq i} |m_{ij}|$$

证明见参考文献[53]。

因此,$\Delta\omega$ 的非零值至少有将圆盘的中心移到 $\pm\Delta\omega$ 的作用,即使圆盘的半

径没有变化。M 的对角元素中的随机扰动将不同的圆盘随机地向左或向右平移,这就模糊了在有序谱中可见的任何峰或谷。与前面讨论的情况类似,在能带边缘,态密度不再表现出奇点,光的速度不能变为零。

如果个别谐振器本征频率的变化很大,就可能发生严重的问题。当极高 Q 值谐振器是弱耦合的,耦合积分抗周围环境变化的能力不是很强,这种情况就会发生。已经开展了对传输特性的研究[32],结果表明,如果结构变化引起谐振器本征频率的改变超出初始耦合带宽,也就是方程(7.1)中的 $\Omega \kappa$,传输将被显著劣化。

正如方程(7.B.3)表明的,这种变化(如 $\omega_{b_l} - \omega_{a_l}$ 的变化)通常导致矩阵 M 的元素变成时变的。方程(7.6)的形式保持不变,然而,它的解不能再依据在本章中发展的模式的线性理论来描述。实际上,因为不满足相位匹配条件而最初被忽略的其他模式,也可以在这种结构中被激发。

7.6 无序结构中慢光的速度

通过解方程(7.8),已经得到了弱扰动紧束缚晶格的本征模的分布,我们计算态密度 $\rho(\omega)$,它被定义成使 $\rho(\omega)\mathrm{d}\omega$ 等于在 ω 附近频率的一个小区域中本征态的个数。图 7.4 所示的为归一化的态密度 $\hat{\rho}(\omega)$(归一化为 $\int \mathrm{d}\omega\,\hat{\rho}(\omega) = 2$),它对应由 $N = 512$ 个谐振器组成的紧束缚慢波结构,每个谐振器有两个模式($m = 2$),如微环的顺时针模式和逆时针模式。选择谐振器之间的耦合系数为均匀(或者高斯型)随机分布,定义为

$$\hat{\kappa} \approx \kappa + \delta\kappa\, U[-1/2, 1/2] \quad (\text{均匀}) \qquad (7.18\mathrm{a})$$

或

$$\hat{\kappa} \approx \kappa + \delta\kappa\, G[0,1] \quad (\text{高斯型}) \qquad (7.18\mathrm{b})$$

式中:$\kappa = 100 \times 10^9$ rad/s,$U[-1/2, 1/2]$ 是 $-1/2$ 和 $1/2$ 之间的均匀随机分布;$G[0,1]$ 是平均值为 0、方差为 1 的高斯随机分布。

对于 $\delta\kappa/\kappa$ 的每个值执行 1024 次蒙特卡洛模拟(故意选择生成这个数字的 $\delta\kappa/\kappa$ 的一些值相当大,以清楚显示态密度函数形状的变化)。

图 7.5 所示的为对于均匀随机分布中的弱无序 $\delta\kappa/\kappa = 3\%$,数值计算的色散关系。如图 7.5(b)所示,均匀紧束缚晶格和无序结构的色散关系几乎一致,除了在能带边缘附近外。在频谱尾部的更远处,我们没有观察到无序态的孤

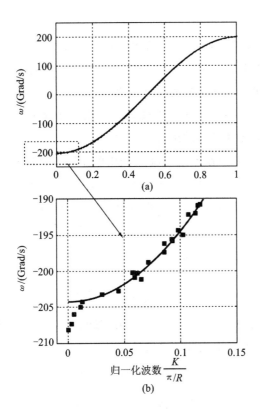

图 7.5　对于在均匀随机分布中 $\delta\kappa/\kappa=3\%$，弱无序紧束缚晶格的色散关系
　　　　与理论结果（直线）的比较。图（a）中实线指示的理想色散曲线在数
　　　　据点的大部分范围上得到重现，能带边缘附近除外，此处如图（b）
　　　　所示，无序结构中的斜率不精确为零，尾部延伸到带隙区域中（经
　　　　许可，引自 Mookherjea, S. and Oh, A. , Opt. Lett. , 32, 289, 2007.)

岛，这与 Dean[64] 对玻璃状晶格的早期研究一致。

　　因为 $\rho(\omega)\mathrm{d}\omega=\rho(k)\mathrm{d}k$，我们关于 $\rho(\omega)$ 和 $\rho(k)$ 的知识决定了群速度 $v_g\equiv$
$\mathrm{d}\omega/\mathrm{d}k=\rho(k)/\rho(\omega)$。在能带中心，$\rho(\omega)$ 取它的最小值，并利用 $R=10~\mu\mathrm{m}$ 作为
耦合微环的例子：

$$[v_g]_{max}=\frac{1}{[\hat{\rho}(\omega)]_{min}}\frac{1}{\pi/10~\mu\mathrm{m}}=1.0\times10^6~\mathrm{m/s} \qquad (7.19)$$

这个值与直接由色散关系得到的值一致：$[v_g]_{max}=(\delta\omega/2)\times R=1.0\times10^6~\mathrm{m/s}$，
这里 $2\delta\omega$ 是通带的全宽（根据图 7.4 可知 $2\delta\omega=400\times10^9$）。注意到，如果用耦
合光子晶体缺陷谐振器代替微环，可能实现的 $[v_g]_{max}$ 的大小大约降低 1 个数

量级。

现在,我们将注意力转向无序结构中光的速度。我们要记住某种结构作为光延迟线使用的条件,即需要光在该结构中能以"弹性"相位相干的方式被大部分透射,也就是在弹道输运区域。确实,在微波区域[31],模拟和实验观察[32][36]均暗示在出现弱无序时,传输大部分能够保存下来,但是并没有直接测量或研究无序对光速减慢的影响。

$\rho(k)$的变化:在不存在无序时,k空间中的态密度是这样的,总计$N \times m$个态被均匀分布在$k=-\pi/R$和$k=\pi/R$之间的第一布里渊区,也就是,$\rho_{ideal}(k)=Nm/(2\pi/R)$,这里$R$是谐振器之间的间距。当存在无序时,我们用$\phi(k)$表示当波数为$k$时在长度$L=NR$上感应的相移(平均值),于是

$$\phi(k) \approx \sum_{k'} (k-k')L \times (\text{number of states at } k') \times (\text{probability of transition}: k' \to k)$$

$$= \int dk' (k-k')L\rho_{ideal}(k')W(k,k') \tag{7.20}$$

其中,根据基本散射理论,$W(k,k')=|\langle \Psi_k | \delta U(r) | \Psi_{k'} \rangle|^2$,这里$\delta U(r)$是无序的空间分布,本征模$\Psi$由式(7.31)描述。

根据谐振条件$kL+\phi(k)=2m\pi$,m取某个整数,我们得到

$$\rho(k) = \rho_{ideal}(k)\left(1 + \frac{1}{L}\frac{d\phi}{dk}\right) \tag{7.21}$$

$\rho(\omega)$的变化:这已在7.5节中进行了详细的讨论。总而言之,当不存在无序时,态密度$\rho(\omega)$在能带边缘处表现为发散,因为当$\omega \to \omega_{edge}$时,$\rho(\omega) \propto (\omega_{edge}-\omega)^{-1/2} \to +\infty$,$v_g \to 0$。当存在无序时,这不再正确,如图7.4所示。当无序的强度增加时,$\rho(\omega)$与色散关系(见图7.5)延伸到± 200 Grad/s之外。根据光子求和规则[65],态密度在可用的频谱内部被重新分配,这样在态密度上的积分为一常数,因此,$\rho(\omega)$的峰值减小。

这样,在完成前面的步骤后,我们得到了描述弱无序光慢波结构中的群速度的表达式:

$$v_g = \frac{1}{\tilde{\rho}(\omega)}\frac{1}{2\pi/R}\left(1 + \frac{1}{NR}\frac{d\phi}{dk}\right) \tag{7.22}$$

图7.4和图7.5表明,在能带中心紧束缚晶格中的群速度对弱无序极不敏感,因此,$[v_g]_{max}$近似等于式(7.19)给定的值。感觉能带边缘受无序的影响最大,为简单起见,这里我们假设与$\rho(\omega)$在ω的这个窄范围内大的变化相比,$d\phi/dk$能够忽略。

我们引入被称为带边减慢因子的参数,它定义为

$$S_{be} \equiv \frac{v_g(能带中心)}{v_g(能带边缘)} \tag{7.23}$$

在图 7.6 中,我们绘出 S_{be} 随 $(\delta\kappa/\kappa)^{-1}$ 变化的曲线,数值计算的数据点几乎恰好位于直线拟合上(在对数-对数标度上),即

$$\lg S_{be} = 0.644 \lg \frac{\kappa}{\delta\kappa} + 0.272 \quad (均匀) \tag{7.24a}$$

$$\lg S_{be} = 0.648 \lg \frac{\kappa}{\delta\kappa} + 0.281 - 0.648 \lg \sqrt{12} \quad (高斯) \tag{7.24b}$$

方程(7.24b)右边最后一项表示 $\delta\kappa/\kappa$ 的缩放,以使式(7.18a)和式(7.18b)两种分布的方差相等($\delta\kappa/\kappa$ 的值相同意味着在这两种分布中归一化方差不同)。

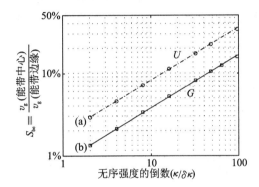

图 7.6　通过数值计算 $\rho(\omega)$ 得到的带边减慢因子,横坐标是无序强度的倒数
　　　　$(\delta\kappa/\kappa)^{-1}$,纵坐标从 50% 变化到 1%。$U$ 和 G 分别是指式(7.18a)和
　　　　式(7.18b)的均匀分布和高斯随机分布,直线(a)和(b)分别描述了
　　　　对这两种分布的数据点的最佳拟合,两条直线之间的垂直距离近似
　　　　为 $2\lg \sqrt{12}/3$,以使两种分布的方差相等(经许可,引自 Mookherjea,
　　　　S. and Oh,A.,Opt. Lett.,32,289,2007.)

　　为比较实验观察结果和理论计算结果,我们参考 Dyson[63] 和 Smith[61] 的研究,他们分别解析计算了弹性弹簧连接的耦合质量块无序链的频率谱,以及外场中磁自旋的线性链的频率谱。耦合系数的随机分布被模拟为广义泊松分布,这就允许我们解析地求 $\hat{\rho}(\omega)$ 的值(见 Smith 文章中的式(4.6)、式(4.8)和式(4.16)),并导致

$$\lg(S_{be})|_{理论值} = 0.667 \lg\left(\frac{\kappa}{\delta\kappa}\right) + 0.313 \tag{7.25}$$

考虑到均匀随机分布和广义泊松分布的差别,式(7.24a)和式(7.25)之间的一致性相当令人满意,并产生推论 $S_{be} \approx (\kappa/\delta\kappa)^{2/3}$。

通过执行一系列的蒙特卡洛模拟或理论论证,可以将 $\delta\kappa/\kappa$ 的值与纳米级的均方根粗糙度或位置不准确度联系起来,见附录B。作为数量级的估计,见式(7.B.10)。

$$\delta\kappa/\kappa \approx 1\% \text{每纳米的粗糙度或不准确度} \qquad (7.26)$$

因此,

$$\frac{v_g(\text{能带中心})}{v_g(\text{能带边缘})} = \left(\frac{100}{\text{r.\,m.\,s. roughness in nm}} \right)^{2/3} \qquad (7.27)$$

这样,当谐振器之间耦合系数的变化在1%到10%的范围或均方根位置不准确度在 $1 \sim 10$ nm 范围(这覆盖了在当前制作工艺下实际感兴趣的范围)时,能带边缘的慢光速度预计仅比能带中心处的慢 $10 \sim 30$ 倍。这与该参数的实验测量值一致,即 $S_{be} \approx 7$(光域[9])和 $S_{be} \approx 6.5$(微波域[28])[①]。

最后,我们可以计算弱无序慢光结构的减慢因子。当不存在无序时,在能带中心($\omega = \Omega$)从输入端传输到输出端需要的时间为 $\tau_{min} = N/(\Omega\kappa)$,能带中心的群速度为 $v_g = 2\kappa\Omega R$(Ω 的单位为 Hz,而不是 rad/s)。当存在无序时,可以利用式(7.25),从而计算出减慢因子为

$$S \equiv \frac{c}{v_g(\text{能带边缘})} = \frac{\lambda}{R} \frac{1}{(\delta\kappa^2 \cdot \kappa)^{1/3}} \qquad (7.28)$$

式(7.28)表明,当 $\delta\kappa \to 0$ 时,$S \to +\infty$(因为在能带边缘 $v_g \to 0$)。但是,对于典型的结构,如果 $\kappa = 10^{-2}$,$\delta\kappa$ 为 κ 的 5%,$R = 10\lambda$,那么 $S = 74$,这是一个更为适度的减慢因子。实验观察也表明 $S = 10 \sim 100$[9][14][28]。

式(7.28)提示我们,如果 R(单元之间的距离)可与波长 λ 相比拟,减慢因子则增大,因此,利用 100 nm ~ 1 μm 的长度尺度而不是大得多的结构,可以作为有效的延迟线(如果 $\lambda \ll R$,最近邻耦合模型的理论正确性也值得怀疑)。然而,在较小的长度尺度下 $\delta\kappa$ 趋向于明显增大,因为表面粗糙度和其他制作缺陷起更重要的作用。慢光工作的"甜蜜点"位于微米区域和纳米区域中间的某处,但是,当制作工艺提高时,该"甜蜜点"应移向更小的长度尺度。

我们还能建立 $\delta\kappa$ 与在式(7.17a)~式(7.17c)中出现的参数 N 之间的关系:

---

① 在参考文献[28]中,作者利用余弦函数的和来拟合数据点,从而得到图 7.4,人为地使能带边缘处的斜率为零,即使不是测量的数据点表明的那样。从图 7.4 所示的数据点可以得出 $S_{be} \approx 6.5$。

$$S_{be} \equiv \frac{\rho(\omega_{peak}, \text{i. e.}, y=2)}{\rho(\omega_{band\text{-}center}, \text{i. e.}, y=0)} \approx 1.131 \frac{N^{4/3}}{N+0.25} \tag{7.29}$$

利用式(7.25),将 S_{be} 用 $\delta\kappa/\kappa$ 写出,并假设 $N \gg 1$(典型值为 $100 \sim 1000$),我们得到

$$N \approx \left(0.408 \frac{\delta\kappa}{\kappa}\right)^{-2} \tag{7.30}$$

总之,在没有无序的极限下,$\delta\kappa \to 0$,相当于式(7.17a)～式(7.17c)中的 $N \to +\infty$。

7.7 场的局域化

我们已经讨论了弱无序晶格的本征值(频率)的分布以及它们在预测光速减慢中的应用,下面将讨论激子的空间分布问题。回忆方程(7.6)的本征解具有时间演化特性 $u \approx \exp(i\omega t)$,因此,通过解行列式方程 $|\boldsymbol{M} - \omega \boldsymbol{I}| = 0$ 可以得到本征解,这里 $\boldsymbol{I}$ 是单位矩阵。

当不存在无序时,在紧束缚近似下每个本征模式相应的空间部分为

$$\langle z | \Psi_k \rangle \equiv \sum_{n=1}^{N} e^{-inkR} \boldsymbol{E}_{single}(\boldsymbol{r} - nR\hat{\boldsymbol{z}}) \tag{7.31}$$

也就是,在单一谐振器场 $\boldsymbol{E}_{single}(\boldsymbol{r})$ 上的布洛赫求和。Ψ_k 满足广义本征值方程:

$$\nabla \times \nabla \times | \Psi_k \rangle = \epsilon_{wg} E_k | \Psi_k \rangle \tag{7.32}$$

式中:$E_k \equiv (\omega_k/c)^2$。

我们将无序写成 $\epsilon_{wg}(\boldsymbol{r}) \to \epsilon_{wg}(\boldsymbol{r}) + \delta\epsilon_{wg}(\boldsymbol{r})$,新的模式写成 $|\psi_k\rangle$,它满足

$$\nabla \times \nabla \times |\psi_k\rangle - \delta\epsilon_{wg} E_k |\psi_k\rangle = \epsilon_{wg} E_k |\psi_k\rangle \tag{7.33}$$

定义算符 $H \equiv \nabla \times (\nabla \times) - \delta\epsilon_{wg} E_k$,则解可以写成

$$|\psi_k\rangle = |\Psi_k\rangle - (\epsilon_{wg} - H)^{-1} \delta\epsilon_{wg} E_k |\Psi_k\rangle \tag{7.34}$$

这可以通过用 $(\epsilon_{wg} - H)$ 乘以方程(7.33)的两边来证明。如果将无序结构用格林函数 $G(z, z'; E_k)$ 写出,则方程的解可以写成

$$\psi_k(\boldsymbol{r}) = \Psi_k(\boldsymbol{r}) - \frac{\omega_k^2}{c^2} \sum_{\boldsymbol{r}'} G(\boldsymbol{r}, \boldsymbol{r}'; E_k) \delta\epsilon_{wg}(\boldsymbol{r}') \Psi_k(\boldsymbol{r}') \tag{7.35}$$

当然,$G(\boldsymbol{r}, \boldsymbol{r}'; E_k)$ 不是准确知道的,但根据各种众所周知的理论如平均 t 矩阵近似(ATA)或相干势近似(CPA),可能找到它的准解析形式[18][39]。然而,在我们感兴趣的区域——能带边缘,这些方法并非很有效,因为正如数值结果显示的,在这个区域态密度被谐振或局域化本征态的贡献支配。

与二维或三维的情况相比(见图7.1),在一维情况下G的计算最为困难,因为对于结构的通带内的E_k,从一个散射中心反射或透射的波以恒定的振幅传输通过线形链,它们不可避免地受到其他缺陷的再次散射,于是多次散射项就不能忽略,这将导致非常复杂的表达式,即使在完美的晶格中只有两个缺陷(见参考文献[18])。在实际的结构中,光子的损耗和有限相干长度使情况有了些许改善。为了得到关于式(7.35)的非常粗略的概念,当$z' \neq z$时,我们将$G(z,z';E_k)$近似为$G_0(z,z';E_k)$,这里G_0是无扰动结构的格林函数[18];当$z'=z$时,我们将$G(z,z';E_k)$近似为$-\pi\rho(z,E)$,用前面数值计算的局域态密度表示,这实际上与z无关。根据式(7.35),最受扰动影响的场$\psi_k(r)$是$\rho(E_k)$最受影响的场(见图7.4),也就是带边态,如图7.7所示。

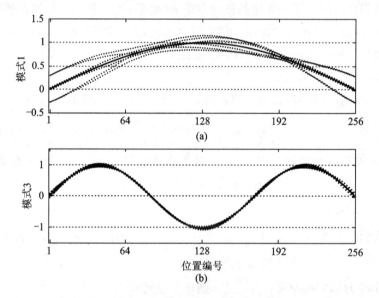

图7.7 对于包含256个耦合单元的慢波结构,利用式(7.35)计算得到的谐振器处的模场振幅。(a)离能带边缘最近的模式的振幅;(b)从能带边缘向内数第三个模式的振幅。黑线是理想情况(有序)下振幅的分布,点线是无序情况下的计算结果,其中谐振器之间$\epsilon(r)$的均方根变化为1%。几次不同的蒙特卡洛迭代被叠加在一起,表明与带内模式(见图(b))相比,在带边模式(见图(a))中激子振幅的变化要大得多

无序耦合矩阵的本征矢还可以通过数值方法得到:图7.8所示的为对应三个最大本征值的本征模式(在上能带边缘附近,$\omega_{edge}=+200$ Grad/s),其中耦合系数的变化为$\delta\kappa/\kappa=3\%$,与计算图7.5时用到的相同。无序情况下的场

分布是在有序情况下计算的场分布的扭曲版本，在这个例子中，无序场被延伸了，也就是局域化长度被延伸到结构的长度（256 个单元）之外，因此能从链的一端到另一端输运能量。换言之，在适当的光学频率这些模式能对总传输系数有贡献。

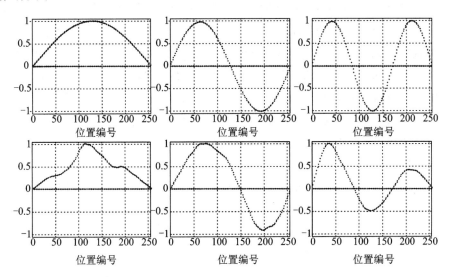

图 7.8　对于包含 256 个耦合单元的慢波结构，通过寻找耦合矩阵的本征矢直接计算得到的谐振器处的模场振幅。上面一排所示的为在完美有序情况下三个最大本征值对应的本征模场（在能带边缘附近），下面一排所示的为在弱无序情况下（耦合系数有 $\delta\kappa/\kappa = 3\%$ 的变化）有代表性的随机模场分布。在下面一排中最左边模式的本征值（$\omega = 200.012$ Grad/s）位于有序链的能带边缘之外，然而，在这个长度有限的链中，模场是空间扩展的而不是局域的，图 7.10 和图 7.11 所示的为在较长的链中能带边缘的局域化

　　这个观察导致弱无序的一个工作定义：如果站间耦合的可能起伏比有序晶格的能级间隔小，就称无序是弱的。因为随着单元个数 N 的增加，能级间隔（也就是连续的本征值的间隔）变小，无序感应的布洛赫态的混合较弱，只要 N 不是太大，本征模式在空间上能跨越波导的范围[66]。在所谓的热力学极限 $N \to +\infty$ 下，所有本征模式都是局域化的。

　　这些定性的论点能利用通过数值方法得到的模密度 $\rho(\omega)$ 或曲线的理论近似（见式（7.17a）～式（7.17c））来证明。我们考虑局域化长度 $\gamma^{-1}(\omega)$，它描述了被本征值为 ω 的特定局域化场分布跨越的单元的个数，换言之，$\gamma^{-1}R$ 告诉我们频率为 ω 的光的传输距离是多少。

由 Herbert-Jones-Thouless 数学公式[36][37]得到 $\gamma(\omega)$ 和 $\rho(\omega)$ 的关系:

$$\gamma(\omega) = \int_{-\infty}^{+\infty} d\omega' \rho(\omega') \lg|\omega - \omega'| \qquad (7.36)$$

在上面的表达式中,我们已经将耦合系数归一化(以消除附加项 $\lg(\kappa)$)。因为当频率超过 $\pm\omega_{edge}$ 时,$\rho(\omega)$ 迅速减小,上述积分的数值计算快速收敛。

图 7.9 所示的为利用式(7.17a)~式(7.17c)计算的局域化长度 $\gamma^{-1}(\omega)$,以及直接由无序场分布的均方根宽度得到的结果。图 7.10 和图 7.11 所示的为离能带边缘最近的态的空间分布,假设一系列 1024 个单元之间发生耦合,在图 7.10 中取 $\delta\kappa/\kappa=1\%$,在图 7.11 中取 $\delta\kappa/\kappa=6\%$。对于后一种情况,更多的带边态被明显地局域化。然而,正如图 7.9 所示的,在今天的耦合谐振器光慢波结构中,除了最后几个态外,所有态的局域化长度大大超过了器件长度。随着制作工艺的不断完善,以及对带边光物理更深入的理解,在不久的将来,更长的结构有可能被制作出来并得到研究(最近,在耦合谐振器、耦合波导和光子晶体波导中已经实验观测到一维光局域化现象[68][69][70])。

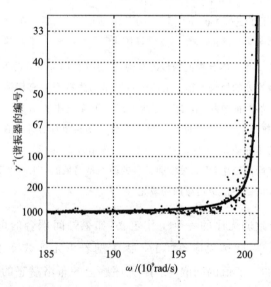

图 7.9　当频率在能带边缘附近时,对于式(7.18a)中定义为 $\delta\kappa/\kappa=6\%$ 的无序,局域化长度(测量的场分布的宽度)随频率的变化。实线是由态密度的理论表达式得到的,点线是由数值计算的场分布得到的。$\gamma^{-1}R$ 定义了频率为 ω 的光的传输距离,其最大值受限于模型所考虑的单元的个数($N=1024$),因此相当于结构的整个长度

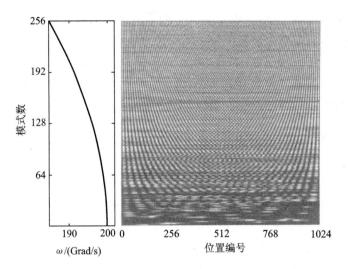

图 7.10　场的带边局域化:垂直轴表明模式数,从底部的带边模式到整个能带的
　　　　八分之一;左图所示的为对应的本征频率,右图所示的为本征模式,也就
　　　　是用照相机拍摄的空间中的模场图样。垂直轴底部附近的模式相当于
　　　　带边态且它是局域化的,而靠近能带中心的模式是扩展的。在这些计算
　　　　中,谐振器个数 $N=1024$,每个谐振器有两个模式,它们相互耦合,其中
　　　　耦合无序为 $\delta\kappa/\kappa=1/100=1\%$

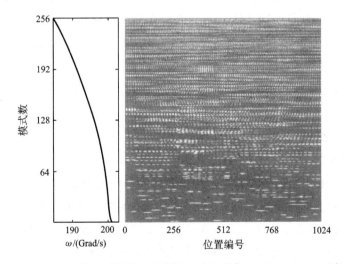

图 7.11　场的带边局域化:除了耦合无序较大($\delta\kappa/\kappa=1/16\approx6\%$)
　　　　外,其余与图 7.10 的相同,在带边附近 ω 的一个较宽范围
　　　　发现局域态

下面对本节做一总结:在 $N \to +\infty$ 的极限下理论预测了所有本征模式的局域化现象;然而,对于弱无序($\delta\kappa/\kappa \leqslant 1/10$)情况下耦合光谐振器有限的和实际上的相关长度($N \leqslant 100$)而言,场可以在整个晶格上延伸的假设是很恰当的。在弱无序慢波结构中存在端到端的准弹道传输的假设看起来也是正确的,因此我们可以研究这种激子的速度,就像在上一节中一样。

7.8 总结

我们已经讨论了基于态密度形式体系的光慢波结构,所以就能回答什么是弱无序慢波结构中慢光的速度这个问题。

特别地,我们已经分析了由一维链结构中的大量耦合谐振器组成的紧束缚光波导的谱,其中在耦合系数和单元的各个本征频率中引入了无序。我们还提出了在最近邻非简并情况下快速计算态密度的方法,讨论了在更一般的情况下如何计算态密度。

与有序情况不同,在无序模型中能带边缘处的态密度未表现出奇点。因此,有序链预测的零群速度模式不能再得以保持,依赖于这一特性的耦合谐振器件的应用对耦合系数的变化无鲁棒性。

正如在 7.7 节中讨论的,当无序的值较小时,在由 100 个谐振器组成的规模适度的点阵中(根据耦合谐振器目前的光刻工艺或自组装能力),场分布通常从链的输入端扩展到输出端,在能带边缘处能看见几个局域模。扩展的场分布有助于频率适当的光从点阵的一端传输到另一端,尽管到目前为止这种激子的传输速度仍是未知的。这一速度与无序度之间的关系在 7.6 节中做了讨论。

由均匀结构的色散关系可以预测,在能带边缘处 $v_g \to 0$,也就是,带边减慢因子 S_{be} 为无穷大。于是,S_{be} 能够作为衡量一个光慢波结构能多么接近理想结构的品质因数。我们已经讨论过,当谐振器之间的耦合系数在 $1\% \sim 10\%$ 的范围变化时(在当前的制作工艺下覆盖了实际感兴趣的范围),能带边缘处的速度预计只比能带中心处的慢 $10 \sim 30$ 倍,正如式(7.27)预计的那样。这一理论计算结果与研究者在微波和光波区域所做的实验观测结果一致。

附录 A 通过弹簧耦合的两个摆锤

通过弹簧耦合的摆锤的运动方程与耦合谐振器系统的更一般形式的演化

方程之间的密切关系已经由路易塞尔讨论过[41]。下面考虑两个完全相同的摆锤,每个摆锤的质量为 m,它们通过无重量的弹簧耦合,弹簧的弹簧常数为 k。两个摆锤相对其静止位置的位移分别记为 x_1 和 x_2,它们的速度分别记为 v_1 和 v_2。由这些量可以定义简正模式的振幅:

$$\left.\begin{aligned} a_1 &= \frac{\sqrt{m}}{2}(v_1 + \mathrm{i}\omega_1 x_1) \\ a_2 &= \frac{\sqrt{m}}{2}(v_1 + \mathrm{i}\omega_2 x_2) \end{aligned}\right\} \tag{7.A.1}$$

它们遵循下面的演化方程:

$$\frac{\mathrm{d}}{\mathrm{d}t}\begin{pmatrix} a_1 \\ a_2 \\ a_1^* \\ a_2^* \end{pmatrix} = C \begin{pmatrix} a_1 \\ a_2 \\ a_1^* \\ a_2^* \end{pmatrix} \tag{7.A.2}$$

其中,C 的元素为 $C = \{c_{kl}\}$,称为模式耦合系数,为

$$\left.\begin{aligned} c_{11} &= -c_{33} = \mathrm{i}\omega_1\left(1 + \frac{k}{2m\omega_1^2}\right) \\ c_{22} &= -c_{44} = \mathrm{i}\omega_1\left(1 + \frac{k}{2m\omega_2^2}\right) \\ c_{13} &= c_{21} = -c_{23} = -c_{31} = c_{41} = -c_{43} = -\mathrm{i}\frac{k}{2m\omega_1} \\ c_{12} &= -c_{14} = c_{24} = c_{32} = -c_{34} = -c_{42} = -\mathrm{i}\frac{k}{2m\omega_2} \end{aligned}\right\} \tag{7.A.3}$$

两个耦合摆锤的总能量为

$$E = |a_1|^2 + |a_1^*|^2 + |a_2|^2 + |a_2^*|^2$$
$$- \frac{k}{2m}\left(\frac{a_1 - a_1^*}{\omega_1} - \frac{a_2 - a_2^*}{\omega_2}\right)^2 \tag{7.A.4}$$

前四项是非零的,即使当两个摆锤是解耦合的($k=0$),它们表示两个摆锤的势能。最后一项定义了与耦合机制相联系的势能,它源于 $V = (k/2)(x_1 - x_2)^2$ 项。当 $x_1 = x_2$ 且摆锤处于静止状态时,弹簧不受拉力,该项为零。当 $|x_1 - x_2|$ 增加时,弹簧的拉力增大,弹簧贮存的势能也增大。

当式(7.A.4)中的最后一项比其他项的和小时,我们就说摆锤是弱耦合的。数学上,弱耦合条件为

$$\frac{k}{2m} \ll \omega_{1,2}^2 \qquad\qquad (7.\,A.\,5)$$

如果这个条件得到满足,则式(7.A.4)定义的对角耦合系数变成与 k 无关。

类似的观察适用于式(7.7)的对角耦合系数,也适用于式(7.13)中的特殊形式。适当时,弱耦合假设允许我们忽略矩阵 $\mathbf{\Omega}$ 的对角元素中 γ 的扰动效应。

附录 B 方程(7.6)和耦合系数 κ 的推导

在导波结构中,式(7.5)描述的电磁场遵循波动方程:

$$\nabla^2 \boldsymbol{E}(\boldsymbol{r},t) - \mu\epsilon(\boldsymbol{r})\frac{\partial^2}{\partial t^2}\boldsymbol{E}(\boldsymbol{r},t) = \mu\frac{\partial^2}{\partial t^2}\boldsymbol{P}(\boldsymbol{r},t) \qquad (7.\,B.\,1)$$

式中: $\boldsymbol{P}(\boldsymbol{r},t)$ 是扰动极化强度,它表示相对于未扰动波导的极化强度的偏差。

当谐振器的不同模式之间不存在耦合时, $\boldsymbol{u}$ 的元素是时间不变的,并完全由初始条件 $\boldsymbol{E}(\boldsymbol{r},t_0)$ 决定。我们将线性扰动极化强度写成 $\boldsymbol{P}(\boldsymbol{r},t) = \Delta\epsilon(\boldsymbol{r},t)\boldsymbol{E}(\boldsymbol{r},t)$,由波动方程,我们得到

$$\epsilon(\boldsymbol{r})\sum_{l=1}^{N}\omega_{a_l}\left[\mathrm{i}\frac{\mathrm{d}a_l}{\mathrm{d}t}\right]\mathrm{e}^{\mathrm{i}\omega_{a_l}t}\hat{\boldsymbol{e}}_{a_l}\boldsymbol{r} + \cdots + \mathrm{c.\,c.}$$

$$\approx \Delta\epsilon(\boldsymbol{r},t)\sum_{l=1}^{N}\frac{1}{2}\left[\omega_{a_l}^2\hat{\boldsymbol{e}}_{a_l}(\boldsymbol{r})a_l(t)\mathrm{e}^{\mathrm{i}\omega_{a_l}t} + \cdots + \mathrm{c.\,c.}\right] \qquad (7.\,B.\,2)$$

假设与光载波频率 $\omega_{a_l}, \omega_{b_l}, \cdots$ 相比, $a_l, b_l \cdots$ 和 $\Delta\epsilon$ 是慢变的。

方程(7.B.2)提示我们,通过本征模式的正交性突出各个分量,能够得到系数的演化方程。例如,

$$\mathrm{i}\frac{\mathrm{d}}{\mathrm{d}t}a_l(t) = \frac{\omega_{a_l}}{2}\langle\hat{\boldsymbol{e}}_{a_l}|\Delta\epsilon|\hat{\boldsymbol{e}}_{a_l}\rangle a_l + \frac{\omega_{b_l}^2}{2\omega_{a_l}}\langle\hat{\boldsymbol{e}}_{a_l}|\Delta\epsilon|\hat{\boldsymbol{e}}_{b_l}\rangle\mathrm{e}^{\mathrm{i}(\omega_{b_l}-\omega_{a_l})t}b_l + \cdots$$

$$(7.\,B.\,3)$$

这里,利用了标准的狄拉克速记:

$$\langle\hat{\boldsymbol{e}}_{a_l}|\epsilon|\hat{\boldsymbol{e}}_{a_l}\rangle \equiv \int\mathrm{d}^3\boldsymbol{r}\,\epsilon(\boldsymbol{r})|\hat{\boldsymbol{e}}_{a_l}(\boldsymbol{r})|^2 = 1 \qquad (7.\,B.\,4)$$

收集所有这些方程,我们能够构成 $\dot{\boldsymbol{u}}_l = (\dot{a}_l, \dot{b}_l, \dot{c}_l, \cdots, \dot{m}_l)^{\mathsf{T}}$ 的一个矩阵方程,这里 $\dot{a}_l(t) \equiv \mathrm{d}a_l/\mathrm{d}t$,等等。假设只有相邻的谐振器(最近邻的)能够相互耦合,我们能消除 $\hat{\boldsymbol{e}}_{a_l}$ 和 $\hat{\boldsymbol{e}}_{b_l}$ 之间空间重叠较小的那些耦合项。而且,如果第 l 个谐振器的两个频率 ω_{a_l} 和 ω_{b_l} 在数值上相差较大,举例来说, $|\omega_{a_l} - \omega_{b_l}| = o(\omega_{a_l})$,则

方程(7.B.3)在几个光学周期上的时间平均——不会改变方程缓慢变化的左边——表明那两个模式未发生耦合,因为耦合系数的时间平均为零。利用这些简化,就得到了方程(7.6)。

正如我们在本章中所做的那样,假设 $\Delta\epsilon$ 不只是缓慢变化的,而且它与时间无关,同时 $\omega_{a_l}=\omega_{b_l}=\cdots=\omega_{m_l}$,我们观察到方程(7.B.3)右边的系数是与时间无关的,从而方程(7.6)中矩阵 $\boldsymbol{M}$ 的元素也是与时间无关的。这就如在 7.3 节中讨论的那样,允许方程(7.6)的解可以写成本征模式的线性叠加,对于方程(7.B.3)的右边不是与时间无关的更普遍的情况,求解起来相当困难,没有普遍的理论存在。

定向波导耦合器

对于通过波导定向耦合器(彼此接近的两个相同的单模波导)耦合的微环或跑道形谐振器,耦合系数可以用不同的几何维数和介电常数写出:

$$\kappa=-\mathrm{i}\,\sin(\tilde{\kappa}L)\mathrm{e}^{-\mathrm{i}\phi} \tag{7.B.5}$$

其中,L 是定向耦合器的长度,$\phi=(\tilde{M}+\beta)L$,且根据两波导的模场分布 $\boldsymbol{E}^{(1)}(\boldsymbol{r}_\perp)$ 和 $\boldsymbol{E}^{(2)}(\boldsymbol{r}_\perp)$,以及折射率分布的几何形状定义以下两个参数:

$$\left.\begin{aligned}\tilde{\kappa}&=\frac{\omega\epsilon_0}{4}\int\mathrm{d}\boldsymbol{r}_\perp(n_c^2-n_1^2)\boldsymbol{E}^{(1)}(\boldsymbol{r}_\perp)\cdot\boldsymbol{E}^{(2)}(\boldsymbol{r}_\perp)\\[2mm]\tilde{M}&=\frac{\omega\epsilon_0}{4}\int\mathrm{d}\boldsymbol{r}_\perp(n_c^2-n_1^2)\boldsymbol{E}^{(1)}(\boldsymbol{r}_\perp)\cdot\boldsymbol{E}^{(1)}(\boldsymbol{r}_\perp)\end{aligned}\right\} \tag{7.B.6}$$

在笛卡尔坐标系中,$n_{1,2}(x,y)$ 是分开考虑的两个波导各自的横向折射率分布(假设附近没有另一个波导),用来计算 $\boldsymbol{E}^{(1,2)}(x,y)$ 和 $\beta=2\pi n_{\mathrm{eff}}/\lambda$,$n_c(x,y)$ 是当两个波导彼此接近时在耦合区中的横向折射率分布。

如果能从描述横向模式(见参考文献[71])的本征值问题推导出更简单的表达式,我们可以用描述结构的物理参数如波导宽度 w、各种折射率(有效折射率 n_{eff})、波导间距 s、光波长 λ 和耦合器长度 L,写下 κ 的表达式:

$$\kappa=-\mathrm{i}\,\sin\left[\frac{2h^2pe^{-ps}}{\beta w(h^2+p^2)}L\right]\mathrm{e}^{-\mathrm{i}\phi} \tag{7.B.7}$$

其中,$\beta=2\pi n_{\mathrm{eff}}/\lambda$,$h$ 和 p 由本征值问题得到:

$$(pd)^2+(hd)^2=(k_0d)^2(n_{\mathrm{core}}^2-n_{\mathrm{clad}}^2)$$

$$pd=hd\,\tan(hd) \tag{7.B.8}$$

在波导导波层(芯层)的外部,场振幅以指数形式 $\exp(-px)$ 衰减;而在波导导波层的内部，场振幅以余弦形式 $\cos(hx)$ 变化。

假设 κ 很小，在式(7.B.7)中可以做 $\sin\theta \approx \theta$ 的代换；假设波导间距有扰动 $s \to s+\delta s$，这里 $p\delta s \ll 1$，我们发现

$$\left|\frac{\delta\kappa}{\kappa}\right| \approx p\delta s \qquad (7.B.9)$$

因此，如果 $\delta s = 1\ \text{nm}$，则 κ 的分数变化可以简单由 p 给出。

如果考虑单模极限情况，则由式(7.B.8)得出条件 $p \in \{k_0/\sqrt{2}, k_0\} \times \sqrt{n_{\text{core}}^2 - n_{\text{clad}}^2}$。假设 $n_{\text{core}}^2 = 10, n_{\text{clad}}^2 = 1, k_0 = 2\pi/1.5\ \mu\text{m}, \delta s = 1\ \text{nm}$，我们可以得到 $\delta\kappa/\kappa$ 的典型值为

$$\left|\frac{\delta\kappa}{\kappa}\right| = (0.89\% \sim 1.26\%)/\text{nm} \qquad (7.B.10)$$

$\delta\kappa/\kappa$ 的推导反映了这样一个基本事实：在波导或谐振器外部的场随距离以指数形式衰减，空间衰减速率与波导芯区、包层相对介电常数之差的平方根成正比，与波长成反比。因此，虽然式(7.B.10)是近似结果，但它给出了很多介质谐振器耦合机制的有用的数量级的估计。

参考文献

[1] J. K. S. Poon, J. Scheuer, Y. Xu, and A. Yariv. Designing coupled-resonator optical waveguide delay lines. J. Opt. Soc. Am. B, 21(9):1665-1673,2004.

[2] W. J. Kim, W. Kuang, and J. D. O'Brien. Dispersion characteristics of photonic crystal coupled resonator optical waveguides. Opt. Express,11:3431-3437,2003.

[3] J. B. Khurgin. Optical buffers based on slow light in electromagnetically induced transparent media and coupled resonator structures:Comparative analysis. J. Opt. Soc. Am. B,22:1062-1074,2005.

[4] S. Mookherjea, D. S. Cohen, and A. Yariv. Nonlinear dispersion in a coupled-resonator optical waveguide. Opt. Lett. ,27:933-935,2002.

[5] E. Burstein and C. Weisbuch, (Eds.). Confined Electrons and Photons:New Physics and Applications, NATO Advanced Science Institute Series. Plenum Press,New York,1993.

[6] J. D. Joannopoulos, R. D. Meade, and J. N. Winn. Photonic Crystals. Princeton University Press, Princeton, 1995.

[7] S. Mookherjea and A. Yariv. Optical pulse propagation in the tight-binding approximation. Opt. Express, 9(2):91-96, 2001.

[8] G. Gutroff, M. Bayer, J. P. Reithmaier, A. Forchel, P. A. Knipp, and T. L. Reinecke. Photonic defect states in chains of coupled microresonators. Phys. Rev. B, 64:155313, 2001.

[9] J. K. S. Poon, L. Zhu, G. DeRose, and A. Yariv. Transmission and group delay of microring coupled-resonator optical waveguides. Opt. Lett. , 31: 456-458, 2006.

[10] T. D. Happ, M. Kamp, A. Forchel, J. -L. Gentner, and L. Goldstein. Two-dimensional photonic crystal coupled-defect laser diode. Appl. Phys. Lett. , 82:4-6, 2003.

[11] C. M. de Sterke. Superstructure gratings in the tight-binding approximation. Phys. Rev. E, 57(3):3502-3509, 1998.

[12] V. N. Astratov, J. P. Franchak, and S. P. Ashili. Optical coupling and transport phenomena in chains of spherical dielectric microresonators with size disorder. Appl. Phys. Lett. , 85:5508-5510, 2004.

[13] V. Zhuk, D. V. Regelman, D. Gershoni, M. Bayer, J. P. Reithmaier, A. Forchel, P. A. Knipp, and T. L. Reinecke. Near-field mapping of the electromagnetic field in confined photon geometries. Phys. Rev. B, 66: 115302, 2002.

[14] F. Xia, L. Sekaric, and Y. Vlasov. Ultracompact optical buffers on a silicon chip. Nat. Photon. , 1:65-71, 2007.

[15] A. Melloni, F. Morichetti, and M. Martinelli. Optical slow wave structures. Opt. Photon. News, 14:44-48, 2003.

[16] Y. -H. Ye, J. Ding, D. -Y. Jeong, I. C. Khoo, and Q. M. Zhang. Finite-size effects on one-dimensional coupled-resonator optical waveguides. Phys. Rev. E, 69:056604, 2004.

[17] J. K. S. Poon and A. Yariv. Active coupled-resonator optical waveguides—part I: Gain enhancement and noise. J. Opt. Soc. Am. B, 24(9):2378-

2388,2007.

[18] E. N. Economou. Green's Functions in Quantum Physic. Springer, Berlin, 3rd edn, 2006.

[19] Y. Xu, R. K. Lee, and A. Yariv. Propagation and second-harmonic generation of electromagnetic waves in a coupled-resonator optical waveguide. J. Opt. Soc. Am. B, 17(3):387-400, 2000.

[20] J. V. Hryniewicz, P. P. Absil, B. E. Little, R. A. Wilson, and P. -T. Ho. Higher order filter response in coupled microring resonators. IEEE Photon. Technol. Lett. , 12:320-322, 2000.

[21] B. Liu, A. Shakouri, and J. E. Bowers. Wide tunable double ring coupled lasers. IEEE Photon. Technol. Lett. , 14:600-602, 2002.

[22] D. Rabus, M. Hamacher, H. Heidrich, and U. Troppenz. High-Q channel dropping filters using ring resonators with integrated SOAs. IEEE Photon. Technol. Lett. , 14:1442-1444, 2002.

[23] R. Iliew, U. Peschel, C. Etrich, and F. Lederer. Light propagation via coupled defects in photonic crystals. In Conference on Lasers and Electro-Optics, OSA Technical Digest, Postconference Edition, Vol. 73 of OSA TOPS, pp. 191-192, OSA, Washington, DC, 2002.

[24] M. T. Hill, H. J. S. Dorren, T. de Vries, X. J. M. Leijtens, J. H. den Besten, B. Smalbrugge, Y. -S. Oei, H. Binsma, G. -D. Khoe, and M. K. Smit. A fast low-power optical memory based on coupled micro-ring lasers. Nature, 432:206-209, 2004.

[25] Y. Chen, G. Pasrija, B. Farhang-Boroujeny, and S. Blair. Engineering the nonlinear phase shift with multistage autoregressive moving-average optical filters. Appl. Opt. , 44:2564-2574, 2005.

[26] A. Yariv, Y. Xu, R. K. Lee, and A. Scherer. Coupled-resonator optical waveguide: A proposal and analysis. Opt. Lett. , 24(11):711-713, 1999.

[27] N. Stefanou and A. Modinos. Impurity bands in photonic insulators. Phys. Rev. B, 57(19):12127-12133, 1998.

[28] M. Bayindir, B. Temelkuran, and E. Ozbay. Tight-binding description of the coupled defect modes in three-dimensional photonic crystals. Phys.

Rev. Lett. ,84(10):2140-2143,2000.

[29] J. K. S. Poon, J. Scheuer, S. Mookherjea, G. T. Paloczi, Y. Huang, and A. Yariv. Matrix analysis of microring coupled-resonator optical waveguides. Opt. Express, 12:90, 2004.

[30] D. O'Brien, M. D. Settle, T. Karle, A. Michaeli, M. Salib, and T. F. Krauss. Coupled photonic crystal heterostructure nanocavities. Opt. Express, 15:1228-1233, 2007.

[31] M. Bayindir, E. Cubukcu, I. Bulu, T. Tut, E. Ozbay, and C. Soukoulis. Photonic band gaps, defect charac- teristics, and waveguiding in two-dimensional disordered dielectric and metallic photonic crystals. Phys. Rev. B, 64:195113, 2001.

[32] B. Z. Steinberg, A. Boag, and R. Lisitsin. Sensitivity analysis of narrowband photonic crystal filters and waveguides to structure variations and inaccuracy. J. Opt. Soc. Am. A, 20:138-146, 2003.

[33] S. G. Johnson, M. L. Povinelli, M. Sojacic, S. Jacobs, and J. D. Joannopoulos. Roughness losses and volume-current methods in photonic-crystal waveguides. Appl. Phys. B, 81:283-293, 2005.

[34] J. B. Pendry and A. MacKinnon. Calculation of photon dispersion relations. Phys. Rev. Lett. ,69:2772-2775, 1992.

[35] C. Barnes, T. Wei-chao, and J. B. Pendry. The localization length and density of states of 1D disordered systems. J. Phys. Condens. Matter, 3:5297-5305, 1991.

[36] H. Matsuoka and R. Grobe. Effect of eigenmodes on the optical transmission through one-dimensional random media. Phys. Rev. E, 71:046606, 2005.

[37] D. J. Thouless. A relation between the density of states and range of localization for one dimensional random systems. J. Phys. C, 5:77-81, 1972.

[38] J. M. Ziman. Models of Disorder. Cambridge University Press, Cambridge, 1979.

[39] A. Gonis. Green Functions for Ordered and Disordered Systems. North-

Holland, Amsterdam, 1992.

[40] P. Sheng. Introduction to Wave Scattering, Localization and Mesoscopic Phenomena, 2nd edn. Springer, Berlin, 2006.

[41] W. H. Louisell. Coupled Mode and Parametric Electronics. John Wiley & Sons, New York, 1960.

[42] H. A. Haus. Electromagnetic Noise and Quantum Optical Measurements. Springer, Berlin, 2000.

[43] B. E. Little, S. T. Chu, H. A. Haus, J. Foresi, and J. P. Laine. Microring resonator channel dropping filters. J. Lightwave Technol. , 15:998-1005, 1997.

[44] U. Peschel, A. L. Reynolds, B. Arredondo, F. Lederer, P. J. Roberts, T. F. Krauss, and P. J. I. de Maagt. Transmission and reflection analysis of functional coupled cavity components. IEEE J. Quantum Electron. , 38: 830-836, 2002.

[45] C. Cohen-Tannoudji, B. Diu, and F. Laloë. Quantum Mechanics. John Wiley & Sons, New York, 1977.

[46] R. J. C. Spreeuw and J. P. Woerdman. Optical atoms. In E. Wolf, (Ed.), Progress in Optics Vol. XXXI, pp. 263-319. North-Holland, Amsterdam, 1993.

[47] T. Mukaiyama, K. Takeda, H. Miyazaki, Y. Jimba, and M. Kuwata-Gonokami. Tight-binding photonic molecule modes of resonant bispheres. Phys. Rev. Lett. , 82(23):4623-4626, 1999.

[48] D. S. Weiss, V. Sandoghdar, J. Hare, V. Lefevre-Seguin, J. -M. Raimond, and S. Haroche. Splitting of high-Q Mie modes induced by light backscattering in silica microspheres. Opt. Lett. , 20:1835-1837, 1995.

[49] W. H. Press, S. A. Teukolsky, W. T. Vetterling, and B. P. Flannery. Numerical Recipes in Fortran 77. Cambridge University Press, Cambridge, 1996.

[50] S. Mookherjea and A. Yariv. Kerr-stabilized super-resonant modes in coupled-resonator optical waveguides. Phys. Rev. E, 66:046610, 2002.

[51] D. Botez. Monolithic phase-locked semiconductor laser arrays. In D. Botez and D. R. Scifres, (Eds.), Diode Laser Arrays, pp. 1-71. Cambridge

University Press,Cambridge,1994.

[52] B. M. Möller,M. V. Artemyev,and U. Woggon. Coupled-resonator optical waveguides doped with nanocrystals. Opt. Lett. , 30: 2116-2118,2005.

[53] J. N. Franklin. Matrix Theory. Dover,New York,2000.

[54] J. E. Heebner,R. W. Boyd,and Q. -H. Park. SCISSOR solitons and other novel propagation effects in microresonator-modified waveguides. J. Opt. Soc. Am. B,19:722-731,2004.

[55] J. E. Heebner,P. Chak,S. Pereira,J. E. Sipe,and R. W. Boyd. Distributed and localized feedback in microresonator sequences for linear and nonlinear optics. J. Opt. Soc. Am. B,21:1818-1832,2004.

[56] S. Mookherjea. Mode cycling in microring optical resonators. Opt. Lett. , 30:2751-2753,2005.

[57] M. Kulishov,J. M. Laniel,N. Bélanger,and D. V. Plant. Trapping light in a ring resonator using a grating- assisted coupler with asymmetric transmission. Opt. Express,13:3567-3578,2005.

[58] S. Mookherjea. Using gain to tune the dispersion relationship of coupled-resonator optical waveguides. IEEE Photon. Technol. Lett. , 18: 715-717,2006.

[59] M. Greenberg and M. Orenstein. Unidirectional complex grating assisted couplers. Opt. Express,12:4013- 4018,2004.

[60] T. J. Kippenberg,S. M. Spillane,and K. J. Vahala. Mode coupling in traveling-wave resonators. Opt. Lett. ,27:1669-1671,2002.

[61] E. R. Smith. One-dimensional x-y model with random coupling constants. I. Thermodynamics. J. Phys. C,3:1419-1432,1970.

[62] I. M. Lifshits,S. A. Gredeskul,and L. A. Pastur. Introduction to the Theory of Disordered Systems. John Wiley & Sons,New York,1988.

[63] F. J. Dyson. The dynamics of a disordered linear chain. Phys. Rev. ,92: 1331-1338,1953.

[64] P. Dean. Vibrations of glass-like disordered chains. Proc. Phys. Soc. ,84: 727-744,1964.

慢光科学与应用

[65] S. M. Barnett and R. Loudon. Sum rule for modified spontaneous emission rates. Phys. Rev. Lett. ,77:2444- 2446,1996.

[66] F. Dominiguez-Adame and V. A. Malyshev. A simple approach to Anderson localization in one-dimensional disordered lattices. Am. J. Phys. , 72(2):226-230,2004.

[67] D. C. Herbert and R. Jones. Localized states in disordered systems. J. Phys. C Solid State Phys. ,4:1145-61,1971.

[68] S. Mookherjea,J. S. Park,S. -H. Yang,and P. R. Bandaru. Localization in silicon nanophotonic slow-light waveguides. Nature Photonics, 2: 90-93,2008.

[69] J. Topolancik,B Ilic,and F. Vollmer. Experimental observation of strong photon localization in disordered photonic crystal waveguides. Phys. Rev. Lett. ,99:253901,2007.

[70] Y. Lahini,A. Avidan,F. Pozzi,M. Sorel,R. Morandotti,D. N. Christodoulides, and Y. Silberberg. Anderson localization and nonlinearity in one-dimensional disordered photonic lattices. Phys. Rev. Lett. ,100:013906,2008.

[71] A. Yariv. Optical Electronics in Modern Communications,5th edn. Oxford,New York,1997.

[72] S. Mookherjea. Spectral characteristics of coupled resonators. J. Opt. Soc. Am. B,23:1137-1145,2006.

[73] S. Mookherjea and A. Oh. Effect of disorder on slow light velocity in optical slow-wave structures. Opt. Lett. ,32:289-291,2007.

[74] Y. Hara,T. Mukaiyama,K. Takeda,and M. Kuwata-Gonokami, Heavy photon states in photonic chains of resonantly coupled cavities with supermonodispersive microspheres,Phys. Rev. Lett. ,94:203905,2005.

[75] M. F. Yanik and S. Fan,Stopping light all optically,Phys. Rev. Lett. , 92:083901,2004.

[76] M. Ghulinyan,M. Galli,C. Toninelli,J. Bertolotti,S. Gottardo,F. Marabelli,D. S. Wiersma,L. Pavesi,and L. C. Andreani,Wide-band transmission of nondistorted slow waves in one-dimensional optical superlattices,Appl. Phys. Lett. ,88:241103,2006.

第 8 章
窄带拉曼辅助光纤参量放大器中的慢光和快光传输

8.1　引言

　　利用光纤进行光参量放大（OPA）是一个著名的非线性过程，在过去几十年中已经获得了深入研究[1]~[6]。一个传统的光纤 OPA 基于在反常色散区传输的泵浦光所产生的围绕泵浦光波长呈对称分布的宽带增益谱。

　　当泵浦光在 β_4 参数为负值的光纤的正常色散区（β_2 为正值）传输时，能够得到性质完全不同的参量增益谱。在这种情况下，相位匹配条件在两个窄光谱区都得到满足，而这两个区域都与泵浦波长有大的失谐[7][8]。在每个区域中都可得到高的窄带光参量增益，同时伴随着大的群折射率变化。在泵浦光的短波长一侧，群折射率变大；而在长波长一侧，群折射率变小。慢光传输和快光传输就有可能在两个光谱窗口分别实现[9]。

　　图 8.1 所示的为一个利用 1 km 色散位移光纤（DSF）制成的窄带光参量

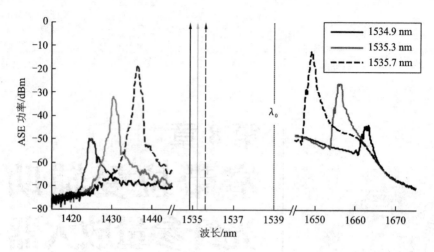

图 8.1　在不同泵浦波长和恒定的 5 W 泵浦功率下,测得的采用 1 km 色散位移光纤的
　　　　NB-OPA 的放大自发辐射谱

放大器(NB-OPA)的典型自发辐射谱(与增益成正比)。光纤的零色散波长 λ_0 是 1539 nm,泵浦功率是 5 W。当泵浦波长偏离 λ_0 时,增益谱移动并且它们的峰值降低。短波长和长波长增益区的不对称性源于受激拉曼散射(SRS),而后者很明显是由于泵浦光与增益区出现了比较大的失谐性而产生的。

　　NB-OPA 中的慢光传输最早是由参考文献[9]报道的。图 8.2 所示的为一个 70 ps 宽的脉冲在 1 km 色散位移光纤中所经历的时间延迟对泵浦功率的依赖关系。

　　图 8.1 和图 8.2 测得的典型数据显示了 NB-OPA 具有成为大范围调节慢光和快光介质的潜力。然而,经过细心检验,我们还是能揭示许多并不显著的细节,如增益谱不对称性和延迟脉冲所经历的失真。这些对慢光和快光系统的性能有极大影响,所以建立 NB-OPA 精确的理论模型非常重要。

　　SRS 对参量增益有两个贡献。拉曼极化率的虚部降低了短波长(慢光)区域的总增益,而提高了快光区域的增益。同时,拉曼极化率的实部有助于满足相位匹配条件并进而影响两个增益区[10]。SRS 对相位匹配有贡献的观点源于 Bloembergen 和 Shen[11]早期的工作。这一观点曾在对非线性光纤的研究中分析过和经实验验证过[8][12][13],但是其对 NB-OPA 的影响尤其大,因为后者的增益机制对工作条件非常敏感。

　　参量过程和 SRS 的效率依赖于相互作用光场彼此的偏振态[6][14][15]。随

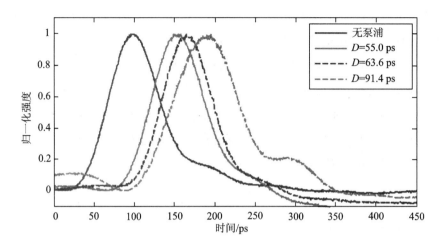

图 8.2 70 ps 宽的脉冲在 1 km 色散位移光纤中所经历的时间延迟对泵浦功率的依赖关系(引自 Dahan,D. 和 Eisenstein,G.,Opt. Express,13,6234,2005.)

机双折射改变传输光场的偏振态,从而改变了分布式相互作用的效率[16][17]。

光纤缺陷带来了线性和非线性传输参数的纵向变化,也影响了分布式非线性过程。纵向参数分布可以用一种优化程序以较高的空间分辨率进行提取,而该程序利用了测得的 NB-OPA 增益谱[18]。这些分布应该包括在精确的传输模型中,以进一步提高其精度。

基于此,建立精确模型应考虑在存在光纤随机双折射、线性和非线性传输参数纵向变化的情况下参量过程与 SRS 的耦合,本章将介绍在拉曼辅助 NB-OPA 中慢光和快光传输的综合模型。本章将单独用一小节简要介绍具有重要意义的参数提取过程,但是与慢光和快光传输并不直接相关。本章还将介绍增益谱和延迟的高速数据信号的实验测量结果,实验结果与模型预测结果高度相符,证明了这一慢光和快光的综合模型具有很高的可行性。

8.2 理论模型

本节论述拉曼辅助 NB-OPA 中慢光和快光传输的各个主要问题。8.2.1 节将采用标量模型介绍复拉曼极化率对增益和延迟谱的影响。8.2.2 节增加了随机双折射的影响;考虑到 NB-OPA 表现出的随机特性,有必要建立一个复杂的随机模型。8.2.3 节将介绍一种用于估算 NB-OPA 性能的高效的计算方法,在考虑每一种可能性的情况下对双折射的纵向变化取平均,这使我们能够计算常见光纤的特征参数。8.2.4 节将介绍纵向参量的提取过程和传输参数变化对 NB-OPA 增益和延迟谱的影响。

8.2.1 各向同性光纤中的 SRS 辅助 OPA

SRS 与参量放大相耦合是任何非线性介质的基本特性,这一论述是 Bloembergen 在 1964 年首次阐述的[11],并在光纤中进行了理论[8]和实验[10][13]研究。对于完美的各向同性光纤,可以用标量模型描述 SRS 辅助 OPA。

非线性极化率 P_{NL} 包含两个分量:

$$P_{NL} = \varepsilon_0 \iiint \widetilde{\chi}^{(3)}(t_1, t_2, t_3) E(t-t_1) \cdot E(t-t_2) E(t-t_3) \, \mathrm{d}t_1 \, \mathrm{d}t_2 \, \mathrm{d}t_3$$

$$= \varepsilon_0 \left(\chi_K \mid E(t) \mid^2 + \int_{-\infty}^{t} \widetilde{\chi}_R(t-\tau) \mid E(\tau) \mid^2 \mathrm{d}\tau \right) E(t) \tag{8.1}$$

第一项的产生应归因于瞬时克尔效应 χ_K,它通常用来定义著名的非线性系数 γ_K。第二项对 P_{NL} 有贡献的是 $\widetilde{\chi}_R$,它是由延迟的 SRS 过程产生的,在这个过程中,众所周知的并且可测量的拉曼增益系数与 SRS 极化率 $g_R(\omega) = -(4\gamma_K/3\chi_K)\mathrm{Im}[\chi_R(\omega)]$ 的虚部有关系,而 $\widetilde{\chi}_R(\omega) = \int_{-\infty}^{+\infty} \widetilde{\chi}_R(t) \mathrm{e}^{\mathrm{j}\omega t}$ 是时间响应 $\widetilde{\chi}_R(t)$ 的傅里叶变换。

四波混频(FWM)和 SRS 的联合作用通过三个用来表示泵浦光、信号光和闲频光的包络($A_q = A_p, A_s, A_i$)的耦合方程进行描述,每个光场可用公式 $E_q = F(x,y) \cdot A_q(z)\mathrm{e}^{\mathrm{j}\beta_q z - \mathrm{j}\omega_q t}$ 表示,其中 $F(x,y)$ 是传输模式的横向分量。考虑光纤无损耗、泵浦光未耗尽和连续波(CW)光场的情况,此时决定泵浦光包络传输的方程是

$$\frac{\partial A_p}{\partial_z} = \mathrm{j}\gamma_K \left[1 + \frac{2\chi_R(0)}{3\chi_K} \right] \mid A_p \mid^2 A_p \equiv \mathrm{j}\gamma \mid A_p \mid^2 A_p \tag{8.2}$$

其中,拉曼极化率在 $\omega = 0$ 处取值。总的非线性系数 γ 包含两方面的贡献:一个来源于克尔效应;另一个来源于 χ_R 的实部。由 SRS 产生的、以小数计的贡献用 f 表示,在所有石英光纤中其值为 0.18[12]。这意味着在 SRS 起着可测量作用的情况下,纯克尔非线性(γ_K)与从自相位调制(SPM)实验中提取出来的 $\gamma_K = (1-f)\gamma$ 不同。

对方程(8.2)稍加处理可得 f 的解析表达式:

$$f = \frac{\gamma - \gamma_K}{\gamma} = \frac{2}{3} \frac{\chi_R(0)}{\chi_K} \frac{\gamma_K}{\gamma} \tag{8.3}$$

信号光和闲频光的传输由下列耦合方程组决定,该方程组包含了对拉曼极化率实部相位匹配的贡献。

$$\frac{\partial A_s}{\partial z} = j\gamma\big[(1-f)+1+f\underline{\chi}_R\big]P_p A_s + j\gamma\big[(1-f)+f\underline{\chi}_R\big]A_p^2 A_i^* \, e^{-j\Delta\beta \cdot z}$$

$$\frac{\partial A_i}{\partial z} = j\gamma\big[(1-f)+1+f\underline{\chi}_R^*\big]P_p A_i + j\gamma\big[(1-f)+f\underline{\chi}_R^*\big]A_p^2 A_s^* \, e^{-j\Delta\beta \cdot z} \quad (8.4)$$

其中,$\underline{\chi}_R = \underline{\chi}_R(\Omega_s)$ 是用拉曼响应 $\underline{\chi}_R(\Omega_s) = \big[\underline{\chi}_R(\Omega_i)\big]^* \equiv \underline{\chi}_R$ 在给定频移 $\Omega_s = \omega_s - \omega_p = -\Omega_i$ 下的对称性定义的归一化拉曼极化率。由此产生的 FWM 过程包含了 SRS 的特性。

进行变换 $A_{s,i} = B_{s,i}\exp(j(2\gamma P_p - \Delta\beta/2)z)$,其中 $\Delta\beta = \beta_s - \beta_i - 2\beta_p$ 为相位失配量,则可以用如下常系数常微分方程对 $\boldsymbol{b} = [B_s B_i^*]^T$ 的演化进行描述。

$$\partial_z \underline{\boldsymbol{b}} = j \begin{bmatrix} \left(\eta_{KR}+\dfrac{\Delta\beta}{2}\right) & \eta_{KR} \\ -\eta_{KR} & -\left(\eta_{KR}+\dfrac{\Delta\beta}{2}\right) \end{bmatrix} \underline{\boldsymbol{b}} \quad (8.5)$$

式中:$\eta_{KR} = \gamma\big[(1-f)+f\underline{\chi}_R\big]P_p$ 是克尔-拉曼系数。

解的形式与传统的不考虑 SRS 的 FWM 的常微分方程的解相似,SRS 的增益系数 g 满足特征方程 $g^2 + (\eta_{KR}+(\Delta\beta/2))^2 - \eta_{KR}^2 = 0$。信号累计得到的总增益为

$$G = \left|\frac{B_s}{B_{s,0}}\right|^2 = \left|\cosh(gz) + j\frac{\eta_{KR}+(\Delta\beta/2)}{g}\sinh(gz)\right|^2 \quad (8.6)$$

需要注意的是,只有在无损耗光纤的情况下,才有可能得到增益(见式(8.6))的解析解。

图 8.3 所示的为计算得到的不同泵浦波长下的增益谱和延迟谱。计算中设 1 km 色散位移光纤的参数为 $\lambda_0 = 1539$ nm,$\beta_3 = -5.617 \times 10^{-4}$ ps³/km,$\beta_4 = 0.12315$ ps⁴/km,测得的非线性系数为 $\gamma = 2.3$ W^{-1}/km,泵浦功率为 2 W。增益谱是基于传输功率包络的重心的运动而计算得到的,这种方法将在附录 A 中进行描述。

图 8.3(a)所示的增益谱揭示了 SRS 辅助 NB-OPA 的主要特性。当泵浦波长相对 λ_0 的失谐量增加时,增益降低且带宽变窄。增益谱在短波长和长波长上的不对称是 SRS 直接产生的。在短波长光谱中,背景增益是负值,因为 SRS 引入了损耗;而在长波长光谱中,在正拉曼增益之上有一窄光谱。当 SRS

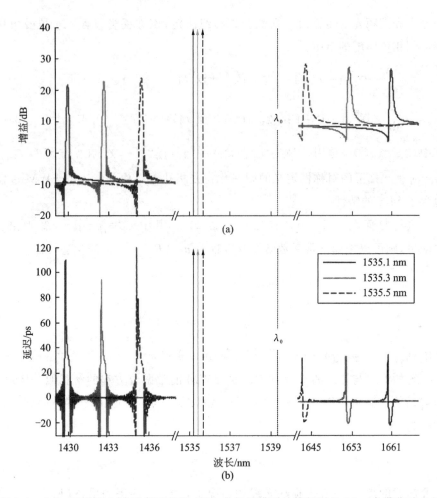

图 8.3 （a）、（b）分别为采用 SRS 辅助 OPA 的标量模型计算得到的 1 km 色散位移光纤中的增益谱和延迟谱

（在短波长处）增大延迟量而减小快光区的提前量时，在延迟谱中出现了不同的非对称性。

8.2.2 双折射光纤中的 SRS 辅助 OPA

双折射光纤中的传输需要采用矢量形式进行建模[19]，因为每个传输光场的各个分量不是被限制在同一个光纤轴上。这里，光场包络用偏振态的琼斯符号描述：

$$|A\rangle \equiv [A_x \quad A_y]^{\mathrm{T}} \Leftrightarrow \langle A| \equiv [A_x^* \quad A_y^*] \tag{8.7}$$

双折射光纤中的线性传输用以下方程描述：

$$\partial_z \mid A \rangle = \left[\left(-\frac{\alpha}{2} + \mathrm{j} \sum_{n=2}^{+\infty} \frac{\beta_{(\omega_0)}^{(n)}}{n!} (\mathrm{j}\partial_t)^n \right) \boldsymbol{I} - \frac{\mathrm{j}}{2}\omega_0 (\boldsymbol{\beta} \cdot \boldsymbol{\sigma}) \right] \mid A \rangle \equiv \underline{\underline{L}} \big[\mathrm{j}\partial_t \big] \mid A \rangle$$

$$(8.8)$$

其中,各符号意义如下:$\underline{\underline{L}}_0 [\omega]$ 是线性算符,ω_0 是载波频率,$\boldsymbol{I}$ 是 2×2 单位矩阵,α 是光纤衰减系数,$\beta_{(\omega_0)}^{(n)}$ 是 n 阶线性色散。

光纤双折射用三维矢量 $\boldsymbol{\beta}$(单位为 s/m)在斯托克斯空间表示。泡利自旋矩阵 $\boldsymbol{\sigma}_i$ 用于将二维琼斯符号变换到三维斯托克斯空间[19],变换过程见附录 B。

$$\boldsymbol{\beta} \cdot \boldsymbol{\sigma} = \begin{bmatrix} \beta_1 & \beta_2 - \mathrm{j}\beta_3 \\ \beta + \mathrm{j}\beta_3 & -\beta_1 \end{bmatrix}$$

$$(8.9)$$

各个分量之间的耦合使偏振态发生变化,对时变包络而言,导致产生偏振模色散(PMD),PMD 通常用参数 D_p(单位为 $\mathrm{ps/km}^{\frac{1}{2}}$)进行量度。

由两个光场导致的非线性偏振首先得益于瞬时克尔效应(χ_K),其次得益于延迟的 SRS 过程($\widetilde{\chi}_\mathrm{R}$)。非线性极化($\boldsymbol{P}_\mathrm{NL}$)在形式上与式(8.1)相似,但是电场 $\boldsymbol{E}$ 和极化 $\boldsymbol{P}_\mathrm{NL}$ 现在是二维矢量:

$$\boldsymbol{P}_\mathrm{NL} = \varepsilon_0 \chi_\mathrm{K} (\boldsymbol{E} \cdot \boldsymbol{E}) \boldsymbol{E} + \varepsilon_0 \left(\int_{-\infty}^{t} \widetilde{\chi}_\mathrm{R} (t - \tau) [\boldsymbol{E}(\tau) \cdot \boldsymbol{E}(\tau)] \mathrm{d}\tau \right) \boldsymbol{E}(t) \qquad (8.10)$$

式(8.10)考虑了拉曼极化率 $\widetilde{\chi}_\mathrm{R}$ 的贡献,它仅来源于同偏振光,因为正交偏振光得到的拉曼增益被降低了至少两个数量级[20]。

采用符号 $\boldsymbol{E}_q = F(x,y) \cdot \mid A_q(z) \rangle \mathrm{e}^{\mathrm{j}\beta_q z - \mathrm{j}\omega_q t}$,信号光和闲频光的包络进一步按照 $\mid A_\mathrm{s,i} \rangle = \mid A_\mathrm{s,i} \rangle \exp(-\mathrm{j}\Delta\beta_\mathrm{s,i} z)$ 进行处理,其中 $\Delta\beta_\mathrm{s,i} = \beta_\mathrm{s,i} - \beta_\mathrm{p}$。在泵浦光未耗尽近似的连续波情况下,泵浦光、信号光和闲频光的传输可用以下三个耦合方程进行描述:

$$\partial_z \mid A_\mathrm{p} \rangle = \underline{\underline{L}}_\mathrm{p} \mid A_\mathrm{p} \rangle + \underline{\underline{S}}_\mathrm{p} \mid A_\mathrm{p} \rangle \qquad (8.11)$$

$$\partial_z \mid A_\mathrm{s} \rangle = \underline{\underline{L}}_\mathrm{s} \mid A_\mathrm{s} \rangle + \mathrm{j}\Delta\beta_\mathrm{s} \mid A_\mathrm{s} \rangle + (\underline{\underline{X}}_\mathrm{p} + \underline{\underline{R}}_\mathrm{s}) \mid A_\mathrm{s} \rangle + \underline{\underline{F}}_\mathrm{s} \mid A_\mathrm{i}^* \rangle \qquad (8.12)$$

$$\partial_z \mid A_\mathrm{i} \rangle = \underline{\underline{L}}_\mathrm{i} \mid A_\mathrm{i} \rangle + \mathrm{j}\Delta\beta_\mathrm{i} \mid A_\mathrm{i} \rangle + (\underline{\underline{X}}_\mathrm{p} + \underline{\underline{R}}_\mathrm{i}) \mid A_\mathrm{i} \rangle + \underline{\underline{F}}_\mathrm{i} \mid A_\mathrm{s}^* \rangle \qquad (8.13)$$

将线性算符 $\underline{\underline{L}}_\mathrm{p,s,i}$(见式(8.8)中的 $\underline{\underline{L}}_0$)用于连续波情况,其中变量 $\omega = 0$。其他算符分别表示不同非线性效应,即自相位调制(SPM)、交叉相位调制(XPM)、FWM 和 SRS 的矩阵:

$$\underline{\underline{S}}_{\mathrm{p}} = \mathrm{j} \frac{\gamma_{\mathrm{K}}}{3} (2 \langle A_{\mathrm{p}} | A_{\mathrm{p}} \rangle \underline{\underline{I}} + | A_{\mathrm{p}}^* \rangle \langle A_{\mathrm{p}}^* |) + 2 \mathrm{j} \frac{\gamma_{\mathrm{K}}}{3} \frac{\chi_{\mathrm{R}}(0)}{\chi_{\mathrm{K}}} \langle A_{\mathrm{p}} | A_{\mathrm{p}} \rangle \quad (8.14)$$

$$\underline{\underline{X}}_{\mathrm{p}} = 2 \mathrm{j} \frac{\gamma_{\mathrm{K}}}{3} (\langle A_{\mathrm{p}} | A_{\mathrm{p}} \rangle \underline{\underline{I}} + | A_{\mathrm{p}} \rangle \langle A_{\mathrm{p}} | + \langle A_{\mathrm{p}}^* | A_{\mathrm{p}}^* \rangle) \quad (8.15)$$

$$\underline{\underline{F}}_{\mathrm{s,i}} = \mathrm{j} \frac{\gamma_{\mathrm{K}}}{3} (\langle A_{\mathrm{p}}^* | A_{\mathrm{p}} \rangle \underline{\underline{I}} + 2 | A_{\mathrm{p}} \rangle \langle A_{\mathrm{p}}^* |) + \mathrm{j} \frac{2 \gamma_{\mathrm{K}}}{3 \chi_{\mathrm{K}}} \chi_{\mathrm{R}}(\Omega_{\mathrm{s,i}}) | A_{\mathrm{p}} \rangle \langle A_{\mathrm{p}}^* | \quad (8.16)$$

$$\underline{\underline{R}}_{\mathrm{s,i}} = \mathrm{j} \frac{2 \gamma_{\mathrm{K}}}{3 \chi_{\mathrm{K}}} (\chi_{\mathrm{R}}(0) \langle A_{\mathrm{p}} | A_{\mathrm{p}} \rangle \underline{\underline{I}} + \chi_{\mathrm{R}}(\Omega_{\mathrm{s,i}}) | A_{\mathrm{p}} \rangle \langle A_{\mathrm{p}} |) \quad (8.17)$$

方程(8.11)~方程(8.13)描述了在实际光纤中具有随机轴向变化的双折射情况下完全的非线性效应。直接求解此方程组是非常烦琐的,但是可以通过对偏振态取平均来进行简化[15]。取平均过程是适当的,因为残余双折射的相关长度(几米)大大短于光纤的特征非线性长度(约 1 km)。这说明,与由线性双折射导致的偏振态变化相比,由各向异性非线性过程所导致的偏振态变化是可以忽略的。

取平均可用如下变换矩阵在旋转泵浦坐标系中进行:

$$\underline{\underline{U}} = \cos\left(\frac{\Delta \varphi}{2}\right) \underline{\underline{I}} - \mathrm{j} (\boldsymbol{\beta} \cdot \boldsymbol{\sigma}) \sin\left(\frac{\Delta \varphi}{2}\right) \quad (8.18)$$

相移为 $\Delta \phi = \omega_{\mathrm{p}} | \boldsymbol{\beta} | z$,各个波的包络为 $| A \rangle = \underline{\underline{U}} | X \rangle$,其中 X 是旋转泵浦坐标系中的包络。

取平均过程的结果是,平均起来,观察者在旋转泵浦坐标系中观察的是泵浦光没有经历双折射,只是经历了非线性系数降低了的偏振无关 SPM。于是,在旋转泵浦坐标系中,起决定作用的泵浦平均琼斯矢量方程由下式给出:

$$\partial_z | X_{\mathrm{p}} \rangle = -\frac{\alpha}{2} | X_{\mathrm{p}} \rangle + \mathrm{j} \gamma_{\mathrm{K}} \left[\frac{8}{9} + \frac{2}{3} \frac{\chi_{\mathrm{R}}(0)}{\chi_{\mathrm{K}}} \right] P_{\mathrm{p}} | X_{\mathrm{p}} \rangle \equiv -\frac{\alpha}{2} | X_{\mathrm{p}} \rangle + \mathrm{j} \gamma P_{\mathrm{p}} | X_{\mathrm{p}} \rangle$$

$$(8.19)$$

式中:$P_{\mathrm{p}} = \langle A_{\mathrm{p}} | A_{\mathrm{p}} \rangle = | A_{\mathrm{p,x}} |^2 + | A_{\mathrm{p,y}} |^2$ 是泵浦功率。

进行相同的取平均过程,还可以推导在旋转泵浦坐标系中信号光和闲频光传输的耦合平均方程。引入变换 $| X_{\mathrm{s,i}} \rangle = | Y_{\mathrm{s,i}} \rangle \exp(\mathrm{j} \gamma P_{\mathrm{p}} \cdot L_{\mathrm{eff}}(z))$,可得

$$\partial_z | Y_{\mathrm{s}} \rangle = \left(-\frac{\alpha}{2} + \mathrm{j} \Delta \beta_{\mathrm{s}} \right) | Y_{\mathrm{s}} \rangle - \frac{\mathrm{j}}{2} \Omega_{\mathrm{s}} (\boldsymbol{b} \cdot \boldsymbol{\sigma}) | Y_{\mathrm{s}} \rangle + \mathrm{j} \gamma q_{\mathrm{s}} \chi_{\mathrm{s,p}}^* | p \rangle + \mathrm{j} \gamma q_{\mathrm{s}} \chi_{\mathrm{i,p}} | p \rangle$$

$$(8.20)$$

$$\partial_z | Y_{\mathrm{i}} \rangle = \left(-\frac{\alpha}{2} + \mathrm{j} \Delta \beta_{\mathrm{i}} \right) | Y_{\mathrm{i}} \rangle - \frac{\mathrm{j}}{2} \Omega_{\mathrm{i}} (\boldsymbol{b} \cdot \boldsymbol{\sigma}) | Y_{\mathrm{i}} \rangle + \mathrm{j} \gamma q_{\mathrm{i}} \chi_{\mathrm{i,p}}^* | p \rangle + \mathrm{j} \gamma q_{\mathrm{i}} \chi_{\mathrm{s,p}} | p \rangle$$

$$(8.21)$$

其中，$q_{s,i} \triangleq 1-f+f\chi_R(\Omega_{s,i})$，在损耗无限大情况下有效长度 $L_{eff}(z)=(1-e^{-\alpha z})/\alpha$，在无损耗情况下有效长度 $L_{eff}(z)=z$。

偏振态的快速变化将克尔效应的强度降低到 8/9。重新整理方程(8.19)可得 $\gamma_K=\frac{9}{8}(1-f)\gamma$（其中，矢量模式中的 f 与标量情况下相同，见 8.2.1 节），这说明纯粹的克尔非线性与从采用双折射光纤进行的实验中提取的克尔非线性并不一样，对于后者 SRS 和 PMD 都起可测量的作用。

方程(8.20)和方程(8.21)中的第二项描述了双折射感应的光波偏振态的变化，其依赖于相对于泵浦光的失谐量和双折射的修正斯托克斯矢量 b，后者是从旋转泵浦坐标系观察得到的。方程(8.20)和方程(8.21)中的第三项和第四项描述的是 XPM,FWM 和 SRS，它们都依赖于三个各自光波的相对偏振态 $\chi_{s,p}=\langle Y_s|p\rangle$ 和 $\chi_{i,p}=\langle Y_i|p\rangle$，其中 $|p\rangle$ 是泵浦光 $|X_p\rangle=|p\rangle\exp(j\gamma P_p \cdot L_{eff}(z))$ 的偏振态。

对偏振态（由线性双折射引起）的快速变化取平均并未消除光传输的随机性，因为偏振态的慢变仍然存在，这是由非线性偏振旋转和相对线性双折射引起的，而它们都来自于相互作用光场之间巨大的失谐。因为光传输本质上存在随机性，所以对 OPA 特征量进行确定性评价是不可能的。对方程(8.20)和方程(8.21)所描述的传输模型进行求解，只能得到特定（任意）光纤情况下的特征量。重复求解可得统计特性，从而可以从中估计 OPA 的性能。每个解都是通过将光纤分割成具有恒定双折射的小段得到的，双折射值是从一个明确定义的统计集中随机生成的。对于段长 $1\sim2$ m 和光纤随机性达到 $10^4\sim10^5$ 的情况，可以得到足够高的精度。在这里叙述的示范性计算是针对在 8.2.1 节标量情况下使用的约 1 km 色散位移光纤的，在计算中假设 $\alpha=0$，因为这种无损耗情况可以简化计算过程。随机双折射是用其值为 0.05 $ps/km^{\frac{1}{2}}$、0.1 $ps/km^{\frac{1}{2}}$ 和 0.15 $ps/km^{\frac{1}{2}}$ 的 PMD 参数来表征的。

8.2.2.1 增益和延迟限制的统计分析[①]

双折射光纤中 OPA 的增益限制是在给定波长下增益的最大值和最小值，在给定光纤的情况下，这是通过扫描光纤输入端的所有可能的相对偏振态而得到的。增益限制是从附录 B 中给出的总 OPA 增益表达式计算得到的。

图 8.4 所示的为在三个不同 PMD 值下得到的峰值增益的归一化经验概

[①] 英文原版只有 8.2.2.1 节，故本书也只有 8.2.2.1 节。

率分布函数(PDF)。图8.4(a)示出了增益的最大值,说明随着PMD值的升高,不但可得到的增益朝低值方向移动(正如由较低的参量效率所预测的),而且增益值的分布范围变窄。最小增益峰值点的PDF如图8.4(b)所示。对全部经过检验的PMD值,PDF的中心接近透明,而且它们的标准差随PMD值适度增大。

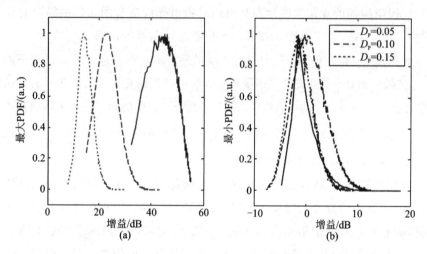

图8.4　(a)、(b)分别为当 D_p 值为 0.05 ps/km$^{\frac{1}{2}}$、0.1 ps/km$^{\frac{1}{2}}$和 0.15 ps/km$^{\frac{1}{2}}$ 时增益最大值和增益最小值的归一化经验概率分布函数

PMD也导致满足相位匹配条件的波长的变化,这一点如图8.5所示,图中给出了增益最大值和增益最小值光谱峰值波长的PDF,在两种情况下,峰值波长的偏差随PMD值的增加而增大。

得到增益最大值和最小值所需要的输入泵浦光和信号光之间的相对偏振角分别如图8.6(a)和8.6(b)所示。对于小PMD值,参量过程的相干性是通过平行偏振态效率最高和正交偏振态效率最低这个趋势表现出来的。PDF在PMD值较大时发生变化,最大增益和最小增益的最优值都朝45°偏移,并且分布范围变宽。

从解中还能得到最佳输入相对相位,其结果是对所有PMD值都是均匀分布的。

一根给定的光纤具有特定的双折射分布。对光纤的许多随机状态求解得到的结果取平均,可以得到增益限制的平均值,从而可以进一步推导出OPA的总体性能。平均增益限制谱如图8.7所示。

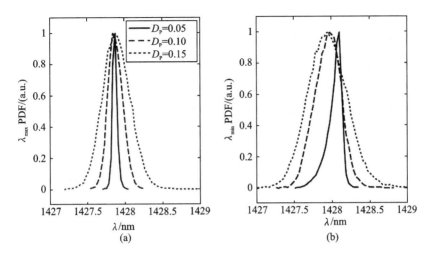

图 8.5　(a)、(b)分别为当 D_p 值为 0.05 ps/km$^{\frac{1}{2}}$、0.1 ps/km$^{\frac{1}{2}}$ 和 0.15 ps/km$^{\frac{1}{2}}$ 时对于增益最大值和增益最小值波长的归一化经验概率分布函数

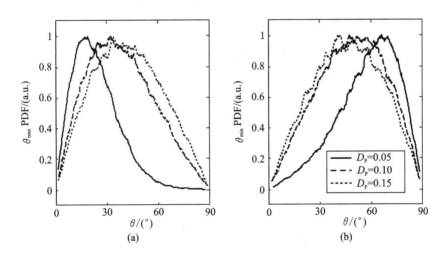

图 8.6　(a)、(b)分别为当 D_p 值为 0.05 ps/km$^{\frac{1}{2}}$、0.1 ps/km$^{\frac{1}{2}}$ 和 0.15 ps/km$^{\frac{1}{2}}$ 时对于增益最大值和增益最小值相对输入偏振角的归一化经验概率分布函数

　　从小 PMD 值可得到高增益水平,但是这会伴随着对输入偏振态的高敏感性。不同 PMD 值下最小平均增益值的变化范围相当小,与图 8.4 所示的一致。

　　类似的推测对图 8.8 所示的平均延迟谱有效,这些延迟值是分别在匹配

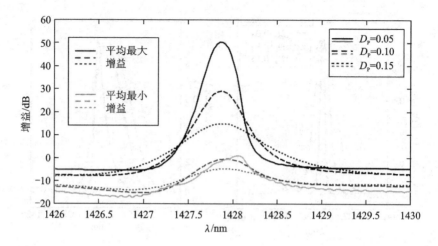

图 8.7　当 D_p 值为 $0.05 \ \mathrm{ps/km^{\frac{1}{2}}}$、$0.1 \ \mathrm{ps/km^{\frac{1}{2}}}$ 和 $0.15 \ \mathrm{ps/km^{\frac{1}{2}}}$ 时最大平均增益限制谱（黑）和最小平均增益限制谱（灰）

最小增益限制和最大增益限制的特定输入偏振态下计算得到的，在矢量模型中延迟计算过程详见附录 C。虽然这些不一定是延迟限制，但它们表示了双折射情况下 OPA 的平均延迟性能。PMD 的增加并不显著降低延迟，但是延迟的谱宽增加了。对于在此采用的 PMD 值，光谱变得足够大以支持宽带输入信号。

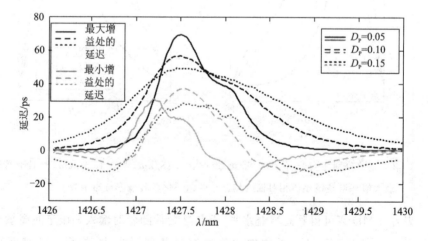

图 8.8　当 D_p 值为 $0.05 \ \mathrm{ps/km^{\frac{1}{2}}}$、$0.1 \ \mathrm{ps/km^{\frac{1}{2}}}$ 和 $0.15 \ \mathrm{ps/km^{\frac{1}{2}}}$ 时最大增益限制（黑）和最小增益限制（灰）的平均延迟谱

8.2.3　光纤 NB-OPA 中的平均 PMD 模型

8.2.2 节详细描述了随机双折射情况下 NB-OPA 的性能。本节简要介绍一种不同的方法,在这种方法中,OPA 的性能是通过对双折射的纵向变化以一种考虑到每种可能情况的方式取平均而估算得到的[15]。这种方法有许多计算上的优势,因为对双折射的随机纵向分布取平均可得到一组确定的(而不是随机的)更容易求解的微分方程。结果是对给定 D_p 值光纤平均性能的一个估计。

利用随机积分的 Ito 和 Stratonovich 解释[21]对随机双折射矢量 b 的纵向取平均用公式(见方程(8.20)和方程(8.21))表达。假设 b 为平均值为零和 δ 函数相关的三维高斯白噪声源[22]:

$$\overline{b(z)} = 0 \tag{8.22}$$

$$\overline{b(z_1) \cdot b^{\mathrm{T}}(z_2)} = \frac{1}{3}\frac{3\pi}{8}D_p^2 \underline{\underline{I}}\delta(z_1 - z_2) \tag{8.23}$$

为了得出平均增益谱,建立一组 6 个耦合方程来描述光波功率的传输和它们之间的各种相互作用:

$$\partial_z(P_p\overline{P_s}) = (-2\alpha + \eta_R)P_p\overline{P_s} + \eta_R\overline{V_s} + \eta_{NL}\overline{U_r} + \eta_R\overline{U_i} \tag{8.24}$$

$$\partial_z(P_p\overline{P_i}) = (-2\alpha - \eta_R)P_p\overline{P_i} - \eta_R\overline{V_i} + \eta_{NL}\overline{U_r} - \eta_R\overline{U_i} \tag{8.25}$$

$$\partial_z\overline{U_r} = -\left(2\alpha + \frac{1}{2}\eta_d\right)\overline{U_r} + \kappa\overline{U_i} + \eta_{NL}(P_p\overline{P_s} + P_p\overline{P_i}) + \eta_{NL}(\overline{V_s} + \overline{V_i}) \tag{8.26}$$

$$\partial_z\overline{U_i} = -\left(2\alpha + \frac{1}{2}\eta_d\right)\overline{U_i} - \kappa\overline{U_r} - \eta_R(P_p\overline{P_s} + P_p\overline{P_i}) - \eta_R(\overline{V_s} - \overline{V_i}) \tag{8.27}$$

$$\partial_z\overline{V_s} = -(2\alpha + \eta_d + \eta_R)\overline{V_s} + \eta_R P_p\overline{P_s} + \eta_{NL}\overline{U_r} + \eta_R\overline{U_i} \tag{8.28}$$

$$\partial_z\overline{V_i} = -(2\alpha + \eta_d - \eta_R)\overline{V_i} - \eta_R P_p\overline{P_i} + \eta_{NL}\overline{U_r} - \eta_R\overline{U_i} \tag{8.29}$$

除两个功率之外,方程(8.24)~方程(8.29)中的变量描述了光波之间的相互作用:$V_s = p \cdot y_s$,$V_i = p \cdot y_i$ 和 $U = U_r + jU_i = 2j\chi_{s,p}\chi_{i,p}$,其中 $y_{s,i} = \langle Y_{s,i}|\sigma|Y_{s,i}\rangle$ 是信号光和闲频光的斯托克斯矢量,$p = \langle X_p|\sigma|X_p\rangle$ 是泵浦光的斯托克斯矢量。方程(8.24)~方程(8.29)中的上划线表示适当的平均值。为了简单起见,有效非线性系数 γ_e 与著名的拉曼增益和相位系数一起定义:

$$\gamma_e \triangleq \frac{8}{9}\gamma_K = (1-f)\gamma \tag{8.30}$$

$$\gamma f\chi_R(\Omega_s) \equiv \psi_R^s - j\frac{g_R^s}{2} \tag{8.31}$$

与 PMD 参数 D_p 一起,这些系数决定了方程(8.24)～方程(8.29)的传输参数,描述了 PMD、拉曼增益和非线性相移的贡献:

$$\eta_d = \frac{1}{3}\frac{3\pi}{8}\Omega_s^2 D_p^2 \tag{8.32}$$

$$\eta_R = \frac{g_R^s}{2}P_p \tag{8.33}$$

$$\eta_{NL} = (\gamma_e + \psi_R^s)P_p \tag{8.34}$$

最后,三个相互作用的光波之间的净相位失配是

$$\kappa = \beta_s + \beta_i - 2\beta_p + 2(\gamma_e + \psi_R^s)P_p \tag{8.35}$$

　　在有损耗的光纤中,泵浦功率按照 $\partial_z P_p = -\alpha P_p$ 变化,方程(8.24)～方程(8.29)只能数值求解;在零损耗情况下,这些方程变为简单的常系数常微分方程,能够解析求解。

$$\partial_z \underline{r} = \underline{\underline{M}}\,\underline{r} \tag{8.36}$$

式中:常矢量 $\underline{r}$ 和矩阵 $\underline{\underline{M}}$ 定义为

$$\underline{r} = [P_p\overline{P}_s, P_p\overline{P}_i, \overline{U}_r, \overline{U}_i, \overline{V}_s, \overline{V}_i]^T \tag{8.37}$$

$$\underline{\underline{M}} = \begin{bmatrix} \eta_R & 0 & \eta_{NL} & \eta_R & \eta_R & 0 \\ 0 & -\eta_R & \eta_{NL} & -\eta_R & 0 & -\eta_R \\ \eta_{NL} & \eta_{NL} & -\frac{1}{2}\eta_d & \kappa & \eta_{NL} & \eta_{NL} \\ -\eta_R & \eta_R & -\kappa & -\frac{1}{2}\eta_d & -\eta_R & \eta_R \\ \eta_R & 0 & \eta_{NL} & \eta_R & \eta_R - \eta_d & 0 \\ 0 & -\eta_R & \eta_{NL} & -\eta_R & 0 & -\eta_R - \eta_d \end{bmatrix} \tag{8.38}$$

　　在零损耗情况下,8.2.2 节中的平均增益谱与平均方程组(8.36)的解之间的比较如图 8.9 所示。后者考虑了平行的泵浦光和信号光输入偏振态,而前者描述了最佳输入偏振态,正如 8.2.2 节中所讨论的。三个 PMD 值在泵浦功率和波长分别为 5 W 和 1534.95 nm 的情况下进行了比较,其中黑线表示可得到的平均最大增益,灰线表示在平行的输入偏振态下平均方程组的解。

　　对于全部三种情况,这两个解很接近。PMD 对增益的影响很大,最大 PMD 值的峰值增益比相应的最小 PMD 值的峰值增益低 40 dB 左右。

　　因为对每一种可能的双折射分布都要取平均,这个模型代表一种假想的平均光纤。对变矢量(见式(8.37))的值进行仔细检验揭示,只有相对偏振态

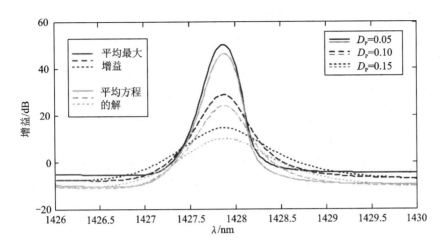

图 8.9　当 D_p 值为 0.05 ps/km$^{\frac{1}{2}}$（实线）、0.1 ps/km$^{\frac{1}{2}}$（虚线）和 0.15 ps/km$^{\frac{1}{2}}$（点线）时的增益谱

输入角（嵌入 V_s）是重要的,而且在输入光波的偏振态相同的情况下可得到最佳增益。对于特定双折射分布情况而言这自然是不正确的。计算得到的平均增益谱如图 8.10 所示,平均增益谱对输入偏振态的敏感度随着最大增益限制和最小增益限制之间的差别几乎消失而没有保持。

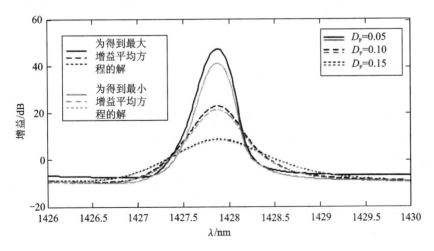

图 8.10　平均方程的最大和最小增益谱

　　虽然如此,平均光纤增益谱的形状（对平行的偏振态而言）近似于图 8.9 所示的平均最大增益谱。这样,平均方程利用显著简化的计算,为估计工作在

最佳条件附近的 OPA 的性能提供了一种工具。

8.2.4 传输参数的纵向变化效应

光纤制造中的缺陷使所有光纤特性都会产生纵向变化[23]。因为 NB-OPA 的特性对线性和非线性传输参数的空间分布极为敏感,所以它们可以作为高精度提取参数分布的高效工具,而且,空间变化的存在也提高了 NB-OPA 特性的可预测性。

大多数已知的参数提取技术[23][24]只能确定 λ_0 的变化,并不能提供几米量级的空间分辨率,而这对 NB-OPA 是非常重要的。因为 NB-OPA 在 100 nm 或者更高的大信号-泵浦失配量下工作,除 λ_0 之外,需要估算整个色散函数和非线性传输参数,如有效模场面积(A_{eff})的变化。

8.2.4.1 唯一性与空间分辨率

从测得的 OPA 效率谱估算传输参数的分布是一个复杂的非线性逆问题,很难保证一个可能解的唯一性,而且获得一个可实现的空间分辨率的范围极为困难,特别是当这个问题是用 8.2.2 节介绍的烦琐的数学架构来表述的话,更是如此。为了解决这个问题,可以使用一个更为简单的表述。无损耗介质 OPA 的效率可以用放大的输出强度来表达:

$$I(\lambda_p) \propto \left| \int_0^L \mathrm{d}z \, \exp\left\{ \mathrm{i}\int_0^z \Delta\beta_{\lambda_p}(z')\mathrm{d}z' \right\} \right|^2 \tag{8.39}$$

展开 $\Delta\beta_{\lambda_p}$ 使我们可以将式(8.39)巧妙地处理为某些相位唯一函数 $\exp(\mathrm{i}\varphi(z))$ 的傅里叶变换绝对值的平方相似的表达式,知道 $\exp(\mathrm{i}\varphi(z))$ 就容易确定参数分布。

如此,这个问题就等同于找到函数 $\varphi(z)$,这就需要在只给定变换的绝对值(λ_p 相关参量增益)的情况下进行逆傅里叶变换。这一逆变换的唯一性并不能得到保证,除非是在函数 $\varphi(z)$ 有解析表达式和低损耗介质的非常特殊的情况下[25][26]。

在非线性逆变换问题的情况下,获得一个分辨率范围是非常具有挑战性的。然而,通过考虑一个相近的线性问题及其相应的逆变换,可以对分辨率范围进行很好地估计。

傅里叶变换公式仅对 λ_p 附近有效,因为要求变换核(指数形式)的自变量是变换变量(λ_p)的线性函数。从傅里叶变换的观点,估算结果对这样的跨距 Δz 很敏感,它引起大多数遥远的自变量值(属于大多数光谱远程泵浦波长)达到 2π 的差值。NB-OPA 的大失谐量使得几米量级的极高分辨率成为可能。

8.2.4.2　估算程序

估算程序假设每个参数 $\alpha(z)$ 都受到形式为 $\alpha(z)=\alpha_0+\Delta\alpha(z)$ 的微扰,这里 α_0 是平均值,$\Delta\alpha(z)$ 是沿光纤长度可确定的偏差。每个传输参数的偏差都假设为 z 的连续函数,这样 $\Delta\alpha(z)$ 就能够在有限域内(长度为 L 的光纤)利用正交基元函数展开[23]。假定只存在长程变化,级数就能被缩短。用切比雪夫函数作为基函数能够得到数量相对较少的展开系数,从而达到很好的结果。

得到一组展开系数,就可能计算光纤(D_p 已知)的平均性能。计算程序集中在为每个与测量的参量增益谱最匹配的参数找到一组优化系数。

参量效率受色散参数的影响,也受非线性参数空间不均匀性的影响。我们目前的程序并未假定沿光纤长度方向非线性是恒定的,其他已知的方法也是如此[23][24],所以我们能够估计非线性参数的分布。优化过程可以估算出线性参数 $\Delta\lambda_0(z)$、$\beta_3(z)$、$\beta_4(z)$ 和 $A_{eff}(z)$ 的分布,这些参数描述了非线性参数的扰动。

估算程序用一个优化问题表述出来,它需要适合于高维度问题的方法。其中有一种被称为粒子群优化的基因优化算法[27],它通过少数迭代就能有效覆盖解空间,每次迭代只需要很少的解。

8.2.4.3　结果

作为一个例子,我们介绍 200 m 和 1 km 长 DSF 的参数分布提取过程。图 8.11(a)所示的圆圈表示测量 200 m 长 DSF 的参量增益谱,在当前情况下,使用了能够得到的增益最大值的频谱,从而可以采用方程(8.24)～方程(8.29)的平均方程组。算法从某一随机分布开始,运行一定数量的迭代。整个运算过程重复事先确定的次数以便测试其收敛性。

将这个频谱作为估算程序的输入,计算出四个参数的分布,其中一个 $\Delta\lambda_0(z)$ 与收敛性的标准差一起示于图 8.11(b)中。图 8.11(a)中的实线表示在考虑全部四个参数分布情况下通过计算得到的增益谱,平均拟合差异非常小,这就证明了提取程序的精度。

第二个例子是关于 1 km 长 DSF 的,如图 8.12 所示。测量和计算的参量增益和四个估算的平均参数分布 $\Delta\lambda_0(z)$、$\beta_3(z)$、$\beta_4(z)$ 和 $A_{eff}(z)$ 分别示于图 8.12(a)和 8.12(b)。

利用 1 km 长 DSF 的提取参数(见图 8.12)修正全部计算得到的 NB-OPA 的特征值。例如,在 $D_p=0.05~\mathrm{ps/km^{\frac{1}{2}}}$ 情况下,增益最大值的归一化分布和产

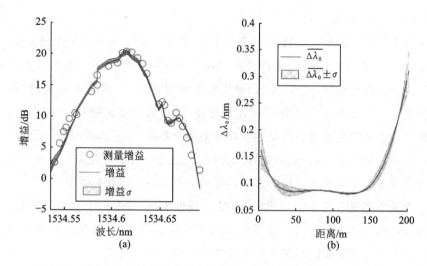

图 8.11 　(a)参量增益的测量值和计算值;(b)估算得到的 λ_0 的分布情况

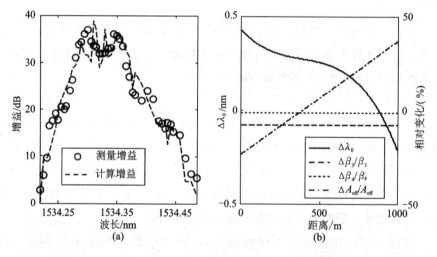

图 8.12 　(a)参量增益测量值;(b)1 km 长 DSF 的参数分布

生最大相位匹配的波长的归一化分布如图 8.13 所示,而不是如图 8.4 和图 8.5所示的概率分布函数曲线。

当 PMD 值变大时,分布传输参数的影响是一样的。也就是说,分布传输参数使可能的增益值的范围变窄,并降低了平均增益值。同时,它显著拓宽了波长的分布范围,以保证实现最大相位匹配。

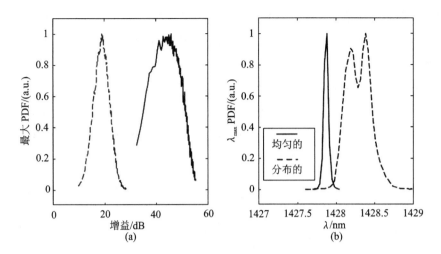

图 8.13　(a)、(b)分别为对于 D_p 值为 $0.05\ \mathrm{ps/km^{\frac{1}{2}}}$ 的 1 km 长 DSF,当满足相位匹配条件时增益和波长的归一化经验概率分布函数

8.3　实验结果

本节介绍几个实验结果,以证明 NB-OPA 慢光介质的宽带特性,以及使高比特率数字数据发生延迟的能力。经过对比,实验结果与计算结果极为相符,从而突出了 8.2 节所提出的综合模型的有效性和精确预测慢光和快光系统性能的需要。

图 8.14 所示的实验装置用于表征 NB-OPA 慢光介质各个方面的性能。

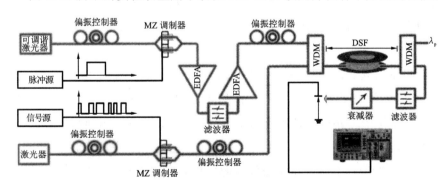

图 8.14　NB-OPA 实验装置

实验所用的高泵浦功率是通过对低占空比脉冲信号源进行放大得到的。

泵浦光与信号光合束,共同在 DSF 中传输。信号在输出端被滤出,并用高速探测器和取样示波器进行测量。与泵浦脉冲相遇并经历了延迟的那部分信号流容易被识别出来。

首先显示的是在 1 km 长 DSF 中能够得到的最大值增益谱和最小值增益谱。在图 8.15 中,这些结果与基于 8.2 节所介绍的模型而得到的理论预测值进行了比较,该模型使用了 8.2.4 节所述光纤参数分布的估计值。PMD 参数取 $D_p = 0.06 \text{ ps/km}^{\frac{1}{2}}$,泵浦功率为 5 W。

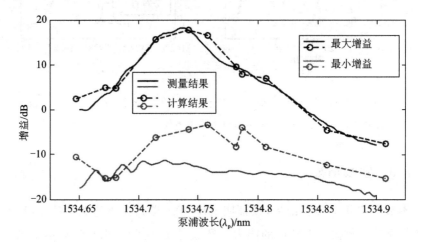

图 8.15 偏振相关增益的测量值和计算平均值

测量谱是通过在每个泵浦波长处和对全部可能的输入偏振态进行扫描,并记录得到的增益最大值和最小值而测得的。测量的和计算的最大值增益谱非常相符,而最小值增益谱则有差异,这个差异是由于计算中所使用的参数分布仅依赖于最大值增益谱。

对单脉冲传输的研究是通过将单脉冲在 200 m 长 DSF 中延迟 70 ps 进行的。图 8.16 比较了线性传输(关断泵浦)和在两个 OPA 增益水平下的延迟脉冲,当增益为 10.3 dB 时,延迟为 8.4 ps;而当增益为 38.5 dB 时,延迟量增加到 12.3 ps。

延迟脉冲通过求解全部光场包络的传输方程而被理论再现,求解过程包含了提取的参数分布。计算采用了分步傅里叶变换(SSFT)算法[28]。这个例子中的延迟量是适中的,因为使用了短光纤;但是计算得到的预测值,如图中的空心方块所示,与测量值完全相符。

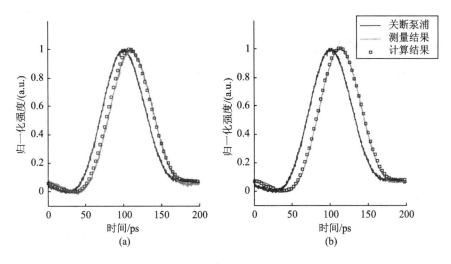

图 8.16　200 m 长 DSF 中 70 ps 脉冲的延迟：(a)$G=10.3$ dB；(b)$G=38.5$ dB

图 8.17 描述了非归零(NRZ)调制格式的 10 Gb/s 数字数据的性能，可以看到一个时域痕迹(见图 8.17(a))和相应的眼图(见图 8.17(b))，两者都是在基于 2 km 长 DSF 的 NB-OPA 的输出端测量的。线性传输信号作为参考示于图中，实现了约 130 ps 的延迟，失真非常小。

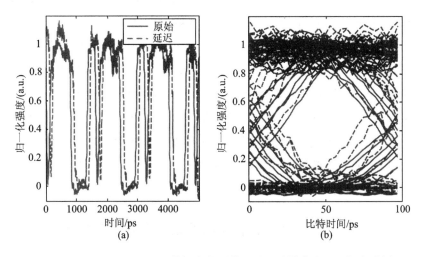

图 8.17　(a)10 Gb/s NRZ 数据流的原始和延迟时域痕迹；(b)相应眼图

在 1 km 长 DSF 中的一部分 NRZ 数据流的线性和延迟传输如图 8.18(a)所示，在这种情况下测得的延迟为 55 ps。用 SSFT 法计算得到的模拟延迟脉冲序列在图中用空心方块表示，与测量脉冲的每个细节都符合得非常好。

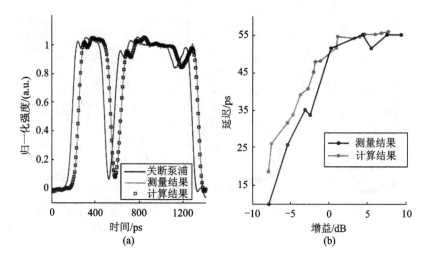

图 8.18　(a)10 Gb/s NRZ 数据流的一部分；(b)测量的延迟与参量增益的关系

因为所有慢光系统都会使信号产生失真，精确定义延迟值就非常重要。对于简单脉冲，了解附录 A 和附录 C 介绍的重心的位移就足够了。然而，对于随机数据流，可能会产生模式效应导致的失真，这就需要更加精确的测量。一个有用的延迟测量方法是进行优化取样点的时域移动，以得到最大的眼图张开度，这是在标准通信中所广泛采用的准则[29]。

10 Gb/s 数据流的测量延迟量和模拟延迟量与参量增益的关系曲线如图 8.18(a)所示，图中所示延迟范围为 10～55 ps，理论预测与实验结果对大增益值非常吻合。在负增益区，测量结果中带有噪声，而且对优化取样点进行准确估算需要对许多比特取平均，而这又由于有限的统计系综而变得很困难。延迟在达到一个约 55 ps 的最大值后就恒定不变了。较大的增益值导致信号失真，脉冲前沿的延迟增加，而后沿的时域移动保持不变，因此，最佳取样点不变而延迟量得以保持。

附录 A　在各向同性光纤中群延迟的计算

在标量情况下，群延迟对相位响应的依赖关系可以用公式表述。它用来描述任何标量传输系统，并作为将在附录 C 中描述的在更复杂的矢量情况下群延迟计算的基础。

基本的延迟定义来源于场包络 $A(z,t)$ 时域形状的重心，当 $A(z,t)$ 越过

沿光纤的任意一点 z 时,定义矩量 t_z 为

$$t_z = \frac{\int t P(t) \mathrm{d}t}{\int P(t) \mathrm{d}t} = \frac{\int t |A(t)|^2 \mathrm{d}t}{\int |A(t)|^2 \mathrm{d}t} = -\frac{\mathrm{j} \int A^*(\omega)(\partial A(\omega)/\partial \omega) \mathrm{d}\omega}{\int |A(\omega)|^2 \mathrm{d}\omega} \tag{8.A.1}$$

最后的等式是根据帕塞瓦尔定理得到的,这里脉冲包络的傅里叶变换用 $A(\omega) = \int_{-\infty}^{+\infty} A(t) \mathrm{e}^{\mathrm{j}\omega t} \mathrm{d}t$ 表示。脉冲沿光纤传输经历的延迟可以适当表示为

$$\tau = -\frac{\mathrm{j} \int A_{\mathrm{out}}^* \partial_\omega A_{\mathrm{out}} \mathrm{d}\omega}{\int |A_{\mathrm{out}}|^2 \mathrm{d}\omega} + \frac{\mathrm{j} \int A_{\mathrm{in}}^* \partial_\omega A_{\mathrm{in}} \mathrm{d}\omega}{\int |A_{\mathrm{in}}|^2 \mathrm{d}\omega} \tag{8.A.2}$$

输入和输出包络通过一个线性时间不变(LTI)传递函数相联系,即 $A_{\mathrm{out}}(t) = h(t) * A_{\mathrm{in}}(t)$,这个传递函数的频率响应为 $H(\omega) = \sqrt{G(\omega)} \cdot \mathrm{e}^{\mathrm{j}\Phi(\omega)}$。

式(8.A.2)中的积分可以重新写为

$$\int A_{\mathrm{out}}^* \partial_\omega A_{\mathrm{out}} \mathrm{d}\omega = \int \left[G A_{\mathrm{in}}^* \partial_\omega A_{\mathrm{in}} + \left(\frac{1}{2} \partial_\omega G + \mathrm{j} G \partial_\omega \Phi \right) |A_{\mathrm{in}}|^2 \right] \mathrm{d}\omega \tag{8.A.3}$$

$$\int |A_{\mathrm{out}}|^2 \mathrm{d}\omega = \int G |A_{\mathrm{in}}|^2 \mathrm{d}\omega \tag{8.A.4}$$

式(8.A.2)中的分母都是纯实数,因此有

$$\mathrm{j} \int A_{\mathrm{in}}^* \partial_\omega A_{\mathrm{in}} \mathrm{d}\omega = -\int \mathrm{Im}[A_{\mathrm{in}}^* \partial_\omega A_{\mathrm{in}}] \mathrm{d}\omega \tag{8.A.5}$$

$$\mathrm{j} \int A_{\mathrm{out}}^* \partial_\omega A_{\mathrm{out}} \mathrm{d}\omega = -\int (G \mathrm{Im}[A_{\mathrm{in}}^* \partial_\omega A_{\mathrm{in}}] + G \partial_\omega \Phi |A_{\mathrm{in}}|^2) \mathrm{d}\omega \tag{8.A.6}$$

将式(8.A.5)和式(8.A.6)代入式(8.A.2)中,可以得到延迟的表达式。对于已知的输入频谱和特定的增益和相位响应,延迟为

$$\tau = \frac{\int (G \mathrm{Im}[A_{\mathrm{in}}^* \partial_\omega A_{\mathrm{in}}] + G \partial_\omega \Phi |A_{\mathrm{in}}|^2) \mathrm{d}\omega}{\int G |A_{\mathrm{in}}|^2 \mathrm{d}\omega} - \frac{\int \mathrm{Im}[A_{\mathrm{in}}^* \partial_\omega A_{\mathrm{in}}] \mathrm{d}\omega}{\int |A_{\mathrm{in}}|^2 \mathrm{d}\omega} \tag{8.A.7}$$

因为线性时不变传输光纤的假设在很多情况下都是成立的,式(8.A.7)对于任何输入频谱都成立。对于中心在载波频率 ω_c 附近的带宽很窄的输入频谱,可以做进一步的简化,它们可以近似为定义了增益和相位响应的连续波。在输入频谱的一个窄频率区间上积分可以用在一个 δ 函数上的积分 $\delta(\omega - \omega_c)$ 来近

似,由此得到式(8. A. 7)中积分的近似形式:

$$\int G|A_{in}|^2 d\omega \approx G(\omega_c)\int |A_{in}|^2 d\omega \qquad (8. A. 8)$$

$$\int (G\mathrm{Im}[A_{in}^* \partial_\omega A_{in}] + G\partial_\omega \Phi |A_{in}|^2)d\omega \approx G(\omega_c)\int \mathrm{Im}[A_{in}^* \partial_\omega A_{in}]d\omega$$
$$+ G(\omega_c)\frac{\partial \Phi}{\partial \omega}\Big|_{\omega_c}\int |A_{in}|^2 d\omega \qquad (8. A. 9)$$

代入式(8. A. 7)中,抵消相等的负项,可以得到窄带脉冲延迟的一个简单和直观的表达式:

$$\tau = \frac{\partial \Phi}{\partial \omega}\Big|_{\omega_c} \qquad (8. A. 10)$$

附录 B　双折射光纤增益的计算

我们可以检验输入和输出波包络的矢量模型,其中脉冲沿光纤的传输在频域中用 2×2 传递矩阵 $\underline{\underline{H}}(\omega)$ 描述,于是 $|A_{out}\rangle = \underline{\underline{H}}|A_{in}\rangle$。利用输入和输出功率的表达式,可以得到增益为

$$G = \frac{P_{out}}{P_{in}} = \frac{\langle A_{out}|A_{out}\rangle}{\langle A_{in}|A_{in}\rangle} = \frac{\langle A_{in}|\underline{\underline{H}}^\dagger \underline{\underline{H}}|A_{in}\rangle}{\langle A_{in}|A_{in}\rangle} \qquad (8. B. 1)$$

通常, $\underline{\underline{H}}$ 是一个复数矩阵,但是 $\underline{\underline{H}}^\dagger \underline{\underline{H}}$ 是厄米矩阵,可以用下面的形式表示[19]:

$$\underline{\underline{H}}^\dagger \underline{\underline{H}} = G_0 \underline{\underline{I}} + \boldsymbol{h} \cdot \boldsymbol{\sigma} \qquad (8. B. 2)$$

式中: G_0 是一个实数; $\underline{\underline{I}}$ 是单位矩阵; $\boldsymbol{h}$ 是斯托克斯空间中一个实三维矢量。

利用泡利自旋矩阵 $\boldsymbol{\sigma}_i$,将二维琼斯符号转换到三维斯托克斯空间:

$$\boldsymbol{\sigma}_1 = \begin{bmatrix} 1 & 0 \\ 0 & -1 \end{bmatrix}, \quad \boldsymbol{\sigma}_2 = \begin{bmatrix} 0 & 1 \\ 1 & 0 \end{bmatrix}, \quad \boldsymbol{\sigma}_3 = \begin{bmatrix} 0 & -j \\ j & 0 \end{bmatrix} \qquad (8. B. 3)$$

$$\boldsymbol{a} = \langle A|\boldsymbol{\sigma}|A\rangle = (a_1, a_2, a_3) \Leftrightarrow a_i = \langle A|\sigma_i|A\rangle \qquad (8. B. 4)$$

$$\boldsymbol{a} \cdot \boldsymbol{\sigma} = \begin{bmatrix} a_1 & a_2 - ja_3 \\ a_2 + ja_3 & -a_1 \end{bmatrix} \qquad (8. B. 5)$$

采用这个符号,利用斯托克斯空间中的实三维矢量可以描述二维圆偏振,而且,对于任意复数矢量 $|A_{in}\rangle$,可以证明

$$\langle A_{in}|\boldsymbol{h} \cdot \boldsymbol{\sigma}|A_{in}\rangle = \boldsymbol{h} \cdot \boldsymbol{\sigma}_{in} \qquad (8. B. 6)$$

于是,对于单位输入功率,任意输入偏振态的增益为

$$G = \langle A_{\text{in}} | \underset{=}{\boldsymbol{H}^{\dagger}} \underset{=}{\boldsymbol{H}} | A_{\text{in}} \rangle = G_0 + \boldsymbol{h} \cdot \boldsymbol{\sigma}_{\text{in}} \tag{8.B.7}$$

对厄米矩阵和自旋矩阵的特性进行详查[19],可获得最小和最大增益值。考虑到三维斯托克斯矢量 $\boldsymbol{a}$,式(8.B.5)形式的厄米矩阵具有实的和相反的本征值,以及适当的正交本征矢。正本征值等于 $|\boldsymbol{a}|$,它的本征矢平行于适当的二维琼斯矢量 $|A\rangle$。

$$(\boldsymbol{a} \cdot \boldsymbol{\sigma}) | A \rangle = |\boldsymbol{a}| \cdot | A \rangle \tag{8.B.8}$$

将这些特性应用于式(8.B.2),允许 $(\boldsymbol{h} \cdot \boldsymbol{\sigma})$ 的任意两个正交本征矢跨越任意输入偏振态:

$$| A_{\text{in}} \rangle = c_+ | H_+ \rangle + c_- | H_- \rangle \tag{8.B.9}$$

本征矢 $| H_+ \rangle$ 与正本征值 $|\boldsymbol{h}|$ 匹配,对于单位功率输入,我们有 $|c_+|^2 + |c_-|^2 = 1$。将式(8.B.9)代入式(8.B.6)中,可以得到

$$\boldsymbol{h} \cdot \boldsymbol{a}_{\text{in}} = (|c_+|^2 - |c_-|^2) |\boldsymbol{h}| \tag{8.B.10}$$

可获得的最小和最大增益值,以及对应的输入偏振态为

$$G_{\text{max}} = G_0 + |\boldsymbol{h}| \Leftrightarrow |A_{\text{max}} \rangle \propto |H_+ \rangle$$
$$G_{\text{min}} = G_0 - |\boldsymbol{h}| \Leftrightarrow |A_{\text{min}} \rangle \propto |H_- \rangle \tag{8.B.11}$$

附录 C　双折射光纤中的群延迟计算

双折射光纤中群延迟的计算从时间重心的定义入手:

$$t_z = \frac{\int t P(t) \mathrm{d}t}{\int P(t) \mathrm{d}t} = \frac{\int t \langle A(t) | A(t) \rangle \mathrm{d}t}{\int \langle A(t) | A(t) \rangle \mathrm{d}t} = -\frac{\mathrm{j} \int \langle A(\omega) | \frac{\partial}{\partial \omega} | A(\omega) \rangle \mathrm{d}\omega}{\int \langle A(\omega) | A(\omega) \rangle \mathrm{d}\omega}$$
$$\tag{8.C.1}$$

与标量情况类似,利用脉冲包络的傅里叶变换和帕塞瓦尔定理,可以得到群延迟为

$$\tau \stackrel{\Delta}{=} \frac{\int t \langle A_{\text{out}} | A_{\text{out}} \rangle \mathrm{d}t}{\int \langle A_{\text{out}} | A_{\text{out}} \rangle \mathrm{d}t} - \frac{\int t \langle A_{\text{in}} | A_{\text{in}} \rangle \mathrm{d}t}{\int \langle A_{\text{in}} | A_{\text{in}} \rangle \mathrm{d}t} \tag{8.C.2}$$

假设输入脉冲的频谱形状对输入场的两个分量都是常见的,导致

$$| A_{\text{in}}(\omega) \rangle = \tilde{A}(\omega) | a_{\text{in}} \rangle \tag{8.C.3}$$

输入频谱由标量函数 $\tilde{A}(\omega)$ 给出,输入偏振态由 $| a_{\text{in}} \rangle$ 给出,它是与频率无关的。

以类似的方式完成附录 A 描述的过程,并考虑到式(8.C.2)中的积分必须是实数,利用式(8.C.3)可得

$$\int \langle A_{in} \mid A_{in} \rangle dt = \frac{1}{2\pi} \int |\tilde{A}|^2 d\omega \tag{8.C.4}$$

$$\int t \langle A_{in} \mid A_{in} \rangle dt = \frac{1}{2\pi} \int \mathrm{Im}[\tilde{A}^* \partial_\omega \tilde{A}] d\omega \tag{8.C.5}$$

为了检验输出脉冲,利用在附录 B 中概述的传输模型,其中传递矩阵为 $\underline{\underline{H}}(\omega)$。

式(8.C.2)中的适当积分为

$$\int \langle A_{out} \mid A_{out} \rangle dt = \frac{1}{2\pi} \int \langle A_{in} \mid \underline{\underline{H}}^\dagger \underline{\underline{H}} \mid A_{in} \rangle d\omega \tag{8.C.6}$$

$$\int t \langle A_{out} \mid A_{out} \rangle dt = \frac{-j}{2\pi} \int (\langle A_{in} \mid \underline{\underline{H}}^\dagger \partial_\omega \underline{\underline{H}} \mid A_{in} \rangle + \langle A_{in} \mid \underline{\underline{H}}^\dagger \underline{\underline{H}} \partial_\omega \mid A_{in} \rangle) d\omega$$

$$\tag{8.C.7}$$

将式(8.C.3)代入式(8.C.6)和式(8.C.7)中,并保留式(8.B.7)中增益的符号,则被积函数的表达式变为

$$\langle A_{in} \mid \underline{\underline{H}}^\dagger \underline{\underline{H}} \mid A_{in} \rangle = |\tilde{A}|^2 (G_0 + \boldsymbol{h} \cdot \boldsymbol{a}_{in}) \tag{8.C.8}$$

$$\langle A_{in} \mid \underline{\underline{H}}^\dagger \underline{\underline{H}} \partial_\omega \mid A_{in} \rangle = \tilde{A}^* \partial_\omega \tilde{A} \cdot (G_0 + \boldsymbol{h} \cdot \boldsymbol{a}_{in}) \tag{8.C.9}$$

$$\langle A_{in} \mid \underline{\underline{H}}^\dagger \partial_\omega \underline{\underline{H}} \mid A_{in} \rangle = |\tilde{A}|^2 \langle a_{in} \mid \underline{\underline{H}}^\dagger \partial_\omega \underline{\underline{H}} \mid a_{in} \rangle \tag{8.C.10}$$

其中,$\boldsymbol{a}_{in} = \langle a_{in} \mid \boldsymbol{\sigma} \mid a_{in} \rangle$ 是与输入波 $|a_{in}\rangle$ 的偏振态匹配的斯托克斯矢量。只检验被积函数的虚部,式(8.C.7)转变成

$$\int t \langle A_{out} \mid A_{out} \rangle dt = \frac{1}{2\pi} \int \mathrm{Im}[|\tilde{A}|^2 \langle a_{in} \mid \underline{\underline{H}}^\dagger \partial_\omega \underline{\underline{H}} \mid a_{in} \rangle] d\omega$$

$$+ \frac{1}{2\pi} \int \mathrm{Im}[\tilde{A}^* \partial_\omega \tilde{A} \cdot (G_0 + \boldsymbol{h} \cdot \boldsymbol{a}_{in})] d\omega \tag{8.C.11}$$

以上表达式对任意输入脉冲频谱都成立,重心的延迟由下式给出:

$$\tau \approx \frac{\int \mathrm{Im}[\tilde{A}^* \partial_\omega \tilde{A} \cdot (G_0 + \boldsymbol{h} \cdot \boldsymbol{a}_{in})] d\omega}{\int |\tilde{A}|^2 (G_0 + \boldsymbol{h} \cdot \boldsymbol{a}_{in}) d\omega} + \frac{\int \mathrm{Im}[|\tilde{A}|^2 \langle a_{in} \mid \underline{\underline{H}}^\dagger \partial_\omega \underline{\underline{H}} \mid a_{in} \rangle] d\omega}{\int |\tilde{A}|^2 (G_0 + \boldsymbol{h} \cdot \boldsymbol{a}_{in}) d\omega} - \frac{\int \mathrm{Im}[\tilde{A}^* \partial_\omega \tilde{A}] d\omega}{\int |\tilde{A}|^2 d\omega}$$

$$\tag{8.C.12}$$

对于中心位于载波频率 ω_c 附近的窄输入频谱宽度,式(8.C.12)可以简化。如在附录 A 中一样,积分可以近似为在 ω_c 处 δ 函数的积分,于是式(8.C.12)简化为

$$\tau \approx \frac{\mathrm{Im}\left[\langle a_{\mathrm{in}}|\boldsymbol{H}^{\dagger}\partial_{\omega}\boldsymbol{H}|a_{\mathrm{in}}\rangle\big|_{\omega_{\mathrm{c}}}\right]}{(G_0+\boldsymbol{h}\cdot\boldsymbol{a}_{\mathrm{in}})\big|_{\omega_{\mathrm{c}}}} \tag{8.C.13}$$

将虚部展开并定义下面的矩阵,可以简化式(8.C.13)中的分母:

$$\boldsymbol{M} \triangleq \frac{1}{2j}\left[\boldsymbol{H}^{\dagger}\partial_{\omega}\boldsymbol{H}-(\partial_{\omega}\boldsymbol{H})^{\dagger}\boldsymbol{H}\right] \tag{8.C.14}$$

根据定义,$\boldsymbol{M}$是厄米矩阵,因此它可以用一个实标量和一个实三维矢量表示:

$$\boldsymbol{M}=M_0\boldsymbol{I}+\boldsymbol{m}\cdot\boldsymbol{\sigma} \tag{8.C.15}$$

这导致在双折射光纤中延迟的一个简单表达式,它对任意窄带输入脉冲频谱都成立。正如预期的,延迟取决于输入偏振态,当然也取决于载波频率:

$$\tau \approx \frac{M_0+\boldsymbol{m}\cdot\boldsymbol{a}_{\mathrm{in}}}{G_0+\boldsymbol{h}\cdot\boldsymbol{a}_{\mathrm{in}}} \tag{8.C.16}$$

📖 参考文献

[1] A. Hasegawa and W. F. Brinkman, Tunable coherent IR and FIR sources utilizing modulational instability, IEEE J. Quantum Electron. , 16(7), 694-697, 1980.

[2] R. H. Stolen and J. E. Bjorkholm, Parametric amplification and frequency conversion in optical fibers, IEEE J. Quantum Electron. , 18(7), 1062-1072, 1982.

[3] F. S. Yang, M. E. Marhic, and L. G. Kazovsky, CW fiber optical parametric amplifier with net gain and wavelength conversion efficiency > 1, Electron. Lett. , 32(25), 2336-2338, 1996.

[4] J. Hansryd, P. A. Andrekson, M. Westlund, L. Lie, and P. O. Hedekvist, Fiber-based optical parametric amplifiers and their applications, IEEE Sel. Top. Quantum Electron. Lett. , 8(3), 506-520, 2002.

[5] G. P. Agrawal, Nonlinear Fiber Optics, 2nd edn. , chap. 10. Academic, San Diego, CA, 1995.

[6] K. Inoue, Polarization effect on four-wave mixing efficiency in a single-mode fiber, IEEE J. Quantum Electron. , (28), 883-894, 1992.

[7] M. E. Marhic, K. Y. K. Wong, and L. G. Kazovsky, Wide-band tuning of the gain spectra of one-pump fiber optical parametric amplifiers, IEEE. J.

Sel. Top. Quantum Electron. ,10(5),1133-1141,2004.

[8] E. Golovchenko, P. V. Mamyshev, A. N. Pilipetskii, and E. M. Dianov, Mutual influence of the parametric effects and stimulated Raman scattering in optical fibers, IEEE J. Quantum Electron. , 26 (10), 1815-1820,1990.

[9] D. Dahan and G. Eisenstein, Tunable all optical delay via slow and fast light propagation in a Raman assisted fiber optical parametric amplifier: A route to all optical buffering, Opt. Express,13,6234-6249,2005.

[10] F. Vanholsbeeck, P. Emplit, and S. Coen, Complete experimental characterization of the influence of parametric four-wave mixing on stimulated Raman gain, Opt. Lett. ,28(20),1960-1962,2003.

[11] N. Bloembergen and Y. R. Shen, Coupling between vibrations and light waves in Raman laser media, Phys. Rev. Lett. ,12(18),504-507,1964.

[12] R. Stolen, J. P. Gordon, W. J. Tomlinson, and H. A. Haus, Raman response function of silica-core fibers, J. Opt. Soc. Am. B, 6 (6), 1159-1166,1989.

[13] A. Hsieh, G. Wong, S. Murdoch, S. Coen, F. Vanholsbeeck, R. Leonhardt, and J. D. Harvey, Combined effect of Raman and parametric gain on single-pump parametric amplifiers, Opt. Express, 15 (13), 8104-8114,2007.

[14] C. McKinstrie, H. Kogelnik, R. Jopson, S. Radic, and A. Kanaev, Four-wave mixing in fibers with random birefringence, Opt. Express,12(10), 2033-2055,2004.

[15] Q. Lin and G. P. Agrawal, Vector theory of stimulated Raman scattering and its application to fiber-based Raman amplifiers, J. Opt. Soc. Am. B, 20(8),1616-1631,2003.

[16] Q. Lin and G. P. Agrawal, Effects of polarization-mode dispersion on fiber-based parametric amplification and wavelength conversion, Opt. Lett. ,29(10),1114-1116,2004.

[17] A. Galtarossa, L. Palmieri, M. Santagiustina, and L. Ursini, Polarized backward Raman amplification in randomly birefringent fibers, J. Light-

wave Technol. ,24(11),4055-4063,2006.

[18] E. Shumakher, A. Willinger, R. Blit, D. Dahan, and G. Eisenstein, High resolution extraction of fiber propagation parameters for accurate modeling of slow light systems based on narrow band optical parametric amplification, in Proc. OFC, Anaheim, 2007, paper OTuC2.

[19] J. P. Gordon and H. Kogelnik, PMD fundamentals: Polarization mode dispersion in optical fibers, Proc. Natl. Acad. Sci. USA, 97 (9), 4541-4550,2000.

[20] D. J. Dougherty, F. X. Kartner, H. A. Haus, and E. P. Ippen, Measurement of the Raman gain spectrum of optical fibers, Opt. Lett. ,20(1), 31-33,1995.

[21] C. W. Gardiner, Handbook of Stochastic Methods. Springer-Verlag, Berlin,1990.

[22] M. Karlsson and J. Brentel, Autocorrelation function of the polarization-mode dispersion vector, Opt. Lett. ,24(14),939-941,1999.

[23] I. Brener, P. P. Mitra, D. D. Lee, D. J. Thomson, and D. L. Philen, High-resolution zero-dispersion wavelength mapping in single-mode fiber, Opt. Lett. ,23(19),1520-1522,1998.

[24] A. Mussot, E. Lantz, A. Durecu-Legrand, C. Simonneau, D. Bayart, T. Sylvestre, and H. Maillotte, Zero-dispersion wavelength mapping in short single-mode optical fibers using parametric amplification, Photon. Technol. Lett. ,18(1),22-24,2006.

[25] A. M. J. Huiser and H. A. Ferwerda, On the problem of phase retrieval in electron microscopy from image and diffraction pattern: II. On the uniqueness and stability, Optik (Stuttgart),46,407-420,1976.

[26] A. M. J. Huiser, P. van Toorn, and H. A. Ferwerda, On the problem of phase retrieval in electron microscopy from image and diffraction pattern: III. The development of an algorithm, Optik (Stuttgart), 47, 1-8,1977.

[27] J. Kennedy and R. Eberhart, Particle swarm optimization, in Proc. of the IEEE Int. Conf. on Neural Networks, Piscataway, NJ, pp. 1942-

1948,1995.

[28] O. V. Sinkin, R. Holzlöhner, J. Zweck, and C. R. Menyuk, Optimization of the split-step Fourier method in modeling optical-fiber communications systems, J. Lightwave Technol. ,21(1),61-68,2003.

[29] G. P. Agrawal, Fiber-Optic Communication Systems, 3rd edn. Wiley, New York,2002.

第9章
用受激布里渊散射实现慢光和快光——一种高度灵活的方法

　　光纤在现代光子系统中占据的优越位置稳定地激发了人们直接在这一接近完美的传输线上实现慢光和快光器件的研究兴趣,这潜在地为在大多数光传输系统实现无缝和灵活集成提供了关键优势。实现的主要障碍与构成光纤的石英高度无序的非晶特性,从而禁止窄带原子跃迁有关。在光纤中实现窄带增益或损耗的最有效的手段一直都是开发利用一种需要满足严格的相位条件的光相互作用,这可以通过利用材料的非线性光学响应来实现,这使能量从一个光波转移到另一个光波中成为可能。例如,在参量相互作用中观察到窄频率范围上的谐振耦合,这是以第三个光——闲频光的产生为条件的,以便满足相位匹配条件。得益于能量转移的光波实际上会经历线性增益,从而光速受到减慢,而能量耗尽的光波经历线性损耗,从而经历快光效应。

　　在观察到的全部参量过程中,石英中的受激布里渊散射(SBS)被证明是最有效的。在其最简单的结构中,两束在单模光纤中反向传输的光波通过在相互作用中起闲频光作用的纵向声波的电致伸缩激发能够实现耦合（Boyd，2003），这个激发只有当两个光波的频率差能产生与声波的拍频谐振时才高效。这个声波反过来在光纤纤芯中感应一个动态布拉格光栅，它将高频波的光衍射回到低频波的光中。图 9.1 所示的为 SBS 参量过程的简略描述。

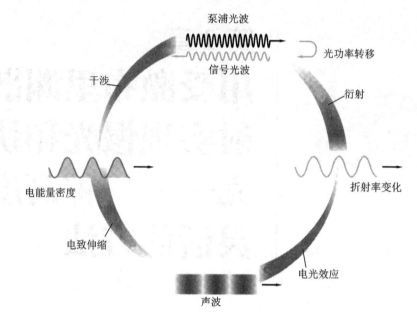

图 9.1　作为参量过程的 SBS 的示意图，它通过与闲频声波的相互作用耦合泵浦光波和信号光波。通过四种效应的连续实现（在图中是逆时针方向的连续），最终的能量转移是可能的

　　作为与光速和石英的长声子寿命（约 10 ns）相比慢声速（约 5800 m/s）的结果，相位匹配条件必须严格满足。只有当光波之间的频率差精确地设置在布里渊频移 ν_B 处时，才能产生高声波转换效率，出于光纤中的声速和光波长因素，这是很必要的。这种条件下，将导致非常窄带的谐振耦合，并转化为相互作用光波的窄带增益或损耗。在光纤中，当将这个增益或损耗分布表示成两束反向传输光波的频率差的函数时，它忠实地遵循洛伦兹分布，以布里渊频移 ν_B（在 $\lambda = 1550$ nm 处为 $10 \sim 11$ GHz）为中心，半极大全宽度（FWHM）为 30 MHz（Niklès 等，1997）。实际上，通过在光纤中传输被称为泵浦光的强单色光波，能够在任何平常石英单模光纤中非常有效地建立窄带放大和衰减。当信号光相对泵浦光反向传输时，如果其频率比泵浦光低 ν_B，它就会得到增

益;如果其频率比泵浦光高 ν_B,它就会被衰减。这种相互作用的窄带性使信号在增益情况下传输于慢光区,而在衰减情况下传输于快光区(Boyd and Gauthier,2002)。这种系统是高度灵活的,因为它能工作在任何波长处和几乎所有类型的单模光纤中。唯一的实际困难是对信号进行精确而稳定的频谱定位,相对泵浦光的频移必须精确到兆赫兹范围。

目前,已经找到能够克服这个困难的有效的实验解决方案。在光纤中实现的首个快光和慢光的实验演示是用 SBS 进行的(Okawachiet 等,2005;Song 等,2005)。考虑到频谱谐振的完美洛伦兹分布和对能够实现的实验条件的较好控制,这种方法证实了有效延迟是能够实现的,而且证明了它是一个验证描述慢光和快光理论模型有效性的优秀平台。特别是,在洛伦兹谐振情况下增益和延迟之间的关系 T 能够明确地建立起来(见第 3 章):

$$T=\frac{G}{2\pi\Delta\nu}, \quad G=g_0 I_p L_{eff} \tag{9.1}$$

式中: $\Delta\nu$ 是洛伦兹分布的半极大全宽度,Hz; g_0 是布里渊线性增益的峰值,m/W; L_{eff} 是光纤的有效长度,m; I_p 是泵浦强度,W/m²。

利用 $\Delta\nu$ 的标准值 30 MHz,由式(9.1)能够计算 1 ns/dB 增益的延迟,这个值是在首个实验演示中证实的(Song 等,2005)。这个关系还表明,延迟线性地依赖于非耗尽区的泵浦功率:这个性质对应用明显有利,甚至对模拟信号处理也很重要。当然延迟量不能无限制地扩大,因为对最大增益而言存在现实的限制,这一点稍后会进行讨论。

当带宽较窄时,SBS 能成为一个论证在光纤中慢光和快光可行性的有趣工具。然而,如果带宽很窄,SBS 延迟线对高速数据系统并不实用。近期的工作已经展示了 SBS 一个独一无二的特点:叠加许多频谱谐振的可能性,因此能够合成几乎所有可能的增益谱分布,这就使实验条件能够适合于几乎所有类型的信号,而且使前所未有的慢光和快光系统的实现成为可能。例如,处理多Gb/s 数据率的具有优化的增益谱分布且信号振幅不变的延迟线。

我们在这里按照复杂程度由低到高的顺序叙述慢光和快光不同的实现方式,从单一单色光泵浦的早期演示到更复杂的调制泵浦产生的增益谱,最后到最先进的多泵浦产生的组合增益和损耗谱。

9.1 单色光泵浦

式(9.1)表明,窄带谐振引起的延迟 T 仅依赖于总增益 G,从一个恒定的

乘积 $I_p \times L_{eff}$ 可得到相等的延迟。在标准的 SMF28 光纤中,通过 SBS 自然放大可得到 30 dB 增益,对于 1 km 的有效长度而言,需要 22 mW 泵浦功率;对非常长的光纤而言,如那些最大有效长度 $L_{eff} = \alpha^{-1}$ 被线性衰减 α 固定的光纤,泵浦功率甚至能够降低到低于 1 mW。

这表明,如果使用长度为千米量级的光纤,假设泵浦光和信号光的频谱宽度很好地包含在布里渊谐振的 25 MHz 谱宽范围内,那么在大小适中的泵浦功率下就能达到重要的增益。当工作在连续波(CW)发射时,单频半导体激光器的自然线宽就很容易满足这个条件。就信号而言,它的带宽需要远远小于 25 MHz,对应宽度超过 40 ns 的脉冲序列。

在利用 SBS 演示慢光时,主要实验难点在于确保泵浦光和信号光恰好分开约 11 GHz 的布里渊频移 ν_B,而且还得要求这个间隔必须保持兆赫兹量级的稳定性,以便使信号维持在 SBS 窄带谐振的中心。这就对使用截然不同的自由运转半导体激光器产生在相对的光纤端面入射的泵浦光和信号光,造成了实际上的困难。最早的两个关于光纤中慢光和快光的实验演示,都是基于 CW 泵浦的 SBS,它们是各自独立实现的,所以是使用了不同的技术来产生具有稳定频率差的泵浦光和信号光。

首个报道的实验演示是由瑞士的洛桑联邦理工学院实现的(Song 等,2005),它基于产生于单个激光光源、由马赫-泽德导波强度电光调制器(EOM)实现的边带调制技术。事先设定 EOM 的工作点,以使载波被压制,并只在存在上调制边带和下调制边带的情况下产生一个双频信号。这两个调制边带间的频率间隔等于加载在 EOM 电极上的正弦电信号频率的两倍,所以泵浦光和信号光都能够通过用其频率正好是布里渊频移 ν_B 一半的微波信号调制 EOM 而得到。这些光波就能够被光纤布拉格光栅这样的窄带滤波器分离并导入不同的光纤中。这项技术由 EPFL 团队在 20 世纪 90 年代发明,目前正广泛应用于许多布里渊分布光纤传感器结构中(Niklès 等,1997)。因为泵浦光和信号光都来自同一个激光光源,所以这项技术的优越性是提供了一个完全稳定的泵浦光-信号光频率差,这个频率差是由微波发生器固定的,并且能够进行精确调节以使信号光正好能够匹配布里渊谐振的中心。图 9.2 所示的为实验示意图,图中与环行器相连的光纤布拉格光栅用于分离泵浦光和可能的信号光通道。EPFL 团队能够用适中的泵浦功率在 11.8 km 标准光纤中得到高达 30 dB 的布里渊增益,实验观察到 100 ns 脉冲列的 0.97 ns/dB 的增益延迟,非常接近 1 ns/dB 的预测值。而且,实验结构容易调整以方便观察布里渊损耗区的快光。这是简单通过对激光频率进行细微改变而得到的,使得另一边带被光纤布拉格反射。每个边带的作用就交换了,低频边带起到泵浦光的作用。

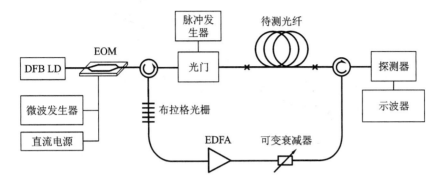

图 9.2　演示在光纤中用 SBS 实现的慢光和快光的 EPFL 实验装置图。泵浦光和信号光是由同一个分布反馈式(DFB)激光器发出的连续光波经一个微波发生器调制而产生的,这两束相互作用的光波用光纤布拉格光栅分离到不同的光纤通道中(经许可,引自 Song,K.-Y.,González Herráez,M.,and Thévenaz,L.,Opt. Express,13(1),82,2005.)

　　图 9.3 所示的为对于两类光纤,在慢光区和快光区测量的延迟量,其中 100 ns 脉冲从快光区的 -8 ns 持续延迟到慢光传输区的 32 ns。必须指出,色散位移光纤(DSF)表现出较小的每分贝增益延迟,这是由布里渊谐振更宽的线宽造成的,如式(9.1)所示。但是在 DSF 中,每分贝的放大(或损耗)所需的泵浦功率较低,因为这类光纤通常具有较小的纤芯面积,这样用相同的泵浦功率能够达到更高的强度,相应地,在短一半的光纤中就能够获得相同的延迟范围。

　　在同一年,美国纽约的康奈尔大学也报道了通过独立的工作获得的慢光延迟结果,他们用不同方法产生两个相互作用的光波(Okawachi 等,2005)。在这种情况下,也是用单个激光光源产生泵浦光和信号光,但是高频光波是从激光器直接产生的,而低频光波是通过将激光输入到一段不同的光纤中并收集放大自发布里渊辐射而产生的。这个过程产生了频率正好以布里渊频移下移的单色光,虽然有限线宽接近 10 MHz。一旦达到输入功率的临界值,输入光功率就能够完全转化为放大散射光功率。对于几千米长的光纤,输入光功率这个临界值在毫瓦量级,而且能够得到强烈的背向散射光并将其用于信

慢光科学与应用

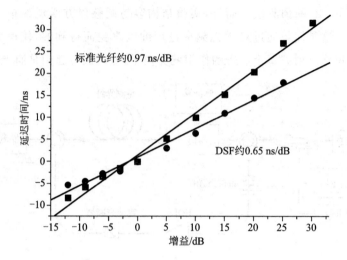

图 9.3　用图 9.2 所示结构在标准单模光纤（方块）和色散位移光纤
（圆点）情况下脉冲延迟随布里渊增益的变化。在增益情况下
脉冲被延迟，而在损耗结构中被加速（经许可，引自 Song,
K.-Y.,González Herráez,M.,和 Thévenaz,L.,Opt. Express,
13(1),82,2005.）

号光的产生。这种方法的优势在于减少了用于产生两个相互作用光波的器件
和设备的数量,易于在不同光纤中进行无滤波分离。这个简化反过来要求用
于产生信号光和进行延迟部分的光纤是完全相同的且处于相近的条件(温度、
应变)下以保证它们具有相同的布里渊频移 ν_B。放大自发辐射也能够表现出
功率和频率波动,从而损坏信号的纯度。

　　康奈尔大学的团队研发的实验结构如图 9.4 所示。63 ns 脉冲的延迟量
可从14 ns 变化到 25 ns,如图 9.5 所示。对于 48 dB 布里渊增益得到了最大延
迟,斜率因子达 0.52 ns/dB。利用他们文章中的模型,作者计算了布里渊谐振
的有效线宽为 70 MHz,比 25 MHz 的标准值大得多。可能的原因是延迟光纤
糟糕的均匀性导致信号光频率与布里渊谐振之间可能出现失配,以及放大自
发布里渊辐射使信号光频谱展宽。这个团队还利用更短的 15 ns 脉冲进行了
一项有趣的实验,如图 9.5 所示,他们得以首次从光纤中得到超过一个脉冲宽
度的延迟量,更准确地说,是 1.3 的分数延迟,这个分数延迟超过了使用慢光
的无失真的分数延迟大约 1 的极限,正如预测所言,实验结果中存在较严重的
失真。这种方法只在慢光情况下进行了演示,但是通过用放大自发布里渊辐

射作为泵浦光,也肯定能够在快光情况下进行演示。

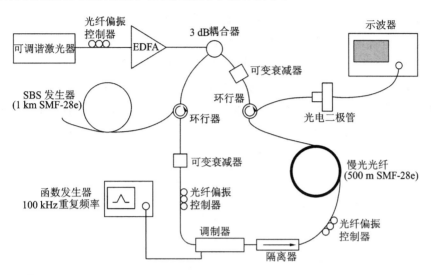

图 9.4　康奈尔大学演示利用光纤中的 SBS 实现慢光和快光的实验装置,其中泵浦光和
　　　　信号光产生于用一段 1 km 长光纤作为 SBS 发生器的单个激光光源(经许可,引
　　　　自 Okawachi,Y. et al. ,Phys. Rev. Lett. ,94,153902,2005.)

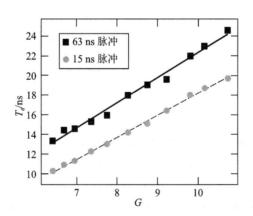

图 9.5　使用图 9.4 中的康奈尔大学实验装置产生的延迟随布里渊增益参
　　　　数 G 的变化曲线,输入斯托克斯脉冲分别有 63 ns 宽(方块)和 15 ns
　　　　宽(圆点)(经许可,引自 Okawachi,Y. et al. ,Phys. Rev. Lett. ,94,
　　　　153902,2005.)

　　能够达到的最大延迟是由充分放大热散射光子以使它们的功率能够与泵
浦光功率相当的增益所固定的。一个简单的模型表明,这种情况对于总增益

91 dB(或 e^{21})是能够达到的(Smith,1972),这意味着理论上用 SBS 能够产生高达 90 ns 的延迟。在真实情况中,伪反射表明,如果没有强放大自发信号遮蔽脉冲序列,很难实现高于 40 dB 的增益。这种情况能够通过在级联的延迟光纤之间插入频谱中性衰减器来避免,以这种方式,衰减器就消除了延迟光纤段中信号所经历的增益,但是没有由它们的宽带响应所预期的延迟效应。所以,当信号光和放大自发辐射光的振幅得益于插入的衰减器而保持在一个适度的水平上时,延迟就在每段光纤中累积。这个方案用四个级联延迟段进行了实际演示,每段产生与 40 dB 增益相联系的 40 ns 最大延迟(Song 等,2005)。40 ns 输入脉冲在实验中实现了 152 ns 总延迟,对应 3.6 的分数延迟量,如图 9.6 所示。然而,正如理论所预测的,对于最大延迟,脉冲经历了非常明显的展宽,展宽因子达 2.4。

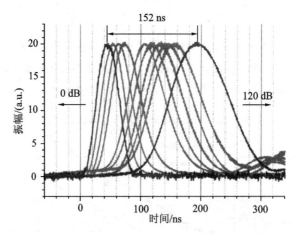

图 9.6　通过四段级联光纤传输后 40 ns 脉冲的时间演化,其中级联光纤被频谱中性衰减器隔开以保持适当的信号振幅。增益从 0 连续变化到 120 dB(相当于无衰减的值)以达到光纤中创纪录的 152 ns 延迟,对于这么大的分数延迟(3.6),脉冲经历了很大的展宽(经许可,引自 Song,K.-Y.,González Herráez,M.,and Thévenaz,L.,Opt. Express,13(1),82,2005.)

　　虽然在这些开创性实验中获得了令人印象深刻的延迟,但是它们是在几千米长光纤中得到的,而且这些延迟只是沿光纤的传输时间的一小部分。对应的群折射率变化 ΔN_g 在 $10^{-3} \sim 10^{-2}$ 区间,绝对群速度的变化仅是最低限度的,与在原子介质中得到的令人吃惊的结果相差很大。对于 SBS 实现的不同增益,图 9.7 所示的为群折射率变化随实际实现增益的光纤长度而变化的函数关系曲线,该图表明对于 30 dB 增益,单位量级的折射率变化有可能在大约 4 m 长的光纤中出现,但是这样的增益只能用大约 10 W 的泵浦功率实现。这是由瑞士洛桑联邦理工学院(EPFL)的团队实验实现的,他们演示了在 2 m 长光纤中将信号速度降低到 71000 km/s,对应群折射率 4.26(González Herráez 等,2005)。通过使用与信号脉冲同步的长泵浦脉冲获得高泵浦功率,在信号传输过程中对延迟光纤形成均匀泵浦。这个团队基本采用了与他们最初用长光纤进行慢光演示时相同的实验结构。

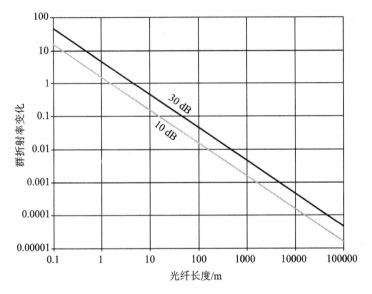

图 9.7　对于标准单模光纤中两个典型的增益值,群折射率改变随用来实现 SBS
　　　　增益的光纤长度的变化。通过按比例地增加泵浦功率,可以在较短的光
　　　　纤中保持高增益

使用相同的装置,EPFL 团队能够用布里渊损耗过程在快光结构中大大加速信号,能够达到超光速传输区,也就是说群速度超过了真空光速。实验获得了 14.4 ns 的最大超前,与之相对照的是 2 m 光纤中 10 ns 的正常传输时间。这是负群速度的情况,照字面理解,这意味着信号的主要特征在进入光纤之前就离开了它。这一点实际上可用图 9.8 来形象化地说明,我们可以清楚地看到脉冲的峰值同时出现在光纤输入端和输出端,这种情况当然只有在以脉冲前沿的整形为代价来满足由信息传递的因果性和相对性给出的所有原理时是可能的。这些结果首次证明负群速度能够真正从光纤中得到。

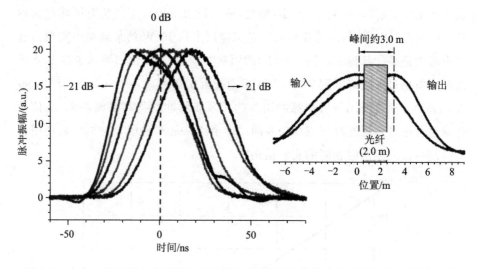

图 9.8   在 2 m 长光纤中由不同的 SBS 增益/损耗引起的脉冲的时域演化,群折射率从
         −0.7 变化到 4.26。插图比较了正常条件下传输的脉冲(0 dB 增益)和最超前
         脉冲(12 dB 损耗)各自的位置,证明了此时脉冲在进入光纤之前其峰已经离开
         光纤,这种情况对应负群速度,光纤长度用阴影区域表示

在短光纤中实现延迟的能力不仅是一种科学好奇,而且有着重要的实际
影响,因为延迟的重构时间是基于沿延迟光纤的传输时间的。总增益主要是
由泵浦功率和光纤长度的乘积得到的,所以,缩短光纤就需要以相同比例提高
泵浦功率以保持增益不变,继而延迟不变。使用许多瓦的泵浦功率限制了慢
光延迟的实用性,人们已经展开实质性研究工作来利用具有更大的自然布里
渊增益的材料制作光纤。第一个进展是由英国南安普敦大学报道的,他们使
用了氧化铋光纤(Jáuregui Misas 等,2007)。这项改进很重要,因为他们能够
在 2 m 光纤中只用 400 mW 泵浦功率就使群速度降至原来的 1/5。使用 As_2
Se_3 硫化物光纤的效率甚至更高,仅用 60 mW 泵浦功率就在 5 m 光纤中实现
了 46 ns 延迟(Song 等,2006)。作者引入了一个简单的品质因数来对不同类型
光纤的延迟潜力进行对比,这个对比表明,硫化物光纤的品质因数比氧化铋光
纤的大 4 倍,比标准石英光纤的大 110 倍。这个品质因数可以简单解释如下:
在泵浦功率相同的情况下,利用 1 m 硫化物光纤与 4 m 氧化铋光纤或 110 m
标准石英光纤得到的延迟相同。当然,使用这样的异种玻璃光纤仅对短延迟
段才有意义,因为它们的线性衰减通常远远超过石英光纤。

9.2 调制泵浦

在若干一般假设下,从信号的角度可以将 SBS 描述成一个线性系统,这是 SBS 一个非常有趣的特性。在这个线性系统中,泵浦和信号光场分别用它们的复振幅场 A_p 和 A_s 表示,它们之间的相互作用和复振幅为 ρ 的声材料密度波由一组三个在时间 t 和位置 z 的耦合微分方程支配(Agrawal,2006):

$$\left.\begin{array}{l} \dfrac{\partial A_p}{\partial z} - \dfrac{n}{c}\dfrac{\partial A_p}{\partial t} = \dfrac{\alpha}{2}A_p + \mathrm{i}\kappa\rho A_s \\[3mm] \dfrac{\partial A_s}{\partial z} + \dfrac{n}{c}\dfrac{\partial A_s}{\partial t} = -\dfrac{\alpha}{2}A_s - \mathrm{i}\kappa\rho^* A_p \\[3mm] \dfrac{\partial \rho}{\partial t} + \dfrac{\Gamma}{2}\rho = -\mathrm{i}\Lambda A_p A_s^* \end{array}\right\} \tag{9.2}$$

式中:n 是折射率;c 是真空光速;α 是光的线性衰减;Γ 是声衰减率。

布里渊耦合系数 κ 和 Λ 分别表示光弹效应和电致伸缩效应。

如果振幅的任何变化在比声衰减时间大得多的时间尺度上有效,则这个稳态可以通过将所有关于 t 的导数设为零来进行描述,因此可得密度 ρ 的解为

$$\rho = -2\mathrm{i}\frac{\Lambda}{\Gamma}A_p A_s^* \tag{9.3}$$

这个近似解简单地假设声波能够瞬间适应光场的任何变化。进一步假设泵浦光场比信号光场强得多,而且其振幅并没有通过相互作用(非耗尽区)而明显改变,则方程(9.2)中控制信号光振幅的方程在插入式(9.3)后可写为

$$\frac{\partial A_s}{\partial z} = \frac{1}{2}\left[g_B |A_p|^2 - \alpha\right]A_s \tag{9.4}$$

其中,$g_B = 4\kappa\Lambda/\Gamma$ 是通常的布里渊增益系数,而且当泵浦光与信号光之间的频率差等于布里渊频移 ν_B 时呈现出洛伦兹分布峰。如果可以假设泵浦光不随位置 z 变化,方程(9.4)就是信号振幅 A_s 方程的简单线性变换。实际上,这意味着信号中每个频率成分的变换能够作为单色波各自独立计算出来,然后重组以得到整体信号变换。方程(9.4)还表明泵浦光的相位对信号变换没有影响,声波引入的正弦折射率微扰瞬间适应泵浦光和信号光之间的任何相位变化。

如果泵浦光被调制,它的复振幅 A_p 可以展开成其各个频率成分:

$$A_p = A_{po}\int_{-\infty}^{+\infty} F(f)\,\mathrm{d}f, \quad \int_{-\infty}^{+\infty} |F(f)|^2\,\mathrm{d}f = 1 \tag{9.5}$$

通过频谱分解,将被调制的泵浦光视为一组单色光波,每个单色光波在与

信号光拍频时都会产生自己的声波。由于它们的振荡性质,泵浦频谱各成分之间的交叉拍频项可以忽略,因为它们对方程(9.2)右边项的信号增长过程的贡献效率很低。每个泵浦频谱成分的联合效应可以用一个由本征布里渊增益 g_B 与泵浦功率谱的卷积计算得到的有效布里渊增益谱分布 g_B^{eff} 来表示,这样对于调制泵浦光方程(9.4)可以简单表达为

$$\frac{\partial A_s}{\partial z} = \frac{1}{2}\left[g_B^{eff}\,|\,A_{po}\,|^2 - \alpha\right]A_s, \quad g_B^{eff}(f) = g_B(f)\otimes|\,F(f)\,|^2 \qquad (9.6)$$

其中,符号 $\otimes$ 按惯例表示卷积算符。

这个结果对通过 SBS 的信号变换有非常大的影响,它意味着增益谱分布能被泵浦功率谱大大改变并成形。这一点可用图9.9描述,图中卷积的结果使泵浦功率谱变得平滑。实际上,当有效布里渊增益 g_B^{eff} 的谱分布比自然的布里渊谐振带宽(在 $\lambda = 1550$ nm 处约为 25 MHz)宽得多时,其本质上是由泵浦功率谱给出的。必须再次指出,泵浦光的相位信息并不影响有效增益谱分布,包括不同调制谱线之间的任何相位差。

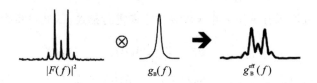

图 9.9 有效布里渊增益 g_B^{eff} 由泵浦功率谱分布 $|\,F(f)\,|^2$ 与本征
布里渊增益谱 g_B 的卷积给出,这为合成修饰过的增益谱
分布提供了可能性

在使用 SBS 延迟的开创性实验和使用仅由两个频率成分构成最简单的可能的多色频谱的首次演示实现之后,修正 SBS 增益谱的重要性很快就得到认定。卷积的结果是产生一个双谐振,如果峰间隔可与自然布里渊线宽相比的话,谐振叠加将产生折射率斜率的反转,快光就能在增益区实现(Song 等,2005)。这种情况如图9.10所示,表明其具有额外优势,即延迟效应是用大大减小的信号放大产生的。这证明后一特点具有有限的优势,因为大增益仍然存在于两个谐振峰的中心,能够放大自发辐射并限制产生延迟的最大泵浦功率。这不能通过在损耗区产生慢光来解决,因为增益谐振峰是在斯托克斯带对称地产生的。

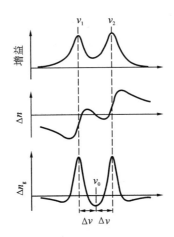

图 9.10　由一个双频泵浦源引起的 SBS 增益、折射率和群折射率的改变。
两个谐振叠加产生折射率斜率的反转，使快光有可能在增益区实
现（经许可，引自 Song, K.-Y., González Herráez, M., and
Thévenaz,L.,Opt. Express,13(24),97585,2005.）

但是这个演示清楚地表明，利用泵浦调制独一无二的特点是可以为慢光
设计出新的方案的。在双频泵浦的特殊情况下，延迟能够通过改变两条谱线
的频率间隔而不是改变泵浦功率来连续地调谐，甚至可以从慢光传输移动到
快光传输。谐振的实际频谱形状的改变也对延迟效应的优化有所贡献，它表
明，在近似的频谱宽度下，矩形频谱分布相对钟形频谱分布能使折射率的斜率
更加陡峭，而且它还能显著改善信号失真。在这方面，意大利那不勒斯的一个
团队进行了一项有趣的研究，他们评价并测量了由一个强度调制器产生的（载
波＋双边带）三音泵浦频谱的慢光响应（Minardo 等,2006）。通过改变均匀间
隔的频率成分的振幅和频率间隔，他们证明，平坦频谱可使延迟效应的效率最
大化。

必须指出，类似的效应还能够通过附加光纤段而完全被动地得到，这些光
纤段由于不同的纤芯掺杂浓度等原因而具有不同的布里渊频移 ν_B。在这种情
况下，级联光纤的总布里渊增益就表现为每段光纤离散的本征布里渊增益的
频谱叠加，完全等同于由包含分立频率成分的调制泵浦频谱所产生的有效增
益谱（Chin 等,2007）。

所有这些实验都使用了数量适中的泵浦频谱的分立谱线，没有明显突破
因 SBS 的窄带性质所导致的限制，所以这类慢光被过早地归为不适于多 Gb/s

传输的那类。当实验证明有效布里渊增益谱能够通过随机调制泵浦源连续地展宽时,重要的一步迈出了(González Herráez 等,2006)。一个半极大全宽度高达 325 MHz 的展宽的平滑增益谱可以通过用伪随机比特发生器直接调制泵浦激光二极管的工作电流产生。用类似的方式,使用自然布里渊谐振可使短至 2.7 ns 的脉冲被延迟,如图 9.11 所示,但是增益谐振的线宽有可能任意扩展。

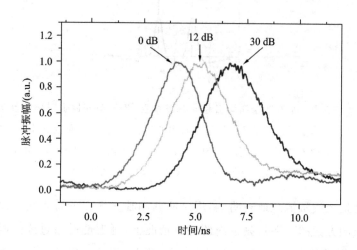

图 9.11　对于通过随机调制泵浦产生的有效线宽为 325 MHz 的不同
　　　　SBS 增益,2.7 ns 脉冲的时间演化(经许可,引自 González
　　　　Herráez,M.,Song,K.-Y.,and Thévenaz,L.,Opt. Express,14
　　　　(4),1395,2006.)

　　带宽的扩展开辟了一个宽广的应用领域,从微波模拟信号到 Gb/s 光传输,它已经确定地去除了一个以前被认为不可能克服的僵局。然而,必须指出的是,随着这个带宽展宽,需要将泵浦光的功率随频谱展宽按比例提高,以维持相同的分数延迟,甚至按相对频谱展宽平方的比例来提高泵浦光的功率,以达到相同的绝对延迟。这源于如下事实:一方面,作为卷积的结果,有效 SBS 增益的峰值随展宽按比例降低;另一方面,慢光延迟与谐振线宽成反比,如式(9.1)所示。

　　杜克大学对利用 SBS 实现宽带延迟进行了深入研究,他们通过把电噪声源叠加到泵浦激光二极管的注入电流上来展宽泵浦频谱(Zhu 等,2007)。SBS 增益谱能够展宽到斯托克斯带和反斯托克斯带开始重叠并相互抵消的那一点,如图 9.12 所示。这个效应阻止了增益线宽的进一步展宽,并能够视为是对实际展宽的限制。这对应于一个 12.6 GHz 的等效增益带宽,可被认为是使用单展宽泵浦能够得到的最大带宽。这一限制可通过使用多泵浦来克服,这将在下一节介绍。图 9.13 所示的为 75 ps 脉冲的延迟,使这类延迟线与 10 Gb/s 数据率兼容。

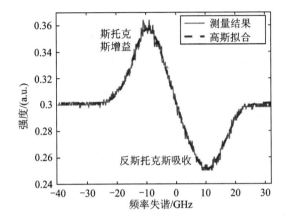

图 9.12　利用噪声源驱动的泵浦二极管激光器得到的 SBS 增益谱的极端展宽,示出了增益谱与损耗谱的叠加(经许可,引自 Zhu,Z.,Dawes,A. M. C.,Gauthier,D. J.,Zhang,L.,和 Willner,A. E.,J. Lightwave Technol.,25(1),201,2007.)

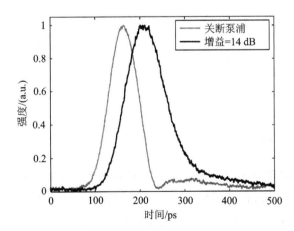

图 9.13　由图 9.12 所示的有效 SBS 增益谱(等效线宽 12 GHz)延迟的 75 ns 脉冲的时间演化(经许可,引自 Zhu,Z.,Dawes,A. M. C.,Gauthier,D. J.,Zhang,L.,and Willner,A. E.,J. Lightwave Technol.,25(1),201,2007.)

利用伪随机比特发生器或噪声源得到的有效 SBS 增益谱表现出典型的钟形分布,由于增益谐振和失真,就相位梯度而言并不理想(Pant 等,2008)。以色列特拉维夫大学完成了一项有趣的工作,增益谱分布被整形以使相位梯度最大化,并因此使延迟强度最大化(Zadok 等,2006)。泵浦半导体激光器的频谱通过确定的周期性电流调制与小随机成分的组合电流来调整,以便最终得到具有陡峭边缘的连续的有效 SBS 增益谱,如图 9.14 所示。对于相同的泵浦功率和增益带宽,这样经过调整的增益谱引入比标准洛伦兹谐振长 30%～40% 的延迟。

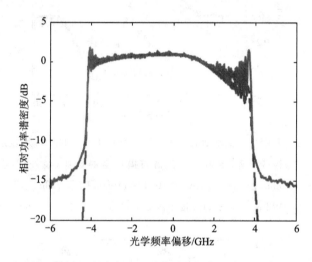

图 9.14 通过基于伪随机和确定电驱动信号的组合的合成泵浦啁啾而得到的具有陡峭边缘以增强延迟效应的优化泵浦频谱(经许可,引自 Zadok,A.,Eyal,A.,and Tur,M.,Opt. Express,14(19),8498,2006.)

9.3 多泵浦

SBS 通过增益谱和损耗谱分布的叠加提供了一个额外的自由度,这可以通过使用间隔为 2 倍布里渊频移 ν_B(在 $\lambda = 1550$ nm 处为 21～22 GHz)的泵浦光来实现,在这种情况下,较低频率的泵浦光 1 的损耗谱叠加在较高频率的泵浦光 2 的布里渊增益谱之上,如图 9.15 所示。这种可能性通过具有相同或不同展宽的增益谱与损耗谱分布的完全或部分叠加提供了新的功能。在图 9.15 所示的双泵浦情况下,对于叠加频谱区中的信号频率,方程(9.6)简化为

$$\frac{\partial A_s}{\partial z} = \frac{1}{2}(g_B^{eff2}\mid A_{po2}\mid^2 - g_B^{eff1}\mid A_{po1}\mid^2 - \alpha)A_s \tag{9.7}$$

其中,指标 1 和 2 分别指较低和较高频率泵浦光的有效增益和功率。

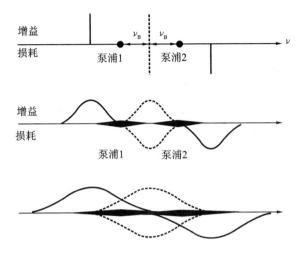

图 9.15　对于泵浦频谱的梯度展宽,由两个间隔两倍布里渊频移 ν_B 的泵浦光产
　　　　生的增益和损耗谱。在所覆盖频谱区的中间增益谱和损耗谱相互抵
　　　　消,使得实际线宽能够倍增(经许可,引自 Song,K.-Y. and Hotate,
　　　　K.,Opt. Lett.,32(3),217,2007.)

　　这个特点被东京大学利用,以进一步拓展 SBS 延迟线的带宽,使之超过由
单个泵浦激光器的展宽给出的 12 GHz 限制(Song 和 Hotate 等,2007)。在那
种情况下,两个泵浦光正好被分开两倍布里渊频移 ν_B 的距离并被同等地展宽,
这使得在任何频率处泵浦 1 的损耗谱正好被泵浦 2 的增益谱完全抵消。这
样,泵浦 1 的增益谱就不再由它自身的损耗谱补偿,而且有效增益展宽能够延
续,直到泵浦 2 的损耗谱开始与泵浦 1 的增益谱叠加。这种情况示于图 9.16
中,表明有效增益线宽的限制确实能够倍增到接近 25 GHz。37 ps 脉冲被延
迟 10.9 ns,而且测量的有效增益谱分布大致是高斯型的,估算线宽为 27 GHz,
如图 9.17 所示。

　　必须指出的是,这个方案能够通过增加另一个与泵浦 2 间隔两倍布里渊
频移 ν_B 的展宽泵浦光进行拓展,以补偿泵浦 2 的损耗谱,这使得带宽再被拓宽
12 GHz 以接近与超高数据率光通信相适应所需要的 40 GHz 的限制成为可
能。于是,带宽就能够通过增加泵浦光的数量以步长 ν_B 增大。这带来了严重

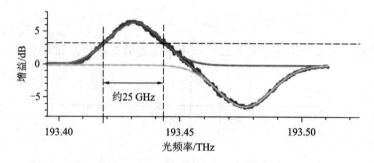

图 9.16　测量的由两个间隔为两倍布里渊频移 ν_B 的泵浦光所产生的 SBS 放大。各泵
　　　　浦光的损耗谱和增益谱在频谱区的中间完全相互补偿,这样放大带宽就能够
　　　　拓展到 $2\nu_B$,如图 9.15 所示(经许可,引自 Song, K.-Y. 和 Hotate, K., Opt.
　　　　Lett., 32(3), 217, 2007.)

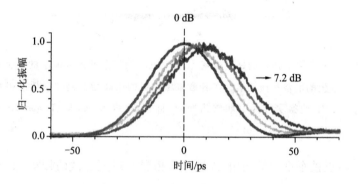

图 9.17　被图 9.16 所示的有效 SBS 增益谱(等效线宽 25 GHz)延迟的
　　　　37 ps 脉冲的时间演化,当增益为 7.2 dB 时最大延迟为 10.9 ps
　　　　(经许可,引自 Song, K.-Y. and Hotate, K., Opt. Lett., 32(3),
　　　　217, 2007.)

的实际困难,因为这种方案需要泵浦光发射谱能够进行很大程度的展宽,其直
接后果就是各个泵浦功率也必须以相同比例提高以维持分数延迟强度。

　　不同频谱宽度的增益谱和损耗谱的相互叠加还使在全透明区域实现慢光
和快光成为可能,这种情况与传统的电磁感应透明很相近,因为窄带增益能够
在宽带损耗谱中打开一个透明窗口。

　　令 $G_{g,1}$ 和 $\Delta\nu_{g,1}$ 分别为叠加的增益(g)和损耗(l)谱的增益/损耗峰值和线
宽。作为如方程(9.4)给出的信号经历的线性变换的结果并用式(9.1)计算,
可得位于叠加谐振的频谱中心的信号所经历的总延迟和增益为

$$T=\frac{G_g}{2\pi\Delta\nu_g}-\frac{G_l}{2\pi\Delta\nu_l}, \quad G=G_g-G_l \tag{9.8}$$

如果 $G_g=G_l$ 且 $\Delta\nu_g\neq\Delta\nu_l$,那么

$$T=\frac{G_{g,l}}{2\pi}\left(\frac{1}{\Delta\nu_g}-\frac{1}{\Delta\nu_l}\right)\neq0, \quad G=0 \tag{9.9}$$

这样延迟或者超前就能在完全没有损耗或增益的情况下产生。这种情况在频域中可用图 9.18 描述,可以清楚地看到增益补偿维持了急剧的频谱转变,这对产生慢光或快光传输是非常必要的。

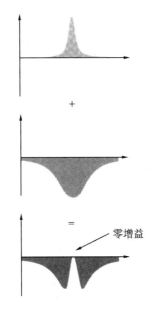

图 9.18　不同线宽增益与损耗谐振的叠加导致一个窄带全透明频谱窗口的出现,该透明频谱窗口能产生零增益慢光传输

瑞士 EPFL 团队对此情况在慢光和快光区进行了实验演示(Chin 等,2006)。实验装置的原理如图 9.19 所示,其中窄带增益谐振是由单色泵浦激光器产生的,宽带损耗是由另一个频谱展宽泵浦激光器产生的,调整两个泵浦激光器的功率使它们的峰值 SBS 增益或损耗正好互相补偿,如图 9.20 所示,于是延迟效应就可通过使用诸如宽带可变衰减器等器件以相同比例改变两个泵浦激光器的功率而得到。图 9.21 表明,通过这种方案得到的延迟与那些用单个单色泵浦所得到的延迟相近,但是信号强度在整个 12 ns 延迟区间的变化小于 1 dB。通过简单地交换泵浦的频谱位置,还观察到了用快光得到的信号

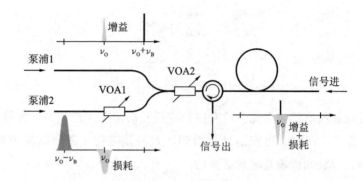

图 9.19 产生零增益频谱谐振的实验结构原理图,其中两个具有不同频
谱宽度的泵浦光用于产生不同线宽的布里渊增益和损耗的频
谱叠加,图中的 VOA 为可变光衰减器(经许可,引自 Chin,S.,
Gonzalez-Herraez,M.,and Thévenaz,L.,Opt. Express,14(22),
10684,2006.)

超前。这个结果有着重要的实际影响,因为信号强度的任何变化都是延迟过
程有害的副效应。

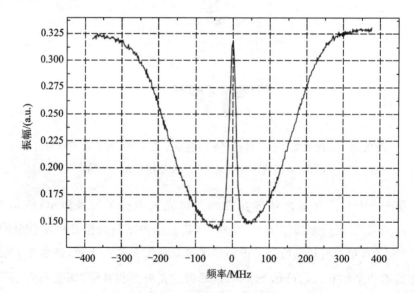

图 9.20 在不同线宽的 SBS 增益和损耗曲线进行频谱叠加的光纤中传输后测量的
透射频谱,显示对中心频率而言透明传输条件在实验上实现了(经许可,引
自 Chin,S.,Gonzalez-Herraez,M.,和 Thévenaz,L.,Opt. Express,14(22),
10684,2006.)

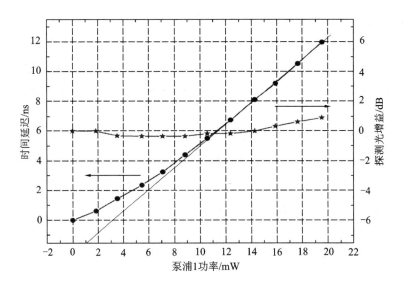

图 9.21　对于在图 9.20 中的频谱特性曲线中心传输的信号,感应的延迟(点)和
　　　　强度变化(星)随窄线宽泵浦功率的变化关系,表明通过微小的信号强
　　　　度变化就可以感应出高效的延迟(经许可,引自 Chin,S.,Gonzalez-Her-
　　　　raez,M.,and Thévenaz,L.,Opt.Express,14(22),10684,2006.)

　　遵循相同的方法,通过叠加宽带损耗或两个位于增益谱分布两翼的窄带
损耗的增益补偿与单谐振方案相对比,有可能使延迟能力得到倍增(Schneider
等,2007)。

　　最近的结果表明,快光在没有任何泵浦源的情况下是自产生的。在这个
实现方案中,信号被放大到临界布里渊功率(常称为布里渊阈值)以上,这样信
号就因放大布里渊辐射而转化为背向斯托克斯辐射。这个高强度的斯托克斯
光的频谱正好等于信号光的频率减去布里渊频移 ν_B,通过耗尽保持了任何功
率高于布里渊阈值的信号的输出强度的稳定,最终正好在信号频率处产生布
里渊损耗谐振。在 12 km 光纤中,通过在 10 dBm 和 28 dBm 之间改变信号的
输入功率,可持续产生高达 12 ns 的超前(Chin 等,2008)。这个实现方案要求
信号在整个延迟光纤上都保持其平均频谱和功率特性,但有意思的是,它显示
斯托克斯辐射谱与信号谱分布相匹配,因此,SBS 有效损耗谱自适应于信号谱
分布。

　　基于光纤中 SBS 的慢光和快光延迟线,对实现用于产生光控延迟的创新
性系统表现出空前的灵活性。基于 SBS 的慢光与快光具有保持其频谱谐振形

状的独特性质,这可以通过泵浦光的调制或具有不同布里渊谱的光纤的级联
实现。早先曾提出过有吸引力的解决方案,以克服与 SBS 的窄带特性不相容
的实际应用的挑战。由于带宽达 25 GHz 甚至更大的宽带延迟的实现,用于有
效延迟和减慢失真的增益谱分布的优化,米量级长度光纤中重要延迟的实现,
以及无振幅变化延迟的实现,以上这些挑战正得以克服。

　　基于 SBS 的慢光与快光还表现出一个令人瞩目的特性,这个特性使它成
为基于模拟信号的所有应用的卓越候选技术。例如,微波光子学中的实时延
迟:从信号的角度,SBS 方法本质上是一种线性变换,在大部分实现中有效延
迟与控制信号的功率成比例。所有这些独一无二的特性使基于 SBS 的慢光和
快光成为一个非常开放的领域,在其中创新性的解决方案仍然有待发现,特别
是速度变化对非线性相互作用或传感应用的影响仍未经探索。

参考文献

[1] Agrawal, G. P. Nonlinear Fiber Optics, 4th edn. San Diego: Academic Press, 2006.

[2] Boyd, R. W. Nonlinear Optics, 2nd edn. New York: Academic, 2003.

[3] Boyd, R. W. and D. J. Gauthier. "Slow" and "Fast" Light, in E. Wolf (Ed.), Progress in Optics, Vol. 43, Chap. 6, pp. 497-530. Amsterdam: Elsevier, 2002.

[4] Chin, S., M. Gonzalez-Herraez, and L. Thévenaz. Zero-gain slow & fast light propagation in an optical fiber. Opt. Express 14(22) (2006): 10684-10692.

[5] Chin, S., M. Gonzalez-Herraez, and L. Thévenaz. Simple technique to achieve fast light in gain regime using Brillouin scattering. Opt. Express 15(17) (2007): 10814-10821.

[6] Chin, S., M. Gonzalez-Herraez, and L. Thévenaz. Self-induced fast light propagation in an optical fiber based on Brillouin scattering. Opt. Express 16(16) (2008): 12181-12189.

[7] González Herráez, M., K.-Y. Song, and L. Thévenaz. Optically controlled slow and fast light in optical fibersusing stimulated Brillouin scattering. Appl. Phys. Lett. 87 (2005): 081113.

［8］González Herráez, M. , K. -Y. Song, and L. Thévenaz. Arbitrary-bandwidth Brillouin slow light in optical fibers. Opt. Express 14(4) (2006): 1395-1400.

［9］Jáuregui Misas, C. , P. Petropoulos, and D. J. Richardson. Slowing of pulses to c/10 with subwatt power levels and low latency using brillouin amplification in a bismuth-oxide optical fiber. J. Lightwave Technol. 25 (1) (2007):216-221.

［10］Minardo, A. , R. Bernini, and L. Zeni. Low distortion Brillouin slow light in optical fibers using AM modulation. Opt. Express 14(13) (2006): 5866-5876.

［11］Niklès, M. , L. Thévenaz, and P. Robert. Brillouin gain spectrum characterization in single-mode optical fibers. IEEE J. Lightwave Technol. 15 (10) (1997):1842-1851.

［12］Okawachi, Y. , et al. Tunable all-optical delays via Brillouin slow light in an optical fiber. Phys. Rev. Lett. 94 (2005):153902.

［13］Pant, R. , M. D. Stenner, M. A. Neifeld, and D. J. Gauthier. Optimal pump profile designs for broadband SBS slow-light systems. Opt. Express 16 (2008):2764-2777.

［14］Schneider, T. , R. Hemker, K. -U. Lauterbach, and M. Junker. Comparison of delay enhancement mechanisms for SBS-based slow light systems. Opt. Express 15 (2007):9606-9613.

［15］Smith, R. G. Optical power handling capacity of low loss optical fibers as determined by stimulated Raman and Brillouin scattering. Appl. Opt. 11 (11) (1972):2489-2494.

［16］Song, K. -Y. , and K. Hotate. 25 GHz bandwidth Brillouin slow light in optical fibers. Opt. Lett. 32(3) (2007):217-219.

［17］Song, K. -Y. , M. González Herráez, and L. Thévenaz. Observation of pulse delaying and advancement in optical fibers using stimulated Brillouin scattering. Opt. Express 13(1) (2005a):82-88.

［18］Song, K. -Y. , M. González Herráez, and L. Thévenaz. Gain-assisted pulse advancement using single and double Brillouin gain peaks in optical fibers. Opt. Express 13(24) (2005b):9758-9765.

[19] Song, K.-Y., M. González Herráez, and L. Thévenaz. Long optically-controlled delays in optical fibers. Opt. Lett. 30 (14) (2005c): 1782-1784.

[20] Song, K.-Y., K. S. Abedin, M. González Herráez, and L. Thévenaz. Highly efficient Brillouin slow and fast light using $As_2 Se_3$ chalcogenide fiber. Opt. Express 14(13) (2006):5860-5865.

[21] Zadok, A., A. Eyal, and M. Tur. Extended delay of broadband signals in stimulated Brillouin scattering slow light using synthesized pump chirp. Opt. Express 14(19) (2006):8498-8505.

[22] Zhu, Z., A. M. C. Dawes, D. J. Gauthier, L. Zhang, and A. E. Willner. Broadband SBS slow light in an optical fiber. J. Lightwave Technol. 25 (1) (2007):201-206.

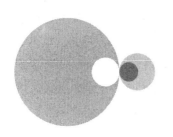

第 10 章
非线性慢波结构

慢波传输最具潜力的一点是,在波导介质中光场的增强和因此关于体材料的任何非线性效应的增强。场强的增加与速度的减小线性相关,因为在传输过程中能量可以被保存。

历史上,全光信号处理器件的发展致力于对具有强非线性效应的材料的研究,但是对于大部分材料而言,非线性品质因数 $n_2/\alpha\tau$ 是 10 以内的常数因子[1],这里,α 是吸收系数,τ 是响应时间,n_2 是材料的非线性折射率。结果,高速和低吸收必然伴随着弱非线性,这就要求长的器件或非常高的光功率。然而,因为慢波结构(SWS)在一定频率范围内增强了光场,这很有可能克服材料的弱非线性并任意提高光波和物质之间或者不同光波之间的非线性相互作用。在工作带宽和 SWS 的物理尺寸之间权衡之后,通常可以获得这个令人兴奋的优势。尽管有这样吸引人的潜力,但是慢波区域的非线性传输至今还没有得到真正研究,对 SWS 的非线性效应的理解还停留在初期阶段。在少数关于这个课题的文献中,最全面最完整的参考文献是参考文献[2]～[6]。

本章只介绍理论结果和与耦合腔结构中的克尔非线性效应相关的数值研究,没有考虑 $\chi^{(2)}$ 非线性效应、拉曼和布里渊过程,以及其他慢波机制如电磁感应透明(EIT)或相干布居振荡和光子带隙边缘的慢波。从广义上考虑了耦合腔,没有提及具体的技术或者腔结构。环形腔、法布里-珀罗腔、光子晶体(PhC)波导中的耦合缺陷、布拉格光栅腔等,都可以从回路的观点用非常相似的方式进行建模,本章自始至终使用的就是这种方法。数值模拟技术和回路法的细节可以在参考文献[2][7]中找到。

这里我们称这些结构(见图 10.1)为 SWS。传输允许发生在周期性的通带中,这些通带具有强的频率相关的色散特性,并且这个独一无二的频谱特性对每一个非线性效应都有很强的和独特的影响。本章重温了 SWS 中经典的克尔非线性效应,指出了它的限制、优点和迄今为止观察到的新现象。考虑并描述了自相位调制(SPM)、交叉相位调制(XPM)、四波混频(FWM)、孤子传输、调制不稳定性(MI),以及诸如功率限制、自脉动这样的非寻常效应。尽管距离彻底了解 SWS 还很遥远,但是本章应被认为是探索该领域的第一次尝试并且作为未来研究的起点。

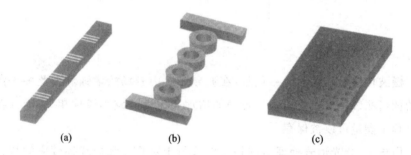

(a)　　　　　　　(b)　　　　　　　(c)

图 10.1　直接耦合光谐振器 SWS 的三个例子。(a)直接耦合法布里-珀罗 SWS;(b)直接耦合微环 SWS;(c)基于 PhC 的 SWS

10.1　慢光结构的基本原理

尽管前面章节已经讨论了 SWS 的大部分线性频谱特性,这里还是给出了一个主要面向非线性探究基础的综合概述。以下考虑了无限长周期结构,并在渐近极限条件下推导出解析结果。图 10.1 所示的结构都可以建模为一系列相同的单元,物理单元的两个例子如图 10.2(a)和 10.2(b)所示,这些单元和等效回路一起被用来研究不同种类的 SWS。等效回路由置于几何长度为 $d/2$ 的两条线之间的部分反射镜组成,腔的往返长度为 $2d$。这两条线不必是相同的或均匀的,它们有自己独特的光学特性,如有效折射率 n_{eff}、群折射率 n_g、色散 β_2、非线性折射率 n_2、衰减 α 等。部分反射镜用与耦合元件右边和左

边的光波复振幅相关的传递矩阵 T 描述,T 既适合描述简单理想的耦合元件,
也适合描述像非线性布拉格光栅[7][8]、定向耦合器、PhC 波导中的缺陷[9]或多
层体材料这样的复杂结构。矩阵 T 可以写成一般形式:

$$T = \frac{j}{t}\begin{bmatrix} -\exp(j\varphi_e) & r \\ -r & \exp(j\varphi_e) \end{bmatrix} \tag{10.1}$$

式中:r 和 t 分别是反射系数和透射(耦合)系数,它们依赖于波长和强度。

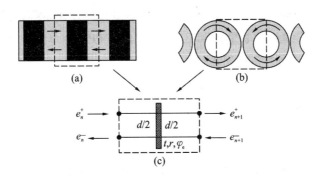

图 10.2　物理单元的两个例子和它们的等效回路

　　考虑到反射器的厚度,它还引入了一个相位项 $\varphi_e = 2\pi n_0 L_e / \lambda$,这里 n_0 是
一个方便的参考折射率,L_e 是耦合元件的等价长度。r、t 和 L_e 的表达式可以
通过令矩阵 T 中的元素和耦合元件的对应参数相等得到,在均匀分布的布拉
格反射器或者定向耦合器中它们可以通过分析、模拟甚至实验得到。这个等
效性的详细例子可以在参考文献[7][8]关于线性和非线性布拉格反射镜的研
究中看到。

　　等效回路的两条线可以用对角矩阵 P 描述:

$$P = \begin{bmatrix} e^{j\phi^+} & 0 \\ 0 & e^{-j\phi^-} \end{bmatrix} \tag{10.2}$$

式中:$\phi^\pm$ 是在线中传输的前向和后向场累积的相移。

　　克尔非线性效应下累积的相移可由下式表示:

$$\phi^\pm = \frac{\omega}{c}\left[n_{eff} + n_2(I^\pm + 2I^\mp)\right]\frac{d}{2} \pm \varphi_e \tag{10.3}$$

　　$I^\pm(\omega)$ 是前向和后向光波的频率相关强度,在线性情况下上式简化为 $\phi^\pm = \omega n_{eff}d/2c \pm \varphi_e$,相位 φ_e 可以视为对腔长的额外贡献,为了简洁起见,从现在起
可以忽略不计。式(10.3)中的第一个非线性贡献源于 SPM 效应,第二个源于

慢光科学与应用

XPM 效应。当两个或者更多光波在结构中传输时,或者当在腔中传输的单波长光的前向、后向路径重叠时,如基于法布里-珀罗的 SWS,交叉项开始起作用。在环形谐振器中,两条路径是解耦合的,在单波长情况下 XPM 消失。在10.6 节中将考虑参量项(FWM),但是本章没有考虑布里渊和拉曼过程。

此时,先进行线性求解,然后计算腔体中的强度 $I^\pm$ 来重获非线性行为是很方便的。分析结果适用于弱非线性,更强的非线性必须用数值模拟。关联单元各边上的前向、后向场 $e_{n+1}^\pm$ 和 $e_n^\pm$ 的基本单元的传递矩阵,可通过组成单元的各元素的传递矩阵相乘得到,也就是,$\boldsymbol{M}=\boldsymbol{PTP}$。令单元各边上的场除传输项 $\exp(-\gamma_\mathrm{s}d)$ 之外都相同,形如

$$e_{n+1}^+ + e_{n+1}^- = (e_n^+ + e_n^-)e^{-\gamma_\mathrm{s}d} \tag{10.4}$$

可以得到特征方程为

$$\cosh(\gamma_\mathrm{s}d) = \frac{M_{11}+M_{22}}{2} = \frac{\sin(kd)}{t} \tag{10.5}$$

其中,$k=\omega n_{\mathrm{eff}}/c$,由此可以得到一个无限长 SWS 的全部频谱特性。

方程(10.5)揭示,通带和阻带在频率上表现出交替周期性,在阻带中传输常数 γ_s 为实数,有 $\gamma_\mathrm{s}=\alpha$,在通带中其为虚数,有 $\gamma_\mathrm{s}=\mathrm{j}\beta$,在两个方向上的传输都是允许的。这里省略推导过程,详情可参见本书其他章节或参考文献[2][11],发现周期(自由光谱范围)为 $\mathrm{FSR}=c/2n_\mathrm{g}d$,并且在 $|\sin(kd)|\leqslant t$ 的条件下可得传输带宽为

$$B=\frac{2\mathrm{FSR}}{\pi}\sin^{-1}(t)\approx\frac{2\mathrm{FSR}}{\pi}t \tag{10.6}$$

当 $t<0.5$ 时近似是合理的。在通带内透射率等于 1,群速度等于 β 关于 ω 的导数,为

$$v_\mathrm{g}=\mp\frac{c}{n_{\mathrm{eff}}}\frac{\sqrt{t^2-\sin^2(kd)}}{\cos(kd)} \tag{10.7}$$

在 SWS 内,传输光波的群速度 v_g 相对于同样的空载结构($t=1$)中的相速度 $v=c/n_{\mathrm{eff}}$ 以下面的因子减小:

$$S=\frac{v}{v_\mathrm{g}}=\frac{\cos(kd)}{\sqrt{t^2-\sin^2(kd)}} \tag{10.8}$$

该因子称为 SWS 的减慢因子 $S(\omega)$。对应不同 t 值的减慢因子 S 如图 10.3 所示。在每个谐振频率 f_0 处,变量 $kd=M\pi(\pi$ 的整数倍),并且 $S(f_0)$ 简单等于 $1/t$。通过移向能带边缘,v_g 理想情况下降至零,而 S 有一个奇点。注意到,

通过减小耦合系数 t 或增大精细度 FSR$/B$,会导致群速度 v_g 和带宽 B 的减小。

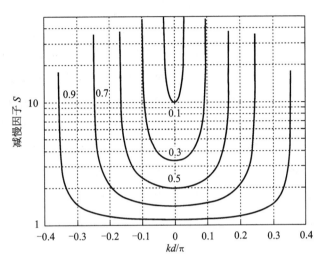

图 10.3 无限长 SWS 中对应不同 t 值的减慢因子 S。减慢因子的
倒数为归一化的群速度

我们现在拥有了用于计算结构内部的场强的所有元素,因此准备好了面对非线性效应。从周期性条件式(10.4)和矩阵 $\boldsymbol{M}$ 的定义,后向和前向波的振幅比为

$$\Gamma = \frac{e_n^-}{e_n^+} = \frac{\mathrm{e}^{-\gamma d} - M_{11}}{M_{12}} = \frac{-\mathrm{e}^{\mathrm{j}kd} + \mathrm{j}t\mathrm{e}^{\mathrm{j}\beta l}}{|r|\,\mathrm{e}^{\mathrm{j}2kz}\,\mathrm{e}^{-\mathrm{j}kd}} \tag{10.9}$$

式中:Γ 为 SWS 内的复反射系数。

在谐振频率处反射系数变为 $\Gamma(z) = (t-1)\mathrm{e}^{-\mathrm{j}2kz}/|r|$,表现出沿结构方向的常数模数,相位随 z 线性递减,其周期等于 $\lambda/2$。假设前向传输波 $e_n^+(z) = A\exp(-\mathrm{j}kz)$,总场(布洛赫模式)的强度为 $I(z) = |e_n^+ + e_n^-|^2 = |A|^2\,|1+\Gamma(z)|^2$,它在 $z = M\lambda/2$ 处达到最小值,在 $z = M\lambda/2 + \lambda/4$ 处到达最大值,这里 M 为整数。从这些关系中可以看出,在每个腔内前向和后向传输波的强度 $I^{\pm} = |e_n^{\pm}|^2$ 和 SWS 外面的场(或缺少腔的场)的强度 I_{in} 有以下关系:

$$I^{\pm}(\omega) = I_{\mathrm{in}}\frac{S(\omega)\pm 1}{2} \tag{10.10}$$

由能量守恒的要求可得腔内平均强度等于 SI_{in}。

在线中感应的相移可以通过将式(10.10)代入式(10.3)来计算,并且在非线性区域 SWS 的特征方程可以由线性情况下导出：

$$\beta(\omega) = \pm \frac{1}{d} \arccos\left[\frac{1}{t} \sin\left(\frac{\omega}{c}(n_0 + n_2 c_n S(\omega) I_{in})d \right) \right] \quad (10.11)$$

系数 c_n 取决于结构和非线性效应。例如，在环形谐振器中，前向和后向波导物理上是解耦合的，进行场和回归场不相互作用。与此相反，在一个法布里-珀罗 SWS 中，前向波和后向波通过相同的波导传输，场的反向传输部分有效地表现为一个独特的波，并导致额外的类似 XPM 的贡献。前向波和后向波之间的这种非线性耦合也已在单腔[12][13]和布拉格光栅[14]中观察到。当两个或多个光波通过 XPM 发生非线性相互作用时，这两种结构之间的区别必须考虑进去。不难证明，系数 c_n 假定为表 10.1 中的值，其中 b 表示两个相互作用场之间的相对偏振态[15]。如果两个相互作用场具有相同的偏振态，则 $b=1$；如果它们是正交的，则 $b=1/3$。

表 10.1　SWS 中 SPM 和 XPM 的系数 c_n

c_n	环形腔	法布里-珀罗腔
c_S (SPM)	1/2	3/2
c_X (XPM)	$(1+b)/2$	$(3+b)/2$

这些结果对无限长 SWS 成立。实际中，必须匹配 SWS 的阻抗。匹配或切趾是强制性的，目的是避免如参考文献[18]所示的带内波纹和反射，并略微降低了整体效应。然而，在 SWS 的中心部分，所有腔都是相同的，渐近关系是一个很好的近似，本章自始至终将使用该近似方法。

10.2　非线性相位调制

与在体结构和经典波导结构中一样，在 SWS 中也会有典型的非线性克尔效应，它们会导致传输波产生附加的相移。然而，在 SWS 中，光速减慢使相移增加的原因有两个，即场强度增加和有效长度增加。在 SWS 中，由输入功率 P_{in} 引起的有效相移 ϕ_{eff} 可表示为[3][16]

$$\frac{d\phi_{eff}}{dP_{in}} = \frac{d\phi_{eff}}{d\phi} \frac{d\phi}{dP_m} \frac{dP_m}{dP_{in}} \quad (10.12)$$

第一项为由于传输减慢导致的相移增加，这个导数可由方程(10.5)直接推导出来，并且它等于与相移的物理起源无关的减慢因子 S，还包括了非线性克尔效应。因此，SWS 的有效长度等于 S 乘以结构的物理长度。式(10.12)的第二项描述的是非谐振相移 $\mathrm{d}\phi$ 对腔内平均功率 P_m 的依赖关系,它与非线性常数 $\gamma=\omega n_2/(cA_\mathrm{eff})$[15] 和腔的数目有关,这里 A_eff 为波导的有效面积,它将强度和功率联系起来。最后一个导数是平均功率增强因子,如先前讨论的,它也等于减慢因子 S。

另一种找到非线性相位灵敏度的方法是计算有效相移 $\phi_\mathrm{eff}=\beta(\omega)Nd$ 的导数,其中 $\beta(\omega)$ 由式(10.11)给出,N 为腔的数目。输入强度 I_in 产生的 SWS 色散特性的频移由式(10.11)得到,即

$$\Delta\omega=\frac{n_2}{n_\mathrm{eff}}c_n S I_\mathrm{in}\omega \tag{10.13}$$

因此,灵敏度(见式(10.12))可以写为

$$\frac{\mathrm{d}\phi_\mathrm{eff}}{\mathrm{d}P_\mathrm{in}}=c_n S^2(\omega+\Delta\omega)\gamma Nd \tag{10.14}$$

式中:$S(\omega+\Delta\omega)$ 为 SWS 的非线性红移引入的实际减慢因子。

隐式表达式(见式(10.13))表明,当非线性效应发生时,结构的频谱特性向较低频率(或较长波长)的移动改变了减慢因子 S。频移 $\Delta\omega$ 与 S 成比例,如果它相对于信号和结构的带宽是不可忽略的,则将强烈影响非线性效应。由式(10.14)给出的关系对 SWS 频谱响应的微小扰动成立,其中 $\Delta\omega$ 由式(10.13)给出,否则这些行为必须通过数值模拟研究。很明显,慢波区域增强了 SPM 和 XPM 效应,增强因子正比于 S^2。SWS 的非线性效应可以通过定义一个有效非线性常数 γ_eff 方便地描述:

$$\gamma_\mathrm{eff}=c_n\gamma S^2 \tag{10.15}$$

在强非线性区域以及光波之间存在强相互作用的情况下,更多细节的描述参见 10.4 节。

相对于经典的非谐振结构,SWS 中的非线性效应可以被大大增强,显然这是以有用带宽为代价的。例如,当 $S=10$ 时(实际中实现和控制起来相当简单),增强的范围可在 $17\sim23$ dB 之间,具体值与 c_n 有关。几乎每个基于非线性相互作用的应用或器件都可以利用这种效率的提高,它可以根据需要进行开发,如降低输入功率,缩小器件尺寸或两者兼而有之,同时对带宽没有很强的限制。此外,SWS 频谱特性的非线性依赖性是一个巨大的潜力,因为滤波和/或整形可以在时域和频域中同时进行,这开启了先进的信号处理方式。

下面讨论 SWS 中 SPM 效应的一个数值例子。首先考虑法布里-珀罗(c_n

=3/2)SWS,该结构谐振腔的数目 $N=40$,谐振器带宽为 20 GHz,自由光谱范围 FSR $=200$ GHz。减慢因子 $S=6.3$,群光程为 $n_g Nd=30$ mm。假设 SWS 在 $\lambda=1550$ nm 处的参数为:$n_{eff}=n_g=3.3$,$n_2=2.2\times10^{-17}$ m^2/W(AlGaAs),有效面积 $A_{eff}=10$ μm^2,则在该 SWS 中传输的峰值功率为 0.33 W 的高斯脉冲的有效非线性相移

$$\phi_{eff}=\frac{2\pi}{\lambda}\frac{n_2}{A_{eff}}P_{in}dNc_nS^2=\phi_0c_nS^2 \tag{10.16}$$

为 $\pi/2$,$c_nS^2=60$,即比在相同长度 Nd 的直线均匀波导产生的非线性相移 ϕ_0 提高了 60 倍。图 10.4 所示的为模拟所得结果。输入脉冲的宽度为 120 ps,其频谱在 SWS 的谐振频率处调谐,被较好地限制在通带内。图 10.4(a)所示的脉冲包络在 610 ps 后从 SWS 射出,相对于均匀空载波导(虚线)滞后了 S 倍。SPM 感应的非线性相移 ϕ_0 和 ϕ_{eff} 如图 10.4(b)所示,增大了 57 倍,与理论值吻合得很好。相对于预测值的这些小差异是由于阻抗匹配不理想和三阶色散,三阶色散引起脉冲失真,使脉冲在传输过程中峰值功率降低。由式(10.13)给出的频移只有 1.3 GHz,其影响可以忽略不计。

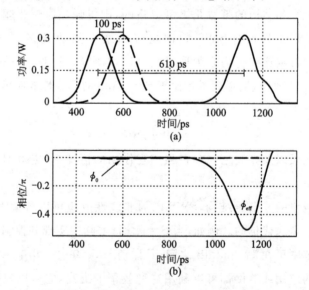

图 10.4　高斯脉冲在 SWS 和均匀波导中传输情况对比。(a)输入和输出脉冲的强度;(b)感应的 SPM 效应,虚线表示均匀的空载波导结构

在这些条件下,脉冲频谱展宽和失真正如经典 SPM 理论预测的那样[15],

只是此时要加上增强因子。图 10.5 所示的为一个 1 ns 宽高斯脉冲的频谱,当峰值功率分别为 1 W 和 1.67 W 时,分别得到 1.5π 和 2.5π 的相位调制。不难发现,频谱明显展宽以及其特征振荡的深凹陷未降至零,原因在于三阶色散和频移的影响(见式(10.13))。在超高斯脉冲和啁啾脉冲的情况下,也观察到 SPM 效应在时域和频域中的特性,这些都是众所周知的。如果脉冲的频谱响应与 SWS 能带边缘的频谱响应相互作用,则会有奇异的现象发生。在 SWS 的能带边缘处 S 可以达到很高的值,高阶色散项和正非线性反馈将占主导地位,此特点将在 10.3 节中讨论。

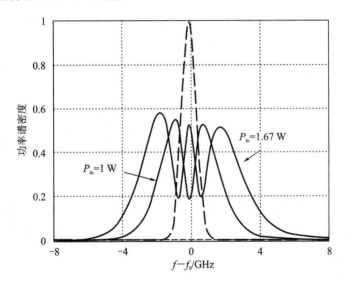

图 10.5　图 10.4 中的 SWS 导致的 1 ns 高斯脉冲的频谱展宽,峰值功率分别为 1 W 和 1.67 W,虚线所示的为输入脉冲的频谱图

10.3　自相位调制和色散

远离谐振,二阶群速度色散出现,色散与 SPM 之间的相互作用开始发生。在本节中,一些众所周知的现象会在慢波传输的框架内被重新审视,我们总是考虑无限结构,并试图用尽可能简单的形式描述。在一般情况下,传输区域受减慢因子 S 的影响,但是如果脉冲的频谱宽度与结构的带宽相当,或更简单地,如果脉冲频谱达到能带的一个边缘,则其他更复杂和原始的影响将会发生。10.3.1 节将对信号-SWS 失谐情况下发生的效应进行简单的调查,10.3.2 节将描述由高频率能带边缘的红移效应引起的功率限制机制,10.3.3 节将研究

孤子传输,这是在反常色散和 SPM 存在时的典型传输区域。

10.3.1 色散区域

正如之前提到的,在中心频率 f_0 处二阶色散为零,而三阶色散为 $\beta_3 L = N(\pi B)^{-3}$,$N$ 为结构所含谐振器的数目,B 为带宽,$L = Nd$ 为总长度。二阶色散由下式给出:

$$\beta_2 L = \frac{NS^3 \tan(kd)}{\pi^2 B^2 \cos^2(kd)} \tag{10.17}$$

频率在 f_0 之上时其值为正,在 f_0 之下时其值为负。图 10.6 给出了两个可能色散区域内的群延迟(减慢因子),其中右侧为正常色散区,左侧为反常色散区,该图具有一些源于色散和 SPM 相互作用的典型效应。

在正常色散区,通常情况下色散引起的相移与非线性相移叠加,脉冲照例经历一个迅速展宽的过程。此外,SWS 中,这两种效应都由于减慢因子的存在能得到增强,并且可以在很短的长度内经历严重的展宽,如果脉冲频谱和结构的能带边缘相互作用,还会产生严重的失真。由于脉冲频谱的展宽和 SWS 频谱的移动(见式(10.13)),这种相互作用将会发生。在正常色散区,有两个主要的有趣现象:暗孤子和功率限制。暗孤子由另一个均匀连续波(CW)场中呈双曲正切场分布的强度凹陷组成。如果暗孤子的频谱被限制在 SWS 的通带内,那么它们的传输几乎不受影响。但是,因为其缺乏实际兴趣且对三阶色散太过敏感[17],本章不做研究。相反,当信号和最右边的能带边缘相互作用时,会发生功率限制这一有趣现象,这将在 10.3.2 节中讨论。

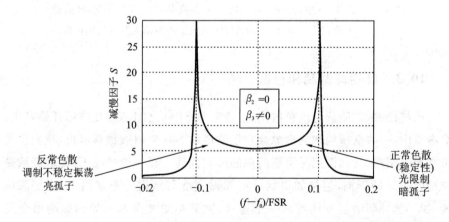

图 10.6 SWS 通带内非线性效应和色散之间的相互作用引起的不同现象

在色散反常的通带的较低频率范围内,发生的典型现象是孤子的形成和传输,这种现象将在 10.3.3 节中讨论。这个反常区也可以引发不稳定行为,就像将在 10.7 节中讨论的著名的调制不稳定性、双稳性,以及将在 10.5 节中讨论的有趣的自脉冲现象一样。这种情况下本书所考虑的效应的清单也不是很详尽,但却给该领域的未来研究奠定了基础。

10.3.2 功率限制

10.3.1 节已经指出,如果 SWS 的带宽相对频移和信号谱宽足够大,则非线性增强简单与 $S^2(\omega)$ 成比例。相反,如果信号频谱接近 SWS 的能带边缘,它多少会被 SWS 的频谱响应滤掉一些,并产生新的有趣的效应。

如果 f_0 附近有一个微小扰动,忽略由 $\Delta\omega$ 引起的 S 的变化,可以计算出频移(见式(10.13))。更确切地说,减慢因子 S 必须在 $\omega+\Delta\omega$ 处计算,由式(10.8)给出 S 的隐式方程(10.13)的解必须用数值方法得出。为了更好地理解强扰动下的物理特征,这两个关系如图 10.7(a)所示,图中考虑了输入功率 P_{in} 取三个值的情况。这些解都是稳定解,用不同的记号表明。这个图参考了 10.2 节提到的包含 40 个腔的长 SWS,并且连续输入信号在中心频率处调谐。通过增加输入功率,频谱特性移到了左边,因此 S 增加了(也就是线的斜率减小了),直到两条曲线变成正切线。该点的减慢因子是 S_{lim},透射功率被限制在最大值 P_{lim},超过这个最大值时,即使没有达到通带边缘,多余的输入功率 $P_{in}-P_{lim}$ 也会被反射回来。从图中可以明显看出存在第二个解,但是很难达到,因此不做更深入的讨论。

图 10.7(b)给出了 SWS 的时间响应和缓慢增长的输入信号的关系。如果输入功率低于 P_{lim},则透射信号简单为输入信号的一个延迟的复制。通过增加输入功率,输出功率趋于达到饱和值 P_{lim},多余的信号被反射回来。理论值(见方程(10.13))与数值模拟完美吻合。在饱和区域,SWS 内的强度是 $S_{lim}P_{lim}$,不能进一步增加,因为在非线性感应频移和结构频谱特性引起的反射之间建立起了一种平衡。在饱和前出现的小波纹是因为所用输入信号的有限带宽,在真正的稳态解中将不会出现。

方程(10.13)的解还取决于输入信号和 SWS 中心频率 f_0 之间的相对失谐。信号的正失谐降低了饱和水平,SWS 起到一个可调谐功率限制器件的作用。图 10.8 给出了当绝热阶跃输入信号的载波频率向更高频率移动 Δf 时,SWS 的时间响应与绝热阶跃输入信号的关系。对于非常接近 SWS 能带边缘

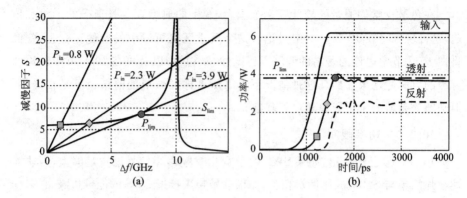

图 10.7　(a)方程(10.13)的图解表达(斜线与 P_{in}^{-1} 成比例)和式(10.8)给出的 $S(\omega)$，用不
同记号表明的解表示感应频移；(b)时间响应与缓慢增长的输入信号的关系

的最大失谐 $\Delta f=8$ GHz，饱和功率 P_{lim} 减小了一个数量级。显然，这种行为指
的是稳态条件，而在脉冲区域，脉冲频谱和 SWS 能带边缘的相互作用引起信
号失真和需要数值计算的反射。

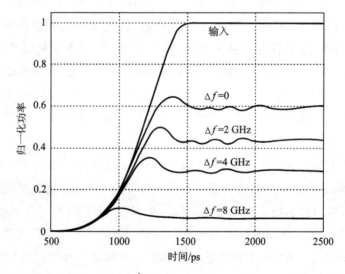

图 10.8　SWS 缓慢增长的输入信号的时间响应与失谐 Δf 的函数关系，
SWS 带宽是 20 GHz；为了对比，输出响应是时间重叠的

10.3.3　孤子传输

对于在带限非线性波导结构中孤立波传输的严格而详尽的研究是一项相
当艰巨的任务。在 SWS 中，由于可选择频谱特性和光学特性的频率相关增

强,使问题变得更加复杂。这里,我们报道和讨论了几个基本的考虑,希望未来的研究能进行更深入的探索。众所周知,当 SPM 补偿了由二阶色散引起的相位调制时,孤子区域就会出现[15]。像往常一样,SWS 中场的演化受非线性薛定谔方程支配,方程中的色散项(见式(10.17))和非线性项(见式(10.15))通过减慢因子 S 具有很强的频率相关性。显然,我们必须把高阶色散项和结构的可选择频谱响应考虑在内。在 SWS 中高阶色散项很少可以忽略不计,它们对孤子特性有重要影响,更准确地说,应是伪孤子或者孤立波。

通过令二阶色散长度 $L_d = T_0^2/|\beta_2|$ 和非线性长度 $L_{NL} = (\gamma_{eff}P_S)^{-1}$ 相等,可以得到在 SWS 外发射孤子的峰值功率:

$$P_S = \frac{|\beta_2|}{c_n S^2 \gamma T_0^2} = \frac{S(f_0)n_0 \ S\tan(kd)}{c\pi B c_n \gamma T_0^2 \cos^2(kd)} \tag{10.18}$$

其中,T_0 是孤子脉宽(孤子包络被定义为 $\mathrm{sech}(t/T_0)$),考虑到由非线性引起的 SWS 红移,S 和 β_2 必须分别由式(10.8)和式(10.17)在工作频率处计算得出。在 $kd = M\pi$ 的中心频率 f_0 处,功率 P_S 明显为零,然后因为色散项对 γ_{eff} 更强的依赖性,功率又随失谐增加。

图 10.9 对比了线性传输和孤子传输。根据参考文献[18],所用 SWS 是切趾的,自由光谱范围 FSR $= 100$ GHz,带宽 $B = 20$ GHz,谐振处减慢因子为 $S(f_0) = 3.23$,长度为 $15/n_0$ cm。输入脉冲具有 $T_0 = 60$ ps(即带宽约为 10 GHz)的孤子形状,被调谐到 5 GHz,在谐振频率以下($f_0 - B/4$),此处有 $\beta_2 = -440$ ps²/mm,$\beta_3 = 26400$ ps³/mm。在这个频率下,二阶色散长度(T_0^2/β_2)和三阶色散长度(T_0^3/β_3)是相等的,两者影响脉冲的传输。在线性区域,脉冲不对称展宽,在后沿有一个长的拖尾,这是 β_2 和正 β_3 联合作用的结果。SWS 有 100 个谐振器长,是色散长度(等于 19 个谐振器长)的 5 倍多,并且即使它的频谱被很好地限制在 SWS 的通带内且忽略滤波效应,脉冲也明显发生了严重失真。孤子区域的脉冲演化也在图 10.9 中示出。AlGaAs 波导的典型材料参数是 $n_2 = 2 \times 10^{-17}$ m²/W,$A_{eff} = 10$ μm²,由式(10.18)计算得出孤子输入峰值功率为 $P_S = 0.96$ W。很明显,即使在长距离传输后脉冲还是很好地保持着,尽管三阶色散失衡。基孤子的其他特性(如鲁棒性和整形)也容易观察到。

然而,高阶色散项和频谱响应的红移可以限制这些特性,尤其是当脉冲频谱和能带边缘相互作用时,产生了复杂的有待研究和解释的新现象。例如,通过增加输入强度,孤子分裂成一个色散快波和一个新的慢孤子。

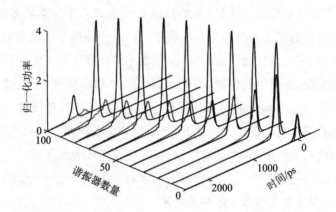

图 10.9　调谐到 $f_0 \pm B/4$ 的低功率高斯脉冲(细线)的演化与相对
　　　　谐振频率失谐$-B/4$(反常色散区)的孤立波传输的对比。
　　　　两种情况下,脉冲功率相对输入功率进行了归一化,SWS
　　　　特性见正文

　　其他高阶非线性效应,如自变陡和材料非线性的有限时间响应,在这个初步研究中是忽略不计的,但是和在光纤中一样,这会引起定性上与由 β_3 产生的类似的孤子衰变[15]。在光纤中,这些效应在脉宽为数十个飞秒时变得很明显。然而,在 SWS 中,强三阶色散、强度增强和腔的寿命会在脉宽为数十或上百个皮秒时起决定性作用。比如,根据参考文献[15],如果 $\delta = \beta_3/(6|\beta_2|T_0) > 0.022$,孤子衰变就会发生,而在图 10.9 的情况下 $\delta = 0.17$。

　　总之,我们在设计能够在某些条件下很好地支持孤子传输且能够减小结构引起色散的有害影响的 SWS 时应多加小心。例如,考虑到耦合器慢波延迟线的固有限制,基孤子和高阶孤子看起来是打破延迟-带宽积限制的很好的候选者。

10.4　交叉相位调制

　　众所周知,材料非线性是通过一种称为 XPM 的现象来研究不同频率的两个光波之间相互作用的主要工具。当两个光波叠加、同向或者反向传输时就会发生 XPM。通常,一个强光波(泵浦光)改变介质的折射率,其他光波(信号光)会根据泵浦光的强度发生相移。与在 10.3 节中研究的 SPM 相似,如果信号光被限制在 SWS 的通带内时,XPM 也被视为传统的均匀非线性介质,如光纤。显然,这两个光波必须都在通带内,不论是相同还是不同的两个通带。

慢光科学与应用

泵浦光和信号光有自己的减慢因子 $S(f_p)$ 和 $S(f_s)$，这与它们关于结构通带的相对频率有关。在 10.2 节中，非线性效应的增强与 S^2 成比例。第一个 S 项来自腔内功率的增强，第二个 S 项来自有效长度的增加。在 XPM 中，这两项贡献分别与泵浦光和信号光有关，由强泵浦光对信号光感应的相移可以写成

$$\phi_{XPM} = \frac{2\pi}{\lambda} \frac{n_2}{A_{eff}} c_X P_p S(f_p + \Delta f_p) S(f_s + \Delta f_s) N d \qquad (10.19)$$

式中：P_p 是泵浦功率；系数 c_X 取决于谐振腔结构和根据表 10.1 中相互作用光波的相对偏振态。

泵浦光引起 SWS 通带的频率下移，其减慢因子为 $S(f_p + \Delta f_p)$，其中自频移 Δf_p 由隐式方程(10.13)通过代入泵浦功率和系数 c_X 可以计算得出。另外一项 S 的意义是信号光的有效长度是其物理长度的 $S(f_s + \Delta f_s)$ 倍，其中 Δf_s 可以由方程(10.13)代入使用泵浦功率和系数 c_X 计算得出。

在最简单的弱扰动假设中，相对于 $B\Delta f$ 项可以忽略不计，如果泵浦光和信号光以 f_0 为中心，式(10.19)中的增强因子会减小到 $S^2(f_0)$。首先考虑一个 10 个腔长的法布里-珀罗 SWS，它具有带宽 $B = 120$ GHz，自由光谱范围 FSR $= 3$ THz，以及 $S(f_0) = 16$。所使用的材料特性为 $n_2 = 2 \times 10^{-7}$ m²/W，$n_{eff} = 3.3$，以及 $A_{eff} = 10$ μm²，腔长为 $d = 15$ μm。一个频率被调谐到谐振频率 f_0 的弱连续探测光和图 10.10 中的强脉冲泵浦信号光一起传输。一个由三个 $T_0 = 10$ ps 的高斯脉冲组成的序列，也就是带宽为 60 GHz，峰值功率为 $P_{in} = 2.6$ W，将泵浦脉冲序列调谐到另一个谐振频率 $f_0 + MFSR$，使其在结构中传输，发现其几乎不受三阶色散（$\beta_3 L/T_0^3 = 0.18$）的影响。输出信号的场振幅（为了更好地领会色散的影响）如图 10.10 所示。由于这些强脉冲感应的 SWS 的频率失谐为 9.5 GHz，因此相对于 B 它是不可忽略的。由强泵浦光感应的弱探测光上的有效相位调制由式(10.19)给出，它等于 $\pi/2$。在一个具有相同长度 Nd 的直均匀波导中，感应相移较之小 $S^2 = 256$ 倍，或者需要将泵浦光功率提高 256 倍才能达到相同的相位调制。探测光的输入/输出强度和感应相移的时间特性分别如图 10.11(a) 和 10.11(b) 所示。相移是一个脉冲输入序列的完美复制，并且探测光强度的残余波纹也很小。感应峰值相移的值略小的原因是由于 SWS 的切趾特性。整个器件的物理长度仅为 150 μm，它可以用来产生全光相位调制或可以将其插入到干涉仪的臂中，以将相位调制转化为

强度调制。

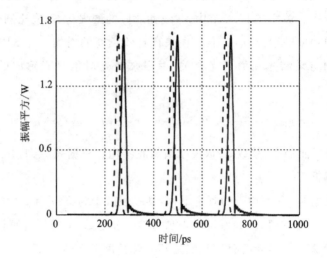

图 10.10　在输入信号（点线）和输出信号（实线）中脉冲泵浦序列
　　　　　的振幅

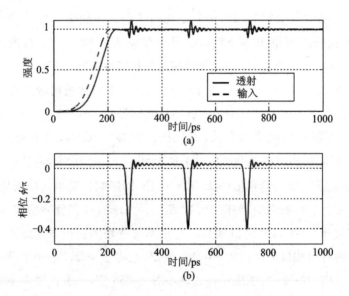

图 10.11　(a)输入信号的归一化强度（点线）和输出信号的归一化强度
　　　　　（实线）；(b)非线性感应相移

在弱扰动的假设下，$S(\omega)$与输入功率无关，与 XPM 有关的其他众所周知的效应，可以利用减慢增强的优势得以开发。简单地说，一定要牢记两个 S 因素的来源,特别是如果泵浦光和信号光相对于 f_0 有不同的失谐时。例如,XPM 效应取决于相互作用光波的相对偏振态,克尔效应引起的双折射也以因子 S^2 增强。更严格地,应该考虑乘积 $S(f_p)S(f_s)$,并且如果感应的频移是不可忽略的,一定要以合适的减慢因子对每个偏振态进行评估。众所周知的一些应用,如克尔快门,可以通过一种更加紧凑且高效的方式来实现。

原则上,可以通过另一个强光信号来切换通带中信号的进出。尽管这很吸引人,但是利用光控 SWS 的频谱选择性的可能性需要更深入的研究论证。通常,在接近能带边缘时,会出现一个非线性的正反馈,它引起通带形状的严重失真、巨大的高阶色散效应、反射,等等。数值模拟是不容易进行的,因为数值和物理不稳定性混合在一起时,如参考文献[7]所报道的,对于短 SWS,真实的行为是很难预测的。此外,能带边缘无序的影响是有害的和不可预测的[19]。总之,在能带边缘处,两个或是多个光波依据更复杂的模型相互作用,将在10.6节和10.7 节中详细介绍。

10.5 非线性频谱响应

当光与 SWS 能带的低频边缘相互作用时,观察到一个强烈的正反馈,以及有相当一部分能量可以被透射,即使它的频谱似乎已超出 SWS 的线性通带。能带边缘附近的光强被极大地增强,能带边缘向更低的频率移动,从而增加了带宽,并使得之前禁止的频谱谐波得以传输。因此,由于减慢因子 S 的频率相关性,频谱特性被强烈地扭曲。

虽然在非线性区域定义传递函数不是很严格,但是可以用它来计算输入-输出频谱特性来作为输入功率的函数。换言之,可以数值计算出不同频率和各种强度情况下的连续输入信号的透射率。为了实现这一目的,当结构稳定时,多选择在频域中进行数值模拟;而当结构具有不稳定性或双稳性(通常在低频边缘附近)时,多选择在时域中进行数值模拟。有效数值方法一个很好的调研可参见参考文献[7]。

为了更好地理解非线性效应是如何影响 SWS 的频谱特性的,我们考虑参考文献[7]中报道的三腔长结构。较长结构的表现相近,但高阶不稳定性和数值困难阻碍对该现象的简单理解。为了实现这个目标,我们考虑输入信号为给定频率的连续光波,并在仿真完成后收集每个波长处的复振幅透射率。图10.12给出了线性变换和在非线性条件 $n_2 I_{in} = 2.4 \times 10^{-6}$ 及 $n_2 I_{in} = 5.4 \times 10^{-6}$

下获得的频谱特性。图 10.12(a)和 10.12(b)给出了强度传递函数和群延迟。在强输入信号下,频谱特性移向更低的频率,带宽变窄,最右边的边缘变得平坦,然而低频边缘发生失真,出现了具有双稳行为的尖锐过渡和振荡。高频群延迟峰发生红移并且得到增强,然而左边的响应是不稳定的。群延迟呈现出非常高的峰,对应于强减慢和腔内强度增强。在这些频率处,大多数可用数值技术的收敛是相当慢的,或者很难达到收敛,物理表现也是如此。

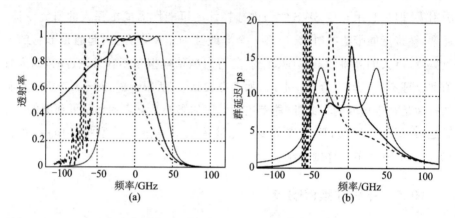

图 10.12 (a)、(b)为非线性值分别为 $n_2 I_{in} = 0$(细线)、$n_2 I_{in} = 2.4 \times 10^{-6}$(粗实线)和 $n_2 I_{in} = 5.4 \times 10^{-6}$(虚线)的三腔 SWS 的透射率和群延迟。因为群延迟发生振荡和分叉,在较低频率处其被截断

强调图 10.12(a)和 10.12(b)中曲线的意义是值得的。在一个给定的频率和给定的强度下,图中的数值对应于该频率下连续信号经历的透射率和群延迟。在两个不同频率信号的情况下,每个信号都经历着由对方和它自己的扰动引起的刚性平移。10.4 节讨论了弱扰动情况下的机制,然而对于边缘处的强扰动,数值模拟是预测结构的行为的唯一方法(不总是可靠的)。

在图 10.12 中观察到的频谱振荡的起源可以通过图 10.13 中的时域研究得到很好的理解。在这样的条件下,一个在通带中心频率以下且被调谐到 75 GHz 的连续输入信号被分解成一个稳定的周期脉冲序列。在 $n_2 I_{in} = 2.4 \times 10^{-6}$ 的输入功率水平下进行了模拟,SWS 中的透射率和反射率都在图中给出。经过初始的瞬变后,区域内的周期性图样仅依赖于输入信号频率较 SWS 谐振频率 f_0 的失谐和非线性系数 $n_2 I_{in}$。因此,这一现象可以被视为是 SWS 中的自脉冲效应。在这些条件下,群延迟失去了它的物理意义,即群延迟代表的是输入信号通过器件的传输时间,这证明了图 10.12 所示频谱中的深振荡。

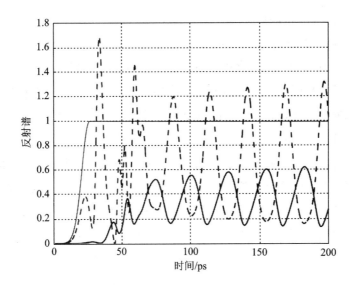

图 10.13 当信号失谐－75 GHz 时,三腔 SWS 中自脉冲效应的时域观
察:输入(细实线)、透射(实线)、反射(虚线),其中选取 $n_2 I_{in}$
＝5.4×10^{-6}

在这个例子中,脉冲重复周期约为 30 ps,即信号载波频率和 SWS 能带下边缘
之间频率差的倒数。不稳定行为和振荡的更多例子与调制不稳定性有关,这
将在 10.7 节中介绍。

10.6 四波混频

混频现象中光学谐振器的优点,在非线性光学中已被熟知几十年[20]。许
多研究和实验论证了非线性相互作用的效率,它可以通过腔内谐振场的增强
而显著提高,而且可以提高几个数量级[21]~[28]。遗憾的是,在单腔结构中,非
线性相互作用长度固有地与谐振器的频谱响应有关,并且在混频过程的效率
和带宽之间存在一个严重的限制。

最近,混频现象的研究还扩展到包含几个耦合腔的结构中,如耦合谐振器
光波导(CROW)[6][29]、耦合缺陷光子晶体[30]以及 SWS[31]。正如将在本节中
讨论的,耦合谐振器 SWS 较单谐振器的优点是,在没有减小带宽的前提下增
加混频过程的效率[32]。为了简洁起见,此处的详细讨论仅局限于在表现出
$\chi^{(3)}$ 非线性的材料中发生的四波混频(FWM)过程。更具体地,我们将考虑部
分简并四波混频的情况[15],即两个频率的光波组合成一个新频率的光波,因此

该过程只涉及三个不同的光波。尽管如此，正如本节中讨论的，所给结果的有效性可以直接推广到任意数量的光波。在以下限制性的假设下，可以推导出简化的理论和研究结果：长结构，即输入和输出的匹配部分仅代表结构的一小部分；小信号；泵浦未耗尽；可忽略的非线性感应频移和 SWS 传递函数的频谱失真；可忽略的 SPM 和 XPM 贡献；为了降低色散的影响，相对于 SWS 带宽 B 的窄带信号[2]。

根据 FWM 的经典理论表述，给定一个强泵浦光和弱信号光，并将它们的频率分别调谐到 f_p 和 f_s，则会产生一个频率 $f_c = 2f_p - f_s$ 的闲频光（下文称为转换光），如图 10.14(a) 所示。在慢变包络、未耗尽泵浦光、可以忽略不计的 SPM 和 XPM 以及无损介质的简化了的假设下，沿 z 方向的转换光 P_c 的空间演化满足下式[15]：

$$P_c(z) = \gamma^2 P_p^2 P_s z^2 \mathrm{sinc}^2 \left(\frac{\Delta k z}{2} \right) \tag{10.20}$$

式中：P_p 是泵浦功率；P_s 是信号功率；$\gamma = \omega n_2 / (c A_{eff})$ 是 10.2 节定义的非线性传输常数。

从泵浦光到转换光的最大功率转移受相位失配 $\Delta k = 2k_p - k_s - k_c$ 的限制，这里 $k_j (j = s, c, p)$ 是所涉及的三个波的波矢。

参考图 10.14(b)，我们考虑在两个不同 SWS 通带的中心频率下（分别记为 $f_{0,p}$ 和 $f_{0,s}$）各自传输的泵浦光和信号光。由于 SWS 频率响应的周期性，转换光在第三个 SWS 谐振频率 $f_{0,c} = 2f_{0,p} - f_{0,s} = MFSR$ 处产生，其中 M 是整数。所有这三个光波在 SWS 内均经历了慢波传输，它们的功率和有效相互作用长度（或等价的相互作用时间）也均增强了 S 倍。特别值得指出的是，就波导和材料色散的影响可以忽略而言，这三个波是以相同的群速度 $S(f_{0,p}) = S(f_{0,s}) = S(f_{0,c})$ 传输的，并且没有观察到走离现象。

通过把前面章节中推导的功率和有效长度增强因子包括在式(10.20)中，在 SWS 中 FWM 过程的效率是可以估计的，而不涉及任何繁重的解析。在 SWS 第 N 个谐振腔后产生的转换功率 P_c 由下式简单给出：

$$P_{c,sws}(N) = \gamma^2 P_p^2 P_s N^2 d^2 \left(\frac{S^2 + 1}{2} \right)^2 \mathrm{sinc}^2 \left(\frac{\Delta \beta}{2} N d \right) \tag{10.21}$$

式中：$\Delta \beta = 2\beta_p - \beta_s - \beta_c$ 是 SWS 中的相位失配项。

增益由 SWS 的转换过程提供，它定义为在不存在相位失配的情况（$\Delta \beta =$

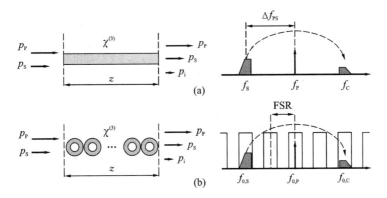

图 10.14　(a)在直光波导中的 FWM 过程；(b)在 SWS 中的 FWM 过程。在
SWS 情况下，泵浦光、信号光和闲频光的频率与结构的谐振频率一致

0)下，有和没有 SWS 的转换功率之比，即 $G_{SWS} = P_{c,SWS}/P_c = (S^2 + 1)^2/4$，随 S^4 成比例增加。注意到，式(10.21)给出了在 SWS 之外的转换功率，这是考虑到当转换光离开 SWS 时，功率降低了 S 倍。由于 FWM 需要相位匹配，反向传输波之间的相互作用带来的贡献可以忽略不计，因此，不同于 SPM 和 XPM，法布里-珀罗腔和环形腔结构显示出相同的转换增益。

在图 10.15 中，给出了转换增益 G_{SWS} 和归一化带宽 B/FSR 随在 SWS 通带中心计算的减慢因子 $S(f_0)$ 的变化关系。超过 26 dB 的增益是由一个低至 6.5 的减慢因子提供的，通过 $B/FSR = 0.1$ 的 SWS 实现。即使高增益可以通过增加腔的精细度达到，但有用带宽减小。相比单腔器件主要区别在于，在 SWS 中 FWM 的转换效率 $\eta_{FWM} = P_{c,SWS}/P_s$ 随 N^2 成比例变化，并且可以通过级联附加腔来提高，没有带宽限制。唯一的缺点是，随着结构长度的增加，SWS 感应的色散也增加[2][33]，并且当 N 接近 SWS 的色散长度时，需要合适的补偿结构来避免脉冲失真[34]。

进行 FWM 过程的 SWS 的最大腔数目 N_{max} 被腔内相位失配 $\Delta\beta$ 所限制，设置了最大转换功率为 $P_{c,max}$。通过对方程(10.5)取微分，容易验证减慢因子 S 能线性地增加有效相位失配 $\Delta\beta = S\Delta k$；此结果也可以解释为通过慢波传输有效长度增加的直接后果。能量开始从转换光倒转到泵浦光的传输距离通常称为相干长度，在经过以下数目的谐振器之后达到：

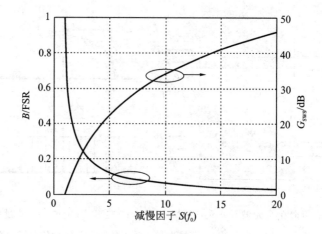

图 10.15 SWS 的归一化带宽和转换增益随在 SWS 通带中心计算的减慢因子 $S(f_0)$ 的变化

$$N_{\max} = \frac{\pi}{S\,|\,\Delta k\,|\,d} \tag{10.22}$$

通过简单的解析处理，方程（10.22）可以方便地改写，以显示出在转换过程中材料参数和 SWS 参数的作用。根据式（10.6）和高反射镜的假设（$t \ll 1$），腔长 d 和 SWS 带宽之间的关系可写成 $d = ct/(n_g \pi B)$。此外，由于非线性材料往往是高色散的，我们可以忽略由 SPM 和 XPM 对相位失配的影响，只考虑材料色散。在这些条件下，二阶近似 $\Delta k = \hat{\beta}_2 (2\pi \Delta f_{\mathrm{ps}})^2$ 通常成立，$\hat{\beta}_2$ 是在泵浦频率下所用波导的二阶色散且 $\Delta f_{\mathrm{ps}} = f_{\mathrm{p}} - f_{\mathrm{s}}$。把这些关系代入式（10.22）中，可得到

$$N_{\max} = \frac{n_g B}{4c\,|\,\hat{\beta}_2\,|\,\Delta f_{\mathrm{ps}}^2} \tag{10.23}$$

这将 $N_{\max}$ 和 SWS 带宽 B、最大频率失谐 Δf_{ps}、材料参数 n_g 和 $\hat{\beta}_2$ 联系在一起。给定材料和频率失谐，式（10.22）和式（10.23）表明最大长度 $N_{\max} d$ 被 S 固定，而腔的最大数目只取决于 SWS 带宽 B。注意，$N_{\max}$ 没有考虑色散效应对脉冲形状的影响，最大长度也被式（10.17）限制。

在经过 $N_{\max}$ 个腔后，转换功率简单由下式给出：

$$P_{\mathrm{c,max}} = P_{\mathrm{p}}^2 P_{\mathrm{s}} \left(\frac{\gamma}{\Delta k}\right)^2 \left(\frac{S^2+1}{S}\right)^2 \tag{10.24}$$

其中,第一个括号的项只取决于材料参数,而第二个括号的项只是 SWS 的贡献。虽然 SWS 的增益 G_{SWS} 与 S^4 成比例,但发现最大转换功率 $P_{c,max}$ 只与 S^2 成比例。其解释是:有效长度的增加被相位失配的增加所平衡,且当 S 增加时 SWS 必须缩短(见式(10.22))以避免反向转换。从材料方面,$P_{c,max}$ 随非线性系数和色散系数比 $n_2/\hat{\beta}_2$ 的平方增加。表 10.2 给出了在非线性应用中一些常见光学材料的光学参数。在这些材料中,硅线波导似乎是最佳候选,但双光子吸收可以极大地降低转换效率。AlGaAs 和硫化物也很卓越,但要设计截面以尽可能多地减少色散。在表 10.2 中,最高的 $P_{c,max}$ 可借助于 TeO_2 SWS 实现,其输出特性分别优于 AlGaAs 材料和 Si 材料,是它们的 4 倍和 67 倍。然而,我们应考虑到,为了达到 $P_{c,max}$,在 TeO_2 SWS 中需要的腔数目 N_{max} 是半导体 SWS 的 25 倍,在技术实现和器件尺寸方面有重要意义。

表 10.2   常见光学非线性材料的非线性和色散参数

材料	$A_{eff}/\mu m^2$	$\gamma/(m^{-1} \cdot W^{-1})$	$\hat{\beta}_2/(ps^2/km)$	$n_2/\hat{\beta}_2$
SiO_2[a]	80	0.0015	-25	1
TeO_2	10	0.55	45	27.8
Si	10	1.8	1160	3.4
硅线[b]	0.1	180	0	$+\infty$
AlGaAs	10	7.8	1240	14
硫化物[c]	10	1.19	500	4

a 相对石英值 $n_2 = 2.3 \times 10^{-20}$ m^2/W 的归一化。

b 硅线波导的零色散情况参见参考文献[36]。

c 数值涉及参考文献[35],其他可在文献中找到。

图 10.16 总结了一个由 N_{max} 个腔构成的 FWM SWS 频率转换器的理论性能,与 SWS 的精细度以及信号光和转换光频率间隔 $2\Delta f_{ps}$ 的关系。在阴影区,未耗尽泵浦光和小信号近似不成立,结果应数值计算。泵浦功率固定在 100 mW,表 10.2 中的 AlGaAs 波导的参数被考虑在内($n_{eff} = 3.3$)。实线表示以 dB 为单位的 FWM 效率 η_{FWM},虚线表示以毫米为单位的 SWS 结构相应的长度。例如,让我们考虑超过 4 THz 的频率转换。利用精细度为 10 的 SWS,对应 $S(f_0) = 6.5$,转换效率约为 -32 dB,总长度为 2.5 mm。如果减

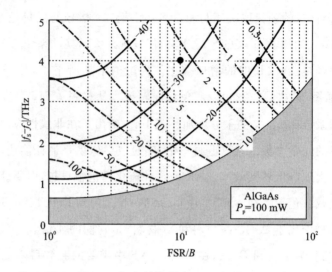

图 10.16　基于 FWM 的 SWS 频率转换器在 N_{max} 个腔后的性能评价:FWM 效率　η_{FWM}(dB)(实线)、SWS 长度(mm)(虚线),这两个记号对应于正文中讨论的例子,考虑了 AlGaAs 材料参数

慢因子增加到 25(FSR/B＝40),则转换效率提高约 12 dB,SWS 的长度减少到约 0.6 mm。通过维持 $S(f_0) = 6.5$,如果波导色散减半但结构长度加倍,则会获得相同的增益。

虽然腔的最大数目被相位失配限制,但根据传统的准相位匹配(QPM)方案,通过级联多个用色散光学器件交错的 SWS,可以增加转换功率[37]。例如,通过采用其二阶色散系数 $\tilde{\beta}_2$ 的符号与 $\hat{\beta}_2$ 相反的介质线性传输,可以用来补偿 SWS 感应的相位失配。复相器件的长度为 $\tilde{L} = Snd\,\hat{\beta}_2/\tilde{\beta}_2$,与频率转换范围 Δf_{ps} 无关,这意味着该器件可以同时工作在 WDM 信道栅格上。

注意到,由于慢波传输的相位失配增强,根据式(10.22),相干长度减少了近一个数量级($S＝6.4$)。同时,最大转换功率 $P_{c,max}$ 在第一个 SWS 级末端(复相前)比没有 SWS 的最大转换功率高出 10 dB 以上。根据式(10.24),这只是腔内功率增强的贡献。

为简洁起见,本节关于 SWS 中混频的讨论只局限于四波混频过程。慢波区域中不同数量光波的非线性相互作用在近期得到了研究,并且对与群速度减小相联系的增强因子进行了估算。一个引人注目的例子是二次谐波产生(SHG)在具有 $\chi^{(2)}$ 材料的 CROW 中实现。最近,对 CROW 中的 SHG 理论进

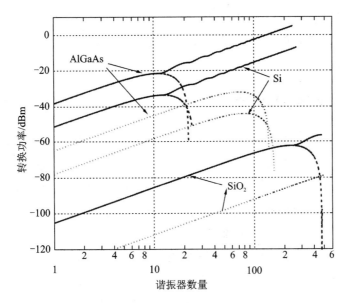

图 10.17　用实线给出了一个工作在 4 THz(Δf_{ps}＝2 THz)的 QPM SWS 波长转
　　　　换器对三种不同的非线性材料 AlGaAs、Si 和 SiO$_2$ 表现出的性能,对于
　　　　每种材料,带宽 B＝20 GHz,自由光谱范围 FSR＝200 GHz,腔数目等于
　　　　N_{max}。该实验使用了 100 mW 的泵浦功率和 10 mW 的信号功率。图中
　　　　的虚线表明,在第一级的末端缺少复相的情况下,经过 N_{max} 个谐振器
　　　　后,功率转移颠倒过来,即能量从转换光转移到泵浦光。每 11 个
　　　　AlGaAs 谐振器、12 个 Si 谐振器和 237 个 SiO$_2$ 谐振器后,都需要复相元
　　　　件。根据 FWM 理论,通过加倍器件的长度从而增加腔的数量,输出的
　　　　转换频率可增加 6 dB。点线表示在没有谐振器情况下的转换功率,这
　　　　是通过使用一个传统的直波导实现的,在 SWS 线以下 26 dB

行了详尽的讨论,包括在连续波[6]或脉冲[29]情况下。发现 SHG 的效率正比
于 $v_\omega^{-2} v_{2\omega}^{-1}$,$v_\omega$ 和 $v_{2\omega}$ 分别是 CROW 中基波和二次谐波的群速度。如果我们假
设沿 CROW 传输的两个波的群速度具有相同的减慢因子 S,则发现对倍频效
率的提高正比于 S^3。

　　更普遍的是,慢波传输通过 S^n 提高了混频过程的效率,其中 n 是在混频
过程中所涉及的光场的数目。对于任意的 n,等于 S^2 的贡献总是由有效长度
的增强提供的;事实上,由于转换光的振幅是通过一个相干过程产生的,在空
间线性增长,并且其功率随 SWS 有效长度的平方增加。附加项 S^{n-2} 是由于所
有相互作用的光波经历的腔内功率增强。需要注意的是,指数 $n-2$ 简单地由

输入光波的数目给出(在 FWM 中是三个,在 SHG 中是两个),这些光波作为混频过程的源场,减少一个,是考虑到当退出 SWS 时产生场所经历的功率降低。

10.7 调制不稳定性

正如在非线性光学中众所周知的,在非线性和色散的联合作用下不稳定效应可能会出现在任何光学系统中。至少在一定的条件下,这种现象可以被慢波传输所青睐,这总是与非线性和色散效应的增强相关。当存在不稳定时,描述 SWS 中非线性传输的方程的公式推导相当复杂,这里,所遵循的一种简化方法是,指出慢波传输所扮演的角色而无需严肃的数学含义。基本思想是,根据由非线性相移实现相位匹配的 FWM 过程对 MI 做出经典解释,然后,利用 10.2 节和 10.6 节推导的主要结果,MI 的经典理论能直接推广到 SWS。

在无损耗的非线性光学系统中,线性化的薛定谔方程

$$j\frac{\partial a}{\partial z}=\frac{1}{2}\beta_2\frac{\partial^2 a}{\partial T^2}-\gamma P_0(a+a^*)\qquad(10.25)$$

通常用来描述一个具有弱扰动的连续波传输。在方程(10.25)中 $a(z,T)$ 为扰动的复振幅,β_2 为导波结构(波导或 SWS)的二阶色散系数,γ 是在 10.2 节中定义的非线性常数,P_0 是定态波部分的功率。

在从时域转换到频域后,方程(10.25)可以重新写成耦合方程的形式:

$$\frac{\partial A(z,\Omega)}{\partial z}=j\left(\frac{1}{2}\beta_2\Omega^2+\gamma P_0\right)A+j\gamma P_0 A^*=j\kappa_{11}A+j\kappa_{12}A^*\qquad(10.26)$$

$$\frac{\partial A^*(z,-\Omega)}{\partial z}=-j\gamma P_0 A-j\left(\frac{1}{2}\beta_2\Omega^2+\gamma P_0\right)A^*=-j\kappa_{21}A-j\kappa_{22}A^*$$

$$(10.27)$$

式中:$A(z,\Omega)$ 是傅里叶域内扰动的复振幅;Ω 是扰动的调制频率。

由于在频域中,共轭波 $a^*(z,T)$ 被映射到 $A^*(z,-\Omega)$,此时两波相对于零频率对称分布,即在定态波 P_0 的两边。这正是在 FWM 过程中发生的。在耦合方程(10.26)和方程(10.27)中,通过 FWM 过程决定了功率转移的耦合系数 $\kappa_{ij}(i\neq j)$。包括了色散和非线性相位调制的贡献的系数 κ_{ii},已包含在相位匹配条件中。为了清晰本节以下部分的讨论,需要着重指出的是,方程(10.25)中的 γP_0 项源于每一个弱波经历的 XPM(与 $2\gamma P_0$ 成比例)和定态波经历的 SPM(与 γP_0 成比例)的差异。根据耦合模理论(CMT),方程(10.26)和方

程(10.27)的通解为

$$A(z) = A_s \exp(j\beta_s z) + A_a \exp(j\beta_a z) \qquad (10.28)$$

其中,常数系数 A_s 和 A_a 取决于边界条件,方程(10.26)和方程(10.27)的本征值为

$$\beta_{s,a} = \frac{\kappa_{11} + \kappa_{22}}{2} \pm \left[\frac{(\kappa_{11} - \kappa_{22})^2}{4} + \kappa_{12}\kappa_{21} \right]^{\frac{1}{2}} = \pm \frac{1}{2} \Omega \left[\beta_2 (\beta_2 \Omega^2 + 4\gamma P_0) \right]^{\frac{1}{2}}$$

$$(10.29)$$

MI 仅在 β_s 或 β_a 为虚数时发生,而这只能在反常色散区($\beta_2 < 0$)发生。调制过程在一个连续频谱范围 $\Omega^2 < 4\gamma P_0/\beta_2$ 上扩展,此处,定义为 $G_{MI} = 2\mathrm{Im}(\beta_{s,a})$ 的 MI 增益为实数。MI 增益的最大值位于两个频率 $\Omega_{\max} = \pm(2\gamma P_0/\beta_2)^{1/2}$ 处,这两个频率满足相位匹配条件 $\kappa_{11} - \kappa_{22} = 0$。

为了描述 SWS 中 MI 现象的动态特性,我们只需要修正耦合方(10.26)和方程(10.27),使其包括与慢波传输有关的效应。要考虑的第一点是色散问题。正如在 10.1 节中讨论的,在每个通带内,SWS 结构仅在每个通带的低频侧呈现出反常色散。因此,不稳定现象预计只发生在谐振频率以下的频率处。我们可以预期,这就是 SWS 中真实发生的情况,但也需要一些有力的证据来支持这一论断。事实上,二阶近似一般不足以对 SWS 色散建模,除非是极窄带宽的情况,否则高阶色散项必须包含在内。三阶色散是慢波结构谐振频率附近的主要影响因素,将非线性薛定谔方程(10.25)推广到包含三阶色散,可以用来论证 β_3 对 MI 没有贡献[38]。事实上,它还表明,在由连续波引发 MI 的情况下,所有奇数阶色散在定义 MI 的增益方面都不起重要作用[39][40][41]。相反,高阶偶数阶色散可以显著影响不稳定现象。例如,它们可以在表现出 $\beta_2 > 0$ 的正常色散系统中导致 MI 效应,还可以使 MI 增益带宽分裂为几个边带[39]。将所有偶数阶色散的色散系数包括在内,则式(10.29)可写为

$$\beta_{s,a} = \left[\sum_m \frac{\beta_{2m}}{(2m)} \Omega^{2m} \left(\sum \frac{\beta_{2m}}{(2m)!} \Omega^{2m} + 2\gamma P_0 \right) \right]^{\frac{1}{2}} \qquad (10.30)$$

式(10.30)的主要结果是,至少有一个系数 β_{2m} 必须为负,才能维持不稳定效应。对于一个由相同的直接耦合谐振器构成的 SWS,可以证明,在正常色散区所有偶数阶色散系数 β_{2m} 均为正。因此当频率高于谐振频率时,不稳定效应永远不会发生,此处我们将讨论限制在 f_0 和 $f_0 - B/2$ 之间的反常频率范围,如图 10.18 所示。

除了高阶色散的影响外,在相位匹配条件中一个基本的影响来自于由 10.2 节中讨论的慢波传输导致的非线性相移的增强。为了模拟这个贡献,方

程(10.26)和方程(10.27)中的系数 κ_{11} 和 κ_{22} 必须包括所有弱光经历的 XPM 相移和连续光经历的 SPM 相移 ϕ_{SPM},后者由 $\phi_{SPM}=c_S S_0^2 \gamma P_0$ 给出,其中 S_0 为连续光在频率 f_{cw} 处的减慢因子,系数 c_S 如表 10.1 所示,具体值取决于腔结构(环形腔或是法布里-珀罗腔)。对弱光经历的 XPM 效应的准确估计还需要更多的考虑。事实上,正如图 10.18 所描述的,连续光 P_0 以及弱光 $A(\Omega)$ 和 $A^*(-\Omega)$ 以不同的频率传输,经历不同的减慢因子。当考虑 $A(+\Omega)$ 时,连续光功率的增强因子 S_0 以及有效长度的增强因子 $S_{+\Omega}$ 也要考虑到。同样,$A^*(-\Omega)$ 的XPM 相移的增强因子分别为 S_0 和 $S_{-\Omega}$。在这两种情况下,系数分别为 $c_X=1$(环形谐振器)和 $c_X=2$(法布里-珀罗谐振腔)。

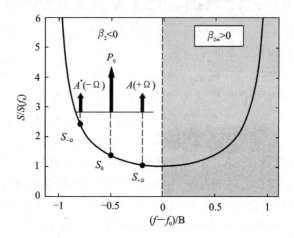

图 10.18　在 SWS 能带的左侧分支 ($f > f_0$),反常色散($\beta_2 < 0$)导致 MI 效应。当频率高于谐振频率 f_0 时,所有偶数阶色散的色散系数为正,MI 效应不会发生

通过综合考虑 SWS 中的色散项和非线性相移项,可以将 MI 情况下方程(10.26)和方程(10.27)的系数 κ_{11} 和 κ_{22} 的表达式写为

$$\kappa_{11,12} = \sum_m \frac{\beta_{2m}}{(2m)} \Omega^{2m} + \gamma P_0 [c_X S_0 S_{\pm\Omega} - c_S S_0^2] \tag{10.31}$$

最后,方程(10.26)和方程(10.27)的系数 κ_{12} 和 κ_{21} 可以直接通过 10.6 节的结果推导出来,这两个系数决定着连续光通过 FWM 效应转移给弱光的功率。这些系数和四波混频增益直接相关,在 MI 理论中,可定义为 $G_{MI} = |A|^2/P_0$。假设高减慢因子($S^2 \gg 1$)的情况,并为两个弱光选择合适的减慢因子,则容易证明:

$$\kappa_{12,21} = \frac{\gamma P_0}{2} S_0 \sqrt{S_{\pm\Omega} S_{\mp\Omega}} \tag{10.32}$$

注意到,式(10.32)中的振幅 $A(\Omega)$ 由 κ_{12} 决定,取决于全部三个光波的减慢因子。S_0 项给出了连续光功率 P_0 的增强,$S_{\pm\Omega}^{-1/2}$ 为弱光的场增强因子。式(10.32)考虑到,当转换光从 SWS 中出射后,转控光的功率下降了 $S_{\pm\Omega}$ 倍,因此抵消了有效长度增加的贡献。

描述 SWS 中 MI 的修正的耦合方程可以写为

$$\frac{\partial A}{\partial z} = \mathrm{j}\Big(\sum_m \frac{\beta_{2m}}{(2m)!}\Omega^{2m} + \gamma P_0 \big[c_X S_0 S_{+\Omega} - c_S S_0^2\big]\Big)A + \mathrm{j}\frac{\gamma P_0}{2}S_0(S_{+\Omega}S_{-\Omega})^{\frac{1}{2}}A^*$$

$$(10.33)$$

$$\frac{\partial A^*}{\partial z} = -\mathrm{j}\frac{\gamma P_0}{2}S_0\sqrt{S_{-\Omega}S_{+\Omega}}A - \mathrm{j}\Big(\sum_m \frac{\beta_{2m}}{(2m)!}\Omega^{2m} + \gamma P_0\big[c_X S_0 S_{-\Omega} - c_S S_0^2\big]\Big)A^*$$

$$(10.34)$$

由方程(10.33)和方程(10.34)可知,MI 的增益 G_{MI} 可以在每一个频率处进行数值估计。图 10.19 中实线所示的为 SWS 的 G_{MI} 谱,SWS 由 40 个法布里-珀罗谐振器构成,其参数为 $B=20$ GHz,FSR$=200$ GHz。结构的减慢因子 $S(\omega)$ 如图 10.19 中的虚线所示。连续光功率 P_0 增加的三个值也加以考虑,分别给出 $\gamma P_0=1$ m^{-1}、2 m^{-1} 和 4 m^{-1}。连续光的载波频率调谐到 SWS 的谐振频率 f_0 之下 1.7 GHz。与传统 MI 一样,发现峰值增益随输入功率 P_0 增加。然而,不同于传统的 MI,在输入功率足够高的情况下,SWS 中的 MI 带宽分裂成两个离散的边带,而在 f_0 周围 G_{MI} 为零。当调制能带到达 SWS 能带的最左侧边缘时,G_{MI} 在减慢因子的影响下急速增加。因为在 SWS 能带边缘外是禁止传输的,对于足够高的入射功率,G_{MI} 在 SWS 能带边缘达到最大值。在这些条件下,以频率 f_{MI} 调制的光场呈指数增长,调制频率 f_{MI} 由连续光的频率 f_{CW} 和 SWS 的边缘频率 f_e 之差给出。实际上,如果输入功率 P_0 足够高,对 f_{MI} 的评价会稍微复杂一些。事实上,由于 SPM 效应导致 SWS 的频谱红移,调制频率 f_{MI} 变为

$$f_{\mathrm{MI}} = f_{\mathrm{CW}} - f_e + \Delta f_{\mathrm{SPM}} \qquad (10.35)$$

频移由公式(10.13)给出。一旦知道了 MI 的增益,SWS 输出端的功率可由式 $P_{\mathrm{out}}(\Omega) = P_{\mathrm{in}}(\Omega)\exp(G_{\mathrm{MI}}(\Omega)Nd)$ 简单得出,其中 P_{in} 为输入功率,N 和 d 分别表示腔的数目和长度。

图 10.20(a)所示的为一个时域模拟结果,表明了图 10.19 所示的 SWS 中的非线性传输结果。假设将一个具有功率为 $\sigma^2 = 10^{-4}P_0$ 的高斯白噪声加到输入信号上(细实线),之后再叠加至功率为 $P_0 = 0.5$ W($\gamma P_0 = 4$ m^{-1})的定态波上。输入信号在 SWS 谱的反常色散区传输,频率为 $f_{\mathrm{CW}} = f_0 - 1.7$ GHz。在 SWS 的输出端(粗实线),连续泵浦光被部分分裂成调制周期为 110 ps 的周

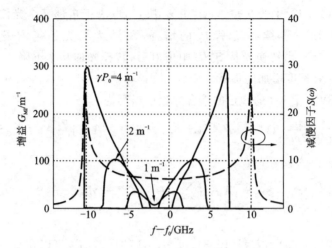

图 10.19   在三个功率等级 γP_0 下 SWS 中 MI 的增益谱(实线),SWS 的减慢比如虚
线所示。该结构具有 $B=20$ GHz,FSR $=200$ GHz,包括 40 个法布里-珀
罗谐振器。连续波的频率较 SWS 的谐振频率 f_0 低 2 GHz

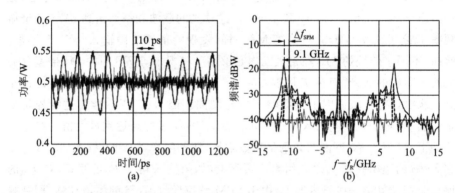

图 10.20   (a)SWS 中 MI 的时域模拟,光信号由白高斯噪声($\sigma=0.01$)和连续光($P_0=$
0.5 W)叠加而成,并将它作为图 10.19 中 SWS($B=20$ GHz,FSR $=200$ GHz,
40 个法布里-珀罗谐振器)的输入信号,输出信号(粗线)显示出周期为 110 ps
的近乎正弦图样;(b)频域结果,对比了输出信号频谱的模拟结果(粗实线)和
理论结果,振荡频率 f_{MI} 由连续载波频率和 SWS 能带边缘之间的相对间隔决
定,细实线为输入信号的频谱

期脉冲序列。图 10.20(b)显示了 MI 的谱域效应,输入信号(细实线)的频谱
显示出一个恒定的噪声电平,在连续光电平之下 40 dB,源于 MI 的两个边带
在输出频谱上清晰可见,它们的峰值功率在连续光电平之下 13 dB。模拟得到
的输出频谱(粗实线)和由理论模型预测的频谱(见方程(10.33)和方程(10.34))

（粗虚线）均在图中给出，它们在整个 SWS 带宽内看起来比较一致。模拟证实了输出频谱相对于线性区域中（从 $-10\ \mathrm{GHz}$ 延伸到 $10\ \mathrm{GHz}$）SWS 频谱红移 Δf_{SPM}。输出功率最大时的频率为 $f_{\mathrm{MI}}=9.1\ \mathrm{GHz}$，仅高于式（10.35）给出的值 $0.2\ \mathrm{GHz}$，预测调制频率 $f_{\mathrm{MI}}=8.9\ \mathrm{GHz}$，$f_{\mathrm{CW}}-f_e=8.3\ \mathrm{GHz}$，$\Delta f_{\mathrm{SPM}}=0.6\ \mathrm{GHz}$。

🕮 参考文献

[1] T. Tamir, Guided Wave Optoelectronics, 2nd edn., Springer-Verlag, Berlin, 1990.

[2] A. Melloni, F. Morichetti, and M. Martinelli, Linear and nonlinear pulse propagation in coupled resonator slow-wave optical structures, Opt. Quantum Electron. 35(4/5), 365-379, 2003.

[3] J. E. Heebner, R. W. Boyd, and Q. -H. Park, SCISSOR solitons and other novel propagation effects in microresonator modified waveguides, JOSA B 19, 722-731, 2002.

[4] Y. Chen and S. Blair, Nonlinearity enhancement in finite coupled-resonator slow-light waveguide, Opt. Express 12(15), 3353-3366, 2004.

[5] M. Soljacic, S. G. Johnson, S. Fan, M. Ibanescu, E. Ippen, and J. D. Joannopoulos, Photonic-crystal slow-light enhancement of nonlinear phase sensitivity, J. Opt. Soc. Am. B 19(9), 2052-2059, 2002.

[6] Y. Xu, R. K. Lee, and A. Yariv, Propagation and second-harmonic generation of electromagnetic waves in a coupled-resonator optical waveguide, JOSA B 17(3), 387-400, 2000.

[7] F. Morichetti, A. Melloni, J. Čáp, J. Petráček, P. Bienstman, G. Priem, B. Maes, M. Lauritano, and G. Bellanca, Self-phase modulation in slow-wave structures: A comparative numerical analysis, Opt. Quantum Electron. 38, 761-780, 2006.

[8] A. Melloni, M. Floridi, F. Morichetti, and M. Martinelli, Equivalent circuit of Bragg gratings and its application to Fabry-Pèrot cavities, JOSA A, 20(2), 273-281, 2003.

[9] R. Costa, A. Melloni, and M. Martinelli, Bandpass resonant filters in photonic-crystal waveguides, IEEE Photon. Technol. Lett. 15(3), 401-403, 2003.

[10] M. Ghulinyan, C. J. Oton, G. Bonetti, Z. Gaburro, and L. Pavesi, Free-

standing porous silicon single and multiple cavities, J. Appl. Phys. 93, 9724-9729,2003.

[11] S. Mookherjea and A. Yariv, Coupled resonator optical waveguides, IEEE J. Sel. Top. Quantum Electron. 8,448-456,2002.

[12] S. Radic, N. George, and G. P. Agrawal, Theory of low-threshold optical switching in nonlinear phase-shifted periodic structures, J. Opt. Soc. Am. B 12(4),671,1995.

[13] A. Melloni, M. Chinello, and M. Martinelli, All-optical switching in phase-shifted fiber Bragg grating, IEEE Photon. Technol. Lett. 12(1), 42-44,2000.

[14] C. M. de Sterke and J. E. Sipe, Gap solitons, in E. Wolf (Ed.) Progress in Optics, Vol. 33, pp. 203-260, Elsevier, Amsterdam, 1994.

[15] G. P. Agrawal, Nonlinear Fiber Optics, Academic Press, New York, 1999.

[16] J. E. Heebner and R. W. Boyd, Enhanced all-optical switching by use of a nonlinear fiber ring resonator, Opt. Lett. 24(12),847-849,1999.

[17] V. V. Afanasjev, Y. S. Kivshar, and C. R. Menyuk, Effect of third-order dispersion on dark solitons, Opt. Lett. 21(24),1975-1977,1996.

[18] A. Melloni and M. Martinelli, Synthesis of direct-coupled resonators bandpass filters for WDM systems, J. Lightwave Technol. 20(2),296-303,2002.

[19] S. Mookherjea and A. Oh, Effect of disorder on slow light velocity in optical slow-wave structures, Opt. Lett. 32(3),289-291,2007.

[20] A. Ashkin, G. Boyd, and J. Dziedzic, Resonant optical second harmonic generation and mixing, IEEE J. Quantum Electron. 2(6),109-124,1966.

[21] P. Bayvel and I. P. Giles, Frequency generation by four wave mixing in all-fibre single-mode ring resonator, Electron. Lett. 25 (17), 1178-1180,1989.

[22] J. G. Provost and R. Frey, Cavity enhanced highly nondegenerate four-wave mixing in GaAlAs semiconductor lasers, Appl. Phys. Lett. 55(6), 519-521,1989.

[23] R. Lodenkamper, M. M. Fejer, and J. S. Jr. Harris, Surface emitting second harmonic generation in vertical resonator, Electron. Lett. 27(20), 1882-1884,1991.

［24］ S. Murata,A. Tomita,J. Shimizu,M. Kitamura,and A. Suzuki,Observation of highly nondegenerate four-wave mixing（＞1 THz）in an InGaAsP multiple quantum well laser, Appl. Phys. Lett. 58，1458-1460,1991.

［25］ S. Jiang and M. Dagenais,Observation of nearly degenerate and cavity enhanced highly nondenerate four-wave mixing in semiconductor lasers, Appl. Phys. Lett. 62(22),2757-2759,1993.

［26］ J. A. Hudgings and Y. Lau,Step-tunable all-optical wavelength conversion using cavity enhanced four-wave mixing,IEEE J. Quantum Electron. 34(8),1349-1355,1998.

［27］ P. P. Absil,J. H. Hryniewicz,B. E. Little,P. S. Cho,R. A. Wilson,L. G. Joneckis,and P.-T. Ho,Wavelength conversion in GaAs micro-ring resonators,Opt. Lett. ,25,554-556,2000.

［28］ M. Fujii, C. Koos, C. Poulton, J. Leuthold, and W. Freude, Nonlinear FDTD analysis and experimental verification of four-wave mixing in InGaAsP-InP racetrack microresonators, IEEE Photon. Technol. Lett. 18 (2),361-363,2006.

［29］ S. Mookherjea and A. Yariv,Second-harmonic generation with pulses in a coupled-resonator optical waveguide,Phys. Rev. E 65,026607,2002.

［30］ S. Blair,Enhanced four-wave mixing via photonic bandgap coupled defect resonances,Opt. Express 13(10),3868-3876,2005.

［31］ A. Melloni, F. Morichetti, S. Pietralunga, and M. Martinelli, Slow-wave wavelength converter,Proceedings of the 11th European Conference on Integrated Optics,Prague,Vol. 1,pp. 97-100,2003.

［32］ A. Melloni,F. Morichetti,and M. Martinelli,Optical slow wave structures,Opt. Photon. News 14(11),44-48,2003.

［33］ J. B. Khurgin,Dispersion and loss limitations on the performance of optical delay lines based on coupled resonant structures,Opt. Lett. 32(2),133-135,2006.

［34］ J. B. Khurgin,Expanding the bandwidth of slow-light photonic devices based on coupled resonators,Opt. Lett. 30(5),513-515,2005.

［35］ V. G. Ta'eed et al. ,Self-phase modulation-based integrated optical regeneration in chalcogenide waveguides,IEEE J. Sel. Top. Quantum Electron. 12(3),360-370,2006.

[36] A. C. Turner, C. Manolatou, B. S. Schmidt, M. Lipson, M. A. Foster, J. E. Sharping, and A. L. Gaeta, Tailored anomalous group-velocity dispersed in silicon channel waveguides, Optics Express, 14 (10), 4357-4362, 2006.

[37] J. Kim, Ö. Boyraz, J. H. Lim, and M. N. Islam, Gain enhancement in cascaded fiber parametric amplifier with quasi-phase matching: Theory and experiment, J. Lightwave Technol. 19(2), 247-251, 2001.

[38] M. J. Potasek, Modulation instability in an extended nonlinear Schroedinger equation, Opt. Lett. 12(11), 921-923, 1987.

[39] W. H. Reeves, D. V. Skryabin, F. Biancalana, J. C. Knight, P. St. J. Russell, F. G. Omenetto, A. Efimov, and A. J. Taylor, Transformation and control of ultra-short pulses in dispersion-engineered photonic crystal fibres, Nature 424, 511-515, 2003.

[40] M. Nakazawa, K. Suzuki, H. Kubota, and H. A. Haus, High-order solitons and the modulational instability, Phys. Rev. A 39, 5768-5776, 1989.

[41] A. Demircan, M. Pietrzyk, and U. Bandelow, Effect of higher-order dispersion on modulation instability, soliton propagation and pulse splitting, WIAS Preprint No. 1249, 2007.

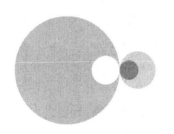

第11章
慢光带隙孤子

11.1 引言

在处理慢光问题时,一个关键问题是不可避免的,即色散效应的影响,因为色散会展宽传输脉冲。此外,随着群速度(脉冲的传输速度)的减小,色散值将会增大。为了探究两者的关系,将群速度表示成 $v_g \equiv c/n_g$,其中 n_g 为群折射率,于是有 $n_g = n + \omega dn/d\omega$。因为我们感兴趣的材料的折射率不会剧烈变化,慢光是在导数 $dn/d\omega$ 为较大的正数值时得到的。然而,因为 n 自身的变化范围受到限制,大的导数值只能在正比于 $(dn/d\omega)^{-1}$ 的一个窄带宽上得以保持。因此,大延迟意味着窄带宽,从而限制了脉冲的宽度。本章将介绍如何应用带隙孤子中非线性效应的方法来避免这一限制,这一论证相当简单,通过Kramers-Kronig 关系即可严格证明。由此发现,在线性双端口器件中可得到的延迟量受限于延迟-带宽积(Lenz 等,2001)。

带隙孤子是指存在于具有克尔非线性的周期结构中的孤子。正如在所有孤子中一样,非线性会抵消色散的影响,从而使孤子能够无展宽地传输。然而,带隙孤子又不同于那些存在于光纤或波导中的普通光孤子(Agrawal,1995),因为色散主要来自于周期结构而不是组成材料或波导本身。对带隙孤子而言,色散来自于光栅色散,因此,它们具有一些独特的性质:①理论上,它们可以以任意慢的速度传输;②因为光栅色散较材料色散和波导色散大得多,为产生带隙孤子所需要的强度也相应更高。第一个特性表明了为什么带隙孤子更适合慢光实验:不但是因为它们至少在理论上可以任意慢地传输,而且在于它们不受色散展宽的影响。色散展宽是慢光实验中一个关键的影响因素,它限制了可获得的最大延迟量。与之相反,本书中的限制因素是损耗或光栅长度,但这两者并非是固有的限制因素,可以通过提高工艺和设计来改善。注意,一个可能的例外是写光栅时所引入的中等损耗,我们将在 11.4 节对此进行深入讨论。上面列出的第二个问题表明了利用带隙孤子产生慢光的一个缺点:它们需要相当高的功率(本文实验中的入射功率约为 2 kW)。然而,正如将在 11.4 节中讨论的,通过使用高非线性玻璃而不是石英玻璃,有望大大降低峰值功率。Eggleton 等首次(1996)在实验中观测到带隙孤子,它们发现,当脉冲在光纤布拉格光栅(FBG)中传输时其脉宽变窄,传输速度减慢。他们和其他研究人员从多个方面展开后续研究:比如,Eggleton 等在他们之后的工作中(1997)对带隙孤子传输进行了深入研究,并讨论了带隙孤子序列和高阶带隙孤子的形成。在另一组独立的实验中,Taverner 等(1998)报道了多带隙孤子的形成、强度相关开关以及基于带隙孤子的"与"门逻辑操作。Millar 等(1999)实现了一个重要的实际进展,他们论证了带隙孤子在 AlGaAs 波导中而不是在光纤中的形成,这就允许光栅深刻蚀及与其他器件的集成,尽管在此文中并未证明。

在本章中,我们综述了近期关于带隙孤子在 10 cm 和 30 cm FBG 中传输的工作,强调了它们在慢光方面的特性。此外,我们论证了数个脉宽的较大延迟量,而脉冲没有被明显展宽。

11.2 背景知识

我们感兴趣的是周期小于光波长的一维周期性结构("光栅"),这些结构用于反射前向传输模式和后向传输模式之间的光,这不包括如长周期光栅(Kashyap,1999)这类的光栅,这些周期更长的光栅主要用于光在同一传输方向的不同模式之间的耦合。今后提到的光栅特指前一种类型的光栅。

11.2.1 光栅的线性特性

光栅的线性光学特性已经众所周知多年。光栅结构展现出(一维)光子带隙,使频率位于带隙中的光不能传输;如果光栅具有足够多的周期,则这些周期结构就如反射镜一般。实际中,获得光栅的方式有很多种。我们感兴趣的为布拉格光栅,它们是写在光纤纤芯或波导芯层中的,这种结构具有弱折射率调制(通常为 $10^{-4} \sim 10^{-3}$)和很多周期(本文实验中所使用的一些光栅有大约 100 万个周期)的特点。由于这种光栅的制备已经众所周知(Kashyap,1999)且超出了本综述范围,在此不再赘述。

这些结构的线性特性可以通过多种方法(如传递矩阵法)求解麦克斯韦方程组计算得到,但是,由于折射率调制很小,我们可以采用耦合模理论进行计算。耦合模理论是一种简便、常用的方法,它由一组两个耦合线性微分方程组成,前向和后向传输模式振幅 $E_\pm$ 的方程分别为

$$\left. \begin{array}{c} +\mathrm{i}\dfrac{\partial E_+}{\partial z} + \dfrac{\mathrm{i}}{v_\mathrm{g}}\dfrac{\partial E_+}{\partial t} + \kappa E_- = 0 \\[2mm] -\mathrm{i}\dfrac{\partial E_-}{\partial z} + \dfrac{\mathrm{i}}{v_\mathrm{g}}\dfrac{\partial E_-}{\partial t} + \kappa E_+ = 0 \end{array} \right\} \tag{11.1}$$

式中:z 和 t 分别为传输距离和传输时间;v_g 表示无光栅时模式的群速度。

κ 耦合了前向和后向传输模式,表示光栅的影响,其定义为

$$\kappa = \frac{\pi}{\lambda}\Delta n \tag{11.2}$$

式中:Δn 为折射率分布的振幅,定义为

$$n = \bar{n} + \Delta n \cos(2\pi z/\Lambda) \tag{11.3}$$

式中:Λ 为光栅周期;$\bar{n}$ 为平均折射率。

模式振幅和实际电场之间的关系由下式给出:

$$E(z,t) = (E_+\,\mathrm{e}^{\mathrm{i}\pi z/\Lambda} + E_-\,\mathrm{e}^{-\mathrm{i}\pi z/\Lambda})\mathrm{e}^{-\mathrm{i}\omega_\mathrm{g}t} + \mathrm{c.c.} \tag{11.4}$$

其中,c.c. 表示复共轭。此外,ω_g 为布拉格频率,在该频率处模式的波数满足布拉格条件 $k = \pi/\Lambda$。将式 $k = 2\pi\bar{n}/\lambda$ 代入布拉格条件,可得布拉格波长为 $\lambda_\mathrm{B} = 2\bar{n}\Lambda$。

通过考虑相应的色散关系,可以获得方程组(11.1)解的特性。为此,我们令 $E_\pm \approx \mathrm{e}^{\mathrm{i}(Qz - v_\mathrm{g}\delta t)}$,其中 δ(失谐量)和 Q 是低频,分别表示相对布拉格条件的时间和空间偏移。求解相应的代数方程,可以发现

$$\delta = \pm\sqrt{\kappa^2 + Q^2} \tag{11.5}$$

上式表示的曲线如图 11.1 所示,其中顶部(底部)的符号表示上(下)分支。注意到,对于失谐范围 $-\kappa < \delta < \kappa$(对应频率范围 $\Delta f = v_\mathrm{g}\kappa/\pi$),无行波解存在;因

此,该频谱带对应光子带隙。对于典型的折射率调制振幅为 $\Delta n \approx 5 \times 10^{-4}$ 的光纤光栅而言,由式(11.2)可知,当 $\Delta n \approx 1.06\ \mu m$ 时,$\kappa \approx 1.5 \times 10^{3}\ m^{-1}$。当折射率约为 1.5 时,由式(11.5)可得光子晶体的带隙宽度大约为 0.35 nm。

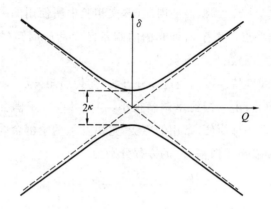

图 11.1 一维光子晶体(光栅)色散关系示意图,光子带隙的宽度为 2κ

我们注意到,与式(11.5)给出的解相联系的为前向和后向传输模式幅值的特征比。例如,在高频能带边缘($\delta = \kappa$),该特征比为 +1;而在低频能带边缘($\delta = -\kappa$),该特征比为 -1。更一般地,我们发现

$$\left| \frac{E_{+}}{E_{-}} \right|^{2} = \frac{1+v}{1-v} \tag{11.6}$$

这一讨论对恰好位于光子带隙之外的频率的传输特性也很重要。由式(11.5),我们得到有光栅存在时的群速度 v 为

$$v = \pm v_{g} \frac{Q}{\sqrt{\kappa^{2}+Q^{2}}} = \pm v_{g} \frac{\sqrt{\delta^{2}-\kappa^{2}}}{\delta} \tag{11.7}$$

它总是小于 v_{g}。与图 11.1 一致,我们注意到在带隙的边缘即 $|\delta| \to \kappa$ 处群速度为零,这也不奇怪,因为在带隙内没有能量传输。我们发现,当远离带隙时,因为光栅的影响变弱,群速度平滑地趋近于 $\pm v_{g}$。因此,如果频率恰好位于带隙之外的话,原则上任何群速度都可以通过选择相对于布拉格条件的适当失谐(频率)来进行调整。这是基于 FBG 慢光研究的两个关键因素之一。

当我们考虑到色散效应时,该方法的一个明显问题就暴露出来了。注意到,群速度在只有数倍 $v_{g}\kappa$ 的频率间隔内(也就是基于上述的典型数值,间隔不到 1 nm)在 0 和 v_{g} 之间变化,这意味着色散即群速度随频率变化的速率很高,这可以通过计算二阶色散来证实(Russell,1991):

$$\beta_2 \equiv \frac{\partial(1/v)}{\partial\omega} = \mp \frac{1}{v_{\mathrm{g}}^2} \frac{\kappa^2}{(\delta^2 - \kappa^2)^{3/2}} \tag{11.8}$$

虽然在能带边缘处存在发散(因为群速度的导数在此处发散),但通过将上述典型的数值代入上式仍可以确定,即使远离能带边缘,其二阶色散值仍较常规光纤中的二阶色散值大几个数量级。对于光子带隙之上的频率有 $\beta_2 < 0$,这意味着此时为反常色散,而对于光子带隙之下的频率则为正常色散。应指出的是,耦合模方程中没有显式色散项,它们通常发生在二阶或高阶求导过程中。事实上,光栅色散是通过方程中的耦合项引入的。虽然在无光栅情况下的背景色散由更高阶导数引入,但这里其影响已被忽略,当然,只有在背景色散远小于光栅色散时这样处理才是合乎情理的。

最后,在常规光纤中二阶色散通常占主导地位,它随着高阶色散的产生而显著降低。然而,在光纤光栅中却并非如此,通过对式(11.8)求导来计算三阶色散,即可证实这一特点(Russell,1991)。在光栅的光子带隙边缘附近的慢光传输的线性特性,是由 Eggleton 等在实验上证实的(1999)。

至此,我们已经讨论了光栅的色散特性,下面简单介绍一下它的反射特性。由于频率位于带隙内的场是倏逝场,不能在光栅中传输(因为在式(11.5)中 Q 为虚数),这些频率的光被强烈反射。事实上,光纤光栅的一个重要应用是全光纤滤波器(Kashyap,1999)。然而,均匀光栅的反射率虽然对频率位于带隙内的光很高,但对那些频率接近带隙的光也很高。从之前的讨论中不难发现其原因:由于频率恰好位于带隙之外的光以减小的群速度通过光栅,它们与以 c/n 的速度传输的光栅外部的场不匹配,结果导致显著的反射。在我们的研究中,由于慢光工作区域距离光子带隙的边缘很近,这种残余反射极为有害。为此,我们使用了切趾光栅,它不同于均匀光纤光栅,在切趾光栅中折射率调制的强度是逐渐增加的。这有平滑失配的作用,从而在很大程度上减少带外反射。线性反射谱的例子将在第 11.3 节中给出。

11.2.2 光栅的非线性特性

在讨论了光栅的一些重要的线性特性之后,我们现在讨论其非线性特性。特别是,我们考虑折射率为强度的线性函数(克尔非线性)的光栅,即折射率 $n = n_{\mathrm{L}} + n^{(2)} I$,其中 $n^{(2)}$ 为非线性折射率,对于石英玻璃可取 $n^{(2)} \approx 3 \times 10^{-20}$ m^2/W;因为 $n^{(2)} > 0$,所以随着强度的增加,折射率也随着增加。我们默认非线性效应的响应时间可以忽略不计,这是一个很好的近似,因为非线性效应多发生在飞秒时间尺度上,远小于我们这里考虑的 100 ps 左右的脉冲宽度。我们认为,非线性效应的影响之一是布拉格波长 $\lambda_{\mathrm{B}} = 2\bar{n}\Lambda$,因此整个光子带隙都取决于光强。事实上,我们发现下面的大部分物理特性可以据此进行定性理解。

之后我们发现,将克尔非线性包括在内后,可以将方程(11.1)推广成下面的非线性耦合模方程(NLCME)(Winful 和 Cooperman,1982;Christodoulides,1989;Aceves 和 Wabnitz,1989;de Sterke 等,1994):

$$\left.\begin{array}{l} +\mathrm{i}\dfrac{\partial E_+}{\partial z} + \dfrac{\mathrm{i}}{v_{\mathrm{g}}}\dfrac{\partial E_+}{\partial t} + \kappa E_- + \Gamma(\mid E_+\mid^2 + 2\mid E_-\mid^2)E_+ = 0 \\[3mm] -\mathrm{i}\dfrac{\partial E_-}{\partial z} + \dfrac{\mathrm{i}}{v_{\mathrm{g}}}\dfrac{\partial E_-}{\partial t} + \kappa E_+ + \Gamma(\mid E_-\mid^2 + 2\mid E_+\mid^2)E_- = 0 \end{array}\right\} \quad (11.9)$$

其中,非线性系数 $\Gamma = 2kn^{(2)}/Z_0$,Z_0 表示真空阻抗;这样选择导致前向和后向传输强度与振幅有 $I_\pm = 2n\mid E_\pm\mid^2/Z_0$ 的关系。方程(11.9)表明,非线性效应引入了自相位调制项和交叉相位调制项。前者描述了强度相关折射率是如何影响脉冲传输的,而后者描述了前向传输波折射率的变化是如何影响后向传输波的,反之亦然。

Winful 等(Winful 等,1979;Winful 和 Cooperman,1982)率先研究了 NLCME 的解。他们最初考虑 NLCME 的连续波(CW)解,结果表明在光子带隙内外这些解通常都可以写成雅可比椭圆函数的形式。由于这些函数随位置周期性地变化,在某个足够高的光强下该周期与光栅长度实现匹配,光栅甚至可以完美地透射带隙之内的频率。更一般地,Winful 等发现非线性光栅可以呈现出界于高、低透射态之间的双稳态(Winful 等,1979),尽管这仅发生在极高的光强处。然而,即使在低光强时透射率仍随入射光强变化。凭直觉这可以理解如下:由于布拉格波长 $\lambda_{\mathrm{B}} = 2\bar{n}\Lambda$ 随强度增加至最低阶,整个光子能带也有相同的变化。因此,对于位于光子带隙内但接近短波长边缘的波长,可通过增加光强移动到带隙之外,从而增加了透射率。当然,对于频率远离带隙边缘的光也一样,只是需要更高的光强。因此,我们只对接近带隙高频边缘的频率感兴趣,因为它们的非线性效应最为突出。

在后续的论文中(Winful 和 Cooperman,1982),Winful 和 Cooperman 利

用数值算法研究了全时间相关 NLCME 的一些特性[①]。为此,他们使用高强度的连续光场驱动光栅并监控透射谱,发现对某些光强值透射率是恒定的,而对于其他光强值,光栅则表现出自脉动效应,导致一个时间相关的周期透射场,它可以是脉冲的一个周期序列形式。在更高的光强下,脉动变得混乱起来。

显然没有意识到 Winful 的工作,Chen 和 Mills(1987)在其后开展了有关非线性周期介质的研究。在未假设光栅为浅刻蚀的前提下,他们表明对于带隙内光栅可以完全透射的频率,光场为一种“类孤子对象”的形式,这导致他们引入“带隙孤子”这一术语,虽然没有证明问题中的“对象”实际上是一个孤子。

Sipe 和 Winful(1988)继续进行了这项研究。de Sterke 和 Sipe(1988)基于电场的波动方程证明,对于接近光子带隙高频边缘的频率,电场可近似用非线性薛定谔方程描述,非线性薛定谔方程是非线性科学中的标准方程之一,它具有孤子解,能描述光脉冲在均匀光纤中的传输。他们所得解的特性在定性上与 Chen 和 Mills 所得到的数值结果相似,由此可以确定,在这种近似下带隙孤子确实是一种孤子。下面,我们回到光场的非线性薛定谔描述。

非线性周期介质特性的下一步研究是基于 NLCME 的,其中 Christodoulides 和 Joseph(1989)以及 Aceves 和 Wabnitz(1989),分别独立论证了全时间相关方程存在类脉冲解这一问题。特别地,Aceves 和 Wabnitz 证明,方程(11.9)存在一个单峰值的双参数解族,它们能以 0 和 c/n 之间的任意速度传输。这些解的存在以及对较早发现的非线性薛定谔孤子的推广(Sipe 和 Winful,1988;de Sterke 和 Sipe,1988),表明非线性周期介质能够支持慢光脉冲,原因在于非线性的存在,使得传输光场不会遭受很大的光栅色散,因此利用它们进行慢光实验非常理想。

因此,我们看到非线性周期性介质中的波传输有两种描述方法:一种基于非线性薛定谔方程,该方程具有孤子解,此方法适用于频率接近光子带隙上边缘的情况;另一种方法基于耦合模方程(11.9),该方程具有类脉冲解。de Sterke 和 Sipe(1990)给出了这两种方法之间的一致性,他们表明非线性薛定谔方程可以由耦合模方程导出;de Sterke 和 Eggleton(1999)也明确表明,

---

① 事实上,Winful 和 Cooperman 考虑了 NLCME,但采用的是有限非线性响应时间。然而,这对我们的目的来说是重要的。

Aceves 和 Wabnitz 发现的解在低强度极限下简化成非线性薛定谔孤子。过程首先是确定频率、波数以及前向波和后向波的比例（见式(11.6)），然后找到该复合波的慢变包络 a 的演化方程。结果如下(de Sterke 和 Sipe,1990)：

$$\mathrm{i}\frac{\partial a}{\partial \zeta} - \frac{\beta_2}{2}\frac{\partial^2 a}{\partial \tau^2} + \frac{\Gamma}{2v}(3+v^2)\,|a|^2 a = 0 \qquad (11.10)$$

式中：$\zeta = z$ 和 $\tau = t - z/(vv_g)$ 表示在随脉冲移动的坐标系中的坐标；β_2 由式(11.8)给出，它表示光栅色散。

现在，让我们考虑一下非线性项，特别是它的速度相关性。因子 $(3+v^2)/2$ 与被调制的复合平面波的性质有关：在能带边缘处即当 $v=0$ 时，前向波和后向波具有相同的振幅，从而产生形式为 $\cos(\pi z/\Lambda)$ 或 $\sin(\pi z/\Lambda)$ 的驻波。因为它是被调制的，相比于行波这种驻波有更强的非线性效应，因为它不但增强了波腹处的非线性效应，还补偿了波节附近减小的非线性效应。此外，较强的 $1/v$ 因子与光驻留时间的增加有关。注意到，如果我们已经将增益或损失包括在方程中，那么会发现这些影响同样也被增强了 $1/v$ 倍。

除了在上一段中讨论的效应外，非线性效应还有另外一种增强：净能流与 $(|E_+|^2 - |E_-|^2) \propto v\,|a|^2$ 成比例，因此，对于给定的能流，场包络的振幅是按 $1/v$ 的比例增强的。

于是，我们就明白了慢光传输与非线性光学效应的显著增强密切相关，这也是该领域研究的主要动机之一。

在讨论实验结果之前，我们简单回顾一下可利用的数值计算工具。Winful 等(1982)首先提出可以根据其特征对 NLCME(见方程(11.9))进行有效的求解，后来 de Sterke 等(1991)开发了一个利用其特征的数值计算程序。与此相比，非线性薛定谔方程是通过分步傅里叶方法数值求解的，比如，Agrawal(1995)介绍过这种方法。

11.3 实验

基于带隙孤子的慢光实验的关键部分如图 11.2 所示(Mok 等,2006、2007)。该实验装置包括一个激光光源、一个 FBG、两个监控装置(即示波器和功率计)。激光光源是一个调 Q 激光器，它可以发射工作波长为 1.064 μm、宽度为 0.68 ns 的光脉冲，光脉冲频谱的半极大全宽度为 1.9 pm，因此时间-带宽积为 0.34。对于一个给定的光脉冲带宽，小的时间-带宽积允许可能的最大分数延迟,分数延迟定义为延迟与脉冲宽度的比值。脉冲经过一个隔离器后进入 FBG,隔离器可以防止 FBG 的残余反射光回到激光器。FBG 安装在一个包含移动平台的可拉伸组件上,移动平台可以控制施加到 FBG 的应力,这就改变了周期 Λ,进而改变了光栅的布拉格波长 λ_B。因为激光波长是固定的,改变 λ_B 可有效地改变失谐量 δ,使我们能够定位出与光栅透射谱的变化区域一致的激光波长。正如在 11.2.1 节中讨论的,为了观察慢光,我们应该定位出位于带隙内并接近短波长能带边缘的光波长,以降低所要求的光强。另一方面,为了产生一个可以在光栅中畅通无阻的参考脉冲,我们还应该定位出远离且位于光子带隙外的激光波长,此处光栅效应可以忽略不计。

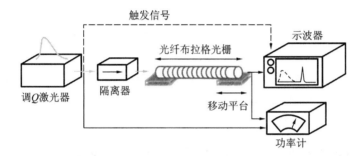

图 11.2　实验装置示意图(经许可,引自 Mok,J. T. ,de Sterke,C. M. ,Littler,I. C. M. ,and Eggleton,B. J. ,Nat. Phys. ,2,775,2006a.)

功率计同时测量输入和输出功率以监控透射率,我们预计它会作为输入功率的函数而变化。示波器测量输出脉冲的时间分辨强度,输入脉冲能量的一部分被分离,以为示波器提供一个不依赖于输出脉冲到达时间的触发信号,因此被测脉冲时间位置的任何改变都是 FBG 中脉冲速度改变的结果。所有延迟测量,包括与延迟脉冲对比的参考脉冲,都可以利用此装置通过测量 FBG 的输出而实现。

通过一个带有铝散热板的导热化合物,还可以将 FBG 置于热接触中,这确保了非线性效应可以被观察到,因为通过 $n^{(2)}$ 强度相关折射率变化导致的透射率增加不会被热效应遮蔽,热效应也能导致由热光系数改变引起的折射率增加。

我们使用不同长度的 FBG 进行了两次实验。在第一次实验中(Mok 等,2006),FBG 的长度 L 是 10 cm;FBG 是切趾型的,在 FBG 的前 1.5 cm 和后

1.5 cm 长度内，κ 可以在 0 和最大值 4.51 cm^{-1} 之间平稳变化。切趾引起的 FBG 的透射谱如图 11.3 所示，该图显示了被抑制的带外反射和一个具有光滑能带边缘、跨度 118 pm 的光子带隙。

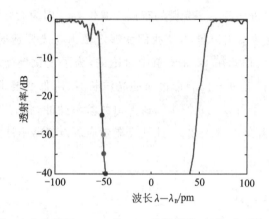

图 11.3 第一次实验所用 10 cm 长 FBG 的透射谱(经许可，引自 Mok, J. T.，de Sterke, C. M.，Littler, I. C. M.，and Eggleton, B. J.，Nat. Phys.，2, 775, 2006a.)

正如前面讨论的，在接近和恰好在光子带隙之外慢光区域是失谐的。然而，在这里讨论的带隙孤子实验中，入射光恰好在带隙之内是失谐的，如图 11.3 中用实心圆圈标记的。因此，在低强度下透射率非常低。相反，当带隙在足够高的强度下移向更长的波长时，入射光的波长恰好与带隙的边缘一致，此时慢光传输就出现了。

第一个实验中，我们观察到在足够高的强度下 FBG 透射率的增加，如图 11.4(a)所示。对于所考虑的四个失谐量，当输入峰值功率超过 1 kW 时，透射率增加到大约 -10 dB。透射率的增加和带隙的波长漂移是一致的，透射率谱达到平稳区域表明带隙是远离脉冲频谱的。因为阈值峰值功率、透射率显著增加时的峰值功率都不同，四个失谐量的透射率曲线各不相同。当失谐更接近带隙边缘时，移动带隙需要更小的功率，所以光在带隙之外，这就解释了对于这些失谐量阈值功率更低。这三个特性即强度相关透射率、透射率平稳区、不同的阈值功率，与图 11.4(b)所示的利用 de Sterke 等(1991)报道的仿真程序进行模拟的结果一致。

最有趣的是透射率平稳区开始形成时的输入功率，此时带隙发生移动使得脉冲频谱位于带隙之外但仍然距带隙非常近，这就是我们期待出现最大延

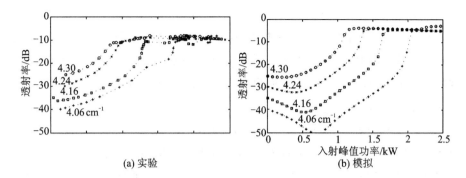

(a) 实验   (b) 模拟

图 11.4 对于四个失谐量 4.06 cm^{-1}、4.16 cm^{-1}、4.25 cm^{-1} 和 4.30 cm^{-1}，透射率和输入
　　　峰值功率的关系（经许可，引自 Mok,J. T.,de Sterke,C. M.,Littler,I. C. M.,
　　　and Eggleton,B. J.,Nat. Phys.,2,775,2006a.）

迟的地方。确实，正如图 11.5(a)所示，其中实线表示当 $\delta = 4.06$ cm^{-1} 时探测
的输出脉冲，最大延迟为 1.6 ns,此时输入峰值功率为 1.75 kW,在此功率下
透射率开始饱和。图 11.5(a)中点线所示的参考脉冲是通过失谐使带隙远离
脉冲频谱，从而使光畅通无阻地通过光栅来测量的。延迟随输入峰值功率的
增加而减小，因为带隙移动使其离脉冲频谱更远，光栅效应也变得更弱。脉冲
展宽的缺失表明色散被抵消了。实际上，脉冲如图 11.5(b)对应的模拟结果预
测的那样变窄了，同时实验观察到的延迟和功率的关系也与模拟结果有相同
的变化趋势。考虑到实验测量的阈值功率与模拟预测的阈值功率不同，模拟
采用的输入峰值功率与实验中测量的也不同。

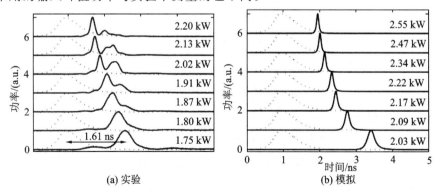

(a) 实验   (b) 模拟

图 11.5 当 $\delta = 4.06$ cm^{-1} 时在不同输入峰值功率下的延迟脉冲（实线）和参考脉冲（点
　　　线）（经许可，引自 Mok,J. T.,de Sterke,C. M.,Littler,I. C. M.,and Eggleton,
　　　B. J.,Nat. Phys.,2,775,2006a.）

在随后的实验中(Mok 等,2007),用长度为 $L=30$ cm 的 FBG 代替了 10 cm的 FBG。这里使用更长的 FBG 有两个动机:第一,通过论证在 3 倍长度的介质中脉冲没有被展宽,说明在系统中传输的脉冲确实是光孤子;第二,通过利用这个系统的孤子特性,我们想获得延迟的改进,并希望它随光栅长度呈线性变化且没有脉冲展宽。

与 10 cm 的短 FBG 相似,30 cm 的长 FBG 也是切趾型的,这样在 FBG 的前 2 cm 和后 2 cm 长度中,κ 能在 0 和最大值 8.23 cm^{-1} 之间平稳变化。图 11.6 中这个 FBG 的测量透射谱显示了一个 215 pm 宽的带隙,并且再一次显示了受抑制的带外反射。与较短的 FBG 对比,我们发现当 κ 从 4.5 cm^{-1} 增加到 8.2 cm^{-1} 时,原则上(Mok 等,2006b)也会使延迟增加大约 30%。因此,延迟的改进应该主要是由 FBG 长度的增加引起的。

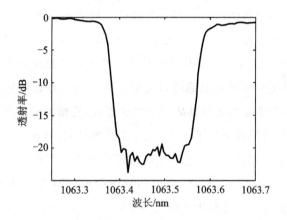

图 11.6   第二次实验所用 30 cm 长 FBG 的透射谱(经许可,引自 Mok,J. T. ,de Sterke, C. M. , Littler, I. C. M. , and Eggleton, B. J. , Electron. Lett. (in press),2007.)

图 11.7(a)给出了测量的透射谱(空心圆)与输入峰值功率的函数关系,并与对应的模拟结果(十字)进行了比较。我们再一次观察到透射率随输入峰值功率的增加而增大,以及在高峰值功率下透射率曲线达到一个平稳区,这与 10 cm 长 FBG 的情况相似,表明带隙发生了移动。图 11.7(b)给出了输出的时间分辨测量。首先,我们注意到还是没有脉冲展宽。其次,最大的延迟为 3.2 ns,是原来光栅产生的延迟的两倍,这与延迟与光栅长度成比例变化的断言一致。

从这两个实验都可以看到,当延迟因改变输入功率而被调整时,脉冲宽度发生了变化。对于一些应用,保持脉冲宽度不变可能是至关重要的。尽管前面没有提到,但实际上改变延迟的同时脉冲宽度没有任何变化是可能的。然而,这要求同时调整输入功率和失谐量(Mok 等,2006b)。最后,我们注意到在两个实验中,阈值功率和达到慢光区域所需要的功率为 $1\sim2$ kW。通过使用高非线性材料如硫化物,可以大大减小对功率的要求,可能使阈值功率减小到数瓦。

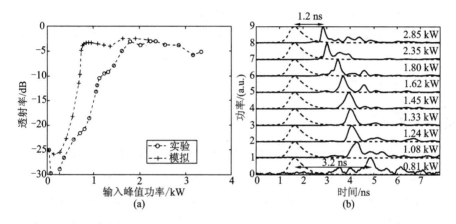

图 11.7 (a)当 $\delta = 8.02$ cm^{-1} 时,透射率随输入峰值功率的变化;(b)当 $\delta = 8.02$ cm^{-1} 时,在不同的输入峰值功率下的延迟脉冲(实线)和参考脉冲(虚线)(经许可,引自 Mok,J. T.,Isben,M.,de Sterke,I. C. M.,and Eggleton,B. J.,Electron. Lett. (in press),2007.)

11.4　讨论和结论

我们已经证实了带隙孤子可以在光纤光栅中低速传输且没有展宽——非线性效应可以抑制脉冲展宽,可实现的时间-带宽积的局限性不再适用。尽管如此,当把在 11.3 节中讨论的 10 cm 光栅和 30 cm 光栅的结果进行对比时,可以清楚发现延迟并没有增加 3 倍,因为带隙孤子在较长的光栅中传输得较快。事实上,因为 30 cm 光栅比 10 cm 光栅更强,我们预计延迟比会超过 3 倍,我们目前正对此进行研究。我们最初猜测,所制作光栅的周期和强度不可避免的随机误差的影响导致了光栅中可实现的速度的下限。然而,从初步结果来看,这些误差的影响与观察到的并不一致。其他可能性是双折射的影响,它存在于未暴露的光纤中或者可能是在制作光栅时由紫外线照射引起的。

确实,产生带隙孤子所需的峰值功率是相当高的。从图 11.5 和图 11.7(b)注意到,我们需要 1～2 kW 的功率,这对于本书其他部分讨论的慢光的一些应用是不切实际的。正如前面提到的,我们想通过使用硫化物玻璃——一种高非线性且强感光性的玻璃(Hilton,1966;Shokooh-Saremi 等,2006)来减小所需的功率。这种玻璃的非线性效应一般是石英玻璃的 100～1000 倍,这样就将带隙孤子的入射功率减小了同样的倍数。这种玻璃还有很高的折射率,一般为 2.4～2.7,这意味着光会受到很强的限制,结果模场面积很小,这进一步减小了所需的入射功率。目前正在进行的这类实验是在平面几何结构而不是在光纤中进行的,从而使基于带隙孤子的慢光器件和其他光学功能器件的最终集成是可能的。

参考文献

[1] Aceves,A. B. and S. Wabnitz. 1989. Self induced transparency solitons in nonlinear refractive periodic media. Phys. Lett. A 141:37-42.

[2] Agrawal,G. P. 1995. Nonlinear Fiber Optics,2nd edn. San Diego:Academic Press. Chen,W. and D. L. Mills. 1987. Gap solitons and the nonlinear optical response of superlattices. Phys. Rev. Lett. 58:160-163.

[3] Christodoulides,D. N. and R. I. Joseph. 1989. Slow Bragg solitons in nonlinear periodic structures. Phys. Rev. Lett. 62:1746-1749.

[4] de Sterke,C. M. and B. J. Eggleton. 1999. Bragg solitons and the nonlinear Schrödinger equation. Phys. Rev. E 59:1267-1269.

[5] de Sterke,C. M. and J. E. Sipe. 1988. Envelope-function approach for the electrodynamics of nonlinear periodic structures. Phys. Rev. A38:5149-5165.

[6] de Sterke,C. M. and J. E. Sipe. 1990. Coupled modes and the nonlinear Schrödinger equation. Phys. Rev. A42:550-555.

[7] de Sterke,C. M. and J. E. Sipe. 1994. Gap solitons. In E. Wold (Ed.),Progress in Optics,Vol. XXXIII ,pp. 203-260. Amsterdam:North Holland.

[8] de Sterke,C. M. ,K. R. Jackson,and B. D. Robert. 1991. Nonlinear coupled mode equations on a finite interval:A numerical procedure. J. Opt.

Soc. Am. B8:403-412.

[9] Eggleton,B. J. ,R. E. Slusher,C. M. de Sterke,P. A. Krug,and J. E. Sipe. 1996. Bragg grating solitons. Phys. Rev. Lett. 76:1627-1630.

[10] Eggleton,B. J. ,C. M. de Sterke,and R. E. Slusher. 1997. Nonlinear pulse propagation in Bragg gratings. J. Opt. Soc. Am. B. 14:2980-2993.

[11] Eggleton B. J. ,C. M. de Sterke,and R. E. Slusher. 1999. Bragg grating solitons in the nonlinear Schrödinger limit: experiment and theory. J. Opt. Soc. Am. B. 16:587-599.

[12] Hilton,A. R. 1966. Nonoxide chalcogenide glass as infrared optical materials. Appl. Opt. 5:1877-1882.

[13] Kashyap,R. 1999. Fiber Bragg Gratings. San Diego:Academic Press.

[14] Lenz,G. ,B. J. Eggleton,C. K. Madsen,and R. E. Slusher. 2001. Optical delay lines based on optical filters. J. Quantum Electron. 37:525-532.

[15] Millar,P. ,R. M. De la Rue,T. F. Krauss,J. S. Aitchison,N. G. R. Broderick,and D. J. Richardson. 1999. Nonlinear propagation effects in an Al-GaAs Bragg grating filter. Opt. Lett. 24:685-687.

[16] Mok,J. T. ,C. M. de Sterke,I. C. M. Littler,and B. J. Eggleton. 2006a. Dispersionless slow light using gap solitons. Nat. Phys. 2:775-780.

[17] Mok,J. T. ,C. M. de Sterke,and B. J. Eggleton. 2006b. Delay-tunable gap-soliton-based slow-light system. Opt. Express14:11987-11996.

[18] Mok,J. T. ,M. Ibsen,C. M. de Sterke,and B. J. Eggleton. 2007. Dispersionless slow light with 5-pulse-width delay in fibre Bragg grating. Electron. Lett. 43:1418-1419.

[19] Russell,P. S. J. 1991. Bloch wave analysis of dispersion and pulse propagation in pure distributed feedback structures. J. Mod. Opt. 38:1599-1619.

[20] Shokooh-Saremi, M. , V. G. Taeed, N. J. Baker, I. C. M. Littler, D. J. Moss,B. J. Eggleton, Y. Ruan, and B. Luther-Davies. 2006. High-performance Bragg gratings in chalcogenide rib waveguides written with a modified Sagnac interferometer. J. Opt. Soc. Am. B23:1323-1331.

[21] Sipe,J. E. and H. G. Winful. 1988. Nonlinear Schrödinger solitons in a

periodic structure. Opt. Lett. 13:132-134.

[22] Taverner, D. , N. G. R. Broderick, D. J. Richardson, M. Ibsen, and R. I. Laming. 1998a. All-optical AND gate based on coupled gap-soliton formation in a fiber Bragg grating. Opt. Lett. 23:259-261.

[23] Taverner, D. , N. G. R. Broderick, D. J. Richardson, R. I. Laming, and M. Ibsen. 1998b. Nonlinear self-switching and multiple gap-soliton formation in a fiber Bragg grating. Opt. Lett. 23:328-330.

[24] Winful, H. G. and G. D. Cooperman. 1982. Self-pulsing and chaos in distributed feedback bistable optical devices. Appl. Phys. Lett. 40:298-300.

[25] Winful, H. G. , J. H. Marburger, and E. Garmire. 1979. Theory of bistability in nonlinear distributed feedback structures. Appl. Phys. Lett. 35: 379-381.

第 12 章
慢光介质中的相干控制与非线性波混频

12.1　引言

光在色散介质中的传输可以用下面五种不同的波速来描述[1][2][3]：

(1)相速度,载波的过零点移动的速度;

(2)群速度,波包峰移动的速度;

(3)能量速度,波输运能量的速度;

(4)信号速度,半极大波振幅移动的速度;

(5)波前速度,不连续首次出现移动的速度。

通常,这五种速度彼此不同,尽管在线性无源色散介质中它们是一致的,而且通常小于真空中的光速。最近,在不同介质中的实验[4][5][6]表明,光的群速度可比其真空相速度低一千万到一亿倍。其物理原理是基于电磁感应透明(EIT)的窄谐振附近陡峭的频率色散[7]~[11]。

我们注意到,最近已经开展了很多基于不同物理机制的慢光研究,并不仅局限于 EIT。特别是,利用相干布居振荡、布里渊散射等来实现慢光[12]。本书中的部分章节致力于获得慢光的新方法。

与 EIT 有关的超慢光尤其有趣,因为它有广泛的应用前景,从无需粒子束反转的激光器(LWI)(关于 EIT/LWI 的早期研究论文见参考文献[13]~[16],关于 EIT/LWI 的综述见参考文献[7][9][10][17][18])到非线性光学的新动向[19]~[24]。EIT 是基于能导致很多反直觉现象的量子相干[7]~[11],论证量子相干重要的一些例子包括:气体中梯度力引起的散射[25]、超色散谐振介质中的前向布里渊散射[26][27][28]、受控相干多波混频[29][30]、不同介质中的 EIT 和慢光[31]~[36]、多普勒展宽的消除[37]、非手性介质中的光诱导手性[38]、基于相关自发辐射激光器[40][41]的纠缠放大器[39]、原子[31]和生物分子[42]~[45]中的最大相干引起的相干拉曼散射增强。

目前已有若干优秀的评论和书籍致力于慢光和快光[46],本章我们将给出在影响非线性光学的相干介质中获得的最新结果[47]。特别是,我们关注在相干驱动介质中可控的相位匹配条件的修正。因为在常规条件下相位匹配条件不能完全满足,一些非线性过程是被禁止的。然而,研究表明陡峭色散能剧烈改变条件,使前向布里渊散射和后向散射在这种色散介质中被允许。

12.1.1 群速度:运动学

为了回想起群速度的概念,我们考虑具有相同振幅 E_1 和 E_2 的波的传输,其中 $E_i = E_0 \cos(k_i z - \nu_i t)$,$i = 1$、$2$,两个波的叠加产生了如图 12.1 所示的调制。

$$
\begin{aligned}
E &= E_0 \left[\cos(k_1 z - \nu_1 t) + \cos(k_2 z - \nu_2 t) \right] \\
&= 2E_0 \cos(\Delta k z - \Delta \nu t) \cos(k z - \nu t)
\end{aligned} \tag{12.1}
$$

式中:$\Delta k = (k_1 - k_2)/2$,$\Delta \nu = (\nu_1 - \nu_2)/2$,$k = (k_1 + k_2)/2$,$\nu = (\nu_1 + \nu_2)/2$。

这两个波产生了一个干涉图样,它由以相速度

$$
\upsilon_{\text{phase}} = \frac{\nu}{k} \tag{12.2}
$$

传输的快速振荡和以群速度

$$
\upsilon_{\text{g}} = \frac{\Delta \nu}{\Delta k} \tag{12.3}
$$

传输的慢变包络构成。通常,我们通过将比值 $\Delta \nu / \Delta k$ 转换为 $\mathrm{d}\nu / \mathrm{d}k$[3][48],来描述由两个以上的谐波叠加而成的波包的传输。

现在,我们正式考虑光在折射率 $n(\nu, k) = \sqrt{1 + \chi(\nu, k)}$、同时具有时间和空

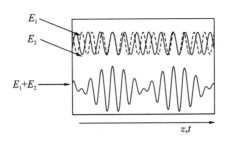

图 12.1 两个不同频率的单色波的叠加导致了在时间和空间上对波的调制

间色散的介质中的传输,其中 $\chi(\nu,k)$ 是介质的极化率。对色散方程 $kc=\nu n(\nu,k)$ 取微分可得

$$c = v_g(n + \nu \partial n/\partial \nu) + \nu \partial n/\partial k \qquad (12.4)$$

其中,我们利用了定义 $v_g \equiv \mathrm{d}\nu/\mathrm{d}k$。

一般来说,电极化率是一个复数量,其实部(通常记为 χ')决定了介质的折射特性,而虚部(通常记为 χ'')导致光吸收。广义的折射率 $n = \sqrt{\chi+1}$ 也是一个复数量 $n \equiv n' + in''$。像往常一样,在 $\mathrm{d}\nu/\mathrm{d}k$ 的虚部可以忽略不计的情况下,我们考虑实数值的群速度并将其重新定义为 $v_g \equiv \mathrm{Re}(\mathrm{d}\nu/\mathrm{d}k)$。否则,群速度将失去其简单的运动学意义,并且强吸收支配或阻碍了光脉冲在介质中的传输,后者是光与二能级介质的谐振相互作用而不会导致超慢极化的原因。

根据式(12.4),光的群速度包含两部分的贡献:

$$v_g \equiv \mathrm{Re}\,\frac{\mathrm{d}\nu}{\mathrm{d}k} = \mathrm{Re}\,\frac{c - \nu\,\dfrac{\partial n(\nu,k)}{\partial k}}{n(\nu,k) + \nu\,\dfrac{\partial n(\nu,k)}{\partial \nu}} = \widetilde{v}_g - v_s \qquad (12.5)$$

这是这篇文章的基础方程,因为它表明了如何从介质折射率中找到群速度。唯一剩下的问题是,对于一种特定的物质如何找到其函数 $n(\nu,k)$ 的实际形式,这不是一件容易的事。

如果求助于场振幅 E 的麦克斯韦方程,则式(12.5)的运动学意义将变得很清晰:

$$\left(\frac{\partial^2}{\partial z^2} - \frac{1}{c^2}\,\frac{\partial^2}{\partial t^2}\right)E = \mu_0\,\frac{\partial^2}{\partial t^2}P \qquad (12.6)$$

其中,$P(z,t)$ 是介质的宏观极化强度。极化强度和电磁场(EM)$E(z,t)$ 相关,如下式所示[3]:

$$P(z,t) = \epsilon_0 \int \chi(t-t', z-z')E(z',t')\mathrm{d}t'\mathrm{d}z' \qquad (12.7)$$

其中，$\chi(t-t',z-z')$ 的函数形式取决于介质的性质。总的来说，χ 也是电磁场自身的函数，在这种情况下，方程（12.6）变为非线性方程。

极化率 $\chi(\nu,k)$ 是 $\chi(t-t',z-z')$ 的傅里叶变换，即

$$\chi(t-t',z-z') = \int d\nu\, dk \chi(\nu,k) \exp[ik(z-z') - i\nu(t-t')] \quad (12.8)$$

宏观极化强度（见式（12.7））可以用极化率写为

$$P(z,t) = \epsilon_0 \int dk\, d\nu \chi(\nu,k) E(k,\nu) \exp(ikz - i\nu t) \quad (12.9)$$

我们考虑其持续时间长于一个光学周期的脉冲的传输，这样可以用慢变振幅近似，场振幅 E 和极化强度 P 可以分别写成 $E(z,t) = \varepsilon(z,t)\exp(ik_0 z - i\nu_0 t) + \text{c.c.}$，$P(z,t) = \mathcal{P}(z,t)\exp(ik_0 z - i\nu_0 t) + \text{c.c.}$，其中函数 $\varepsilon(z,t)$ 和 $\mathcal{P}(z,t)$ 的空间和时间尺度要比载波波矢 k_0 和光学频率 ν_0 的倒数小得多（$|\Delta k| \ll k_0$，$|\Delta\nu| \ll \nu_0$）。将 $\chi(\nu,k)$ 分解成级数将会很方便：

$$\chi(\nu,k) = \chi(\nu_0,k_0) + (\nu-\nu_0)\frac{\partial\chi}{\nu} + (k-k_0)\frac{\partial\chi}{\partial k}$$

可以得到

$$P(z,t) = \epsilon_0 \left(\chi(\nu_0,k_0)\varepsilon + i\frac{\partial\chi(\nu_0,k_0)}{\partial\nu}\frac{\partial\varepsilon}{\partial t} - i\frac{\partial\chi(\nu_0,k_0)}{\partial k}\frac{\partial\varepsilon}{\partial z}\right)\exp(ik_0 z - i\nu_0 t)$$

化简麦克斯韦方程（12.6）的右边和左边，

$$\mu_0 \frac{\partial^2}{\partial t^2}P \approx -\frac{\nu_0^2}{c^2}P$$

$$\left(\frac{\partial^2}{\partial z^2} - \frac{1}{c^2}\frac{\partial^2}{\partial t^2}\right)E \approx 2ik\left(\frac{\partial\varepsilon}{\partial z} + \frac{1}{c}\frac{\partial\varepsilon}{\partial t}\right)\exp(ik_0 z - i\nu_0 t)$$

得到慢变振幅的方程：

$$\frac{\partial\varepsilon}{\partial z} + \frac{1}{c}\frac{\partial\varepsilon}{\partial t} = i\frac{\nu_0}{2c}\left(\chi(\nu_0,k_0)\varepsilon - i\frac{\partial\chi(\nu_0,k_0)}{\partial\nu}\frac{\partial\varepsilon}{\partial t} + i\frac{\partial\chi(\nu_0,k_0)}{\partial k}\frac{\partial\varepsilon}{\partial z}\right)$$

将各项整理后可得

$$\left(c - \frac{\nu_0}{2}\frac{\partial\chi}{\partial k}\right)\frac{\partial\varepsilon}{\partial z} + \left(1 + \frac{\nu_0}{2}\frac{\partial\chi}{\partial\nu}\right)\frac{\partial\varepsilon}{\partial t} = \frac{i\nu_0}{2}\chi(\nu,k)\varepsilon$$

这意味着

$$\left(v_g\frac{\partial}{\partial z} + \frac{\partial}{\partial t}\right)\varepsilon = \frac{i\nu_0}{c}\chi(\nu,k)\left(1 + \frac{\nu_0}{2c}\frac{\partial\chi}{\partial\nu}\right)^{-1}\varepsilon \quad (12.10)$$

其中，v_g 由式（12.5）给出。在 $\chi(\nu,k) \to 0$ 的极限下，方程（12.10）的通解可以表示为以群速度 v_g 在相反方向传输的任意波形 $f(t \pm z/v_g)$ 的两个波。

12.1.2　三能级 Λ 原子气体中的慢光

包含一个上能级和两个允许跃迁的下能级的三能级原子系统也被称为 Λ 系统。在传统的使用中,这两个下能级能通过两个激光耦合到上能级,其中一个强激光称为耦合激光,另一个弱激光称为探测激光。图 12.2 所示的这种系统的哈密顿量由下式给出:

$$\hat{H} = \hbar(\Omega_p \mid b\rangle\langle a \mid + \Omega_d \mid c\rangle\langle a \mid) + \text{h. c.} \tag{12.11}$$

弱探测脉冲的 EIT 依赖于由三能级系统中探测场和强驱动场的联合作用诱导的原子相干性。在 Λ 系统中,EIT 的出现是由于相干布居捕获(CPT),它在建立钠原子的塞曼相干性的实验中首次观测到[49][50][51]。在这些实验中,根据三能级 Λ 型方案的解释,激光场是用来产生基态子能级叠加的。其中一种叠加称为亮态,它能与激光场相互作用;而另一种叠加称为暗态,它不能与激光场相互作用[7]。系统中的整个布居数最终通过光抽运到暗态,电磁场的谐振吸收几乎消失。相干叠加态中的原子可以产生陡峭的色散,从而导致光的群速度超慢。这个现象是 EIT 的一种表现[7][9][10]。

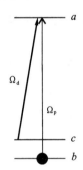

图 12.2　显示 EIT 的一个三能级 Λ 系统的能级,Ω_p 是探测
场的拉比频率,Ω_d 是驱动场的拉比频率

的确,我们可以将哈密顿量重写为

$$H = \hbar \sqrt{\Omega_p^2 + \Omega_d^2} \left(\frac{\Omega_p \mid b\rangle}{\sqrt{\Omega_p^2 + \Omega_d^2}} + \frac{\Omega_d \mid c\rangle}{\sqrt{\Omega_p^2 + \Omega_d^2}} \right) \langle a \mid + \text{h. c.}$$

$$= \hbar \sqrt{\Omega_p^2 + \Omega_d^2} \mid B\rangle\langle a \mid + \text{h. c.} \tag{12.12}$$

这里,我们引入一个亮态

$$\mid B\rangle = \frac{\Omega_p \mid b\rangle}{\sqrt{\Omega_p^2 + \Omega_d^2}} + \frac{\Omega_d \mid c\rangle}{\sqrt{\Omega_p^2 + \Omega_d^2}} \tag{12.13}$$

于是,我们有了三种状态:激发态$|a\rangle$、亮态$|B\rangle$以及与它们正交的所谓的暗态:

$$| D\rangle = \frac{\Omega_d \, |\, b\rangle}{\sqrt{\Omega_p^2 + \Omega_d^2}} - \frac{\Omega_p \, |\, c\rangle}{\sqrt{\Omega_p^2 + \Omega_d^2}} \tag{12.14}$$

下面讨论如何获得三能级 Λ 系统中的群速度。为此,我们必须找到介质的极化率 χ;习惯上,极化率被分解为实部和虚部:$\chi = \chi' + i\chi''$,EIT 的特征是在谐振处 χ' 和 χ'' 的值极小。我们认为稀释系统的极化率很小,$\left|\chi(\nu, k)\right| \ll 1$,但 $v_g \ll c$,正如迄今所有关于 EIT 的实验所得出的结论。介质中的群速度由下式给出:

$$v_g = \frac{c}{1 + (\nu/2)(d\chi'/d\nu)}$$

其中,导数是在载波频率处赋值的。

我们可以写出以速度 v 运动的 Λ 型原子相干性的密度矩阵方程:

$$\dot{\rho}_{ab} = -\Gamma_{ab}\sigma_{ab} + i(\rho_{aa} - \rho_{bb})\Omega_p - i\Omega_d\rho_{cb} \tag{12.15}$$

$$\dot{\rho}_{ca} = -\Gamma_{ca}\sigma_{ab} + i(\rho_{cc} - \rho_{aa})\Omega_d + i\Omega_p\rho_{cb} \tag{12.16}$$

$$\dot{\rho}_{cb} = -\Gamma_{bc}\rho_{cb} + i(\rho_{ca}\Omega_p - \Omega_d\rho_{ab}) \tag{12.17}$$

式中:$\Gamma_{ab} = \gamma + i(\Delta_p + k_p v)$;$\Gamma_{ca} = \gamma - i(\Delta_d + k_d \nu)$;$\Gamma_{cb} = \gamma_{bc} + i[\delta + (k_p - k_d)v]$;$\Delta_d$ 和 Δ_p 分别是探测场和驱动场的失谐量,并且 $\delta = \Delta_p - \Delta_s$。

我们假设一个强驱动场 $|\Omega_d|^2 \gg \gamma\gamma_{bc}$ 和一个弱探测场来简化这些方程,所以在第一个近似中所有原子布居数都在态 $|b\rangle$。这种情况下,图 12.2 所示的 Λ 系统的密度矩阵方程简化为

$$\dot{\rho}_{ab} = -\Gamma_{ab}\sigma_{ab} - i\Omega_p - i\Omega_d\rho_{cb} \tag{12.18}$$

$$\dot{\rho}_{cb} = -\gamma_{cb}\rho_{cb} - i\Omega_d\rho_{ab} \tag{12.19}$$

最终,我们得到

$$\chi = \frac{i\eta\gamma_r\Gamma_{bc}}{\Gamma_{bc}(\gamma + i\Delta_p) + \Omega^2} \tag{12.20}$$

我们现在可以考虑原子的运动。对于以速度 v 运动的原子,我们将式(12.20)中的 Δ_p 替换为 $\Delta_p + k_p v$,假设 $|\Omega_d|^2 \gg (\Delta\omega_D)^2 \gamma_{bc}/\gamma$,其中 $\Delta\omega_D$ 是多普勒宽度。在速度分布上取平均可以得到

$$\chi(\nu_p) = \int_{-\infty}^{+\infty} \frac{i\eta_r\gamma_r\Gamma_{bc}}{\Gamma_{bc}[\gamma + i(\Delta_p + k_p v)] + \Omega^2} f(v)\mathrm{d}v \tag{12.21}$$

式中:ν_p 是探测光频率;$\eta = (3\lambda^3 N)/(8\pi^2)$,其中 λ 是探测波长,N 是原子密

度;$\Gamma_{bc}=\gamma_{bc}+\mathrm{i}[\delta+(k_p-k_d)v]$,$\gamma_{bc}$ 是两个低能级的相干衰减率(这是由激光束的飞行时间支配的);γ_r 是从能级 a 到能级 b 的辐射衰减率;γ 是驱动和探测跃迁(包括辐射衰减和碰撞)的总均匀半宽度;$\Delta_p=\omega_{ab}-\nu_p$ 和 $\Delta_d=\omega_{ac}-\nu_d$ 是探测和驱动激光的单光子失谐,$\delta=\Delta_p-\Delta_d$ 是双光子失谐量;Ω 是驱动跃迁的拉比频率;k_p 和 k_d 分别是探测场和驱动场的波数。

通过将热分布 $f(v)$ 近似为洛伦兹函数 $f(v)=(\Delta\omega_D/\pi)/[(\Delta\omega_D)^2+(kv)^2]$,可以得到式(12.21)一个简单的解析表达式,其中 $\Delta\omega_D$ 是温度分布的多普勒半宽,v 是原子速度沿激光束方向的投影。结果为

$$\chi(\nu_p)=\eta\gamma_r\frac{\mathrm{i}\gamma_{bc}-\delta}{(\gamma+\Delta\omega_D+\mathrm{i}\Delta_p)(\gamma_{bc}+\mathrm{i}\delta)+\Omega^2}\qquad(12.22)$$

对于 EIT 来说,极化率($\chi(\nu)=\chi'(\nu)+\mathrm{i}\chi''(\nu)$)实部和虚部的典型相关性如图 12.3 所示,在原子谐振附近对应的色散 $k(\nu)$ 如图 12.4 所示。

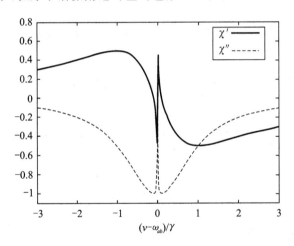

图 12.3 三能级原子系统的极化率的实部和虚部

12.1.3 相干介质中的传输

为了描述电磁波在一般情况下的传输,我们从下式给出的麦克斯韦方程开始:

$$\Delta E-\frac{1}{c^2}\frac{\partial^2 E}{\partial t^2}=\frac{4\pi}{c^2}\frac{\partial^2 P}{\partial t^2}\qquad(12.23)$$

电场强度和极化强度分别为

$$E=\sum_\nu E_\nu \mathrm{e}^{-\mathrm{i}\nu t+\mathrm{i}k\psi},\quad P=\sum_\nu P_\nu \mathrm{e}^{-\mathrm{i}\nu t+\mathrm{i}k\psi}\qquad(12.24)$$

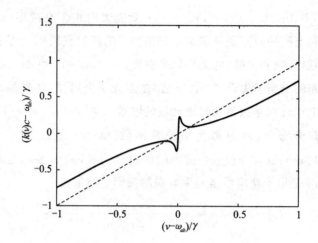

图 12.4 超色散介质(实线)的色散 $k(\nu)$。为了对比,图中还给
出了真空(虚线)的色散

式中:ψ 是程函,介质的极化强度与电场强度有关;$P_\nu = \chi_\nu E_\nu$,其中极化率 χ 为
$\chi_\nu = \chi'_\nu + i\chi''_\nu$。

忽略振幅 E_ν 的二阶导数,我们得到程函方程

$$(\nabla \psi)^2 = 1 + 4\pi\chi' \tag{12.25}$$

在非均匀介质中,传输的光线的轨迹可以通过解几何光学的微分方程得
出[52],其矢量形式如下:

$$\frac{\mathrm{d}}{\mathrm{d}s}\left(n\frac{\mathrm{d}\vec{R}}{\mathrm{d}s}\right) = \nabla n \tag{12.26}$$

式中:$\vec{R}$ 表示光线的位置;n 是折射率,定义为 $n^2 \equiv 1 + 4\pi\chi'$。

$\vec{R}(x,z) = X(z)\hat{x} + z\hat{z}$,$\hat{x}$ 和 $\hat{z}$ 是沿轴的单位矢量。于是,对于 x 和 z 分
量,我们有

$$\frac{\mathrm{d}}{\mathrm{d}s}\left(n\frac{\mathrm{d}X}{\mathrm{d}s}\right) = \frac{\partial n}{\partial x}, \quad \frac{\mathrm{d}}{\mathrm{d}s}\left(n\frac{\mathrm{d}z}{\mathrm{d}s}\right) = \frac{\partial n}{\partial z} \tag{12.27}$$

利用 $\mathrm{d}s = \sqrt{\mathrm{d}X(z)^2 + \mathrm{d}z^2} = \mathrm{d}z\sqrt{1 + X'(z)^2}$,并假设 $n = n_0 + \alpha x$,可以
得到

$$\frac{\mathrm{d}}{\mathrm{d}s}\left(n\frac{\mathrm{d}X}{\mathrm{d}s}\right) = \alpha, \quad \frac{\mathrm{d}}{\mathrm{d}s}\left(n\frac{\mathrm{d}z}{\mathrm{d}s}\right) = 0 \tag{12.28}$$

描述光线轨迹的常微分方程如下:

$$X(z)'' = \frac{\alpha}{n_0 + \alpha X(z)} \approx \frac{\alpha}{n_0} \qquad (12.29)$$

它的解为

$$X(z) \approx X_0 + \frac{\alpha z^2}{2n_0} \qquad (12.30)$$

可以得到与方程(12.25)类似的描述电磁场振幅的方程,它由下式给出:

$$2ik \nabla \psi \nabla E_\nu + ik \nabla^2 \psi E_\nu = -\frac{4\pi \nu^2}{c^2} \chi'' E_\nu \qquad (12.31)$$

上述方程有以下形式的解:

$$E_\nu = \frac{E_{0\nu}}{\sqrt{n}} \exp \left(-\int_{s_1}^{s_2} \frac{2\pi \nu \chi''}{nc} \mathrm{d}s \right) \qquad (12.32)$$

残余吸收如下:

$$\kappa L = \frac{\gamma_{cb} + (\Omega^2/\Gamma)}{V_g} L \approx 1 \qquad (12.33)$$

于是光的转向角为

$$\theta = \frac{\omega - \omega_{ab}}{k V_g} \frac{\Delta V_g}{V_g} \frac{L}{D} = \frac{\omega - \omega_{ab}}{\gamma_{cb} k D} \frac{\Delta V_g}{V_g} \frac{\gamma_{cb} L}{V_g} \qquad (12.34)$$

对于实际的参数 $\omega - \omega_{ab} \approx 10^8 \text{ s}^{-1}$,$\gamma_{cb} \approx 10^3 \text{ s}^{-1}$,$kD \approx 10^5 \times 0.1 \approx 10^4$,由式 (12.34)估计给出:

$$\theta \approx 0.1 - 1 \qquad (12.35)$$

这显示了通过全光手段控制光的巨大潜力。注意到,驱动场梯度的空间相关性是很重要的,这可能会导致探测场的扩展,因为角度取决于空间坐标。容易检验,还存在驱动场的相关性,它在所有空间点引入相同的角度。事实上,我们假设垂直于传输方向的驱动场的相关性为

$$V_g(x) = \frac{V_{g0}}{1 + \beta x} \qquad (12.36)$$

式中:$\beta = \alpha(k V_{g0}/(\delta \omega))$。

这样,求解几何光学方程为我们提供了对于所有横向位置 x 相同的转向角。

因此,这个 EIT 棱镜产生了已被实验证实的大角度色散[53]。这种超高频色散可以用于高频谱分辨率的小型光谱仪,类似于小型原子钟和磁力计[54]。这种棱镜具有巨大的角度色散($\mathrm{d}\theta/\mathrm{d}\lambda = 10^3 \text{ nm}^{-1}$),比典型棱镜($\mathrm{d}\theta/\mathrm{d}\lambda = 10^{-4} \text{ nm}^{-1}$,$R = 10^4$)、衍射光栅($\mathrm{d}\theta/\mathrm{d}\lambda = 10^{-3} \text{ nm}^{-1}$,$R = 10^6$)甚至干涉仪($R = 10^9$)的角度色散大好几个数量级,可以在空间上分辨数千赫兹的光谱宽度(对应的频谱分

辨率 $R=\lambda/\delta\lambda\approx10^{12}$）。

在透明介质中由另一光束控制光的传输方向的能力，可以应用到光学成像和全光光束转向中[55]。此外，该棱镜可用于雷达系统的全光控制延迟线，这种技术通过参考文献[56]中的方法可以很容易地推广到短脉冲中。

另一方面，除了应用于相对强的经典场外，超色散棱镜还能应用在弱场中，如单光子源和单量子等级下光子流的控制[57][58]。

12.1.3.1　基于电磁感应透明的时间延迟

注意到，慢光可用于光的可控延迟线。事实上，可以由式（12.22）导出传输的吸收系数 $\alpha=(k/2)\chi''(\nu_{p})$ 和群速度 $v_{g}=c/(1+n_{g})$，因此我们得到

$$\alpha = \frac{3}{8\pi}N\lambda^{2}\frac{\gamma_{r}\gamma_{bc}}{\gamma_{bc}(\gamma+\Delta\omega_{D})+\Omega^{2}} \qquad (12.37)$$

$$n_{g} = \frac{3}{8\pi}N\lambda^{2}\frac{\gamma_{r}\Omega^{2}c}{[\gamma_{bc}(\gamma+\Delta\omega_{D})+\Omega^{2}]^{2}} \qquad (12.38)$$

脉冲通过长度为 L 的密集相干系综传输后，与自由空间传输相比，它的包络被延迟了 $T_{g}=n_{g}L/c$ 且脉冲强度被衰减了 $\exp(-2\alpha L)$，在 $\Omega^{2}\gg\gamma_{cb}\Delta_{D}$ 的极限下衰减为 $\exp(-2\gamma_{cb}T_{g})$。

12.1.3.2　基于慢光和快光的干涉和稳频

具有陡峭色散的介质可用于干涉仪。首先将一束光分到干涉仪的两条或多条臂中，然后将它们合并在一起，产生取决于不同光束的相对相位的干涉图样。相位取决于臂的长度以及置于臂中的介质的色散，通过调整光的频率可以检测到频移与臂长变化的关系。如果由重力波引起臂长变化，则可以测量出频率变化，并将它与臂长变化关联起来。

为简单起见，我们考虑将超色散介质置于其中一臂内的迈克尔逊干涉仪。于是，由一个反射镜移动 δL 所导致的频移为

$$\delta\nu = kV_{g}\frac{\partial L}{l} \qquad (12.39)$$

式中：l 为色散介质的长度。

对于快光而言，其频移量更大。此外，我们还注意到，超慢光介质的频移量较小（稳频），谐振宽度也同样被改变。使用快光介质可以构建白光腔。另一方面，对于慢光介质，谱线甚至可以更窄，其宽度由延迟时间决定。

我们注意到，色散介质的运动导致色散产生强烈的变化，同时改变了沿慢光结构传输的光的群速度和相速度[48]：

$$V'_{\mathrm{g}} = V_{\mathrm{g}} + v, \quad V'_{\mathrm{ph}} = V_{\mathrm{ph}} \frac{V_{\mathrm{g}}}{V_{\mathrm{g}} + v} \tag{12.40}$$

式中：V_{g} 和 V'_{g} 分别为光相对静止的慢光结构的群速度以及相对以速度 v 运动的慢光结构的群速度；V_{ph} 和 V'_{ph} 分别为对应的光的相速度。

考虑到这是一个线性效应，我们这里不过多讨论。在 12.2 节中，我们将考虑三波混频和四波混频（FWM）以及慢光效应对它们的影响。

12.2　基于慢光的非线性波混频

在本节中，我们将关注并说明如何将基于 EIT 的超陡峭色散应用到非线性光学中，特别是用于相位匹配关系的控制。首先，我们考虑三波混频；然后，我们再考虑四波混频。在这两种情况下，我们发现，由于超色散介质的使用，有可能实现一些奇特的相位匹配条件配置，而根据教科书这些配置通常是被禁止的。

12.2.1　前向布里渊散射

我们发现，相位匹配条件可以利用 EIT 的大线性色散这一优势，在宽范围的光纤参数下建立。这使得将激光脉冲的群速度减慢到固体中的声速成为可能[5][35]。因此，一方面可利用光纤的有质动力非线性来制作新型相位调制器、频率转换器、传感器，另一方面还可以用于有效的量子波混频、非经典态光波的产生和量子非破坏性测量。

事实上，对于普通介质相位匹配条件由下式给出：

$$k_1 - k_2 = k_{\mathrm{s}} \tag{12.41}$$

式中：k_1、k_2 和 k_{s} 表示相应的光场和声波的波矢，声波的色散 $k_{\mathrm{s}} = \frac{\nu_{\mathrm{s}}}{V_{\mathrm{s}}}$。

同时，光场的频率和声波的频率之间也要匹配，于是有

$$\nu_1 - \nu_2 = \nu_{\mathrm{s}} \tag{12.42}$$

现在，很显然对于普通介质（群折射率较小），这两个条件仅在光场反向传输的情况下才能满足。事实上，在这种情况下 $k_2 \approx -k_1 = -k$，于是

$$k_1 - k_2 \approx 2k = \frac{\nu_{\mathrm{s}}}{V_{\mathrm{s}}} \tag{12.43}$$

式中：$\nu_s = 2kV_s$。

而对于同向传输的光场，我们有

$$k_1 - k_2 \approx \frac{\nu_{\mathrm{s}}}{c} \neq \frac{\nu_{\mathrm{s}}}{V_{\mathrm{s}}} \tag{12.44}$$

相位条件不能满足。

下面我们考虑在光纤中传输的两个电磁波与光纤的声学模式相互作用的情况。声子-光子哈密顿相互作用由下式给出：

$$H_{\text{int}}(t) = \hbar g \frac{\sin(\Delta kL)}{\Delta kL} \hat{a}_1(t) \hat{a}_2^+(t) \hat{b}^+(t) + \text{adj} \qquad (12.45)$$

式中：g 为耦合常数；L 为光纤的长度；$\hat{a}_{1,2}$ 和 $\hat{b}$ 分别为电磁场和声学声子的湮灭算符（我们假设所有算符都是时间和空间的慢变函数）；$k_{1,2}$、$\nu_{1,2}$ 和 k_b、ω_b 分别表示波矢和频率，且有 $\Delta k = k_1 - k_2 - k_b$。

我们注意到，能量守恒需要满足 $\nu_1 - \nu_2 = \omega_b$；然而，通常情况下由于色散效应的影响，不能满足 $k_1(\nu_1) - k_2(\nu_2) = k_b(\omega_b)$。由于 $\omega_b \ll \nu_{1,2}$，我们可以写出

$$k_1 - k_2 = \frac{\nu_1 n(\nu_1)}{c} - \frac{\nu_2 n(\nu_2)}{c} \approx \frac{\nu_1 - \nu_2}{c} \frac{\partial[\nu n(\nu)]}{\partial \omega}$$

$$= \frac{\nu_1 - \nu_2}{V_g}$$

且 $k_b = \omega_b / V_s$，其中 $V_g = c/[\partial(\nu n(\nu))/\partial \nu]$ 和 V_s 分别为电磁波的群速度和声速（见图 12.5）。下面，我们将电磁场表示成大的经典期望值和小的扰动两部分之和，即 $\hat{a}_{1,2} = \langle a_{1,2} \rangle + \delta \hat{a}_{1,2}$（$\langle a_{1,2} \rangle \gg \delta \hat{a}_{1,2}$ 且 $\langle a_{1,2} \rangle$ 为实数值）。

由式（12.45）易知，即使在最感兴趣的谐振情况下，即 $\Delta = \nu_1 - \nu_2 - \omega_b = 0$，仍有相位失配 $\Delta kL = \omega_b(1/V_g - 1/V_s)L \gg 1$，如果光的群速度 V_g 和声速 V_s 不同，则随着 L 的增加相互作用会消失。正如前面提到的，群速度有重要意义，因为它表征了不同频率光波的相速度的差别。正是这个相速度的差别影响了相位匹配条件，如果条件 $\omega_b = \nu_1 - \nu_2$ 得以满足，则 $V_g = V_s$，于是相位匹配条件得以实现。

为了将光的群速度减慢至声速，我们建议使用由掺有 Λ 原子或离子（如 Eu^{3+}、Er^{3+} 等）的基质构成的介质（见图 12.2），这可以是掺杂石英玻璃或晶体光纤。光场与相应的原子跃迁几乎是谐振的，包括频率为 ω_d、拉比频率为 Ω 的强驱动场，以及两个载波频率为 ω_1 和 ω_2、拉比频率为 α_1 和 α_2 的足够弱的场（$\alpha_{1,2} = \wp_{ab} \langle a_{1,2} \rangle \sqrt{4\pi \omega_{ab}/\hbar V}$，$V$ 是光纤模式的总体积，$\wp_{ab}$ 是探测跃迁的偶极矩）。场的相互作用是通过基态子能级 $|b\rangle$ 和 $|c\rangle$ 之间偶极禁戒跃迁长期存在的相干性实现的。由于在掺杂材料中这一基态相干性的衰减（衰减率约为 $10^3\ s^{-1}$ 或更大）相比于自旋交换的衰减（衰减率约为 $1\ s^{-1}$）通常占主导地位，我们只考虑第一种类型的衰减。

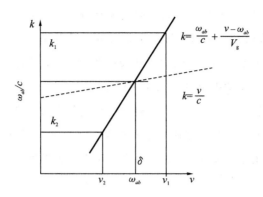

图 12.5 超色散介质的色散 $k(\nu) = \omega_{ab}/c + (\nu - \omega_{ab})/V_g$（实线）；

真空情况下 $k(\nu) = \nu/c$（点线）

电磁波在光纤中传输时吸收系数 $\beta_{1,2} = (k/2)\chi''(\nu_{1,2})$，群速度 $V_g = c/n_g$，群折射率 $n_g = 1 + \nu/2(\partial\chi'/\partial\nu)$。泵浦功率要足够高以维持系统中的 EIT 效应（$\Omega^2 \gg \gamma_{bc}\gamma$ 且 $\Omega \gg \alpha_{1,2}$），带宽要足够大以为两个场 $\alpha_{1,2}$ 提供 EIT 效应（$\Omega^2 \gg \omega_b\gamma$）。在上述极限下，我们得到了谐振损耗和群折射率的如下表达式[5]：

$$\beta_{1,2} \approx \frac{3}{8\pi} N\lambda^2 \frac{\gamma_r\gamma_{bc}}{|\Omega|^2} \tag{12.46}$$

$$n_{g1,2} \approx \frac{3}{8\pi} N\lambda^2 \frac{c\gamma_r}{|\Omega|^2} \tag{12.47}$$

式中：N 为掺杂密度；λ 为电磁波波长；γ_r 为光学跃迁的自然线宽；γ_{bc} 为基态相干性的衰减率；γ 为跃迁的总线宽。

为满足相位匹配条件，我们利用式（12.3）写出

$$V_s = V_g = \frac{8\pi|\Omega|^2}{3N\lambda^2\gamma_r} \tag{12.48}$$

注意到，拉比频率和激光功率有如下关系：

$$|\Omega|^2 = \frac{3\lambda^3}{8\pi^2}\frac{\gamma_r}{\hbar c}\frac{P_\Omega}{\mathcal{A}} \tag{12.49}$$

式中：P_{a1}、P_{a2}（式中未出现 P_{a1} 和 P_{a2}，但英文原文如此，此处保留）和 P_Ω 分别为探测场和驱动场的功率；$\mathcal{A}$ 为光纤的横截面积，由式（12.48）和式（12.49）可以导出

$$\frac{P_\Omega}{\mathcal{A}} = NV_s\frac{\hbar\nu_1}{2} \tag{12.50}$$

一旦相位匹配条件满足（即 $V_s = V_g$），场之间的相互作用（见式（12.45））会在整个光纤长度 L 上保持。

需要提到的是,由于非线性效应的谐振特性,自相位调制较交叉相位调制要弱得多,而在普通光纤中这两种效应是等同的。为满足相位匹配条件,所需驱动场的总功率为 $P_Ω = 38\ mW$,由于相位匹配操作,光纤的有质动力非线性在量子光学和非线性光学中有良好的应用前景。

综上所述,我们从理论上论证了超慢光如何能在光纤中产生相位匹配,以实现高质量的声波和多频率电磁场之间的强耦合。该方法可以在掺杂三能级 Λ 原子或离子的光纤中实现,这种光纤具有陡峭的色散曲线,并且在接近双光子谐振点时保持低吸收。我们预测,由于与光纤的声学振荡相联系的有质动力的高非线性,此类光纤对低温下的高效波混频器或放大器有着广阔的应用前景。

12.2.2　非线性混频的相干控制:相干后向散射

在本节中,我们将论证通过原子和分子能级间的量子相干激发,会产生很强的相干后向散射。该方法还可用来控制在相干拉曼散射和其他四波混频(FWM)方案中产生的信号的方向。

下面我们考虑三能级原子介质中的 FWM 效应。泵浦场和斯托克斯场分别为 $ε_1$ 和 $ε_2$(它们的拉比频率定义为 $Ω_1 = \wp_1 ε_1/ℏ$ 和 $Ω_2 = \wp_2 ε_2/ℏ$,其中 $\wp_1$ 和 $\wp_2$ 为相应跃迁的偶极矩),它们的波矢分别为 k_1 和 k_2,角频率分别为 $ν_1$ 和 $ν_2$,在介质中产生的相干光栅(见图 12.6)由参考文献[8]给出:

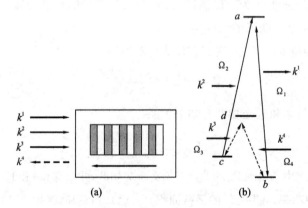

图 12.6　(a)同向传输场 1 和 2 在介质内诱导的相干光栅,因为场 1 和
　　　　　 场 2 激发的相干性在相反方向上传输,在相同方向上传输的
　　　　　 场 3 被散射到相反方向上(见图 12.7);(b)用于实现相干后
　　　　　 向散射的双 Λ 系统的能级图

$$\rho_{cb} \approx - \Omega_1 \Omega_2^* \tag{12.51}$$

强调一点,相干光栅 ρ_{cb} 有 $exp[i(\mathrm{k}_1-\mathrm{k}_2)z]$ 的空间依赖性。在超色散介质(见图 12.7)中,场以较慢的群速度传输,两个同向传输场的波矢为

$$k_1 \approx k_1(\omega_{ab}) + \frac{\partial k_1}{\partial \nu_1}(\nu_1 - \omega_{ab}) = \omega_{ab}/c + (\nu_1 - \omega_{ab})/V_g \tag{12.52}$$

式中:V_g 为第一个光波的群速度;ω_{ab} 为能级 a 和 b 之间的跃迁频率;$k_2 = \nu_2/c$。

于是,这两个场导致了介质中相干光栅的产生,相干光栅的空间相位由 $\mathrm{k}_1-\mathrm{k}_2 = \omega_{cb}/c + (\nu_1 - \omega_{ab})/V_g$ 决定,主要取决于失谐量 $\delta = \nu_1 - \omega_{ab}$。通过适当选取失谐量 δ,可以使 $\mathrm{k}_1 - \mathrm{k}_2$ 为负值。

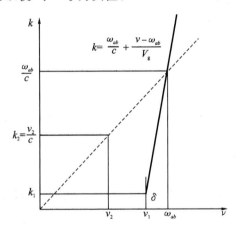

图 12.7　超色散介质的色散 k(ν)。选取 $\delta = \nu_1 - \omega_{ab} = -V_g \omega_{cb}/c$,即使 $\nu_1 > \nu_2$ 我们仍可以得到 $\mathrm{k}_1 - \mathrm{k}_2 < 0$,因此第三个场可以被散射到与前两个场的传输方向相反的方向上

在介质中相干性 ρ_{bc} 被引起后,具有拉比频率 $\Omega_3 = \wp_3 \varepsilon_3/\hbar$ 及波矢 k_3 的探测场 ε_3 散射该相干性,以产生信号场 Ω_4。信号场取决于相干性和入射场,可表示为

$$\frac{\partial}{\partial z}\Omega_4 \approx \rho_{cb}\Omega_3 \approx \Omega_1\Omega_2^*\Omega_3 \approx e^{i(k_1-k_2+k_3-k_4)z} \tag{12.53}$$

也就是,Ω_4 的传输方向通过相位匹配条件 $\mathrm{k}_4 = \mathrm{k}_1 - \mathrm{k}_2 + \mathrm{k}_3$ 由相干性 ρ_{bc} 的空间相位决定[47],而其频率由 $\nu_4 = \nu_1 - \nu_2 + \nu_3$ 决定。

对于超色散介质,即使当所有三个输入场均前向传输时,仍可以获得一个较强的后向传输信号。这与平常的非色散介质的结果相反:当 ε_1、ε_2 和 ε_3 的传输方向与 ε_4 的相反时,后向相位匹配条件是不能满足的[47]。事实上,对于

常见的非色散介质，频率和波数的条件一致，$k_4 = k_1 - k_2 + k_3 = n(\nu_1 - \nu_2 + \nu_3)/c = n\nu_4/c$，因此，在非色散介质中后向散射是被禁止的，正是相干驱动介质的超色散为实现后向相干散射提供了机遇。

为了验证这一结果，我们将系统的哈密顿相互作用写成

$$V_\mathrm{I} = -\hbar[\Omega_1 e^{-i\omega_{ab}t} \mid a\rangle\langle b \mid + \Omega_2 e^{-i\omega_{ac}t} \mid a\rangle\langle c \mid + \mathrm{h.\,c.}] \qquad (12.54)$$

$$- \hbar[\Omega_4 e^{-i\omega_{db}t} \mid d\rangle\langle b \mid + \Omega_3 e^{-i\omega_{dc}t} \mid d\rangle\langle c \mid + \mathrm{h.\,c.}] \qquad (12.55)$$

式中：$\Omega_4 = \wp_4\varepsilon_4/\hbar$ 为信号场的拉比频率；ω_{ab}、ω_{ac}、ω_{db}、ω_{dc} 为相应的原子或分子能级之间的频率差（见图 $12.6(b)$）。

时间相关的密度矩阵方程为

$$\frac{\partial\rho}{\partial\tau} = -\frac{i}{\hbar}[V_1,\rho] - \frac{1}{2}(\boldsymbol{\varGamma}\rho + \rho\boldsymbol{\varGamma}) \qquad (12.56)$$

式中：$\boldsymbol{\varGamma}$ 是弛豫矩阵。

一个自洽系统还包括场传输方程：

$$\frac{\partial\Omega_1}{\partial z} + ik_1\Omega_1 = -i\eta_1\rho_{ab}, \qquad \frac{\partial\Omega_2}{\partial z} + ik_2\Omega_2 = -i\eta_2\rho_{ac} \qquad (12.57)$$

$$\frac{\partial\Omega_4}{\partial z} + ik_4\Omega_4 = -i\eta_3\rho_{db}, \qquad \frac{\partial\Omega_3}{\partial z} + ik_3\Omega_3 = -i\eta_4\rho_{dc} \qquad (12.58)$$

式中：$\eta_j = \nu_j N \wp_j/(2\epsilon_0 c)$（$j = 1,2,3,4$）为耦合常数，$N$ 是介质的粒子密度，ϵ_0 为真空中的介电常数。

极化 ρ_{ab} 和相干性 ρ_{bc} 密度矩阵元素的运动方程为

$$\dot{\rho}_{ab} = -\varGamma_{ab}\rho_{ab} + i\Omega_1(\rho_{aa} - \rho_{bb}) - i\rho_{cb}\Omega_2^* \qquad (12.59)$$

$$\dot{\rho}_{cb} = -\varGamma_{cb}\rho_{cb} + i\rho_{ca}\Omega_1 - i\rho_{ab}\Omega_2 \qquad (12.60)$$

式中：$\varGamma_{ab} = \gamma_{ab} + i(\omega_{ab} - \nu_1)$；$\varGamma_{ca} = \gamma_{ca} - i(\omega_{ac} - \nu_2)$；$\varGamma_{cb} = \gamma_{cb} + i(\omega_{cb} - \nu_1 + \nu_2)$；$\omega_{cb}$ 为能级 c、b 之间的跃迁频率；$\gamma_{\alpha\beta}$ 为相应跃迁的弛豫率。

在稳态情况下，我们假设 $\mid\Omega_2\mid \gg \mid\Omega_1\mid$，几乎整个布居都处于基态 $\mid b\rangle$，$\rho_{bb} \approx 1$。我们以平面波为例进行考虑：$\Omega_1(z,t) = \widetilde{\Omega}_1(z,t)\exp(ik_1 z)$，$\Omega_2(z,t) = \widetilde{\Omega}_2(z,t)\exp(ik_2 z)$，其中 $\widetilde{\Omega}_1(z,t)$ 和 $\widetilde{\Omega}_2(z,t)$ 为场 Ω_1 和 Ω_2 空间包络的慢变部分，而 $k_1 = \nu_1[1 + \chi_{ab}(\nu_1)/2]/c$，$k_2 = \nu_2[1 + \chi_{ac}(\nu_2)/2]/c$。极化率为 $\chi_{ab} = \eta_1\rho_{ab}/\Omega_1 = 2c(\nu_1 - \omega_{ab})/(\nu_1 V_\mathrm{g})$，$\chi_{ac} = \eta_2\rho_{ac}/\Omega_2 \approx 0$。通过求解自洽系统的场传输方程（12.57）和（12.58）以及密度矩阵方程（12.59）和（12.60），我们得到了关于波矢的方程（12.52），其中 $V_\mathrm{g} \approx c \mid\Omega_2\mid^2/(\nu_1\eta_1)$ 是光场 Ω_1 的群速

度。因此，ρ_{cb} 的空间依赖性由下式决定：

$$\Delta k = k_1 - k_2 = \frac{\nu_1 - \nu_2}{c} + \frac{\nu_1 - \omega_{ab}}{V_g} \tag{12.61}$$

信号场 Ω_4 由它耦合的跃迁极化 ρ_{db} 产生（见方程(12.58)），该极化元素的运动方程为

$$\dot{\rho}_{db} = -\Gamma_{db}\rho_{db} + i\Omega_4(\rho_{dd} - \rho_{bb}) - i\rho_{cb}\Omega_3 \tag{12.62}$$

式中：$\Gamma_{db} = \gamma_{db} + i(\omega_{db} - \nu_4)$；$\nu_4$ 为产生场的频率。

在稳态情况且当 $|\Omega_4| \ll |\Omega_3|$ 时，慢光结构输出处的场 Ω_4 为

$$\Omega_4 = -i\frac{\eta_4 e^{ik_4 L}}{\Gamma_{db}}\int_0^L dz e^{i(k_3 - k_4)z}\rho_{cb}\tilde{\Omega}_3 \tag{12.63}$$

式中：L 为慢光结构的长度。

请注意，如果场 $|\Omega_3|$ 不通过功率扩展来改变相干性 ρ_{cb}，则式(12.63)就是有效的，通常当 $|\Omega_3|^2 \ll |\Omega_1|^2 + |\Omega_2|^2$ 时就属于这种情况。

因此，对式(12.63)积分后，我们得到散射场 Ω_4 为

$$|\Omega_4|^2 = \left[\frac{\sin(\delta k L)}{\delta k L}\right]^2 \frac{\eta_4^2 L^2 |\Omega_1|^2 |\Omega_3|^2}{|\Gamma_{db}|^2 |\Omega_2|^2} \tag{12.64}$$

式中：$\delta k = k_3 + \Delta k - k_4$；方括号中的表达式描述了相位匹配情况，决定了信号场在什么方向上产生（$1/L$ 量级的小失配量 δk 是允许的）。

从式(12.64)中可以发现一种有趣的现象——相干后向散射。的确，即使当所有三个输入场都前向传输时，在满足下式给出的条件下仍可以观察到后向散射信号：

$$k_3 + \Delta k = k_3 + \frac{\omega_{cb}}{c} + \frac{\nu_1 - \omega_{ab}}{V_g} = -|k_4| \tag{12.65}$$

对于合适的失谐量，$\nu_1 - \omega_{ab} < 0$，上面的等式可以满足。也就是，为了在后向实现相位匹配，我们需要满足下式：

$$-\frac{\nu_1 - \omega_{ab}}{V_g} = k_3 + \frac{\omega_{cb}}{c} + |k_4| \approx 2|k_4| \tag{12.66}$$

因此，为了演示该效应，失谐量 δ 应满足条件 $\delta = -2|k_4|V_g$。将此条件用探测场的极化率重写更为有用，事实上，

$$k_1 = \frac{\nu_1}{c}n_1 \approx \frac{\nu_1}{c}\left(1 + c\frac{\nu_1 - \omega_{ab}}{\nu_1 V_g}\right) = \frac{\nu_1}{c}\left(1 - c\frac{2|k_4|}{\nu_1}\right) \tag{12.67}$$

于是，$\chi_{ab} = 2(n_1 - 1) = -4\lambda_{ab}/\lambda_{db}$，对于气体 $\chi_{ab} \ll 1$，因此 $\lambda_{ab} \ll \lambda_{db}$，也就是，这

种效应可以应用于红外场的散射。对于如参考文献[59][60]中所示的多普勒展宽 EIT 介质,我们可以写出

$$\chi_{ab}(\delta) \approx \frac{3\lambda_{ab}^3 N}{8\pi^2} \left(\frac{\gamma_r \delta}{|\Omega_2|^2} + i \frac{\gamma_r \Delta_D \delta^2}{|\Omega_2|^4} \right) \tag{12.68}$$

式中:$\Delta_D = k_1 u_D$ 为多普勒宽度;u_D 是均方根速度;γ_r 是辐射衰减率。

于是,对于失谐量小于 EIT 宽度即 $|\delta| \leqslant |\Omega_2|^2/\sqrt{\gamma_r \Delta_D}$ 的情况,吸收可以忽略不计,我们有

$$\frac{3\lambda_{ab}^2 N \gamma_r \delta}{16\pi |\Omega|^2} = -2|k_4| \tag{12.69}$$

于是,原子或是分子的密度如下:

$$N = \frac{32\pi |k_4|}{3\lambda_{ab}^2} \frac{|\Omega_2|^2}{\gamma_r |\delta|} \approx \frac{32\pi |k_4|}{3\lambda_{ab}^2} \sqrt{\frac{\Delta_D}{\gamma_r}} \tag{12.70}$$

12.2.2.1 慢光光谱学

下面,我们考虑当所有场均沿同一方向传输时所发生的 FWM 效应。通过调谐探测频率改变信号频率 $\nu_4 = \nu_1 - \nu_2 + \nu_3$,最终破坏上述相位匹配条件。信号的谱宽由延迟时间决定,令人吃惊的是,它与弛豫无关;此外,当场是共线配置时,可以在稠密介质中观察到 FWM 的频谱窄化,它来自于相位匹配。

$$\left| \frac{\Omega_4}{\Omega_3} \right|^2 = \left[\frac{\sin(\delta\nu L)/V_g}{\delta\nu L/V_g} \right]^2 \left| \frac{\eta L}{\Gamma_{bd}} \right|^2 \tag{12.71}$$

频谱分辨率由延迟时间决定,如参考文献[61]所示,

$$\delta\nu \approx 2\pi\tau^{-1} \tag{12.72}$$

12.2.2.2 非线性光转向

下面,我们考虑图 12.8 所示的非共线传输的情况。这种配置为发展基于信号空间分辨率的频谱技术提供了机遇,该信号是在不同的角度上产生的,这些角度对应各种双光子失谐下不同的相位匹配方向。

频谱分辨率是通过角度差应大于由衍射给定的值这一条件得到的,即应满足下式:

$$\delta\phi = \frac{\delta\nu}{V_g k_3} > \frac{\lambda_3}{L} \tag{12.73}$$

这导致了和前面相同的条件,因此,频谱分辨率为

$$\delta\nu > k_3 \lambda_3 \frac{V_g}{L} = \frac{2\pi}{\tau_{delay}} \tag{12.74}$$

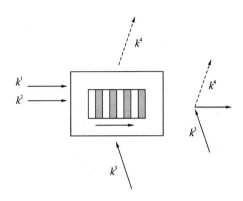

图 12.8 用来观察非共线传输产生场的反射的方案

例如,在铷蒸气中进行这样的实验,需要观察到

$$\phi \approx \frac{2\delta\nu}{kV_g} \approx 10^{-2} \tag{12.75}$$

在进行实验验证时这是一个非常现实的条件。我们的方案有可能用做一种新型的空间滤波器,因为它提供了具体分辨相干反斯托克斯拉曼散射(CARS)信号的途径,这种信号是由两个振动能量间隔紧密的分子产生的,即使它们有非常快的弛豫。

12.2.2.3 获得结果的实现

有几种方案可以验证这一效应。例如,利用分子转动能级,该效应可以通过双 Λ 方案实现(见图 12.6(b))。此外,利用分子振动能级,该效应还可以通过阶梯 Λ 方案实现(见图 12.9(a));对于此方案相位匹配条件应稍微修正为 $k_4 = k_1 - k_2 - k_3$。并且,这一现象可以通过 V-Λ 方案验证,该方案能够在原子能级中实现(见图 12.9(b),对于铷原子,$b = 5S_{1/2}$,$c = 7D_{3/2,5/2}$,$a = 5P_{1/2,3/2}$,$d = 8P_{1/2,3/2}$),相位匹配条件的形式为 $k_4 = k_1 + k_2 - k_3$。我们注意到,在所有情况下对失谐量的要求为 $\delta/V_g = -2|k_4|$,用来估计分子或原子密度的式(12.70)仍然是有效的。

这一效应系统的例子可以参见 NO 分子(236 nm 谐振跃迁,$A^2 \sum{}^{+} - X^2 \Pi$)、NO_2 分子(337 nm 谐振跃迁)以及铷原子蒸气(最近,EIT 和 CPT 效应被证明在分子中存在,见参考文献[62])。如果利用旋转能级间的跃迁(约 10 cm^{-1}),则需要 NO 和 NO_2 分子的分子密度为 $N \approx 1.2 \times 10^{13}$ cm^{-3}。如果利用 NO 分子在 5.26 μm 处的振动红外跃迁(1900 cm^{-1} 的振动频率),以及 NO_2

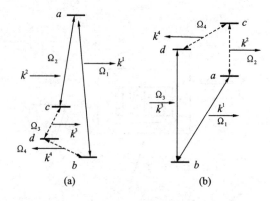

图 12.9　获得结果的实现:(a)分子振动能级,同向传输的场 1 和场 2 诱
　　　　导了振动能级间的相干性,在相同方向上传输的场 3 被散射到
　　　　相反方向上;(b)铷原子的能级,用来实现相干后向散射

分子在 13.3 μm 处的振动红外跃迁(750 cm^{-1} 的振动频率),则对应的分子密度分别为 $N=8\times10^{15}$ cm^{-3} 和 $N=1.4\times10^{15}$ cm^{-3}。对于铷原子蒸气,波长为 $\lambda_1=780$ nm,$\lambda_2=565$ nm,$\lambda_3=335$ nm,$\lambda_4=23.4$ μm,原子密度为 $N=1.4\times10^{13}$ cm^{-3}。

　　EIT 所需要的光强由条件 $|\Omega|^2\gg\gamma_{bc}\Delta_D$ 决定[59][60][63],这相当于原子所需激光能量为 1 mW/cm^2 量级,而分子所需激光能量为 10 mW/cm^2 量级,因为对于分子典型的偶极矩要小 2 个数量级。这些条件是真实的,非常适合实验的实施。我们注意到,对于图 12.1(b)和图 12.3(a)所示的方案,相干场 Ω_1 和 Ω_2 是 Λ 配置的,它们具有几乎相同的频率($\nu_1\approx\nu_2$),因此在双光子跃迁中无多普勒展宽[7][8]。同时,在图 12.3(b)所示的方案中,场频率是不同的,双光子跃迁的多普勒展宽导致信号场 Ω_1 被耗尽[43]。于是,式(12.64)可以重写为

$$|\Omega_4|^2=\frac{(1-e^{-\kappa L})^2+4e^{-\kappa L}\sin^2(\delta kL/2)}{\delta k^2+\kappa^2}\frac{\eta_4^2|\Omega_1|^2|\Omega_3|^2}{|\Gamma_{db}|^2|\Omega_2|^2}$$

式中:$\kappa=3\lambda^2N\gamma_r(\gamma_{cb}+|\Delta k|u_D)/(8\pi|\Omega_2|^2)$ 为信号场 Ω_1 的吸收系数。

　　可以发现,信号在由信号场的吸收决定的有效长度 $L_{eff}=\kappa^{-1}$ 上产生,而不是在 L 上产生。为了避免额外的多普勒展宽,实验需要在冷气体中进行。

　　可以预期该效应的几个应用,如在非线性 CARS 显微技术中[64],相干后向散射的控制可以为成像提供一种新的工具。分子密度的变化将改变前向和后向传输信号的强度。此外,式(12.64)还允许我们控制所产生信号场的方

向,从而在使用光场扫描物体时可以实现全光控制。

总之,我们从理论上发展了在相干介质中控制非线性波混频的相位匹配条件的方法,预测了在只使用前向传输场时仍会发生的后向强相干散射[29][30],这是通过适当失谐的场激发原子或分子的相干性实现的,这样得到的相干性具有对应于后向、反向传输波的空间相位。这项技术可以应用于相干散射及遥感。这种方法为我们观察后向诱导散射带来希望,可以应用在CARS 显微技术中。

参考文献

[1] L. Brillouin, Wave Propagation and Group Velocity (New York, Academic Press), 1960.

[2] R. Y. Chiao, Quantum Opt. 6, 359(1994).

[3] J. D. Jackson, Classical Electrodynamics, 2nd edn. (John Wiley and Sons, New York, NY), 1975.

[4] L. V. Hau, S. E. Harris, Z. Dutton, and C. H. Behroozi, Nature 397, 594 (1999).

[5] M. M. Kash, V. A. Sautenkov, A. S. Zibrov, L. Hollberg, G. R. Welch, M. D. Lukin, Y. Rostovtsev, E. S. Fry, and M. O. Scully, Phys. Rev. Lett. 82, 5229(1999).

[6] D. Budker, D. Kimball, S. Rochester, and V. Yashchuk, Phys. Rev. Lett. 83, 1767(1999).

[7] E. Arimondo, in E. Wolf (Ed.), Progress in Optics, vol. XXXV, p. 257 (Elsevier Science, Amsterdam), 1996.

[8] M. O. Scully and M. S. Zubairy, Quantum Optics (Cambridge University Press, Cambridge, England), 1997.

[9] S. E. Harris, Phys. Today, 50, 36(1997).

[10] J. P. Marangos, J. Mod. Opt. 45, 471(1998).

[11] M. Fleischhauer, A. Imamoglu, and J. P. Marangos, Rev. Mod. Phys. 77, 633 (2005).

[12] M. S. Bigelow, N. N. Lepeshkin, and R. W. Boyd, Science 301, 200 (2003); J. B. Khurgin, JOSA B 22, 1062 (2005). G. M. Gehring, A.

Schweinsberg, C. Barsi, N. Kostinski, R. W. Boyd, Science 312, 895 (2006). Z. Zhu et al., J. Lightw. Technol. 25, 201 (2007); B. Zhang et al., Opt. Exp. 15, 1878 (2007); F. Xia et al., Nat. Photon. 1, 65 (2007); Q. Xu et al., Nat. Phys. 3, 406 (2007); S. Fan et al., Opt. Photon. News 18, 41 (2007).

[13] A. Javan, Phys. Rev. 107, 1579 (1957).

[14] M. S. Feld and A. Javan, Phys. Rev. 177, 540 (1969).

[15] I. M. Beterov and V. P. Chebotaev, Pis'ma Zh. Eksp. Teor. Fiz. 9, 216 (1969) [Sov. Phys. JETP Lett. 9, 127 (1969)].

[16] T. Hänch and P. Toschek, Z. Phys. 236, 213 (1970).

[17] O. Kocharovskaya, Phys. Rep. 219, 175 (1992).

[18] M. O. Scully, Phys. Rep. 219, 191 (1992).

[19] S. E. Harris, J. E. Field, and A. Imamoglu, Phys. Rev. Lett. 64, 1107 (1990).

[20] K. Hakuta, L. Marmet, and B. P. Stoicheff, Phys. Rev. Lett. 66, 596 (1991).

[21] P. Hemmer, D. P. Katz, J. Donoghue, M. Cronin-Golomb, M. Shahriar, and P. Kumar, Opt. Lett. 20, 982 (1995).

[22] M. Jain, H. Xia, G. Y. Yin, A. J. Merriam, and S. E. Harris, Phys. Rev. Lett. 77, 4326 (1996).

[23] A. S. Zibrov, M. D. Lukin, and M. O. Scully, Phys. Rev, Lett. 83, 4049 (1999).

[24] A. V. Sokolov, D. R. Walker, D. D. Yavuz, G. Y. Yin, and S. E. Harris, Phys. Rev, Lett. 85, 562 (2000).

[25] S. E. Harris, Phys. Rev, Lett. 85, 4032-4035 (2000).

[26] A. B. Matsko, Y. Rostovtsev, and M. O. Scully, Phys. Rev, Lett. 84, 5752 (2000).

[27] A. B. Matsko, Y. Rostovtsev, M. Fleischhauer, and M. O. Scully, Phys. Rev, Lett. 86, 2006 (2001).

[28] Y. Rostovtsev, A. B. Matsko, R. M. Shelby, and M. O. Scully, Opt. Spectrosc. 91, 490 (2001).

[29] Y. Rostovtsev, Z. E. Sariyanni, and M. O. Scully, Phys. Rev, Lett. 97, 113001(2006).

[30] Y. Rostovtsev, Z. E. Sariyanni, and M. O. Scully, Proc. SPIE 6482, 64820T(2007).

[31] S. E. Harris, G. Y. Yin, M. Jain, and A. J. Merriam, Philos. Trans. R. Soc. , London, Ser. A 355(1733), 2291(1997).

[32] A. J. Merriam, S. J. Sharpe, M. Shverdin, D. Manuszak, G. Y. Yin, and S. E. Harris, Phys. Rev, Lett. 84, 5308(2000).

[33] H. Wang, D. Goorskey, and M. Xiao, Phys. Rev, Lett. 87, 073601(2001).

[34] R. Coussement, Y. Rostovtsev, J. Odeurs, G. Neyens, H. Muramatsu, S. Gheysen, R. Callens, K. Vyvey, Kozyreff, P. Mandel, R. Shakhmuratov, and O. Kocharovskaya, Phys. Rev, Lett. 89, 107601(2002).

[35] A. B. Matsko, O. Kocharovskaya, Y. Rostovtsev, G. R. Welch, A. S. Zibrov, M. O. Scully, in B. Bederson and H. Walther (Eds.), The Advances in Atomic, Molecular, and Optical Physics, vol. 46, 191 (Academic Press, New York), 2001.

[36] A. V. Turukhin, V. S. Sudarshanam, M. S. Shahriar, et al. , Phys. Rev, Lett. 88, 023602 (2002).

[37] C. Y. Ye, A. S. Zibrov, Yu. V. Rostovtsev, and M. O. Scully, Phys. Rev. A 65, 043805 (2002).

[38] V. A. Sautenkov, Y. V. Rostovtsev, H. Chen, P. Hsu, G. S. Agarwal, and M. O. Scully, Phys. Rev, Lett. 94, 233601(2005).

[39] H. Xiong, M. O. Scully, and M. S. Zubairy, Phys. Rev, Lett. 94, 023601 (2005).

[40] M. O. Scully, Phys. Rev, Lett. 55, 2802 (1985); M. O. Scully, M. S. Zubairy, Phys. Rev. A 35, 752(1987).

[41] W. Schleich, M. O. Scully, and H. -G. von Garssen, Phys. Rev. A 37, 3010 (1988); W. Schleich and M. O. Scully, Phys. Rev. A 37, 1261(1988).

[42] M. O. Scully, G. W. Kattawar, P. R. Lucht, T. Opatrny, H. Pilloff, A. Rebane, A. V. Sokolov, and M. S. Zubairy, Proc. Natl. Acad. Sci. USA 9, 10994(2002).

[43] Z. E. Sariyanni and Y. Rostovtsev, J. Mod. Opt. 51, 2637(2004).

[44] G. Beadie, Z. E. Sariyanni, Y. Rostovtsev, et al., Opt. Commun. 244, 423 (2005).

[45] D. Pestov et al., Science 316, 265(2007).

[46] R. W. Boyd and D. J. Gauthier, Prog. Opt. 43, 497(2002).

[47] R. W. Boyd, Nonlinear Optics (Boston, Academic Press), 1992.

[48] L. D. Landau and E. M. Lifshitz, Mechanics (Pergamon, Oxford), 1976.

[49] E. Arimondo and G. Orriols, Nuovo Cimento Lett. 17, 333(1976).

[50] H. R. Gray, R. M. Whitley, and C. R. Stroud, Opt. Lett. 3, 218(1978).

[51] H. I. Yoo and J. H. Eberly, Phys. Rep. 118, 239(1985).

[52] Max Born and Emil Wolf, Principles of Optics: Electromagnetic Theory of Propagation, Interference and Diffraction of Light, (Cambridge, UK; New York; Cambridge University Press), 1997.

[53] V. A. Sautenkov, H. Li, Y. V. Rostovtsev, and M. O. Scully, Ultra-dispersive adaptive prism, quant-ph/0701229.

[54] S. Knappe, P. D. D. Schwindt, V. Gerginov, V. Shah, L. Liew, J. Moreland, H. G. Robinson, L. Hollberg, and J. Kitching, J. Opt. A: Pure Appl. Opt. 8, S318 (2006).

[55] Q. Sun, Y. V. Rostovtsev, and M. S. Zubairy, Proc. SPIE 6130, 61300S (2006).

[56] Q. Sun, Y. Rostovtsev, J. Dowling, M. O. Scully, and M. S. Zubairy, Phys. Rev. A 72, 031802(2005).

[57] S. E. Harris and Y. Yamamoto, Phys. Rev, Lett. 81, 3611(1998).

[58] V. Balic, D. A. Braje, P. Kolchin, G. Y. Yin, and S. E. Harris, Phys. Rev, Lett. 94, 183601 (2005).

[59] A. B. Matsko, D. V. Strekalov, and L. Maleki, Opt. Express 13, 2210 (2005).

[60] H. Lee, Y. Rostovtsev, C. J. Bednar, and A. Javan, Appl. Phys. B 76, 33 (2003).

［61］M. D. Lukin,M. Fleischhauer,A. S. Zibrov,H. G. Robinson,V. L. Veli-chansky, L. Hollberg, and M. O. Scully, Phys. Rev, Lett. 79，2959 (1997).

［62］J. Qi,F. C. Spano,T. Kirova,A. Lazoudis,J. Magnes,L. Li,L. M. Nar-ducci,R. W. Field,and A. M. Lyyra,Phys. Rev,Lett. 88,173003 (2002); J. Qi and A. M. Lyyra,Phys. Rev. A 73,043810(2006).

［63］Y. Rostovtsev,I. Protsenko,H. Lee,and A. Javan,J. Mod. Opt. 49,2501 (2002).

［64］J. X. Cheng,A. Volmer,and X. S. Xie,JOSA B 19,1363(2002).

第 13 章
半导体量子阱和光学微谐振器中的光停止和光存储

13.1　引言

慢光效应的实现方案有很多种,本书介绍了其中的一些方案。慢光的物理实现过程因系统而异,用于描述特定物理系统的数学公式也有所不同。然而,两个完全不同的物理慢光系统,却有非常相似的描述光的减慢和停止的数学框架,这种情况也是可能的。本章我们将给出这种情况的一个实例,这两个不同的物理慢光系统分别是:半导体多量子阱(QW)(更具体地说,布拉格间隔多量子阱或 BSQW[1]~[16])和光谐振器(更具体地说,带有两个波导通道的侧耦合间隔排列光谐振器的集成序列或双通道 SCISSOR 结构[17][18])。如图 13.1所示,BSQW 是一系列的薄半导体量子阱,阱的间距为 a,由折射率为 n_b 的介质隔开;如图 13.2 所示,SCISSOR 结构是耦合到两个波导的环形介质光学微谐振器的序列。很明显,这是非常不同的两个物理系统,因此人们可能想知道在这两个系统中慢光的概念(也就是光延迟、光停止、光存储、光释放的概念)能相似或几乎相同到什么程度。这个问题的答案是:这两个系统都可以视为一维谐振光子带隙结构(RPBG)的物理实现。RPBG 与常规的(非谐振的)光子带隙结构不同,因为光子晶格中的每个单胞都呈现出光谐振,谐振频率与表征光学晶格的布拉格频率相同或者至少接近。在 QW 中,光学谐振为重空穴激子谐振;而在 SCISSOR 结构中,我们取微环的一个光学谐振。

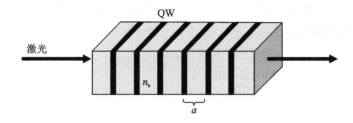

图 13.1　布拉格间隔多量子阱结构示意图。薄 QW 之间的间距 a
　　　　与接近量子阱中激子频率的布拉格频率相对应,量子阱
　　　　之间的材料是一种折射率为 n_b 的电介质

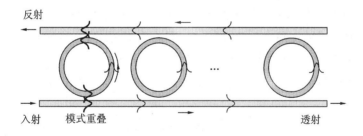

图 13.2　SCISSOR 结构示意图

接下来,我们将首先回顾 BSQW 结构(见 13.2.1 节)和 SCISSOR 结构(见13.2.2节)的线性光学特性。在 13.3 节,我们将讨论两个系统的能带结构,并阐明两者能带结构的相似点和不同点。在 13.4 节,我们将说明 BSQW 结构怎样利用能带结构的外部操作来实现光脉冲的停止、捕获和释放。在 13.5 节,将给出我们的结论。

13.2 线性光学响应

13.2.1 量子阱结构

前述的 QW 结构是被电介质隔开的一系列薄 QW(见图 13.1)。这种结构的线性光学响应已经在文献中详细描述过了,这里,我们以一种既能突出物理现象又易于与双通道 SCISSOR 结构进行对比的形式把它介绍给读者。我们专门用 $\hat{z}$ 作为一系列 QW 的生长轴,该结构被由实数非色散折射率 n_b 表征的电介质包围;我们令电场沿 $\pm\hat{z}$ 方向传输,因此是在 x-y 平面极化的。我们常常考虑恒定场的情况,

$$E(\boldsymbol{r},t) = E(z,\omega)\mathrm{e}^{-\mathrm{i}\omega t} + \mathrm{c.c.}$$

极化强度 $P(\boldsymbol{r},t)$ 有类似的形式,

$$P(z,\omega) = \Big[\chi(\omega)\sum_{n=1}^{N}\delta(z-z_n)\Big]E(z,\omega)$$

$$= \sum_{n=1}^{N}P^{(n)}(\omega)\delta(z-z_n) \tag{13.1}$$

其中,z_n 表示第 n 个 QW 的位置。第一行中方括号里的量是 QW 的极化率,且

$$P^{(n)}(\omega) = \chi(\omega)E(z_n,\omega) \tag{13.2}$$

是第 n 个 QW 单位面积上的偶极矩。只要 QW 的宽度远小于光波长,使用狄拉克 δ 函数描述极化和它对电场的响应是一个很好的近似,这样就描述了电场 $E(z,\omega)$ 的变化。这对我们考虑的系统是有效的。

在旋转波近似下,QW 极化率 $\chi(\omega)$ 标准线性响应的计算结果可以表示为

$$\chi(\omega) = \frac{e^2\langle r\rangle^2}{\hbar\omega_{\mathrm{X}} - \hbar\omega - \mathrm{i}\hbar\gamma_{\mathrm{nrad}}}|\widetilde{\phi}(0)|^2 \tag{13.3}$$

式中:$\hbar\omega_{\mathrm{X}}$ 是激子能量;$e\langle r\rangle$ 是材料的原子偶极矩;$\widetilde{\phi}(0)$ 是量子阱内在零电子-空穴间隔(二维)位形空间的激子波函数,由下式给出:

$$\widetilde{\phi}(0) = \frac{2\sqrt{2}}{a_0\sqrt{\pi}}$$

式中:a_0 是激子玻尔半径。

在本节中,我们采用 GaAs 中 $\mathrm{In}_{0.025}\mathrm{Ga}_{0.975}\mathrm{As}$ QW 的典型参数值:$\hbar\omega_{\mathrm{X}}=1.497\ \mathrm{eV}$,$\langle r\rangle=0.354\ \mathrm{nm}$,以及 $a_0=15\ \mathrm{nm}$。

γ_{nrad} 项描述了非辐射效应的阻尼率,辐射阻尼率将在下面描述。这个系统中的非辐射阻尼很大程度是因为极化失相。我们采用典型值 $\gamma_{\mathrm{nrad}}=0.1\ \mathrm{meV}$,

这个值符合低温实验条件。

可以把极化率的表达式写成

$$\chi(\omega) = \frac{e^2 f_A}{2m\omega_X} \frac{1}{\omega_X - \omega - i\gamma_{nrad}} \tag{13.4}$$

其中,我们引入了自由电子质量 m,并且

$$f_A \equiv \frac{2m\omega_X \langle r \rangle^2 |\tilde{\phi}(0)|^2}{\hbar}$$

虽然不需要引入自由电子质量和 f_A,但后者确实有一个简单的物理意义。注意到,在旋转波近似下,如果 f_A 被 1 替代,则极化率表达式的第二种形式(见式(13.4))描述了质量为 m 的经典电荷的响应,该电荷被束缚在力心,谐振频率为 ω_X,阻尼为 γ_{nrad}。项 f_A 的单位是面积的倒数,因此可以认为是激子跃迁单位面积上的振子强度。采用上述的典型参数值,我们得到 $f_A = (4.23 \text{ nm})^{-2}$。

激子跃迁的辐射阻尼通过出现在式(13.1)中的电场 $E(z, \omega)$ 描述。在我们考虑的一维传输几何图形中,麦克斯韦方程简化为 $E(z, \omega)$ 的一个二阶微分方程:

$$\frac{d^2 E(z, \omega)}{dz^2} + \frac{\omega^2 n_b^2}{c^2} E(z, \omega) = -\frac{4\pi\omega^2}{c^2} P(z, \omega) \tag{13.5}$$

此方程的解由下式给出:

$$E(z, \omega) = E_{inc}(z, \omega) + \frac{2\pi i k}{n_b^2} \int e^{ik|z-z'|} P(z', \omega) dz' \tag{13.6}$$

式中:$k = \omega n_b / c$;$E_{inc}(z, \omega)$ 是方程(13.5)的齐次解,可以被确定为入射场。

在第 n 个 QW 的位置,我们有

$$E(z_n, \omega) = E'(z_n, \omega) + \frac{2\pi i k}{n_b^2} P^{(n)}(\omega) \tag{13.7}$$

其中

$$E'(z_n, \omega) = E_{inc}(z_n, \omega) + \frac{2\pi i k}{n_b^2} \sum_{n' \neq n} e^{ik|z_n - z_{n'}|} P^{(n')}(\omega) \tag{13.8}$$

其中,我们在积分方程(13.6)中用到了式(13.1)和式(13.2)。这里,$E'(z_n, \omega)$ 包含了入射场和任何其他 QW 对第 n 个 QW 处场的贡献,而式(13.7)右边的第二项包含了在第 n 个 QW 处该 QW 自身的场。正是这一项导致了辐射阻尼,可以通过分解 $E(z_n, \omega)$(见式(13.7))并导出 $P^{(n)}(\omega)$ 响应的表达式明确看到,该响应不是对整个电场而是对入射到该量子阱上的场(包括其他量子阱的贡献):

$$P^{(n)}(\omega) = \bar{\chi}(\omega) E'(z_n, \omega) \tag{13.9}$$

在该式中,我们使用了极化率的第二种形式(见式(13.4)),可以发现

$$\overline{\chi}(\omega) = \frac{e^2 f_A}{2m\omega_X} \frac{1}{\omega_X - \omega - \mathrm{i}\gamma}$$

其中

$$\gamma = \gamma_{\mathrm{nrad}} + \gamma_{\mathrm{rad}}$$

并且

$$\gamma_{\mathrm{rad}} = \frac{\pi e^2 f_A}{n_b mc}$$

描述了辐射对激子谐振阻尼的贡献。与旋转波近似一致,在推导式(13.9)的过程中,将 $k \approx \omega_X n_b / c$ 代入式(13.7)中。利用前面引入的参数和 $n_b = 3.61$(对于 GaAs 而言),我们发现 $\hbar\gamma_{\mathrm{rad}} = 26.9\ \mu\mathrm{eV}$,因此辐射阻尼率与非辐射阻尼率的比值如下:

$$\frac{\gamma_{\mathrm{rad}}}{\gamma_{\mathrm{nrad}}} = 0.269$$

因此,即使在低温下,这个系统的非辐射阻尼相比辐射阻尼将起主要作用。依照通常的方式,我们为 QW 振荡器引入品质因数 Q,它可以表示为

$$Q = \frac{\omega_X}{2\gamma} \tag{13.10}$$

根据上述给的参数值,得到 QW 的品质因数 $Q = 5.9 \times 10^3$。

最后,给出单个 QW 的透射系数和反射系数的表达式很有用。我们考虑 $z=0$ 处的量子阱,它的入射场 $E_{\mathrm{inc}}(z, \omega)$ 来自 $z = -\infty$,有

$$E_{\mathrm{inc}}(z, \omega) = E_0 \mathrm{e}^{\mathrm{i}kz} \tag{13.11}$$

在极化强度的表达式(见式(13.6))中使用响应公式(见式(13.9)),我们给出当 $z > 0$ 时的总电场:

$$E(z, \omega) = E_0 \mathrm{e}^{\mathrm{i}kz} + \frac{2\pi \mathrm{i} k}{n_b^2} \overline{\chi}(\omega) E_0 \mathrm{e}^{\mathrm{i}kz} \equiv E_T(z, \omega),\ z > 0$$

$$= E_0 \mathrm{e}^{\mathrm{i}kz} + \frac{2\pi \mathrm{i} k}{n_b^2} \overline{\chi}(\omega) E_0 \mathrm{e}^{-\mathrm{i}kz} \equiv E_0 \mathrm{e}^{\mathrm{i}kz} + E_R(z, \omega),\ z < 0$$

其中,我们引入了透射场 $E_T(z, \omega)$ 和反射场 $E_R(z, \omega)$。参照 $z = -a/2$ 处的入射场和反射场,以及 $z = a/2$ 处的透射场(见图 13.3(a)),引入菲涅尔反射系数 $r(\omega)$ 和透射系数 $t(\omega)$:

$$r(\omega) \equiv \frac{E_R(-\frac{a}{2}, \omega)}{E_{\mathrm{inc}}(-\frac{a}{2}, \omega)}$$

$$t(\omega) \equiv \frac{E_T(\frac{a}{2}, \omega)}{E_{\mathrm{inc}}(-\frac{a}{2}, \omega)}$$

我们发现

$$
\left.\begin{array}{l}
r(\omega) = \dfrac{\mathrm{i}\gamma_{\mathrm{rad}}}{\omega_{\mathrm{X}} - \omega - \mathrm{i}\gamma}\mathrm{e}^{\mathrm{i}ka} \\[3mm]
t(\omega) = \dfrac{\omega_{\mathrm{X}} - \omega - \mathrm{i}\gamma_{\mathrm{nrad}}}{\omega_{\mathrm{X}} - \omega - \mathrm{i}\gamma}\mathrm{e}^{\mathrm{i}ka}
\end{array}\right\} \tag{13.12}
$$

注意到,这些表达式满足

$$
|r(\omega)|^2 + |t(\omega)|^2 \leqslant 1
$$

正如预期的那样,只有当 $\gamma_{\mathrm{nrad}} = 0$ 时上式才能取等号,此时电磁场中的能量守恒。

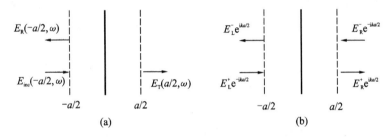

图 13.3　传递矩阵的示意图

当然,还可以考虑比式(13.11)更一般的入射场。如果将来自 $z = -\infty$ 的入射场和来自 $z = +\infty$ 的入射场均考虑在内,那么在两个方向上都会产生反射场和透射场。因此,在 $z = -a/2$ 附近总场将包括两部分:一部分按照 $E_{\mathrm{L}}^{-}(\omega)\mathrm{e}^{-\mathrm{i}kz}$ 变化;另一部分按照 $E_{\mathrm{L}}^{+}(\omega)\mathrm{e}^{\mathrm{i}kz}$ 变化。同样,在 $z = a/2$ 附近的总场包含按照 $E_{\mathrm{R}}^{-}(\omega)\mathrm{e}^{-\mathrm{i}kz}$ 变化的部分和按照 $E_{\mathrm{R}}^{+}(\omega)\mathrm{e}^{\mathrm{i}kz}$ 变化的部分(见图 13.3(b))。解出由 $z = \pm\infty$ 的入射场产生的在 $z>0$ 和 $z<0$ 时的总场,可以确定联系它们的 2×2 传递矩阵 $\boldsymbol{M}(\omega)$,我们发现

$$
\begin{bmatrix} E_{\mathrm{R}}^{+}\,\mathrm{e}^{\mathrm{i}ka/2} \\ E_{\mathrm{R}}^{-}\,\mathrm{e}^{-\mathrm{i}ka/2} \end{bmatrix} = \boldsymbol{M}(\omega) \begin{bmatrix} E_{\mathrm{L}}^{+}\,\mathrm{e}^{-\mathrm{i}ka/2} \\ E_{\mathrm{L}}^{-}\,\mathrm{e}^{\mathrm{i}ka/2} \end{bmatrix} \tag{13.13}
$$

其中

$$
\boldsymbol{M}(\omega) = \frac{1}{t(\omega)} \begin{bmatrix} t^2(\omega) - r^2(\omega) & r(\omega) \\ -r(\omega) & 1 \end{bmatrix} \tag{13.14}
$$

菲涅尔系数 $r(\omega)$ 和 $t(\omega)$ 由式(13.12)给出,注意到,式(13.13)等价于

$$
\begin{bmatrix} E_{\mathrm{R}}^{+}\mathrm{e}^{\mathrm{i}ka/2} \\ E_{\mathrm{L}}^{-}\mathrm{e}^{\mathrm{i}ka/2} \end{bmatrix} = \begin{bmatrix} t(\omega) & r(\omega) \\ r(\omega) & t(\omega) \end{bmatrix} \begin{bmatrix} E_{\mathrm{L}}^{+}\mathrm{e}^{-\mathrm{i}ka/2} \\ E_{\mathrm{R}}^{-}\mathrm{e}^{-\mathrm{i}ka/2} \end{bmatrix} \tag{13.15}
$$

这个方程简单地表明,每一个出射波(见方程(13.15)的左边)都由另一侧的入射波(乘以透射系数)加同侧的反射波(乘以反射系数)给出。

13.2.2　SCISSOR 结构

现在我们转向另一个系统,该系统至少在表面上很不同于上面考虑的 QW 结构。这种结构如图 13.2 所示,它包含两个通过倏逝场侧向耦合到一组环形微谐振器的通道波导,我们遵照参考文献中的术语,称其为双通道 SCISSOR 结构。为简单起见,我们考虑上通道和微谐振器的耦合强度与下通道和微谐振器的耦合强度相同的情况。在下(上)通道中前(后)向传输的光,可以通过微谐振器与在上(下)通道中后(前)向传输的光相互耦合。一般来说,通道波导和微谐振器之间的耦合非常弱。然而,如果光的频率接近微谐振器基本谐振频率(ω_r)的整数倍,则两个通道波导之间的有效耦合可以变得相当强,这在下面我们会看到。因此,与 QW 相比,这里的谐振是几何学上的,而不是物质的自然属性。

与 QW 类似,文献中对 SCISSOR 结构的线性和非线性响应已经充分研究过,这里,我们粗略给出其描述线性响应的通常描述(见图 13.4),以与 QW 结构相联系。我们使用 l 和 u 分别表示下通道和上通道适当的波导模式的振幅,用 q 来表示谐振器中相应模式的振幅。在下(上)通道中,恰好在耦合区前和耦合区后的振幅分别用 l_- 和 l_+(u_- 和 u_+)表示。在下(上)通道附近,恰好在谐振器中的耦合区前和耦合区后的振幅分别用 q_{l-} 和 q_{l+}(q_{u-} 和 q_{u+})表示。在耦合区,我们定义复数自耦合系数(σ)和交叉耦合系数(κ),并假定

$$\begin{bmatrix} q_{l+} \\ l_+ \end{bmatrix} = \begin{bmatrix} \sigma & i\kappa \\ i\kappa & \sigma \end{bmatrix} \begin{bmatrix} q_{l-} \\ l_- \end{bmatrix}$$

$$\begin{bmatrix} q_{u-} \\ u_- \end{bmatrix} = \begin{bmatrix} \sigma & i\kappa \\ i\kappa & \sigma \end{bmatrix} \begin{bmatrix} q_{u+} \\ u_+ \end{bmatrix} \tag{13.16}$$

假设在耦合区没有能量损失,能量只在波导之间转移,则耦合系数满足

$$|\sigma|^2 + |\kappa|^2 = 1$$

$$\sigma\kappa^* = \sigma^*\kappa$$

如果 σ 和 κ 是实数,那么第二个条件自动满足。在本章其余部分,我们假设 σ 和 κ 确实是实数。这简化了我们的表述式,而不会丢失任何的物理本质,这相当于假设耦合只发生在一个点上。

当远离耦合点时,模式振幅以适合通道波导或谐振器的有效折射率 n_{eff} 传输。由于制作困难,散射损耗不可避免,原则上弯曲损耗也会出现在谐振器中。通过允许 n_{eff} 存在虚部,我们将其写成 $n_{eff} = n_b + in_I$,n_b 和 n_I 都是实数,则可以把这些损耗唯象地考虑在内。一般来说,通道波导和环形谐振器当然有不同的有效折射率,但为简单起见,我们用相同的 n_{eff} 来表示它们。

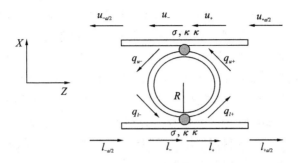

图 13.4　双通道 SCISSOR 结构单元的示意图

　　如图 13.4 所示,我们考虑在中心附近发生耦合的长度为 a 的通道波导。如果在 $z = -a/2$ 和 $z = a/2$ 处,我们分别用 $l_{-a/2}$ 和 $l_{a/2}$($u_{-a/2}$ 和 $u_{a/2}$)表示下(上)通道波导中的模式振幅,则在远离耦合点的区域中传输时有下面的关系:

$$l_- / l_{-a/2} = l_{a/2} / l_+ = u_{-a/2} / u_- = u_+ / u_{a/2} = \mathrm{e}^{\mathrm{i}k_{\mathrm{eff}} a/2} \tag{13.17}$$

其中 $k_{\mathrm{eff}} = \omega n_{\mathrm{eff}} / c$,在环形谐振器中传输时有如下关系:

$$q_{u+} / q_{l+} = q_{l-} / q_{u-} = \mathrm{e}^{\mathrm{i}k_{\mathrm{eff}} \pi R} \tag{13.18}$$

式中:R 是环的半径。

　　将耦合方程(见方程(13.16))和传输方程(见方程(13.17)和(13.18))联立,我们可以类比 QW 的传递矩阵方程(见方程(13.13)),写出图 13.4 所示的结构的传递矩阵方程:

$$\begin{bmatrix} l_{a/2} \\ u_{a/2} \end{bmatrix} = \boldsymbol{M}(\omega) \begin{bmatrix} l_{-a/2} \\ u_{-a/2} \end{bmatrix} \tag{13.19}$$

与在 QW 中的一样,方程中的 $\boldsymbol{M}(\omega)$ 可以很容易地用反射系数和透射系数写出:

$$\boldsymbol{M}(\omega) = \frac{1}{t(\omega)} \begin{bmatrix} t^2(\omega) - r^2(\omega) & r(\omega) \\ -r(\omega) & 1 \end{bmatrix} \tag{13.20}$$

与式(13.14)完全一样,但在这里,

$$r(\omega) = \frac{(1 - \sigma^2) \mathrm{e}^{\mathrm{i}\phi(\omega)/2}}{\sigma^2 \mathrm{e}^{\mathrm{i}\phi(\omega)} - 1} \mathrm{e}^{\mathrm{i}k_{\mathrm{eff}} a}$$

$$t(\omega) = \frac{\sigma(\mathrm{e}^{\mathrm{i}\phi(\omega)} - 1)}{\sigma^2 \mathrm{e}^{\mathrm{i}\phi(\omega)} - 1} \mathrm{e}^{\mathrm{i}k_{\mathrm{eff}} a} \tag{13.21}$$

其中,我们引入了绕环传输一周的(复数)相位 $\phi(\omega) \equiv 2\pi R n_{\mathrm{eff}} \omega / c$。

　　QW 结构和 SCISSOR 结构之间一个重要的区别是,在 SCISSOR 结构中,两个不同通道波导中的前向和后向振幅是分开的,在上述分析中,我们考虑了下通道中的前向传输模式和上通道中的后向传输模式。在我们的近似范围内,存在完全相同的解耦合的动力学特性:上通道中的前向传输模式与下通道中的后向传输模式发生耦合;我们在这里不会明确考虑它。而且,SCISSOR结构的反射系数和透射系数的表达式(见式(13.21))比 QW 的反射系数和透射系数的表达式(见式(13.12))在形式上更复杂。然而,在 QW 模型中只有一个激子谐振;对于 SCISSOR 结构的式(13.21),在 σ 接近 1 的通常情况下,只要 $\phi(\omega)$ 接近于 $2\pi M$(M 是一个整数),我们就会看到谐振结构。尽管如此,我们将看到,在这样一个谐振结构中,SCISSOR 结构的菲涅尔系数(见式(13.21))确实接近 QW 结构的菲涅尔系数。

为此,我们引入一个基本谐振频率:

$$\omega_r \equiv \frac{c}{R n_b}$$

它定义了在没有任何损耗时环形结构的第一个谐振。为了计算我们的样本,取环周长为 26 μm,有效折射率 $n_b = 3.0$;由此得到 $\hbar\omega_r = 15.9$ meV,对应真空波长 $\lambda_r = 78\ \mu m$。我们考虑的频率 ω 接近基本谐振频率的 M 倍,即 $\omega \approx M\omega_r \equiv \omega_M$;当 $M = 52$ 时,我们有对应 1.5 μm 的真空谐振波长。在这个频率附近我们有 $\phi(\omega) = 2\pi M + \delta\phi, \delta\phi = \delta\phi(\omega)$ 是一个小量。在式(13.21)给出的反射系数的分子上,我们取 $\exp(\mathrm{i}\phi(\omega)/2) = \exp(\mathrm{i}\pi M + \mathrm{i}\delta\phi/2) \approx (-1)^M$,而分母取 $\exp(\mathrm{i}\phi(\omega)) = \exp(\mathrm{i}\delta\phi) \approx 1 + \mathrm{i}\delta\phi$。对于式(13.21)给出的透射系数的表达式,采用类似的近似并假设 $n_I/n_R \ll 1$。最终,我们得到它们的近似表达式(可以与式(13.12)做比较)为

$$r(\omega) = \frac{\mathrm{i}(-1)^M \gamma_{rad}}{\omega_M - \omega - \mathrm{i}\gamma} e^{\mathrm{i}ka} e^{-\eta a}$$

$$t(\omega) = \frac{\omega_M - \omega - \mathrm{i}\gamma_{nrad}}{\omega_M - \omega - \mathrm{i}\gamma} e^{\mathrm{i}ka} e^{-\eta a} \tag{13.22}$$

其中,$k \equiv \omega n_b/c, \eta \equiv n_I\omega_M/c$,且在评估后者时我们取 $\omega \approx \omega_M$。对于 QW 我们有

$$\gamma = r_{rad} + r_{nrad}$$

其中

$$\gamma_{rad} = \frac{\omega_r(1 - \sigma^2)}{2\pi\sigma^2}$$

描述了频率为 ω_M 的环形谐振与通道的辐射耦合,且

$$\gamma_{nrad} = \frac{\omega_M n_I}{n_b}$$

描述了由于光散射出谐振器而引起的非辐射损耗。还有一个由于光在通道内传输而引起的非谐振损耗项,这里用因子 $\exp(-\eta a)$ 描述。因为假设介质的折射率是实数,在 QW 中没有类似的项出现。SCISSOR 结构和 QW 结构的谐振

表达式的最终区别(见式(13.22))是,前者的反射系数中有$(-1)^M$因子出现,这与所考虑的环形谐振的对称性有关。

对于典型的自耦合常数$\sigma=0.96$,我们发现$\hbar\gamma_{\text{rad}}=215\ \mu\text{eV}$,比单量子阱的大一个数量级。辐射和非辐射耦合的比为

$$\frac{\gamma_{\text{rad}}}{\gamma_{\text{nrad}}}=\frac{n_{\text{b}}}{n_{\text{I}}}\frac{(1-\sigma^2)}{2\pi M\sigma^2}=\frac{20n_{\text{b}}(1-\sigma^2)}{M\sigma^2\ln 10}\frac{1}{\alpha\lambda}$$

式中:λ是谐振频率ω_M对应的真空波长;α是光在环中传输的损耗系数(分贝/长度)。

对于上面确定的参数值($n_{\text{b}}=3,\sigma=0.96,\lambda=1.5\ \mu\text{m},M=52$),即使我们假设损耗系数为 1 dB/mm,我们发现$\gamma_{\text{rad}}/\gamma_{\text{nrad}}=28.4$。因此,与 QW 系统不同,在 SCISSOR 结构中辐射耦合居于主导地位。该谐振器的品质因数由下式给出(可与式(13.10)做对比):

$$Q=\frac{\omega_M}{2\gamma} \tag{13.23}$$

由于所采用的参数值和 1 dB/mm 的损耗系数,我们可以认为损耗系数足够低,非辐射耦合远小于辐射耦合,结果品质因数$Q=1.9\times 10^3$。本质上,由于辐射耦合,这比 QW 的品质因数要小,其部分原因是由于 SCISSOR 结构的辐射耦合通常大于 QW 的总耦合,部分原因是由于 SCISSOR 结构的谐振能量低于 QW 的谐振能量。

13.3 能带结构

如果能够认为在系统中每一个单元结构都是无限地重复的(见图 13.5),现在就可以计算能带结构。当 QW 结构如此重复且$z_n=na$时,我们把多阱结构视为 BSQW 结构;而当 SCISSOR 结构如此重复时,我们把多环结构视为 SCISSOR 布拉格结构。在这两种情况下,每一个单元的传递矩阵形式相同,BSQW 结构的是式(13.13)和式(13.14),而 SCISSOR 布拉格结构的是式(13.19)和式(13.20)。利用布洛赫定理,我们可以寻找由晶体波数K表征的解,要求z处的场与$z+a$处的场通过因子$\exp(iKa)$相关。对于 BSQW 结构,这一条件为

$$\begin{bmatrix}E_R^+\,\text{e}^{iKa/2}\\E_R^-\,\text{e}^{-iKa/2}\end{bmatrix}=\text{e}^{iKa}\begin{bmatrix}E_L^+\,\text{e}^{-iKa/2}\\E_L^-\,\text{e}^{iKa/2}\end{bmatrix}$$

而对于 SCISSOR 布拉格结构,这一条件为

$$\begin{bmatrix}l_{a/2}\\u_{a/2}\end{bmatrix}=\text{e}^{iKa}\begin{bmatrix}l_{-a/2}\\u_{-a/2}\end{bmatrix}$$

在这两种情况下,结合方程(13.13)或方程(13.19)得到非平凡解的条件:

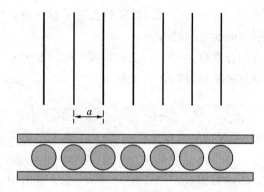

图 13.5 说明 BSQW 结构(上)和 SCISSOR
结构(下)相似性的示意图

$$\det(\boldsymbol{M}(\omega) - \boldsymbol{U}e^{iKa}) = 0$$

式中:$\boldsymbol{U}$ 是 2×2 单位矩阵。

根据菲涅尔系数写出传递矩阵 $\boldsymbol{M}(\omega)$,可以得到通式:

$$\cos(Ka) = \frac{1 + t^2(\omega) - r^2(\omega)}{2t(\omega)}$$

这隐式地确定了色散关系 $\omega(K)$。对于 BSQW 结构,利用菲涅尔系数的式(13.12),经过一点代数运算后可将上式化简为

$$\cos(Ka) = \cos(ka) + \frac{\gamma_{rad}}{\omega - \omega_X + i\gamma_{nrad}}\sin(ka) \tag{13.24}$$

对于一般的 SCISSOR 布拉格结构,利用菲涅尔系数的式(13.21),得出相应的色散关系为

$$\cos(Ka) = \frac{1 + \sigma^2}{2\sigma}\cos(k_{eff}a) + \frac{1 - \sigma^2}{2\sigma}\cot(\frac{\phi(\omega)}{2})\sin(k_{eff}a) \tag{13.25}$$

而在第 M 次谐振附近,我们可以用菲涅尔系数的近似表达式(见式(13.22)),发现

$$\cos(Ka) = \cos(ka)\cosh(\eta a) - i\sin(ka)\sinh(\eta a)$$
$$+ \frac{\gamma_{rad}}{\omega - \omega_M + i\gamma_{nrad}}[\sin(ka)\cosh(\eta a) + i\cos(ka)\sinh(\eta a)]$$

$$\tag{13.26}$$

在非辐射阻尼下,通常不存在对应实数 ω 的实数 K 的解。下面我们考虑当这种非辐射阻尼被忽略时得到的结果。这里,对于 BSQW 结构 $\gamma_{nrad} = 0$,而对于 SCISSOR 布拉格结构 $\gamma_{nrad} = 0$,$\eta = 0$,且 $n_{eff} \to n_b$。对于每个实数 ω,或者存在具有实数 K 的色散关系的解,或者没有解,确定为一个带隙。

我们从一般的 SCISSOR 布拉格结构的色散关系(见式(13.25))开始,在无损耗条件下 $k_{\mathrm{eff}} = \omega n_{\mathrm{b}}/c$,$\phi(\omega) = 2\pi R n_{\mathrm{b}} \omega/c$。部分能带结构如图 13.6 所示,出现了两种类型的带隙。一种带隙为布拉格带隙,它与间隔为 a 的不同谐振器的后向散射光相长干涉的一般条件相联系,基本布拉格频率 $\omega_{\mathrm{B}} = c\pi/(n_{\mathrm{b}}a)$ 等于相速度 c/n_{b} 与第一布里渊区边缘的波数 π/a 的乘积,而高阶布拉格频率等于 ω_{B} 的整数倍 $m\omega_{\mathrm{B}}$,其中 m 是一个整数。在能带边缘群速度为零,但群速度色散通常很大。还存在另外一种带隙——谐振器带隙,它们与基本谐振频率 ω_{r} 的整数倍相联系,其中心位于频率 $\omega_M = M\omega_{\mathrm{r}}$ 附近,M 是一个整数。这里,后向散射光是很强的,因为满足微环谐振条件,而且当没有损耗时即使一个谐振器的反射率在 ω_M 处也会达到 1(见式(13.22))。即使没有各个谐振器后向散射光的相长干涉,这些带隙也会出现,这并不奇怪。在谐振器带隙边缘群速度为零,当然在布拉格带隙边缘也是如此,但是群速度色散在谐振器带隙边缘附近也很小,因为谐振的强度倾向于将色散关系拉向能带边缘附近的一个平坦带。

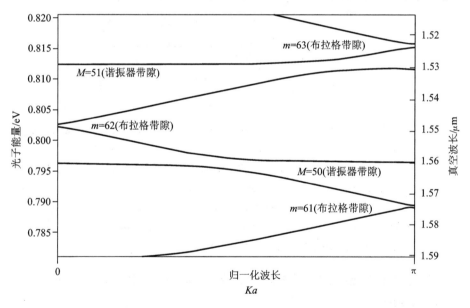

图 13.6　SCISSOR 结构的光子能带结构,只显示了 0.8 eV(或 1.5 μm)附近的频谱区

在一般情况下,谐振器带隙和布拉格带隙出现在相当不同的频率处。通过式(13.26)并令 $\eta = 0$ 和 $\gamma_{\mathrm{nrad}} = 0$,我们可以推导出在谐振频率 ω_M 附近能带结构的近似关系。将这个关系与在无损情况下($\gamma_{\mathrm{nrad}} = 0$)BSQW 结构的色散关系(见式(13.24))进行比较,显然这两个系统的色散关系是完全相同的。在无损耗极限下,我们把方程(13.26)和方程(13.24)写成

$$\cos(Ka) = \cos(ka) + \frac{\gamma_{rad}}{\omega - \omega_o}\sin(Ka) \qquad (13.27)$$

其中,$k = \omega n_b/c$;当我们考虑 BSQW 结构或 SCISSOR 布拉格结构时,ω_o 为 ω_X 或 ω_M。作为说明,我们在图 13.7 中给出了这个方程的图解,它很容易证实导带和禁带(带隙)的存在(对比文献[19])。当然,在 BSQW 结构中只存在谐振器带隙的单一模拟,我们可以称之为激子带隙,它在 ω_X 附近;而在 SCISSOR 布拉格结构中,在不同的 ω_M 处存在许多带隙。

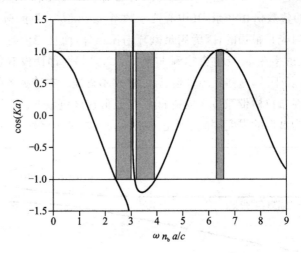

图 13.7　由方程(13.27)绘出的图。实线表示方程(13.27)的右侧随频率的变化关系,其中取 $\gamma_{rad} = 0.1\omega_o$。布拉格频率由 $\omega_B n_b a/c = \pi$ 给出,谐振频率选为 $\omega_o n_b a/c = \pi - 0.1$。以两条水平线 -1 和 1 为边界的那些实线部分产生了极化激元能带。阴影区突出了带隙(经许可,引自 Kwong, N. H., Yang, Z. S., Nguyen, D. T., Binder, R. L., and Smirl, A. L., Proceedings of SPIE—The International Society for Optical Engineering, vol. 6130, pp. 6130A1-6130A11, The International Society for Optical Engineering, Bellingham, WA, 2006.)

尽管如此,在感兴趣的谐振频率 ω_o 介于 $(m-1)\omega_B$ 和 $m\omega_B$ 之间的任意一种情况下,我们令

$$\Delta \equiv \frac{\pi}{\omega_B}(m\omega_B - \omega_o) \qquad (13.28)$$

然后令 $ka = \pi m + \delta - \Delta$,其中

$$\delta = \frac{\pi}{\omega_B}(\omega - \omega_o)$$

我们的色散关系(见式(13.27))可以写成 δ 和 K 之间的关系:

$$(-1)^m \cos(Ka) = \cos(\delta - \Delta) + \frac{\mu}{\delta}\sin(\delta - \Delta) \qquad (13.29)$$

其中,我们已令

$$\mu \equiv \frac{\gamma_{\mathrm{rad}}\pi}{\omega_{\mathrm{B}}}$$

对于能带中 ω 非常接近 ω_{o} 的部分,就基本布拉格频率 ω_{B} 的实际大小而言,我们有 $|\delta| \ll 1$,且有 $\cos(\delta - \Delta) \approx \cos\Delta + \delta\sin\Delta$ 和 $\sin(\delta - \Delta) \approx \delta\cos\Delta - \sin\Delta$。把这些代入方程(13.29),便得到关于 δ 的二次方程,它的解为

$$\omega \doteq \omega_{\mathrm{o}} + \frac{\omega_{\mathrm{B}}}{\pi}\left(g(K) \pm \sqrt{g^2(K) + \mu}\right) \qquad (13.30)$$

其中

$$g(K) = \frac{(-1)^m \cos(Ka) - (1 + \mu)\cos\Delta}{2\sin\Delta}$$

这两个解勾勒在图 13.8 中,图中同时给出了在这一区域中($\delta \ll 1$)上述 SCIS-SOR 布拉格结构的准确色散关系,由 SCISSOR 布拉格结构的准确色散关系(见式(13.25)和式(13.27))给出的更简单的结果别无二致。因此,式(13.30)和 BSQW 结构的准确色散关系之间有相应的一致性。当频率 ω 远离 ω_{o} 时近似(见式(13.30))显然是失效的,但它很好地描述了两个能带各自的带边。

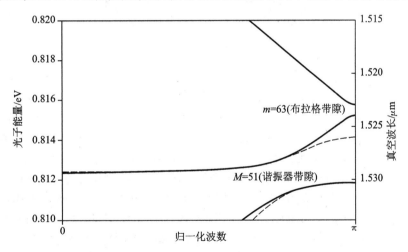

图 13.8　与图 13.6 一样,但刻度被扩展了;能带结构的解析近似(见正文)
　　　　如图中的虚线所示

当 SCISSOR 布拉格结构中的一个谐振频率 ω_M 或 BSQW 结构中的激子频率 ω_X 接近某个布拉格频率时,就会出现一种特殊情况。如上所述,称之为谐振频率 ω_{o},我们使用符号方程(13.28),但允许 Δ 为正或为负,并且假设在方程

(13.29)中 $|\delta|$ 和 $|\Delta|$ 远小于 1。于是，我们可以令方程（13.29）中的 $\cos(\delta-\Delta)\approx1$ 且 $\sin(\delta-\Delta)\approx\delta-\Delta$，而且我们发现

$$\omega = \omega_o + \frac{(m\omega_B - \omega_o)\gamma_{rad}\pi/\omega_B}{1 + \gamma_{rad}\pi/\omega_B - (-1)^m\cos(Ka)} \quad (13.31)$$

由这个色散关系描述的单一能带是与谐振频率 ω_o 相联系的能带；与布拉格带隙相联系的附近的其他能带也会被扭曲。在图 13.9 和图 13.10 中，我们举例说明了 BSQW 的这一特性（为了对比，可参阅参考文献[1][3][7][8][12][20]）。这里，$m=1$，并且我们假设激子频率 ω_X 非常接近 ω_B，这导致从频率 ω_B 到恰好高于 ω_X 的几乎平坦的能带。在我们以前的慢光研究中[13][14][21][22][23]，我们将该能带称为中间能带（IB），因为正如从图 13.9 中看出的，它似乎位于两个几乎一样的极化激元能带分支的中间。在目前的讨论中，没有包括失相对能带结构的影响，然而，这些影响可能是重要的，我们已经在参考文献[13]中表明，它们将导致 IB 中强烈的频率相关的极化激元衰减。

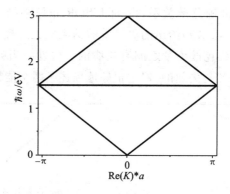

图 13.9　BSQW 的光子能带结构，具有位于 $\hbar\omega_X = 1.496$ eV 处的激子谐振，位于 $\hbar\omega_B = 1.497$ eV 处的布拉格谐振，$\gamma_{rad} = 8.5\times10^{-6}\omega_X$。注意，在真实的半导体中，电子带隙能量以上的大频率范围（即激子谐振以上大约 10 meV）充满了强吸收的电子-空穴对连续区，因此在这个频率区域图中所示的光子能带不是一个合适的模型（经许可，引自 Kwong, N. H., Yang, Z. S., Nguyen, D. T., Binder, R., and Smirl, A. L., Proceedings of SPIE—The International Society for Optical Engineering, vol. 6130, pp. 6130A1-6130A11, The International Society for Optical Engineering, Bellingham, WA, 2006.）

图 13.9 和图 13.10 表明的是 $m\omega_B - \omega_o > 0$ 且 m 为奇数时的特征。如果 $m\omega_B - \omega_o < 0$，很明显从式（13.31）可以看出，能带从 ω_o 的偏离简单地改变符号，如果 m 是偶数而不是奇数，则能带结构将在倒格子空间中位移 π/a，因为

$(-1)^{m+1}\cos(Ka)=(-1)^{m}\cos(Ka-\pi)$。

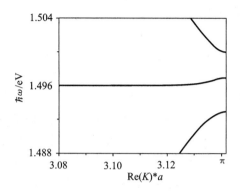

图 13.10 BSQW 的光子能带结构(与图 13.9 相同,但刻度被扩展了)(经许可,引
自 Kwong,N. H.,Yang,Z. S.,Nguyen,D. T.,Binder,R.,and Smirl,A.
L.,Proceedings of SPIE—The International Society for Optical Engineer-
ing,vol. 6130,pp. 6130A1-6130A11,The International Society for Optical
Engineering,Bellingham,WA,2006.)

13.4 布拉格间隔多量子阱中的光停止和光存储

在本节中,我们将以 BSQW 结构为例,简要回顾 RPBG 中的慢光效应。
图 13.9 和图 13.10 中的光子能带结构表明,IB 几乎是平坦的,对应于小的群
速度 $v_g = \mathrm{d}\omega/\mathrm{d}K$,因此可能非常适合慢光的研究。如果 IB 的色散可以从外部
控制,则上述情况将尤为真实。在这种情况下,通过使能带更加平坦,可以使
已进入结构的脉冲的群速度进一步减慢。在 BSQW 结构的情况下,这可以通
过将激子频率移向布拉格频率来实现。采用光学方法诱导激子谐振频移(所
谓的 AC 斯塔克频移)已在一些参考文献中得到了确认[9][24]~[30],当然,其他诱
导激子谐振频移的手段也是有用的(如电压诱导频移,也称为量子限制斯塔克
频移)。在下文中,我们对用于移动谐振频率的具体手段不太感兴趣,只是简
单地假定这样做是可行的,主要目的是研究在 BSQW 结构中光脉冲的减慢和
可能的捕获现象。基本思想很简单:我们假设光脉冲的频谱位于 IB 的频谱区
域内的某处,一旦光脉冲进入结构中,我们改变激子的频率,从而使 IB 完全平
坦并将群速度减少到零,此时脉冲就被捕获在结构之中;经过所需的延迟时间
后,激子频率被移回其原来的值,使 IB 恢复到原来的情况,脉冲通过(最终的
出口)样品。

我们注意到,已经在原子系统[31]和耦合谐振器光波导结构[32]中提出了相

关的但在概念上更复杂的 RPBG 中的光延迟方案。此外,在 BSQW 结构中还
提出了基于非线性脉冲传输的方案[33]。在参考文献[31][32]中所采用的方案
较我们的更复杂,因为它们涉及一个以上的光学谐振问题。在参考文献[31]
中,通过电磁感应透明(EIT)量子相干性分裂的谐振在空间上被周期性地调
制,而在参考文献[32]中,EIT 谐振的一个经典类比是由两个谐振器构成的。

该 BSQW 结构的基本工作原理如图 13.11 所示,其中量子阱数目为
$N=2000$。上图显示了激子频率对时间的依赖关系,而下图显示了脉冲作为
时间的函数。在阶段 1,IB 处于开放状态,脉冲传输到 BSQW。在阶段 2,IB
是关闭的,脉冲被捕获在 BSQW 内。最后,在阶段 3,激子频率移回到它的初
始值,IB 再次处于开放状态,此时脉冲再次传输并从结构中射出。实际的延迟
可以从与 IB 始终处于开放状态的脉冲传输情况(即图中(a)所示)的对比推测
出来。

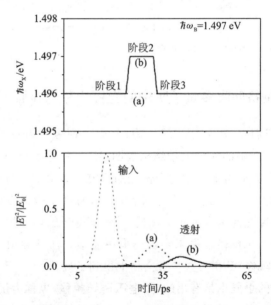

图 13.11 激子谐振 ω_X 对时间的依赖关系(见上图)。对于 2000 个量子阱,透射脉冲强度
(归一化到峰值输入脉冲强度 $|E_0|^2$)对时间的依赖关系(见下图)。图中给出
了两种情况:点线表示光没有被停止的情况,实线表示光在 BSQW 结构内被停
止了 8.2 ps。在 BSQW 结构前端输入场对时间的依赖关系如图中虚线所示(经
许可,引自 Yang,Z. S.,Kwong,N. H.,Binder,R. and Smirl,A. L.,J. Opt. Soc.
B,22,2144,2005.)

我们注意到,图 13.11 所示的数值模拟,包括了从脉冲一开始在空气中,

然后到进入 BSQW 中的过渡。通常,RPB 存在的技术问题是,它们呈现出很强的法布里-珀罗条纹,在 BSQW 结构的 IB 的频谱区域尤其如此。这些条纹可以导致输入脉冲发生强反射,当然,这是我们不希望看到的。为此,我们发展了一种有效的增透膜方案,该方案对 BSQW 的 IB 尤其有效。然而,原则上该方案可以应用于任何一维 RPBG 结构。增透膜的细节参见参考文献[23],采用这种增透膜得到的结果如图 13.11 所示。

从实际的角度,我们应该注意到,在制作具有大量子阱数目的 BSQW 结构方面仍然是非常具有挑战性的。现有 BSQW 结构的典型量子阱数目大约为 200,远小于上述模拟中的数目。利用短 BSQW 结构(如 $N=200$)的一个主要问题是,光脉冲可能比结构长,因而无法将脉冲全部捕获在结构内。实际上,只有被捕获在结构内的脉冲部分才能被延迟。如果脉冲的宽度很短,结构的长度将不再是问题。然而,脉冲的频谱被限制在 IB 的带宽内,这反过来意味着脉冲有一个最小的宽度。在参考文献[14]中,我们用这个论据定义了BSQW 结构的最小长度:

$$L_{\min} = \frac{9(\ln 2)\sqrt{2}a}{\sqrt{3\pi(\gamma_{\mathrm{rad}}/\omega_{\mathrm{X}})}} \tag{13.32}$$

适合 GaAs 材料的 $L_{\min}$ 的典型参数值在 $1000a$ 量级,对应 $N=1000$。

该方案的另一个限制与脉冲的可能吸收有关,当脉冲通过结构或被停留在结构内时就会遭受吸收,吸收由 γ_{nrad} 支配。在量子阱结构的情况下,这在很大程度上取决于温度和量子阱的品质。因为在 BSQW 结构中,对小吸收的要求转化为对低温的要求,从长远来看,SCISSOR 结构可能在慢光应用方面比BSQW 结构更具优势。如果未来 SCISSOR 结构的生长技术允许生长辐射损耗可以忽略不计的高品质结构,这一预测将会成为现实。

我们回顾了 BSQW 结构中光的捕获现象,简要讨论了延迟脉冲在时域和频域的失真。由于 IB 呈现出强色散,脉冲通过 BSQW 结构时难免会失真,这种失真对被捕获的和未被捕获的脉冲都存在,因为在这两种情况下通过材料的传输距离是相同的。为了解决这个问题,我们在参考文献[14]中提出了一种捕获方案,该方案通过一个内置的补偿机制来补偿色散引起的脉冲失真。另外,通过移动激子频率可以实现方向反转,激子频率最初低于布拉格频率,当脉冲应被释放时激子频率应大于布拉格频率。在这种情况下,IB 的色散改变形状,如图 13.12 所示。与原来的色散相比,不但群速度的符号发生变化,而且色散关系的所有高阶导数都发生变化。因此,当脉冲进入结构时色散引起的失真在脉冲从结构出射时恰好得到补偿。由图 13.13 可以清楚地看到,脉冲从它入射的地方出射(称之为"反射结构"),出射脉冲具有和入射脉冲相同的时域形状,这与脉冲在前向出射的情况相反(称之为"透射结构")。

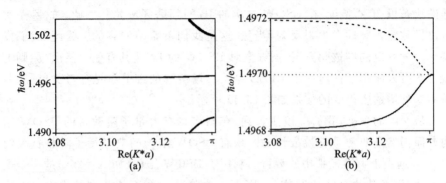

图 13.12　(a)当 $\omega_X < \omega_B$($\hbar\omega_X = 1.4968$ eV,$\hbar\omega_B = 1.497$ eV,$\gamma_{rad} = 1.8 \times 10^{-5} \omega_X$)时 BSQW结构的光子能带结构,中间的曲线代表 IB;(b)在扩展了的刻度上图 (a)所示的 IB(实线),当 $\omega_X = \omega_B$ 时的 IB(点线),以及当 $\omega_X - \omega_B$ 与图(a)中 的大小相等符号相反时的 IB(虚线)(经许可,引自 Yang,Z. S.,Kwong,N. H.,Binder,R.,and Smirl,A. L.,Opt. Lett.,30,2790,2005.)

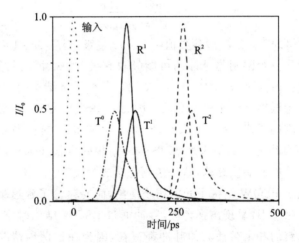

图 13.13　对于 1500 个量子阱,在反射结构(R^1、R^2)和透射结构(T^0、T^1、T^2) 中,归一化到峰值输入脉冲强度 I_0 的输出脉冲强度 $I(t) \sim |E(t)|^2$ 与时间的关系:点划线、实线、虚线分别表示停止时间为 0 ps、50 ps、190 ps,点线表示输入脉冲(经许可,引自 Yang,Z. S., Kwong,N. H.,Binder,R.,and Smirl,A. L.,Opt. Lett.,30,2790, 2005.)

13.5　结论

　　总之,我们已经表明,BSQW 结构和双通道 SCISSOR 结构是一维谐振光子带隙结构的代表。在这些结构中,光的速度取决于光子能带结构的色散。对慢光应用尤其有用的是能带几乎平坦的情况,当每个单元的谐振频率(也就是,量子阱结构的激子频率或 SCISSOR 结构中微环的光学谐振频率)都非常接近布拉格频率时即可实现这个目标。此外,如果每个单元的谐振频率可以通过外部手段移动,一种简单的捕获光的方法是让光在结构内传输。当光在结构内时,通过移动谐振频率使其与布拉格频率一致来关闭能带(也就是,使能带完全平坦),这样,脉冲就被捕获在结构中。之后,简单地通过将谐振频率移回到它的原始值,则脉冲就会被释放。通过数值模拟 BSQW 结构的情况,我们已经证明了这一点,也显示了这种想法是合理的,从概念上可以通过非常简单的方式停止、捕获和释放光脉冲。我们还讨论了该方案的实际限制,它们与制作工艺有关(如现在的生长技术限制了 BSQW 结构的长度)。一旦有足够先进的制作工艺,可以生产高品质足够长的 BSQW 结构以及高品质低辐射损耗的 SCISSOR 结构,则这两个系统都有可能作为慢光器件组件的可行性选择。

参考文献

[1] E. L. Ivchenko, A. I. Nesvizhskii, and S. Jorda, Bragg reflection of light from quantum wells, Phys. Solid State 36, 1156-1161(1994).

[2] E. L. Ivchenko, A. I. Nesvizhskii, and S. Jorda, Resonant Bragg reflection from quantum well structures, Superlattices Microstruct. 16, 17-20 (1994).

[3] L. C. Andreani, Polaritons in multiple quantum wells, Phys. Stat. Sol. (B) 188, 29-42(1995).

[4] T. Stroucken, A. Knorr, P. Thomas, and S. W. Koch, Coherent dynamics of radiatively coupled quantum-well excitons, Phys. Rev. B 53, 2026-2033 (1996).

[5] M. Hübner, J. Kuhl, T. Stroucken, A. Knorr, S. W. Koch, R. Hey, and K. Ploog, Collective effects of excitons in multiple quantum well Bragg and anti-Bragg structures, Phys. Rev, Lett. 76, 4199-4202(1996).

[6] J. P. Prineas, C. Ell, E. Lee, G. Khitrova, H. M. Gibbs, and S. W. Koch,

Exciton polariton eigenmodes in light-coupled InGaAs/GaAs semiconductor multiple-quantum-well periodic structures, Phys. Rev. B 61, 13863-13872 (2000).

[7] L. I. Deych and A. A. Lisyansky, Polariton dispersion law in periodic-Bragg and near-Bragg multiple quantum well structures, Phys. Rev. B 62, 4242-4244(2000).

[8] T. Ikawa and K. Cho, Fate of superradiant mode in a resonant Bragg reflector, Phys. Rev. B 66,085338-(13)(2002).

[9] J. Prineas, J. Zhou, J. Kuhl, H. Gibbs, G. Khitrova, S. Koch, and A. Knorr, Ultrafast ac Stark effect switching of the active photonic band gap from Bragg-periodic semiconductor quantum wells, Appl. Phys. Lett. 81, 4332-4334(2002).

[10] N. C. Nielsen, J. Kuhl, M. Schaarschmidt, J. Förstner, A. Knorr, S. W. Koch, G. Khitrova, H. M. Gibbs, and Giessen, Linear and nonlinear pulse propagation in multiple-quantum-well photonic crystal, Phys. Rev. B 70, 075306(2004).

[11] M. Schaarschmidt, J. Förstner, A. Knorr, J. Prineas, N. Nielsen, J. Kuhl, G. Khitrova, H. Gibbs, H. Giessen, and S. Koch, Adiabatically driven electron dynamics in a resonant photonic band gap: Optical switching of a Bragg periodic semiconductor, Phys. Rev. B 70,233302-(4)(2004).

[12] M. Artoni, G. LaRocca, and F. Bassani, Resonantly absorbing one-dimensional photonic crystals, Phys. Rev. E 72,046604-(4)(2005).

[13] Z. S. Yang, N. H. Kwong, R. Binder, and A. L. Smirl, Stopping, storing and releasing light in quantum well Bragg structures, J. Opt. Soc. B 22, 2144-2156(2005).

[14] Z. S. Yang, N. H. Kwong, R. Binder, and A. L. Smirl, Distortionless light pulse delay in quantum-well Bragg structures, Opt. Lett. 30, 2790-2792 (2005).

[15] W. Johnston, M. Yildirim, J. Prineas, A. Smirl, H. M. Gibbs, and G. Khitrova, All-optical spin-dependent polarization switching in Bragg spaced quantum wells structures, Appl. Phys. Lett. 87,101113(2005).

[16] W. J. Johnston, J. P. Prineas, A. L. Smirl, H. M. Gibbs, and G. Khitrova, Spin-dependent ultrafast optical nonlinearities in Bragg-spaced quantum well structures band gap, Frontiers in Optics/Laser Science XXII, p.

FTuO2(2006).

[17] S. Pereira, J. E. Sipe, J. E. Heebner, and R. W. Boyd, Gap solitons in a two-channel microresonator structure, Opt. Lett. 27, 536-538(2002).

[18] P. Chak, J. E. Sipe, and S. Pereira, Lorentzian model for nonlinear switching in a microresonator structure, Opt. Commun. 213, 163-171(2002).

[19] N. Ashcroft and N. Mermin, Solid State Physics(Sounders College Publishing, New York, 1976).

[20] A. E. Kozhekin, G. Kurizki, and B. Malomed, Standing and moving gap solitons in resonantly absorbing gratings, Phys. Rev, Lett. 81, 3647-3650 (1998).

[21] N. H. Kwong, Z. S. Yang, D. T. Nguyen, R. Binder, and A. L. Smirl, Light pulse delay in semiconductor quantum well Bragg structures, in Proceedings of SPIE——The International Society for Optical Engineering, vol. 6130, pp. 6130A1-6130A11(The International Society for Optical Engineering, Bellingham, WA, 2006).

[22] R. Binder, Z. S. Yang, N. H. Kwong, D. T. Nguyen, and A. L. Smirl, Light pulse delay in semiconductor quantum well Bragg structures, Phys. Stat. Sol. (b) 243, 2379-2383(2006).

[23] Z. S. Yang, J. Sipe, N. H. Kwong, R. Binder, and A. L. Smirl, Antireflection coating for quantum well Bragg structures, J. Opt. Soc. B 24, 2013-2022(2007).

[24] A. Mysyrowicz, D. Hulin, A. Antonetti, A. Migus, W. T. Masselink, and H. Morkoc, Dressed excitons in a multiple-quantum-well structure: Evidence for an optical Stark effect with femtosecond response time, Phys. Rev, Lett. 56, 2748-2751(1986).

[25] N. Peyghambarian, S. W. Koch, M. Lindberg, B. Fluegel, and M. Joffre, Dynamic Stark effect of exciton and continuum states in CdS, Phys. Rev, Lett. 62, 1185-1188(1989).

[26] M. Combescot and R. Combescot, Optical Stark effect of the exciton: Biexcitonic origin of the shift, Phys. Rev. B 40, 3788-3801(1989).

[27] D. S. Chemla, W. H. Know, D. A. B. Miller, S. Schmitt-Rink, J. B. Stark, and R. Zimmermann, The excitonic optical Stark effect in semiconductor quantum wells probed with femtosecond optical pulses, J. Luminescence 44, 233-246(1989).

[28] R. Binder, S. W. Koch, M. Lindberg, W. Schäfer, and F. Jahnke, Transient many-body effects in the semiconductor optical Stark effect: A numerical study, Phys. Rev. B 43,6520-6529(1991).

[29] S. W. Koch, M. Kira, and T. Meier, Correlation effects in the excitonic optical properties of semiconductors, J. Optics B 3,R29-R45(2001).

[30] P. Brick, C. Ell, S. Chatterjee, G. Khitrova, H. M. Gibbs, T. Meier, C. Sieh, and S. W. Koch, Influence of light holes on the heavy-hole excitonic optical Stark effect, Phys. Rev. B 64,075323-(5)(2001).

[31] A. Andre and M. Lukin, Manipulating light pulses via dynamically controlled photonic band gap, Phys. Rev, Lett. 89,143602-(4)(2002).

[32] M. F. Yanik and S. Fan, Stopping light in a waveguide with an all-optical analog of electromagnetically induced transparency, Phys. Rev, Lett. 93, 233903-(4)(2004).

[33] W. N. Xiao, J. Y. Zhou, and J. P. Prineas, Storage of ultrashort optical pulses in a resonantly absorbing Bragg reflector, Opt. Express 11,3277-3283(2003).

第 14 章
通过耦合谐振器的动态调谐使光停止

14.1 引言

在本章中,我们描述耦合谐振器系统是如何用来停止光的——也就是,在局域的驻波模式中可控地捕获和释放光脉冲。这项工作的灵感在于先前在原子气体中利用电磁感应透明使光停止的研究[1],其中通过绝热调谐将光捕获到原子系统的暗态中[2][3][4]。然而,这种原子系统受到严格的约束,只能工作在对应可用原子谐振的特定波长上,而且带宽非常有限。我们研究的耦合谐振器系统,如光子晶体[5]~[9]或微环谐振器[10],经得起芯片上器件制造的检验。同样,我们能够设计工作波长和其他工作参数以满足灵活的技术指标,如应用于光通信。

耦合谐振器系统中动态调谐的思想是,由于调制谐振器的特性(如谐振频率),位于该系统中的光脉冲的频谱几乎能任意地塑造,具有很强的信息处理能力。在早期的工作中[11],我们已经证明,动态调谐能用于脉冲的时间反演。这里,我们关注使光停止的方法[12]~[18]。关于利用耦合谐振器的慢光结构,已经做了很多工作[19]~[29]，然而，在全部这些系统中，最大可实现时间延迟与工作带宽成反比[22]。正如我们将在下一节中看到的，利用动态调谐通过操纵光脉冲的频谱能克服这一约束。这里，我们首先概述关于在动态调谐耦合谐振器系统中使光停止的理论工作，然后讨论一些最新的实验结果，它们论证了在芯片上系统中绝热调谐的合理性，最后回顾受动态光调制思想启发的越来越多的研究工作。

14.2 理论

14.2.1 光谱的调谐

我们给出一个简单的例子，以说明通过动态光子结构如何修改电磁波的频谱。考虑一维空间中线偏振的电磁波，电场的波动方程为

$$\frac{\partial^2 E}{\partial x^2} - (\varepsilon_0 + \varepsilon(t))\mu_0 \frac{\partial^2 E}{\partial t^2} = 0 \tag{14.1}$$

式中：$\varepsilon(t)$ 表示调制；ε_0 是背景介电常数。

我们假设 ε_0 和 $\varepsilon(t)$ 均与位置无关，因此不同的波矢分量不会在调制过程中混合。对于特定波矢分量 k_0，电场用 $E(t) = f(t)\,\mathrm{e}^{\mathrm{i}(\omega_0 t - k_0 x)}$ 描述，这里 $\omega_0 = k_0 / \sqrt{\mu_0 \varepsilon_0}$，我们有

$$-k_0{}^2 f - [\varepsilon_0 + \varepsilon(t)]\mu_0 \left(\frac{\partial^2 f}{\partial t^2} + 2\mathrm{i}\omega_0 \frac{\partial f}{\partial t} - \omega_0{}^2 f\right) = 0 \tag{14.2}$$

利用慢变包络近似，也就是，忽略 $\partial^2 f / \partial t^2$ 项，并进一步假设折射率调制很弱，也就是，$\varepsilon(t) \ll \varepsilon_0$，方程（14.2）能够简化为

$$\mathrm{i}\frac{\partial f}{\partial t} = \frac{\varepsilon(t)\omega_0}{2(\varepsilon(t) + \varepsilon_0)} f \approx \frac{\varepsilon(t)\omega_0}{2\varepsilon_0} f \tag{14.3}$$

它有精确的解析解：

$$f(t) = f(t_0)\exp\left(-\mathrm{i}\omega_0 \int_{t_0}^{t} \frac{\varepsilon(t')}{2\varepsilon_0}\mathrm{d}t'\right) \tag{14.4}$$

式中：t_0 是调制的起始时间。

于是，这一波矢分量电场的瞬时频率为

$$\omega(t) = \omega_0\left(1 - \frac{\varepsilon(t)}{2\varepsilon_0}\right) \tag{14.5}$$

我们注意到，频率变化与折射率变化的大小成比例，因此，此处定义的过程在基本方式上与传统非线性光学过程不同。例如，在传统的频率转换过程中，为

了将光的频率从 ω_1 转换到 ω_2，需要提供频率 $\omega_2-\omega_1$ 的调制；相反，在这里描述的过程中，不管调制有多慢，只要光在系统中，频移总能实现。我们将演示动态光子晶体中这种频移的一些引人入胜的结果，以及它在通过全光方法使光脉冲停止中的应用。

在一些先前的工作中，我们指出了在动态光子晶体结构[30]和激光谐振器[31][32]中频移的存在。在实际的光电器件或非线性光器件中，可实现的折射率变化通常相当小，因此，在大部分实际情况下，只有在光谱特性对小的折射率调制很敏感的结构中动力学效应才比较突出。这激励我们设计将在下面介绍的法诺干涉方案，这种方案用来增强光子结构对小的折射率调制的敏感性。

14.2.2　使光停止的一般条件

使光停止的目的是将光脉冲的群速度减小到零，同时完全保留对脉冲编码的所有相干信息。这种能力持有对光的最终控制的关键，对光通信和量子信息处理有着深远的影响。

在尝试利用静态光子晶体结构中的光学谐振来控制光的速度方面，已经做了大量的工作。已经通过实验在波导的能带边缘[33][34]或利用耦合谐振器光波导（CROW）[35]~[38]观察到了 $10^{-2}c$ 的群速度，然而，这种结构从根本上受延迟-带宽积的限制——光学谐振的群延迟与发生延迟的带宽成反比，因此，对于给定的具有某一时域宽度的光脉冲和对应的频率带宽，可实现的最小群速度是有限的。例如，在 CROW 波导结构中，对于 $1.55\ \mu m$ 波长的比特率为 $10\ Gb/s$ 的光脉冲，能够实现的最小群速度不小于 $10^{-2}c$。基于这个原因，静态光子结构不能用来停止光。

为了停止光，必须利用动态系统。使光停止的一般条件如图 14.1 所示[12]。我们设想一个动态光子晶体系统，它具有足够宽的带宽的初始能带结构。这样的态用来容纳一个入射光脉冲，光脉冲的每个频率分量占据一个独特的波矢分量。当光脉冲进入系统后，我们通过绝热地平坦化晶体的色散关系同时保持平移不变性，能够使光脉冲停止。这样做时，光脉冲的频谱被压缩，它的群速度被减小。在此期间，由于平移对称性仍得以保持，光脉冲的波矢分量保持不变，于是我们事实上保留了相空间的维度。这对在动态过程期间保留原始编码光脉冲的所有相干信息是至关重要的。

动态地改变光子晶体系统而光仍在其中的思想，在量子力学中有一个类比。在量子力学中，对物理系统施加微扰改变了作为时间函数的哈密顿量，在

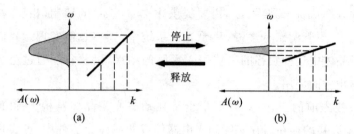

(a)　　　　　　　　　　　　　(b)

图 14.1　使光脉冲停止的一般条件。（a）用来容纳入射光脉冲
的宽带宽态；（b）用来保持光脉冲的窄带宽态，这两
个态之间的绝热转换使光脉冲停止在系统内

任何一个给定的时刻，解该系统的瞬时本征态是可能的。根据绝热原理，如果
哈密顿量改变得足够慢，最初处于未微扰哈密顿量的第 n 个本征态的系统，将
处于微扰哈密顿量的第 n 个瞬时本征态，这一点是有保证的。结果，哈密顿量
的绝热微扰能改变能量的期望值[39]。在光子晶体系统中，最初处在色散关系
的特定能带中的光在能带被压缩时，只要压缩的时间尺度比能带之间频率间
隔的倒数大，则光将停留在那个能带中[15]。这样一来，能带结构的绝热微扰能
改变系统内光的频率，允许使光停下来。

14.2.3　可调谐法诺谐振

为创造动态光子晶体，我们需要调整它作为时间函数的特性，这能够通过
利用电光手段或非线性光学手段调制折射率来实现。然而，利用标准光电子
技术能够实现的折射率的调谐量通常非常小，折射率的相对改变一般在
$\delta n/n \approx 10^{-4}$ 的量级。因此，我们采用法诺干涉方案，在这种方案中，小的折射
率调制能导致系统带宽非常大的变化。法诺干涉方案的本质是多径干涉，其
中至少有一条路径包含谐振隧穿过程[40]。这种干涉能用来极大地增强谐振器
件对小的折射率调制的敏感性[15][41][42]。

这里，我们考虑从侧面耦合到两个腔的波导[43]，这两个腔的谐振频率分别
为 $\omega_{A,B} \equiv \omega_0 \pm (\delta\omega/2)$（这个系统代表了具有电磁感应透明 EIT 的原子系统的
全光类似物[1]，这里，每个光学谐振类似于 EIT 系统中能级间的极化[27]）。为
简单起见，我们假设这两个腔以相等的比率 γ 与波导耦合，并忽略侧腔间的直
接耦合。下面考虑波导的一个模式通过这两个腔的情况，单侧腔的透射和反
射系数能利用格林函数方法推导[44]，再通过传递矩阵方法计算两个腔的透
射谱[43]。

单腔和双腔结构的透射谱如图 14.2 所示。在单腔结构的情况下，透射谱

的特征是在谐振频率附近有一个凹陷,凹陷的宽度能通过波导-腔耦合的强度来控制(见图 14.2(a))。在双腔的情况下,当条件

$$2\beta(\omega_0)L = 2n\pi \tag{14.6}$$

满足时,透射谱的特征是有一个中心位于 ω_0 的峰,峰的宽度对谐振之间的频率间隔 $\delta\omega$ 高度敏感。当腔无损耗时,中心峰能够从 $\delta\omega$ 较大的宽峰(见图 14.2(b))调谐到 $\delta\omega \to 0$ 的绝对窄的峰(见图 14.2(c)),因此,适当设计的双腔结构表现为一个带宽可调谐的滤波器(也可以作为一个可调谐延迟元件,其延迟量与峰宽的倒数成比例[27]),原则上,能以具有非常小的折射率调制的任何数量级调节带宽。

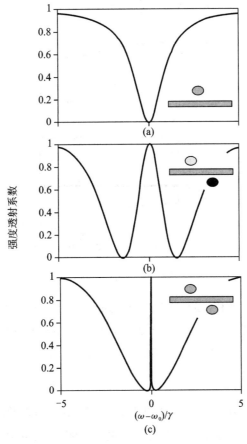

图 14.2 (a)通过波导从侧面耦合到单腔的透射谱;(b)、(c)通过波导侧面耦合到双腔的透射谱。腔的参数为:$\omega_0 = 2\pi c/L_1$,$\gamma = 0.05\omega_0$。波导满足色散关系 $\beta(\omega) = \omega/c$,这里 c 是波导中的光速,L_1 是腔之间的距离。对于(b),$\omega_{A,B} \equiv \omega_0 \pm 1.5\gamma$;对于(c),$\omega_{A,B} \equiv \omega_0 \pm 0.2\gamma$

14.2.4　从带宽可调谐滤波器到光停止系统

按照 14.2.3 节中的描述,将带宽可调谐滤波器结构级联,我们可以构造出能使光停止的结构(见图 14.3(a)),在这样的光停止结构中,光子能带对小的折射率调制变得高度敏感。

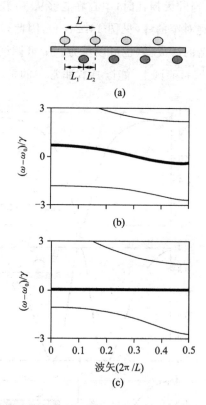

图 14.3　(a)用来停止光的耦合腔结构的示意图;(b)、(c)当腔的频率间隔变化时,图(a)所示系统的能带结构,其中波导和腔的参数与图 14.2(b)和图 14.2(c)用到的相同,额外的参数 $L_2 = 0.7L_1$,粗线突出了将用来停止光脉冲的中间的能带

利用传递矩阵方法能够计算图 14.3(a)中结构的光子能带[44],能带图如图 14.3 所示,其中波导和腔的参数与用来产生图 14.2 中透射谱的参数相同。在谐振附近,系统支持三个光子能带,在 ω_A 和 ω_B 附近出现两个带隙。中间能带的宽度强烈地依赖于谐振频率 ω_A 和 ω_B,通过调制腔之间的频率间隔,我们既可以实现宽带宽系统(见图 14.3(b)),也可以实现窄带宽系统(见图 14.3(c))。

实际上,能通过解析方法证明,系统支持在整个第一布里渊区完全平坦的能带[13],这就允许光脉冲被冷冻在结构内,群速度降至为零。此外,围绕中间能带的带隙具有腔-波导耦合率 γ 的数量级,近似与中间能带的斜率无关。如此一来,通过增加波导-腔耦合率,可以使这个带隙很宽,这对在动态带宽压缩过程期间保留相干信息非常重要[12]。

14.2.5 光子晶体中的数值论证

14.2.4 节给出的系统能够在正方晶格光子晶体中实现,其中介质柱($n=3.5$)镶嵌在空气中($n=1$),其半径为 $0.2a$(a 是晶格常数)[13],如图 14.4 所示。对于电场平行于介质柱轴向的 TM 模式,光子晶体具有一个带隙。沿光脉冲的传输方向移除一排介质柱,形成单模波导。将介质柱的半径减小至 $0.1a$,并将介电常数减小至 $n=2.24$,则可以提供谐振频率 $\omega_c=0.357\times(2\pi c/a)$ 的单模腔,沿传输方向最邻近的腔以距离 $l_1=2a$ 分开,单胞周期为 $l=8a$。通过一个介质柱的屏障作用波导-腔发生耦合,耦合率 $\gamma=\omega_c/235.8$。腔的谐振频率能通过腔介质柱的折射率调制来调谐。

对于 $N=100$ 对的腔,可以利用时域有限差分方法不做近似地解麦克斯韦方程组,从而来模拟光停止的整个过程[45],光停止的动态过程如图 14.4 所示。在波导中产生高斯脉冲(该过程与脉冲形状无关),并通过激励使其在 $t=0.8t_{pass}$ 时达到峰值,这里 t_{pass} 是脉冲通过静态结构的渡越时间。在脉冲产生过程中,腔具有较大的频率间隔,光场被集中在波导和腔中(见图 14.4(b),$t=1.0t_{pass}$),脉冲以 $v_g=0.082c$ 的相对高的速度传输。当脉冲生成后,我们逐渐降低频率间隔至零,在这个过程中,光的速度大幅度减小到零。当脉冲的带宽减小时,光场被集中在腔中(见图 14.4(b),$t=5.2t_{pass}$)。当达到零群速度时,光子脉冲能作为一个固定的波形在系统中保留任意时间。在这个模拟中,我们将脉冲存储为一个 $5.0t_{pass}$ 的时间延迟,然后通过向相反方向重复同样的折射率调制来释放脉冲(见图 14.4(b),$t=6.3t_{pass}$)。在波导右端作为时间函数的脉冲强度如图 14.3(a)所示,它显示的时域形状与通过未调制系统传输的脉冲和在波导左端记录的初始脉冲的时域形状相同。

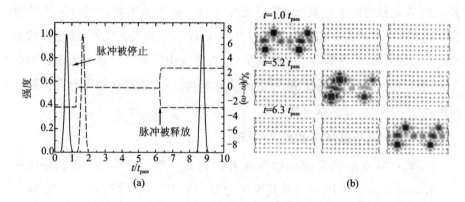

图 14.4　利用时域有限差分法模拟的光子晶体中光停止的过程，晶体由从侧面耦
　　　　合到 100 对腔的波导组成，光子晶体的分段如图 14.4(b)所示，三段分别
　　　　对应单胞 12～13、55～56 和 97～98。点线表明了介质柱的位置，黑点代
　　　　表腔。(a)绿虚线和黑线分别表示 ω_A 和 ω_B 随时间的变化，蓝实线是在波
　　　　导起始位置记录的入射脉冲的强度，红虚线和实线分别表示没有和有调
　　　　制时波导末端处的强度，t_{pass} 是没有调制时脉冲的通过时间；(b)在指定的
　　　　时间光子晶体中电场分布的快照，红线和蓝线分别表示大的正电场和负
　　　　电场，所有面板都使用相同的比色刻度尺(色度)

14.2.6　动态调谐抑制色散

　　动态调谐方案能在很大程度上消除与静态延迟线相联系的色散效应。在
中心波矢 k_c 附近，将时变色散关系 $\omega(k,t)$ 展开成下面的形式：

$$\omega(k,t) \approx \omega(k_c,t) + \omega_{k_c}^{(1)}(t)(k-k_c) + \frac{\omega_{k_c}^{(2)}(t)}{2}(k-k_c)^2$$

其中 $\omega_{k_c}^{(n)}(t) \equiv \mathrm{d}^n\omega(k,t)/\mathrm{d}k^n\,|_{k=k_c}$，能够证明[17]，在经过总延迟 τ 后，脉冲的输
出宽度 Δt_{out} 为

$$\Delta t_{out}^2 = \Delta t_{in}^2 + \left[\frac{\int_0^\tau \omega_{k_c}^{(2)}(t')\mathrm{d}t'}{v_g^2(0)\Delta t_{in}}\right]^2$$

这里，我们已经假设 $v_g(\tau) = v_g(0)$。对于静态系统，这简化为下面的结果：

$$\Delta t_{out}^2 = \Delta t_{in}^2 + \left[\frac{\omega_{k_c}^{(2)}(0)\tau}{v_g^2(0)\Delta t_{in}}\right]^2$$

脉冲随延迟的增加而展宽。然而，对于动态系统，在平坦能带态中 $\omega_{k_c}^{(2)}(t)$（及
所有高阶导数）为零。假设带宽压缩和解压缩均占据时间 T，脉冲展宽与延迟

时间 T 无关,因为它仅在光谱压缩和解压缩的过程中发生。如此一来,延迟能任意地增加而色散没有任何额外的增加。

$$\Delta t_{\text{out}}^2 = \Delta t_{\text{in}}^2 + \left[\frac{2\displaystyle\int_0^T \omega_{k_c}^{(2)}(t')\,\mathrm{d}t'}{v_g^2(0)\Delta t_{\text{in}}} \right]^2$$

14.2.7 通过损耗调谐停止光

停止光的可供选择的方法是调谐谐振器的损耗[18],而不是谐振器的频率。图 14.5 所示的为一个通过损耗调谐来停止光的系统的例子,它由谐振频率为 ω_0、耦合常数为 k 的谐振器链组成,最初(见图 14.5),A 和 B 两个谐振器的损耗较低(γ_A、$\gamma_B \ll k$,这里 γ 是谐振器衰减时间的倒数),光通过从一个谐振器到下一个谐振器的耦合能够自由地传输,色散关系具有相对宽的带宽和非零的群速度。如果谐振器 A 被调谐到高损耗值($\gamma_A \gg k$),如图 14.5(b)所示,则光不能再沿谐振器链传输,此时色散关系是一个具有零群速度的平坦的能带,主要被限制在谐振器 B 中的光将以低损耗驻波模式振荡。

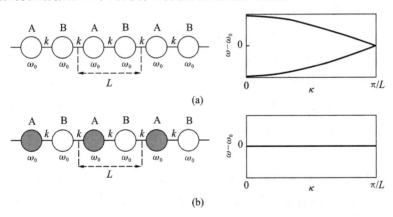

图 14.5 通过损耗调谐使光停止。(a)系统的初始态,所有谐振器(标记 A 和 B 的谐振器)具有完全相同的谐振频率和低初始损耗,特征能带结构如右图所示;(b)每两个谐振器(标记为 A 的谐振器)被调谐到高损耗值,特征能带如右图所示,它是平坦的能带

在动态调谐过程中,系统从(a)态调谐到(b)态,以捕获脉冲;经过希望的时间延迟后,系统被调谐回(a)态,以释放脉冲。在这种情况下,两个输出脉冲导致:延迟脉冲在前向传输,时间反演脉冲在后向传输[11]。这里,我们已经假设输入脉冲中心位于初始能带交叠的频率处(对应于 $k = \pi/L$)。为使脉冲损

耗最小化,态之间的调谐应尽可能快地完成;另外,在停止态中谐振器 A 的损耗应比谐振器 B 的损耗高得多。

与频率调谐方案相比,损耗调谐可以增加光停止系统的工作带宽。在光停止过程期间,系统必须在平坦能带态与带宽足够大以将初始脉冲容纳进去的态之间切换。在频率调谐方案中,初始脉冲的最大带宽受限于折射率的调谐范围;在损耗调谐方案中,通过增加谐振器间的耦合常数,能选择初始带宽如希望的那样大。然而,如果 A 和 B 两个谐振器的损耗差异增大,将导致平坦的能带态。

14.3 实验进展

14.3.1 微谐振器的一般要求

在前面提及的数值例子中,我们证明了可以利用光子晶体微谐振器减慢和停止光。然而,我们描述的现象相当普遍,适用于任意的耦合谐振器系统。为了对停止光有用,特定的谐振器实现应满足以下几个标准。

首先,谐振器的本征品质因数应尽可能高,因为它限制了延迟时间。如果光被停止的时间比腔的寿命还长,将大幅度地衰减。然而,光损耗可能会被腔内的增益介质或外部放大所抵消。

第二,通常希望谐振器的尺寸小,因为器件长度越短,消耗的功率越小。另外,当器件长度固定时,减小谐振器的尺寸能增加存储容量[25]。

第三,在器件工作的时间尺度上谐振器应是高度可调谐的,通过局部改变谐振器附近的材料的折射率,能调谐谐振频率。迄今为止,实验集中于硅材料系统,包括微环谐振器和光子晶体平板,这是因为硅在信息技术中的重要性。参考文献[46]综述了调谐硅的折射率的方法。热光效应被限制在 1 MHz 以下的调制频率,在纯晶体硅中缺乏线性电光效应,电吸收(Franz-Keldysh 效应)和二阶电光(克尔)效应的效率非常低。快速调制硅的折射率的最为有效的方法是自由载流子等离子体色散效应。通过在硅带隙以上的波长处用光泵浦产生载流子或通过二极管或 MOSFET 结构注入载流子[46],能够改变自由载流子的浓度。对于在实际的光电子器件中可以实现的小折射率变化 $\delta n/n = 10^{-4}$,假设载波频率大约为 200 THz,如在光通信中用到的一样,可以实现的带宽在 20 GHz 量级,可以与高速光学系统中单波长的带宽相比拟。

14.3.2　利用微环谐振器的实验

利用硅微环谐振器的实验已经演示了在双谐振器系统中利用可调谐法诺谐振[47]可控地捕获和释放光脉冲[48]。

最初,这两个微环谐振器是轻度失谐的,如图 14.2(b)所示。在这种状态下,输入光被耦合到两个谐振器的超模中;然后调谐两个谐振器的频率使彼此发生谐振,光被存储在两个谐振器之间;在给定的存储时间后,两个谐振器的频率再次失谐,从而释放出光。

谐振器是利用硅中的自由载流子色散效应[49]将谐振波长蓝移来调谐的。在这个实验中,利用 415 nm 的泵浦光脉冲激励微环中的自由载流子,通过内建 PIN 结实现环形谐振的电光调谐[50],允许电控存储,期望带宽超过 10 GHz。

实验中,存储时间被微谐振器的固有 Q 值($Q=143,000$)限制在 100 ps 以下,然而,最近在硅环形谐振器中论证了 $Q \approx 4.8 \times 10^6$ [51],这暗示数纳米的存储时间是可能的。

利用双谐振器系统延迟脉冲的一个缺点是,在此过程中脉冲的形状和光谱不能得以保持。为保持原始脉冲形状编码的信息,有必要采用级联多谐振器系统。尽管如此,该实验代表了向实现停止光的理论思想迈出的重要一步。

14.3.3　利用光子晶体的实验

光子晶体微腔可能代表谐振器模式小型化的最终极限,Q 值高达 2×10^6、模体积小到一个立方波长的这种微腔已经得到论证[52]。

最近的实验论证了动态捕获和延迟的基本要求:在强烈耦合到输入波导的超模与解耦合的或孤立的超模之间调谐的能力[53]。实验采用的几何结构如图 14.6 所示。单一腔从侧面耦合到终止于平面镜的波导,输入波导与谐振器-波导-平面镜复合体的超模之间的耦合由平面镜的反射相位决定,当微腔发射的后向波与前向波干涉相长并被平面镜反射回去时,光能够容易地从超模耦合到输入波导;相反,当后向波和前向波干涉相消时,耦合减小。我们注意到,从概念上讲这一结构实际上与图 14.2(b)所示的结构非常相似,实质上,平面镜产生第一个谐振器的镜像。

实验中,用泵浦脉冲动态地调谐纳米腔和平面镜之间的波导的折射率,调整反射相位。从腔发射到自由空间的光功率的泵浦-探测测量表明,超模的耦

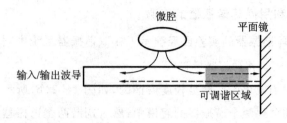

图 14.6　用于光子晶体中动态光捕获的系统的示意图

合特性能够在皮秒时间尺度上调谐。

14.3.4　损耗调谐的发展前景

通过对谐振器损耗的调谐停止和存储光的实验演示是未来研究方向中一个吸引人的领域。在硅中注入自由载流子能改变折射率的实部和虚部,高材料损耗需要高注入载流子密度,这可以在重掺杂结构中实现[49];实现低损耗则需要移除大部分载流子,这可能通过利用反向偏置结构来实现[54]。调制时间受载流子寿命的限制,利用离子注入能将这一时间减小到 1 ps 以下[55]。另一种具有高可调谐损耗的半导体材料是 InGaAs/InP 量子阱。实验已经证明[56],在室温下工作时材料的损耗能从 $\alpha = 1500 \text{ cm}^{-1}$ 调谐到大约 0 cm^{-1}。很有可能在较低的工作温度下实现材料损耗较高的对比度,固有响应时间在飞秒范围[57]。

14.4　展望和结束语

超越上面所描述的工作,利用折射率的动态调谐来停止、存储,以及时间反演光脉冲的思想已经引发了广泛的研究。例如,无需平移不变性的交替动态调谐方案已在最近得到研究[58],此外,适用耦合谐振器的物理学的一般理论已经暗示了在完全不同的物理系统中光停止和时间反演的可行性。在半导体多量子阱结构中,通过交流斯塔克效应实现激子谐振的调谐可能使光子能带结构变平,以参考文献[59][60]描述的类似方式停止光脉冲。在超导量子比特系统中,量子比特跃迁频率的调谐能从理论上将光脉冲停止在单一光子能级上[61],这种操纵单光子的能力正越来越多地引起量子信息处理和量子计算的兴趣。

利用动态折射率调谐实现频率变换的概念也被积极地探索。理想地,我们能利用耦合谐振器系统改变脉冲的中心频率而其形状保持不变,这一壮举是通过能带结构的均匀位移实现的[62]。类似的效应能够在单腔系统中观察到,虽然目前实验还不可行。对于单腔结构,在比腔衰减时间快的时间尺度上改变腔模式的谐振频率将引起频率变换[63],频移量线性比例于折射率的变化。这种现象已经在硅微环谐振器[64]和光子晶体微腔[65]中得到实验演示。

总之,耦合谐振器系统的动态调谐打开了相干光脉冲停止和存储的可能性。一般地说,耦合谐振器系统中的动态过程允许我们随心所欲地塑造光子脉冲的光谱,同时在光域中保持相干信息。今后,正如我们在这里想象的,动态光子结构的使用可能为各种各样的光信息处理任务提供一个统一的平台。

参考文献

[1] S. E. Harris, Electromagnetically induced transparency, Phys. Today, 50, 36-42 (1997).

[2] M. D. Lukin, S. F. Yelin, and M. Fleischhauer, Entanglement of atomic ensembles by trapping correlated photon states, Phys. Rev, Lett. , 84, 4232-4235 (2000).

[3] C. Liu, Z. Dutton, C. H. Behroozi, and L. V. Hau, Observation of coherent optical information storage in an atomic medium using halted light pulses, Nature, 409, 490-493 (2001).

[4] D. F. Phillips, A. Fleischhauer, A. Mair, R. L. Walsworth, and M. D. Lukin, Storage of light in an atomic vapor, Phys. Rev, Lett. , 86, 783-786 (2001).

[5] J. D. Joannopoulos, R. D. Meade, and J. N. Winn, Photonic Crystals: Molding the Flow of Light, Princeton University Press, Princeton, 1995.

[6] J. D. Joannopoulos, P. R. Villeneuve, and S. Fan, Photonic crystals: Putting a new twist on light, Nature, 386, 143-147 (1997).

[7] C. Soukoulis (Ed.), Photonic Crystals and Light Localization in the 21st Century, NATO ASI Series, Kluwer Academic Publisher, the Netherlands, 2001.

[8] S. G. Johnson and J. D. Joannopoulos, Photonic Crystals: The Road from Theory to Practice, Kluwer Academic Publisher, Boston, MA, 2002.

[9] K. Inoue and K. Ohtaka, Photonic Crystals, Springer-Verlag, Berlin, 2004.

[10] H. A. Haus, M. A. Popovic, M. R. Watts, C. Manolatou, B. E. Little, and S. T. Chu, Optical resonators and filters, in K. Vahala (Ed.), Optical Microcavities, World Scientific, Singapore, 2004.

[11] M. F. Yanik and S. Fan, Time-reversal of light with linear optics and modulators, Phys. Rev, Lett., 93, art. no. 173903 (2004).

[12] M. F. Yanik and S. Fan, Stopping light all-optically, Phys. Rev, Lett., 92, art. no. 083901 (2004).

[13] R. L. Liboff, Quantum Mechanics, Addison-Wesley Publishing Company, Reading, MA, 1992.

[14] M. F. Yanik, W. Suh, Z. Wang, and S. Fan, Stopping light in a waveguide with an all-optical analogue of electromagnetically induced transparency, Phys. Rev, Lett., 93, art. no. 233903 (2004).

[15] M. F. Yanik and S. Fan, Stopping and storing light coherently, Phys. Rev. A, 71, art. no. 013803 (2005).

[16] M. F. Yanik and S. Fan, Dynamic photonic structures: stopping, storage, and time-reversal of light, Stud. Appl. Math., 115, 233-254 (2005)

[17] S. Sandhu, M. L. Povinelli, M. F. Yanik, and S. Fan, Dynamically-tuned coupled resonator delay lines can be nearly dispersion free, Opt. Lett., 31, 1985-1987 (2006).

[18] S. Sandhu, M. L. Povinelli, and S. Fan, Stopping and time-reversing a light pulse using dynamic loss-tuning of coupled-resonator delay lines, Opt. Lett., 32, 3333-3335 (2007).

[19] N. Stefanou and A. Modinos, Impurity bands in photonic insulators, Phys. Rev. B, 57, 12127-12133 (1998).

[20] A. Yariv, Y. Xu, R. K. Lee, and A. Scherer, Coupled-resonator optical waveguide: A proposal and analysis, Opt. Lett., 24, 711-713 (1999)

[21] M. Bayindir, B. Temelkuran, and E. Ozbay, Tight-binding description of the coupled defect modes in three-dimensional photonic crystals, Phys. Rev, Lett., 84, 2140-2143 (2000).

[22] G. Lenz, B. J. Eggleton, C. K. Madsen, and R. E. Slusher, Optical delay lines based on optical filters, IEEE J. Quantum Electron., 37, 525-532

(2001).

[23] J. E. Heebner, R. W. Boyd, and Q. -H. Park, Slow light, induced disper-
sion, enhanced nonlinearity, and optical solitons in a resonator-array
waveguide, Phys. Rev. E, 65, art. no. 036619 (2002).

[24] J. E. Heebner, R. W. Boyd, and Q. -H. Park, SCISSOR solitons and other
novel propagation effects in microresonator-modified waveguides, J.
Opt. Soc. Am. B, 19, 722-731 (2002)

[25] Z. Wang and S. Fan, Compact all-pass filters in photonic crystals as the
building block for high capacity optical delay lines, Phys. Rev. E, 68, art.
no. 066616 (2003).

[26] D. D. Smith, H. Chang, K. A. Fuller, A. T. Rosenberger, and R. W.
Boyd, Coupled resonator-induced transparency, Phys. Rev. A, 69, art.
no. 063804 (2004).

[27] L. Maleki, A. B. Matsko, A. A. Savchenkov, and V. S. Ilchenko, Tunable
delay line with interacting whispering-gallery-mode resonators, Opt.
Lett. , 29, 626-628 (2004).

[28] J. K. S. Poon, J. Scheuer, Y. Xu, and A. Yariv, Designing coupled-resona-
tor optical waveguide delay lines, J. Opt. Soc. Am. B, 21, 1665-1673
(2004).

[29] J. B. Khurgin, Expanding the bandwidth of slow-light photonic devices
based on coupled resonators, Opt. Lett. , 30, 513-515 (2005).

[30] E. J. Reed, M. Soljacic, and J. D. Joannopoulos, Color of shock waves in
photonic crystals, Phys. Rev, Lett. , 91, art. no. 133901 (2003).

[31] A. Yariv, Internal modulation in multimode laser oscillators, J. Appl.
Phys. , 36, 388-391 (1965).

[32] A. E. Siegmann, Lasers, University Science Books, Sausalito, 1986.

[33] M. Notomi, K. Yamada, A. Shinya, J. Takahashi, C. Takahashi, and I.
Yokoyama, Extremely large group-velocity dispersion of line-defect
waveguides in photonic crystal slabs, Phys. Rev, Lett. , 87, art. no.
253902 (2001).

[34] Y. A. Vlasov, M. O'Boyle, H. F. Harmann, and S. J. McNab, Active con-

慢光科学与应用

trol of slow light on a chip with photonic crystal waveguides, Nature, 438,65-69,(2005).

[35] H. Altug and J. Vuckovic, Experimental demonstration of the slow group velocity of light in two-dimensional coupled photonic crystal microcavity arrays, Appl. Phys. Lett. ,86,art. no. 111102 (2005).

[36] F. Xia, L. Sekaric, M. O'Boyle, and Y. Vlasov, Coupled resonator optical waveguides based on silicon-on-insulator photonic wires, Appl. Phys. Lett. ,89,art. no. 041122 (2006).

[37] S. C. Huang, M. Kato, E. Kuramochi, C.-P. Lee, and M. Notomi, Time-domain and spectral-domain investigation of inflection-point slow-light modes in photonic crystal coupled waveguides, Opt. Express, 15, 3543-3549 (2007).

[38] D. O'Brien, M. D. Settle, T. Karle, A. Michaeli, M. Salib, and T. F. Krauss, Coupled photonic crystal heterostructure cavities, Opt. Express, 15,1228-1233 (2007).

[39] R. L. Liboff, Introductory Quantum Mechanics, 2nd edn. , Addison-Wesley Publishing Company, Reading, MA, 1992.

[40] U. Fano, Effects of configuration interaction on intensities and phase shifts, Phys. Rev. ,124,1866-1878 (1961).

[41] S. Fan, Sharp asymmetric lineshapes in side-coupled waveguide-cavity systems, Appl. Phys. Lett. ,80,910-912 (2002)

[42] S. Fan, W. Suh, and J. D. Joannopoulos, Temporal coupled mode theory for Fano resonances in optical resonators, J. Opt. Soc. Am. A, 20, 569-573 (2003).

[43] W. Suh, Z. Wang, and S. Fan, Temporal coupled-mode theory and the presence of non-orthogonal modes in lossless multi-mode cavities, IEEE J. Quantum Electron. ,40,1511-1518 (2004).

[44] S. Fan, P. R. Villeneuve, J. D. Joannopoulos, C. Manalatou, M. J. Khan, and H. A. Haus, Theoretical investigation of channel drop tunneling processes, Phys. Rev. B,59,15882-15892 (1999).

[45] A. Taflove and S. C. Hagness, Computational Electrodynamics: The

Finite-Difference Time-Domain Method, Artech House, Norwood, 2005.

[46] M. Lipson, Guiding, modulating, and emitting light on silicon——challenges and opportunities, J. Lightwave Technol. , 23, 4222-4238 (2005).

[47] Q. Xu, S. Sandhu, M. L. Povinelli, J. Shakya, S. Fan, and M. Lipson, Experimental realization of an on-chip all-optical analogue to electromagnetically induced transparency, Phys. Rev, Lett. , 96, art. no. 123901 (2006).

[48] Q. Xu, P. Dong, and M. Lipson, Breaking the delay-bandwidth limit in a photonic structure, Nat. Phys. , 3, 406-410 (2007).

[49] R. A. Soref and B. R. Bennett, Electrooptical effects in silicon, IEEE J. Quantum Electron. , 23, 123-129 (1987).

[50] Q. Xu, B. Schmidt, S. Pradhan, and M. Lipson, Micrometre-scale silicon electro-optic modulator, Nature, 435, 325-237 (2005).

[51] M. Borselli, High-Q microresonators as lasing elements for silicon photonics. PhD thesis, California Institute of Technology, Pasadena (2006).

[52] S. Noda, M. Fujita, and T. Asano, Spontaneous-emission control by photonic crystals and nanocavities, Nat. Photon. , 1, 449-458 (2007).

[53] Y. Tanaka, J. Upham, T. Nagashima, T. Sugiya, T. Asano, and S. Noda, Dynamic control of the Q factor in a photonic crystal nanocavity, Nat. Mater. , 6, 862-865 (2007).

[54] H. Rong, R. Jones, A. Liu, O. Cohen, D. Hak, A. Fang, and M. Paniccia, A continuous-wave Raman silicon laser, Nature, 433, 725-728 (2005).

[55] A. Chin, K. Y. Lee, B. C. Lin, and S. Horng, Picosecond response of photoexcited carriers in ion-implanted Si, Appl. Phys. Lett. , 69, 653-655 (1996).

[56] I. Bar-Joseph, C. Klingshirn, D. A. B. Miller, D. S. Chemla, U. Koren, and B. I. Miller, Quantum-confined Stark effect in InGaAs/InP quantum wells grown by organometallic vapor phase epitaxy, Appl. Phys. Lett. 50, 1010-1012 (1987).

[57] W. H. Knox, D. S. Chemela, D. A. B. Miller, J. B. Stark, and S. Schmitt-Rink, Femtosecond ac Stark effect in semiconductor quantum wells：

Extreme low and high intensity limits, Phys. Rev, Lett. 62, 1189- 1192 (1989).

[58] S. Longhi, Stopping and time reversal of light in dynamic photonic structures via Bloch oscillations, Phys. Rev. B, 75, art. no. 026606 (2007).

[59] Z. S. Yang, N. H. Kwong, R. Binder, and A. L. Smirl, Distortionless light pulse delay in quantum-well Bragg structures, Opt. Lett. , 30, 2790-2792 (2005).

[60] Z. S. Yang, N. H. Kwong, R. Binder, and A. L. Smirl, Stopping, storing, and releasing light in quantum-well Bragg structures, J. Opt. Soc. Am. B, 22, 2144-2156 (2005).

[61] J. T. Shen, M. L. Povinelli, S. Sandhu, and S. Fan, Stopping single photons in one-dimensional quantum electrodynamics systems, Phys. Rev. B, 75, art. no. 035320 (2007).

[62] Z. Gaburro, M. Ghulinyan, F. Riboli, L. Pavesi, A. Recati, and I. Carusotto, Photon energy lifter, Opt. Express, 14, 7270-7278 (2006).

[63] M. Notomi and S. Mitsugi, Wavelength conversion via dynamic refractive index tuning of a cavity, Phys. Rev. A, 73, art. no. 051803 (R) (2006).

[64] S. F. Preble, Q. F. Xu, and M. Lipson, Changing the colour of light in a silicon resonator, Nat. Photon. , 1, 293-296 (2007).

[65] M. W. McCutcheon, A. G. Pattantyus-Abraham, G. W. Rieger, and J. F. Young, Emission spectrum of electromagnetic energy stored in a dynamically perturbed microcavity, Opt. Express, 15, 11472-11480 (2007).

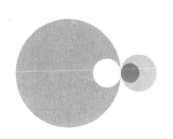

第 15 章
慢光方案中
的带宽限制

15.1 引言

近年来,人们对具有较小群速度的光传输区域(通常称为慢光(SL))的兴趣有了大幅度的增加。从 20 世纪 90 年代末完成的开创性工作开始[1],人们在理解慢光现象的基础物理学和将其应用到不同的实际工作中(如光通信、信号处理、光子开关,以及很多其他方面)这两方面投入了巨大的努力。

正如本书充分证明了的,人们已经通过解析分析、建模、实验演示对多种多样的慢光方案进行了研究。尽管各种方案有所不同,但所有慢光技术本质上都依赖于谐振的存在,谐振造成群速度 $v_g = d\omega/dk$ 减小,这可以用下面的减慢因子描述:

$$S = c/nv_g = \omega dk/kd\omega = d(\ln k)/d(\ln \omega) \tag{15.1}$$

谐振可以是原子和分子中的固有谐振,也可以是谐振光子结构如耦合腔、光栅等从外部强加给材料的。受光与介质之间(原子谐振的情形)[2]~[5]、后向与前向传输波之间(光栅或耦合谐振器结构的情形)[6][7][8],或者光与晶格振动之间(布里渊放大器和拉曼放大器)[9][10][11]的谐振耦合的激励,在谐振频率 ω_{12} 附近,色散曲线 $k(\omega)$（见图 15.1(a)）经历强烈的改变,吸收系数（见图 15.1(b)）和折射率（见图 15.1(c)）在谐振频率附近均发生变化。在两个原子能级 1 和 2 之间跃迁的谐振频率 ω_{12} 附近,减慢因子发生变化,对于某些频率有 $S>1$,这对应慢光的情况,也是本书的研究课题;但是除了慢光以外,$0<S<1$（快光）和 $S<0$（负的群速度）的情况也有可能发生。因为变化仅发生在谐振附近,我们可以预期减慢效应是带宽限制的。因此,在所有慢光工作的期间,一个问题总是被提出来:强加于慢光方案的延迟和带宽的实际限制是什么？人们已经从不同的角度对这个问题进行了研究,包括参考文献[12][13]中的原子谐振方案、参考文献[14]中的光子谐振方案、参考文献[15]中的原子和光子方案,以及参考文献[16]中的光放大器方案。最近,Miller[17]研究了在更一般情况下的某些限制。所有作者均已认定有两个相关的带宽限制因素——损耗色散（追溯到介电常数的虚部 ε''）和群速度自身的色散（介电常数的实部 ε' 的高阶色散）,然而,作者们得出了关于带宽和延迟限制的不同的结论,在我们看来,这与他们使用了不同的品质因数这个事实有关。本工作的目标是对基于简单逻辑的所有线性和非线性慢光方案引入单一的品质因数。既然所有慢光方案都是带宽限制的,且对于每一种方案,都存在一个能存储 N 比特的延迟线,或者一个非线性开关,或者一个电光调制器,我们就能够定义最大或截止比特率 B_{max}（或对于模拟应用的截止带宽）,在截止比特率下利用慢光方案不再对性能有任何的改进。利用此处定义的 B_{max},当比特率 B 小于截止比特率 B_{max} 时,可以推导出一个描述慢光方案的性能的简单表达式,它是 B/B_{max} 的函数。

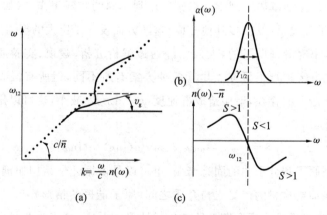

图 15.1 （a)谐振附近的群速度;(b)吸收系数谱;(c)折射率谱

15.2 原子谐振

在原子谐振附近,可以将介电常数写成熟悉的洛伦兹形式:

$$\varepsilon(\omega) = \bar{\varepsilon} + \frac{\Omega_p^2}{\omega_{12}^2 - \omega^2 - j\omega\gamma_{12}} \tag{15.2}$$

式中:$\bar{\varepsilon} = \bar{n}^2$ 是介电常数的非谐振部分或背景部分;γ_{12} 是极化的失相率。

分子中的表达式是等离子体频率,它可以写为

$$\Omega_p^2 = \frac{N_a e^2}{\varepsilon_0 m_0} f_{12} \tag{15.3}$$

式中:e 是电子电荷;ε_0 是真空介电常数;m_0 是自由电子质量;

$$f_{12} = \frac{2}{3} m_0 \hbar^{-1} \omega_{12} |r_{12}|^2 \tag{15.4}$$

是谐振跃迁的振子强度,r_{12} 是跃迁矩阵元。

从式(15.2)的实部和虚部可以立刻得到如图 15.1(b)所示的吸收系数的表达式:

$$\alpha(\omega) = \frac{2\omega}{c} \mathrm{Im}(\varepsilon^{1/2}) \approx \frac{1}{4\bar{n}c} \frac{\Omega_p^2 \gamma_{12}}{(\omega_{12} - \omega)^2 + \gamma_{12}^2/4} \tag{15.5}$$

以及图 15.1(c)所示的折射率的表达式:

$$n(\omega) = \mathrm{Re}(\varepsilon^{1/2}) \approx \bar{n} + \frac{1}{4\bar{n}\omega} \frac{\Omega_p^2(\omega_{12} - \omega)}{(\omega_{12} - \omega)^2 + \gamma_{12}^2/4} = \bar{n} + \frac{c}{\omega}\alpha(\omega)\frac{\omega_{12} - \omega}{\gamma_{12}} \tag{15.6}$$

上式中最后的关系是更一般的 Kramers-Kronig 关系的特殊形式:

$$n(\omega) = \frac{c}{\pi} \int_0^{+\infty} \frac{\alpha(\omega_1)}{\omega_1^2 - \omega^2} d\omega_1 \approx \bar{n} + \frac{c}{2\pi\omega} \int_{near\ resonance} \frac{\alpha(\omega_1)}{\omega_1 - \omega} d\omega_1 \tag{15.7}$$

对式(15.6)求微分,则可以得到群速度的表达式:

$$v_g^{-1} = \frac{\partial(nk)}{\partial\omega} = \bar{n}c^{-1} + c\omega\frac{\partial n}{\partial\omega} = \bar{n}c^{-1} + \frac{\Omega_p^2 c^{-1}}{4\bar{n}} \frac{(\omega_{12} - \omega)^2 - \gamma_{12}^2/4}{[(\omega_{12} - \omega)^2 + \gamma_{12}^2/4]^2} \tag{15.8}$$

减慢因子为

$$S(\omega) = 1 + \frac{\Omega_p^2}{4\bar{\varepsilon}} \frac{(\omega_{12} - \omega)^2 - \gamma_{12}^2/4}{[(\omega_{12} - \omega)^2 + \gamma_{12}^2/4]^2} = 1 + \frac{c\alpha(\omega)}{\bar{n}} \frac{(\omega_{12} - \omega)^2 - \gamma_{12}^2/4}{\gamma_{12}} \tag{15.9}$$

其中,最后一个表达式表明了吸收系数与减慢因子之间的关系。

我们从损耗的影响开始,它有双重作用。首先,插入损耗使信号减弱,如果用光放大器试图补偿损耗,放大器噪声将使信噪比(SNR)降低。其次,损耗的色散改变了信号的光谱,通常导致光谱变窄。为了讨论需要,我们假设输入

是二进制开关键控（OOK）信号，比特率为 B，每个"1"比特是半极大全宽度（FWHM）等于比特间隔 $T=B^{-1}$ 的一半的高斯脉冲（见图 15.2）。在频域中，脉冲的光谱中心位于 ω_0，半极大全宽度为 $\Delta\omega_{sig,0}\approx 8\ln 2B$。现在，如果总插入损耗 $\exp[\alpha(\omega)L]$ 以这样的方式变化（这里 L 是长度）：光谱边缘处的谱分量（也就是 $\omega_0\pm\Delta\omega_{sig,0}/2$）经历的插入损耗是 ω_0 处的 2 倍，我们可以说光谱已被窄化到原来的一半；相应地，时域中的比特脉冲被展宽到比特间隔以外，我们可以把这当作对无误码检测码间干扰（ISI）太大的迹象，如图 15.2 所示。在非谐振洛伦兹吸收（见式(15.5)）的情况下，可以将码间干扰在容许限度内的条件写成：

$$\alpha(\omega_0)L\times 8B<|\omega_0-\omega_{12}| \tag{15.10}$$

重要的是，损耗色散不是限制慢光器件性能的最终因素，因为在原子和光子慢光方案中能减小损耗色散。在图 15.3 中考虑的光子慢光方案中，损耗不是固有的，而是由制造缺陷引起的。因此，当制造技术得到改进时，我们可以期望损耗色散将成为一个次要因素。在原子慢光方案中，损耗是固有的，与光极化的失相相联系。但是，当我们不能完全消除吸收损耗时，可以通过巧妙的电磁感应透明方案大大减小损耗吸收，这种方案是 Harris 首次提出的[1][2][3]，这将在 15.2 节中讨论。

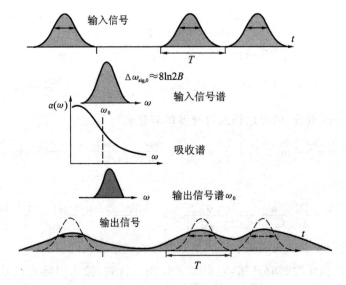

图 15.2　对损耗 $\alpha(\omega)$ 的色散的解释，它会对信号产生不利影响

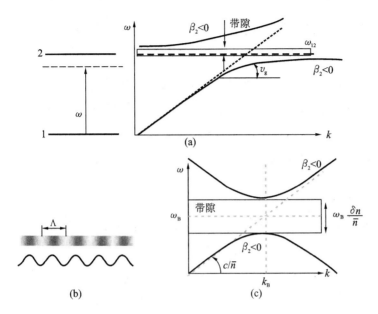

图 15.3　(a)在强无损原子谐振附近的色散和群速度;(b)布拉格
光栅和它的折射率分布;(c)布拉格光栅的色散

通常,在慢光方案中关键的限制因素是群速度色散(GVD),它总是在谐振附近发生,而且正如我们将要看到的,GVD 可以有所降低,但绝不能消除。为理解 GVD 的作用,我们考虑将色散曲线 $k(\omega)$ 在信号的中心频率 ω_0 附近做泰勒级数展开:

$$k(\omega) = k(\omega_0) + \frac{\partial k}{\partial \omega}\bigg|_{\omega_0} (\omega - \omega_0) + \frac{1}{2}\frac{\partial^2 k}{\partial \omega^2}\bigg|_{\omega_0} (\omega - \omega_0)^2 + \frac{1}{6}\frac{\partial^3 k}{\partial \omega^3}\bigg|_{\omega_0} (\omega - \omega_0)^3 + \cdots$$

$$= k(\omega_0) + v_g^{-1}(\omega_0)(\omega - \omega_0) + \frac{1}{2}\beta_2(\omega - \omega_0)^2 + \frac{1}{6}\beta_3(\omega - \omega_0)^3 + \cdots \quad (15.11)$$

其中,我们引入了高阶色散项 $\beta_n(\omega) = \partial k/\partial \omega$,现在我们可以得到群速度:

$$v_g^{-1}(\omega) = v_g^{-1}(\omega_0) + \beta_2(\omega - \omega_0) + \frac{1}{2}\beta_3(\omega - \omega_0)^2 + \cdots \quad (15.12)$$

减慢因子为

$$S(\omega) = S(\omega_0) + \beta_2 c\,\bar{n}^{-1}(\omega - \omega_0) + \frac{1}{2}\beta_3 c\,\bar{n}^{-1}(\omega - \omega_0)^2 + \cdots \quad (15.13)$$

式中:$n = k(\omega_0)/\omega_0$ 是折射率;c 是真空中的光速。

我们可以估算 GVD 强加的限制。注意到,信号的延迟可以写为

$$T_{\mathrm{d}}(\omega)=v_{\mathrm{g}}^{-1}(\omega)L=v_{\mathrm{g}}^{-1}(\omega_0)L+\beta_2(\omega-\omega_0)L+\frac{1}{2}\beta_3(\omega-\omega_0)^2L+\cdots$$

$$(15.14)$$

然后引入针对 OOK 高斯脉冲的标准:信号带宽边缘处(也就是在 $\omega_0\pm\Delta\omega_{\mathrm{sig},0}/2$ 处)的谱分量的延迟时间差应小于比特间隔的一半,也就是

$$\Delta T_{\mathrm{d}}(L)\approx\beta_2\Delta\omega_{\mathrm{sig}}L<T/2 \qquad (15.15)$$

这导致关联最大允许长度和比特率的条件:

$$|\beta_2|B^2L<\frac{1}{16\ln 2} \qquad (15.16)$$

这个条件表明了二阶 GVD 项 β_2 强加的限制。在非谐振洛伦兹吸收的情况下(见式(15.5)),上面的条件变为

$$32\alpha(\omega_0)LB^2/\gamma_{12}<|\omega_0-\omega_{12}| \qquad (15.17)$$

比较式(15.17)和式(15.10)可以看出,只要比特率高并且原子跃迁是窄 γ_{12} 的(数兆赫兹),则 GVD 限制要比损耗色散引起的限制严重得多。

如果消除这个最低阶的 GVD 项,在很多慢光方案中确实如此,那么我们利用三阶 GVD 项并估计最大的带宽和比特率组合,此时 ω_0 处的谱分量和 $\omega_0\pm\Delta\omega_{\mathrm{sig},0}/2$ 处的谱分量的延迟时间差不超过 $T/2$,由此可得

$$|\beta_3|B^3L<1/16(\ln 2)^2 \qquad (15.18)$$

在结束讨论单原子谐振这种简单情况之前,让我们再看一下无损耗时的色散曲线 $k(\omega)$(见图 15.3(a))。可以看出,在谐振附近存在禁带(或带隙),此处的介电常数为负(Restrahlen 区)。根据式(15.2)可得带隙的宽度为

$$\omega_{\mathrm{gap}}\approx\frac{\Omega_{\mathrm{p}}^2}{2\bar{n}^2\omega_{21}} \qquad (15.19)$$

也就是说,它与跃迁振子的强度成比例,接近带隙时,光经历显著的减慢过程。在这个带隙附近群速度色散 β_2 也很强,但在带隙上下它具有不同的符号,这可用来抵消群速度色散。同样重要的是要强调所有原子慢光方案的一般原则——因为能量在传输的电磁波和原子极化(当然不会传输)之间不断地转移,光被减慢;群速度越小,能量花费在稳定原子激发形式上的时间越多;当群速度接近于零时,我们再也不能谈论电磁波了,因为能量几乎完全转移到原子激发中。

15.3 光子谐振

在光子共振中,最与众不同的是能量在前向波和后向波之间转移的情况。最常见的光子谐振是布拉格光栅(见图 15.3(b))——折射率以周期 Λ 被周期性调制的一种结构,

$$n=\bar{n}+\delta n\cos\left(\frac{2\pi}{\Lambda}z\right) \tag{15.20}$$

结果,在布拉格频率附近光子带隙打开[18]:

$$\omega_{\mathrm{B}}=\frac{\pi c}{\Lambda\bar{n}} \tag{15.21}$$

同时色散律要修正为

$$\frac{k-k_{\mathrm{B}}}{k_{\mathrm{B}}}=\sqrt{\left(\frac{\omega-\omega_{\mathrm{B}}}{\omega_{\mathrm{B}}}\right)^{2}-\left(\frac{\delta n}{2\bar{n}}\right)^{2}} \tag{15.22}$$

这一色散关系绘在图 15.3(c)中,可以看出它与单原子谐振的色散(见图 15.3(a))有相似之处,接近带隙时,群速度变小,减慢因子为

$$S=\frac{|(\omega-\omega_{\mathrm{B}})/\omega_{\mathrm{B}}|}{\sqrt{[(\omega-\omega_{\mathrm{B}})/\omega_{\mathrm{B}}]^{2}-(\delta n/2\bar{n})^{2}}} \tag{15.23}$$

此外,禁带的宽度为 $\Delta\omega_{\mathrm{gap}}=\omega_{\mathrm{B}}\delta n/\bar{n}$,因此折射率对比度 $\Delta n/\bar{n}$ 可以称为光栅的强度,这个光栅强度所起的作用相当于原子谐振的振子强度所起的作用,但物理现象大不相同:在光子结构中,减慢效应是能量在前向传输波和后向传输波之间转移的结果,没有能量转移给媒介,因此光子慢光结构中电场的强度大大增强了,这对非线性光学有重要意义。

15.4 双谐振原子慢光结构

因为根据图 15.3,最低阶的群速度色散 β_2 在谐振以下是正的,在谐振以上是负的,如果我们能将图 15.4(a)所示的两种谐振结合起来,则对于在这两种跃迁之间中心频率为 ω_0 的信号,只有三阶群速度色散 β_3 才是影响因素(见图 15.4(b))。紧密间隔的窄谐振现象确实在金属(如 ^{85}Rb)蒸气中发生[19],其中 780 nm 附近两个间隔为 $\nu_{32}=3$ GHz 的 D^2 谐振,已经用于在今天看来最成功的原子介质中的慢光实验。正如我们从图 15.4(c)中折射率和图 15.4(d)

中吸收的色散所看到的,残余吸收和 β_3 会限制通过双谐振慢光原子介质传输的信号的比特率。我们可以用下式作为残余吸收在 ω_0 附近的泰勒级数展开的近似:

$$\alpha(\omega) \approx \alpha(\omega_0) + \frac{1}{2}\alpha_2(\omega - \omega_0)^2 \tag{15.24}$$

其中

$$\alpha(\omega_0) = \frac{2}{\bar{n}c}\frac{\Omega_p^2}{\omega_{32}^2}\gamma_{21} \tag{15.25}$$

和

$$\alpha_2 = \frac{48}{\bar{n}c}\frac{\Omega_p^2}{\omega_{32}^4}\gamma_{21} \tag{15.26}$$

可以看出,通过双谐振慢光介质的 OOK 高斯信号的光谱将保持高斯形状不变,但半极大全宽度将从 $\Delta\omega_{sig,0} = 8\ln 2B$ 减小到

$$\Delta\omega_{sig,L}^{-2} = \Delta\omega_{sig,0}^{-2} + \alpha_2 L/8\ln 2 \tag{15.27}$$

因为光谱的半极大全宽度减小了 $2^{1/2}$,这将导致脉冲以同样的因子展宽,我们可以得到码间干扰仍被视为可接受的最大长度和带宽组合的条件为

$$\alpha_2 B^2 L = \frac{48}{\bar{n}_c}\frac{\Omega_p^2}{\omega_{32}^4}\gamma_{21} B^2 L < 1/8\ln 2 \tag{15.28}$$

在 ω_0 附近,群速度也可以用泰勒级数展开为

$$v_g^{-1}(\omega) \approx v_g(\omega_0) + \frac{1}{2}\beta_3(\omega - \omega_0)^2 \tag{15.29}$$

其中,

$$v_g^{-1}(\omega_0) = c^{-1}\bar{n} + \frac{2}{c\,\bar{n}}\frac{\Omega_p^2}{\omega_{32}^2} \approx \frac{2}{c\,\bar{n}}\frac{\Omega_p^2}{\omega_{32}^2} \tag{15.30}$$

和

$$\beta_3 = \frac{48}{\bar{n}c}\frac{\Omega_p^2}{\omega_{32}^4} = 24\frac{v_g^{-1}}{\omega_{32}^2} \tag{15.31}$$

从高阶群速度色散的视角,只要条件(见式(15.18))满足,码间干扰就是可接受的。将式(15.31)中的 β_3 代入,则式(15.18)变为

$$|\beta_3|B^3 L = \frac{48}{\bar{n}c}\frac{\Omega_p^2 B^3 L}{\omega_{32}^4} < 1/16(\ln 2)^2 \tag{15.32}$$

快速比较式(15.28)和式(15.32)可知:如果 $B \gg \gamma_{12}$,则群速度色散将是主要限

制;如果 $B \ll \gamma_{12}$,则主要限制与损耗色散有关。在 Rb 蒸气中[19] $\gamma_{12} = 2\pi \times 6\,\mathrm{MHz}$,因此在那项工作中当比特率超过 100 MHz 时,群速度色散确实是主要限制。

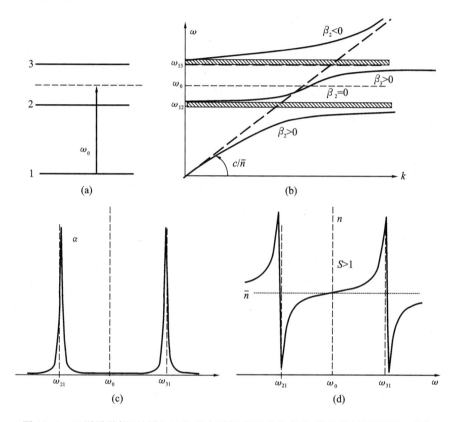

图 15.4 双原子谐振(见图(a))和它在谐振附近的色散和群速度(见图(b))、吸收谱(见图(c))和折射率谱(见图(d))

现在,可以求出在延迟线中存储的实际比特数为

$$N_{st} = v_g^{-1}LB = \frac{2}{c}\frac{\Omega_p^2}{\bar{n}\,\omega_{32}^2}LB \tag{15.33}$$

为了深刻理解群速度色散强加的比特率限制,我们只需要消除式(15.32)和式(15.33)中的 L,以得到能以比特率 B 存储的 OOK 比特的最大数目

$$N_{st}^{(max)} = \frac{1}{6}\left(\frac{\omega_{32}}{8\ln 2B}\right)^2 = \left(\frac{B_{max}^{(1)}}{B}\right)^2 \tag{15.34}$$

其中,我们引入了至少可以存储 1 比特信息的最大比特率,该比特率只取决于

双谐振的透明带宽 $\nu_{32}=\omega_{32}/2\pi$，两者近似有如下关系：

$$B_{\max}^{(1)}\approx 0.42\nu_{32} \tag{15.35}$$

上式表明，即使只存储 1 比特信息，带宽也明显比透明带宽窄。作为一种选择，我们引入能存储 N_{st} 比特的最大比特率为

$$B_{\max}^{(N_{\mathrm{st}})}=B_{\max}^{(1)}N_{\mathrm{st}}^{-1/2}=0.42N_{\mathrm{st}}^{-1/2} \tag{15.36}$$

这是重要的结果——当我们想要存储的比特数增加时，允许比特率减小。

为找出存储 N_{st} 比特需要的长度是多少，我们将式(15.34)中的 N_{st} 代回式(15.33)，可以得到

$$L(B)=\frac{8\sqrt{3}}{\ln 2}\left(\frac{B^{(1)}}{B}\right)^{3}\frac{\omega_{32}}{\Omega_{\mathrm{p}}^{2}}c\bar{n}=16\ln 2\sqrt{3}\,(N_{\mathrm{st}})^{3/2}\frac{L_{\mathrm{abs}}}{F} \tag{15.37}$$

这里，我们引入了吸收长度 $L_{\mathrm{abs}}=1/\alpha(\omega_0)$ 和方案的精细度 $F=\omega_{32}/\gamma_{21}$，这样，精细度等于透明带宽与吸收的半极大全宽度的比值。如此一来，我们希望的是非常窄的谐振，在 Rb 蒸气中，精细度确实接近 $F\approx 500$，使得在每个吸收长度上有可能存储数比特的信息。注意到式(15.34)和式(15.37)都不是明确地依赖于等离子体频率 Ω_{p}^{2}，因此，增加活性原子的浓度将允许我们减小延迟线的长度，但不会影响最大带宽和插入损耗。我们可以将式(15.37)重写为

$$N_{\mathrm{st}}\approx\left(\frac{FL}{30L_{\mathrm{abs}}}\right)^{2/3} \tag{15.38}$$

上式中，存储容量与 $L^{2/3}$ 相关很容易理解——当长度增加时，根据式(15.32)，我们被迫以 $L^{1/3}$ 的形式减小比特率，因此总的存储容量仅随 L 呈线性增长。根据式(15.38)，在插入损耗为 20 dB 的 Rb 蒸气中可以存储 20 比特信息，这接近在参考文献[19]中 Howell 得到的结果。

15.5 双谐振光子慢光结构——级联光栅

因为任何原子慢光方案都需要工作在特定的窄线宽吸收谐振附近，在特定的波长附近找到这样的谐振不是一项容易的工作，事实上，只有极少数吸收线在实际中被利用，其中 Rb 蒸气是主力。找到两条密集间隔的窄线甚至更加困难，即使能找到这样的两条线，它们之间的分裂 ν_{32} 是固定的，所以对于存储容量和比特率的一个特定组合，慢光延迟需要被优化。

相反,光子双谐振能够很容易地实现,只需简单地将周期 Λ_1 和 Λ_2 稍有不同的两个布拉格光栅组合起来即可,如图 15.5(a)所示。最早提出这种组合是为了色散补偿[20][21],然后考虑用在电光调制器中[22]。只要我们处理的是线性器件,如延迟线,我们就能简单地将两个布拉格光栅级联,而且所得的色散曲线简单为各个色散曲线的平均(见图 15.5(b)、(c)、(d))。对于非线性和电光器件,我们可以交替使用周期为 Λ_1 和 Λ_2 的短节段布拉格光栅,图 15.5(d)的色散曲线与图 15.4(b)中原子双谐振的色散曲线非常相似。两个光栅产生中心位于 $\omega_{B,i}=\pi c/\Lambda_i\bar{n}$ 的两个光子带隙,它们几乎有相等的宽度 $\Delta\omega_{\mathrm{gap},i}=\omega_{B,i}(\delta n/\bar{n})\approx\omega_0(\delta n/\bar{n})$,这两者之间有一个狭窄的通带 $\Delta\omega$。对于给定的折射率调制 δn,通过选择周期 Λ_1 和 Λ_2,可以将 $\Delta\omega$ 设计为任意宽或任意窄,这一事实给了设计师真正的灵活性。利用式(15.23),可以得到减慢因子色散为

$$S(\omega_0)=[S_1(\omega_0)+S_2(\omega)]/2=\frac{1+\Delta\omega/\Delta\omega_{\mathrm{gap}}}{\sqrt{(2+\Delta\omega/\Delta\omega_{\mathrm{gap}})\Delta\omega/\Delta\omega_{\mathrm{gap}}}}\approx\left[1+\frac{\Delta\omega_{\mathrm{gap}}}{2\Delta\omega}\right]^{1/2}$$

(15.39)

其中,当 $\Delta\omega<\Delta\omega_{\mathrm{gap}}$ 时最后的等式能很好地成立。如在任意双谐振方案中一样,二阶群速度色散被抵消掉,而三阶色散为

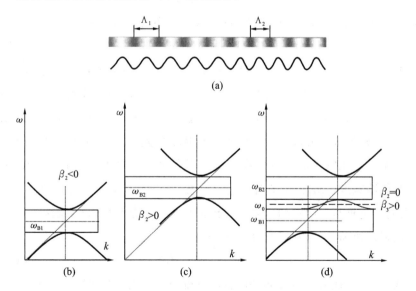

图 15.5 (a)级联布拉格光栅;(b)、(c)用于级联的两个布拉格光栅的色散曲线;(d)级联光栅的色散曲线

$$\beta_3(\omega_0) = \frac{12(1+\Delta\omega/\Delta\omega_{gap})\bar{n}}{c\sqrt{(2+\Delta\omega/\Delta\omega_{gap})\Delta\omega/\Delta\omega_{gap}}(2+\Delta\omega/\Delta\omega_{gap})^2\Delta\omega^2} \approx \frac{3\bar{n}}{c\Delta\omega^2}\left[\frac{\Delta\omega_{gap}}{2\Delta\omega}\right]^{1/2}$$

(15.40)

注意到,群速度与三阶群速度色散的关系为

$$\beta_3 = 3\frac{v_g^{-1}}{\Delta\omega^2}$$

(15.41)

与式(15.31)惊人地相似——在这两种情况下,β_3 正比于减慢因子,而反比于通带的平方。

为了确定 GVD 强加的限制,现在可以写出在某种程度上与式(15.32)和式(15.33)类似的式子:

$$|\beta_3|B^3L = 3\frac{v_g^{-1}LB^3}{\Delta\omega^2} < 1/16(\ln 2)^2$$

(15.42)

和

$$N_{st} = v_g^{-1}LB$$

(15.43)

消去 $v_g^{-1}L$,可以得出通带、比特率和存储容量之间的关系:

$$N_{st} = \frac{1}{3}\left(\frac{\Delta\omega}{4B\ln 2}\right)^2$$

(15.44)

由此可以得到能存储 N_{st} 比特信息的最大比特率的表达式为

$$B_{max}^{(N_{st})} = 0.75\Delta\nu N_{st}^{-1/2}$$

(15.45)

它看起来与式(15.36)惊人地相似,然而,有一个实质的区别,在光子方案中它与改变通带 $\Delta\nu = \Delta\omega/2\pi$ 的宽度的能力有关。乍一看,似乎比特率不完全是受到限制的,因为可以通过扩展通带来适应扩展的带宽。然而,这是一个错误的结论,因为根据式(15.39),通带的扩展将减小慢光效应,在我们称之为截止比特率的某一个比特率值 $B_{cut}^{(N_{st})}$,减慢因子不会比 1 大得多。当通带宽度 $\Delta\nu$ 变得可与带隙宽度 $\Delta\nu_{gap}$ 相比拟时,就会发生这种情况。为了对这一陈述进行量化,我们通过重写式(15.44),可以得到能使 N_{st} 比特无 GVD 引起码间干扰地通过延迟线所需的通带宽度的表达式:

$$\Delta\nu(N_{st}, B) = 1.3BN_{st}^{1/2}$$

(15.46)

当将式(15.46)代入式(15.39)时,就可以得到减慢因子与比特率的关系:

$$S(B, N_{st}) \approx \left[1 + \frac{\Delta\nu_{gap}}{2.6BN_{st}^{1/2}}\right]^{1/2} = \left[1 + \frac{B_{cut}^{(N_{st})}}{B}\right]^{1/2}$$

(15.47)

其中,我们定义了截止比特率

$$B_{\text{cut}}^{(N_{\text{st}})} = \frac{\Delta\nu_{\text{gap}}}{2N_{\text{st}}^{1/2}} = \nu_0 \, \frac{\delta n}{2.6 N_{\text{st}}^{1/2} \bar{n}} \tag{15.48}$$

为减慢因子减小到 $2^{1/2}$ 的比特率。慢光结构并不能使延迟线显著比利用非结构化材料（如光纤）的短，这可以从图 15.6 看出来，该图绘出了存储 N_{st} 比特需要的带有级联光栅的慢光光纤的长度随比特率 B 变化的函数关系：

$$L(B, N_{\text{st}}) = \frac{N_{\text{st}} c \bar{n}^{-1} B^{-1}}{S(B, N_{\text{st}})} = c \bar{n}^{-1} N_{\text{st}} \big[B^2 + B B_{\text{cut}}^{(N_{\text{st}})} \big]^{-1/2} \tag{15.49}$$

利用折射率调制为 $\delta n / \bar{n} = 0.01$ 的强光纤光栅作为例子，也就是，对于 1 比特截止比特率为 $B_{\text{cut}}^{(1)} \approx 900$ GHz。缓存器的长度随比特率减小，大部分是因为延迟时间越短，存储同样的比特数需要的比特间隔也就越短，但是当比特率增加时，简单的非结构光纤的长度减小得甚至更快（如图 15.6 中的虚线所示），超出了截止比特率，慢光光纤失去它所有的优点。当比特率较低时，慢光光纤具有显著的优点，但需要的长度变得不切实际。从实际的角度，我们可以看出唯一的"甜蜜点"范围出现在 10 Gb/s 附近，此处，可以在 3 cm 长的级联光栅中存储 10 个比特，这要比实现同样的目标需要 20 cm 长的非结构光纤大大缩短了。显然，为了得到更好的延迟线，我们必须考虑具有更大的折射率对比度的光子结构。

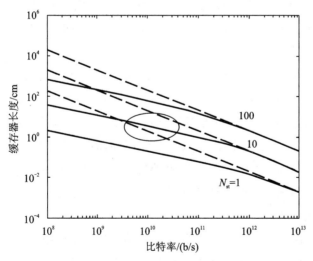

图 15.6　实线：对于三个不同的存储容量，存储 N_{st} 比特需要的基于级联布拉格光栅的慢光光缓存器的长度随比特率的变化关系；虚线：能存储同样比特数的非结构光纤的长度随比特率的变化关系

为了更好地理解,我们可以对减慢因子做一比较。对于双谐振原子结构(见式(15.30)),减慢因子为

$$S_{\text{atom}} = 1 + \frac{2}{\bar{n}^2} \frac{\Omega_p^2}{\omega_{32}^2} = 1 + \left(\frac{\nu_0}{\Delta\nu_{\text{pass}}} F_{\text{atom}} \right)^2 \tag{15.50}$$

其中,$\Delta\nu_{\text{pass}} = \nu_{32}$,并引入原子慢光方案的强度为

$$F_{\text{atom}} = 2^{1/2} \Omega_p / \omega_0 \bar{n} = \frac{e}{\omega_0} \left(\frac{2N_a}{\varepsilon_0 \bar{\varepsilon} m_0} \right)^{1/2} f_{12}^{1/2} \tag{15.51}$$

这个强度只取决于原子的密度和跃迁偶极矩。对于级联光栅,由式(15.39)得到减慢因子为

$$S_{\text{casc}} = \left(1 + \frac{\nu_0}{\Delta\nu_{\text{pass}}} F_{\text{casc}} \right)^{1/2} \tag{15.52}$$

其中,引入光子慢光方案的强度为

$$F_{\text{casc}} = \delta n / 2\bar{n} \tag{15.53}$$

正如我们已经提到的,在光子慢光方案中,折射率对比度本质上起着与原子跃迁中的振子强度同样的作用。事实上,我们可以估计在参考文献[19]采用的 Rb 方案中 F_{atom} 在 10^{-4} 的数量级,这甚至比弱光栅中的 F_{casc} 都要小得多。但它们对通带宽度的依赖关系不同:$S_{\text{casc}} \approx (\Delta\nu/\nu_0)^{-1/2}$ 和 $S_{\text{atom}} \approx (\Delta\nu/\nu_0)^{-2}$ 表明,原子方案和光子方案随带宽的变化特性大大不同。利用原子方案可以获得巨大的减慢因子,但信号的带宽非常窄;光子方案能提供相对适中的群速度减小,但信号的带宽宽得多。

通过对级联布拉格光栅(具有可调谐(至少在设计上如此)通带的慢光结构的首个例子)的分析,可以得出两个重要的结论。第一个结论是截止比特率 $B_{\text{cut}}^{(N_{\text{st}})}$ 的存在,这源于这样的事实:当我们增加比特率 B 时,必须根据式(15.46)增加需要的通带宽度,以减轻 GVD 引起的码间干扰,而这将减小减慢因子并使我们增加延迟线的长度以容纳比特。最后,当比特率接近截止比特率 $B_{\text{cut}}^{(N_{\text{st}})}$ 时,延迟线的长度不会比非结构光纤的长度更短。因此,使用慢光延迟线没有什么优势。

第二个结论是,慢光延迟线的长度随存储容量超线性增加。只要比特率大大低于截止比特率,也就是说延迟线是有用的,那么表达式(15.49)可以近似为

$$L(B, N_{\text{st}}) = \frac{c N_{\text{st}}^{5/4}}{\bar{n} (F_{\text{casc}} B \nu_0)^{1/2}} = \frac{\lambda}{\bar{n}} \left(N_{\text{st}}^{5/4} \frac{\nu_0}{B} \right)^{1/2} F_{\text{casc}}^{-1/2} \tag{15.54}$$

这当然容易理解——存储容量的增加首先使我们按比例地增加长度,但长度

越长,为了避免 GVD 变得太大,就被迫增加通带的宽度。这反过来又减小了减慢因子,因此长度需要进一步增加,从而又将使 GVD 额外地增加,因此通带需要进一步扩张。整个过程必须反复进行,直到长度接近式(15.54)给出的值。

15.6 可调谐双谐振原子慢光结构——电磁感应透明

正如我们已经提到的,固定的双原子谐振方案不能适用于可变带宽,因为通带的宽度不能改变。为了改变通带的宽度,我们可以考虑非均匀加宽跃迁中光谱烧孔这种替代方案[23][24]。图 15.7 所示的是强泵浦脉冲在频率范围 $\Delta\omega$ 内吸收耗尽的情况,图 15.7(b)所示的吸收谱的分布看起来非常像图15.5 所示的双谐振分布。由图 15.7(c)所示的折射率分布,可以看到在光谱烧孔的中心附近群速度有望显著减小。

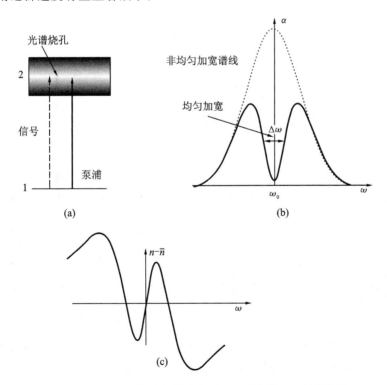

图 15.7 (a)基于光谱烧孔的慢光方案;(b)吸收谱;(c)折射率谱

通过改变泵浦的光谱,如用强度或频率调制,我们可以改变 $\Delta\omega$,以获得给定比特率下的最大延迟而没有畸变[25]。在参考文献[25]中,对于 100 MHz 的适中带宽,在仅 40 cm 长的 Rb 蒸气延迟线中获得了 2 比特间隔的延迟。因为在烧孔中背景吸收总是很高,是损耗色散(见式(15.24)中的 α_2 项)导致信号的畸变,它实际上是这种方案的限制因素。该方案还存在大的能量耗散,因为泵浦被吸收。

为避免大的背景吸收并实现宽的通带调谐性,我们利用基于电磁感应透明的一种完全不同的慢光方案,这种方案最早是由 Harris 提出的[1][2][3]。我们首先考虑使用 EIT 的主要理由,而不是试图解释它的所有细节。由于发现两个紧密间隔的原子谐振是不平凡的,应考虑人工创造它们的手段。

众所周知,如果我们考虑谐波(见图 15.8(a)),它的光谱(见图 15.8(b))只包含一个频率分量 ω_0。但是,如果波是以某个频率 Ω 强度调制的(见图 15.8(c)),则在它的光谱中频率 $\omega_0 \pm \Omega$ 处会出现两个边带(见图 15.8(d))。当调制深度达到 100%(见图 15.8(e))时,载波频率 ω_0 被完全抑制,光谱恰好表现为间隔为 2Ω 的两个边带(见图 15.8(f))。

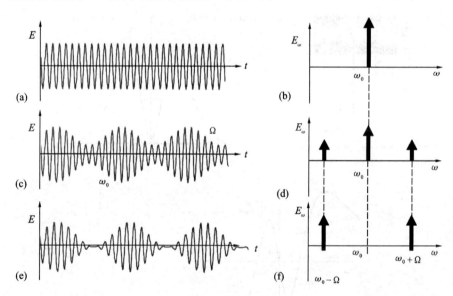

图 15.8 (a)载波频率为 ω_0 的谐波;(b)谐波的光谱;(c)以频率 Ω 调制的谐波;(d)带有两个边带的光谱;(e)充分调制的谐波;(f)对载波频率完全抑制的光谱

现在,如果把原子视为在某个频率 ω_0 下吸收的振子,并用某个外部频率

Ω 强调制原了的吸收,我们应能期望吸收谱具有与振幅调制波的光谱类似的特征,也就是,它应表现出间隔为 2Ω 的两条吸收线。在谐振频率 ω_0 处材料应变得透明——这就是 EIT。

有很多方案可以实现 EIT 传输调制,但我们只考虑一种——图 15.9 所示的应用最广的三能级 Λ 方案[1]。在这种方案中,基带到激发态跃迁 ω_{12} 与光信号载波的频率 ω_0 是谐振的,且失相率为 γ_{21}。在没有泵浦时,吸收谱(见图 15.9 中的虚线)是标准的洛伦兹线型,还存在一个将激发态能级 2 与能级 3 耦合起来的强跃迁,这很关键,但能级 1 和能级 3 之间的跃迁是禁戒的。当开启频率为 ω_{12} 的强谐振泵浦时,能态 2 和能态 3 的混合造成信号吸收的调制。如预期的,吸收谱中的洛伦兹峰分裂成两个频率为 $\omega_0 \pm \Omega$ 的小峰,这里拉比频率为

$$\Omega = er_{32}\hbar^{-1}(2\eta_0 I_{\text{pump}}/\bar{n})^{1/2} \tag{15.55}$$

大小取决于泵浦强度 I_{pump},η_0 是真空阻抗。在双谐振方案中,除了实现完全的可调谐外,EIT 之所以重要是因为在谐振频率处的残余吸收率

$$\alpha(\omega_0) = \frac{1}{nc}\frac{\Omega_p^2}{8\Omega^2}\gamma_{31} \tag{15.56}$$

与原子内激发 31(不与外部世界发生耦合)的失相率成比例。如此一来,典型的 $\gamma_{31} \ll \gamma_{21}$,EIT 中的残余吸收比两个独立谐振情况下的残余吸收弱得多。研究表明,EIT 是一种相干效应,而且因为两个边带吸收的相消干涉,会发生吸收减小的现象。但是,从在延迟线中实际应用的角度,有关 EIT 的另一个不同的观点可能更合适。我们可以考虑以下过程(见图 15.10):当信号光子在 EIT 介质中传输时,它将能量转移给能级 1 和能级 2 之间的原子跃迁激发,因为将能级 2 和能级 3 耦合起来的强泵浦光的存在,激发几乎立即转移到能级 1

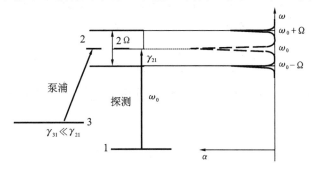

图 15.9　在 Λ 方案中电磁感应透明的原理

和能级 3 之间的长寿命激发,然后发生相反的过程,直到能量被转移回到光子
中。然后,这个过程重复进行。总的来说,在大部分时间内,能量存储于 1-3
激发的形式中,于是它以非常低的群速度传输。此外,只有当 1-3 激发失去相
干性且能量不能回到光子中时,实际的吸收事件才能发生。自然而然地,是这
个激发的失相率即 $\gamma_{31} \ll \gamma_{21}$ 决定了式(15.56)中的残余吸收损耗。这里,我们
再次强调,因为能量是存储于原子激发形式中的,我们不能期望光场的强度有
所增强。

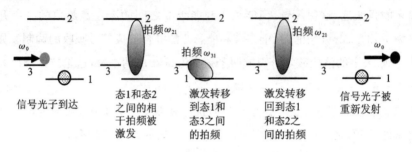

图 15.10　在 EIT 方案中,能量存储和慢光传输的解释

　　除了与失相率相联系的复杂性外,EIT 方案(其色散如图 15.11 所示)与
前面讨论的简单双谐振方案的完全相同,只是它的通带是可调谐的。那么,群
速度可以写成与式(15.30)类似的形式:

$$\Delta\nu_{pass} = 2\Omega \tag{15.57}$$

$$v_g^{-1}(\omega_0) = \frac{\bar{n}}{c}\left(1 + \frac{1}{\bar{\varepsilon}}\frac{\Omega_p^2}{4\Omega^2}\right) = \frac{\bar{n}}{c}\left[1 + \left(\frac{\nu_0}{\Delta\nu_{pass}}F_{EIT}\right)^2\right] \tag{15.58}$$

其中,$F_{EIT} = F_{atom}/\sqrt{2} = \Omega_p/\omega_0\bar{n}$,因为在 EIT 中 1→2 跃迁的振子强度在两个边
带之间分裂。在 EIT 方案中三阶 GVD 变成(式(15.31))

$$\beta_3 = \frac{24}{\bar{n}c}\frac{\Omega_p^2}{(2\Omega)^4} = \frac{6\bar{n}}{\pi^2\Delta\nu_{pass}^2 c}\left(\frac{\nu_0}{\Delta\nu_{pass}}F_{EIT}\right)^2 = \frac{6v_g^{-1}}{\pi^2\Delta\nu_{pass}^2} \tag{15.59}$$

再次利用式(15.33)将 $v_g^{-1}L = N_{st}B$ 代入可接受的码间干扰条件式(15.18),
得到

$$|\beta_3|B^3L = \frac{6v_g^{-1}LB^3}{\pi^2\Delta\nu_{pass}^2} = \frac{6N_{st}B^2}{\pi^2\Delta\nu_{pass}^2} < 1/16(\ln 2)^2 \tag{15.60}$$

在比特率 B 下存储 N_{st} 比特需要的通带关系为

$$\Delta\nu_{pass}(N_{st}, B) \approx 3.5BN_{st}^{1/2} \tag{15.61}$$

将这个关系代入式(15.58),得到

$$S_{EIT}(B, N_{st}) = 1 + \left(\frac{\nu_0}{3.5 B N_{st}^{1/2}} F_{EIT}\right)^2 = 1 + \left(\frac{B_{cut}^{(N_{st})}}{B}\right)^2 \qquad (15.62)$$

其中,我们引入了截止比特率

$$B_{cut}^{(N_{st})} = \frac{\nu_0}{3.5 N_{st}^{1/2}} F_{EIT} = \frac{1}{3.5 N_{st}^{1/2}} \frac{\Omega_p}{2\pi \bar{n}} \qquad (15.63)$$

为减慢因子减小到 2 的比特率,实际上它与在级联光栅情况下截止比特率的定义略有不同(因子为 $\sqrt{2}$)。我们还可以确定在比特率 B 下存储 N_{st} 比特需要的 EIT 介质的长度为

$$L(B, N_{st}) = \frac{N_{st} c \bar{n}^{-1} B^{-1}}{1 + (B_{cut}^{(N_{st})}/B)^2} = \frac{c \bar{n}^{-1} N_{st}}{B + (B_{cut}^{(N_{st})})^2/B} \qquad (15.64)$$

这一依赖关系与级联光栅所需长度的依赖关系有很大不同(见式(15.49))。对于小的比特率 $B \ll B_{cut}^{(N_{st})}$,需要的长度实际上随比特率线性增加,尽管事实是比特间隔(从而所需要的延迟时间)变短。超过截止比特率时 EIT 介质不会使光减慢太多,这样它的行为像正常的介质,L 随比特率减小而减小。

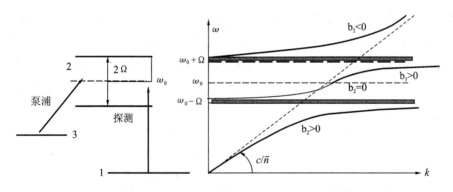

图 15.11　EIT 慢光方案中的色散

为了估计性能,我们考虑文献中的几种 EIT 方案,如表 15.1 所示。依靠 Rb[26] 和 Pb[3] 蒸气的方案是最早提出并在实验上实现的,它们的主要缺点是金属蒸气的密度。第三种方案是全固态的,它依赖于置于任何硅酸钇基质中的 Pr 稀土离子的窄跃迁线[24]。这种方案具有活性原子的密度高的优点,但跃迁的振子强度较低。事实上,对于跃迁 γ_{12} 的线宽,振子强度与浓度的乘积不能太高,因而不能保持窄线宽。因此,在这些方案中等离子体频率的变化不能超过一个数量级。依赖于半导体量子点(QD)中的强激子跃迁的假想方案[27]

原则上能提供大的等离子体频率,但是因为量子点中的非均匀加宽,这种方案在实际中非常难以实现。虽然如此,我们在讨论时将量子点包括在内,只是为了看到如果我们完善了量子点的生长工艺,可以实现什么。

表 15.1　EIT 慢光介质的特征参数

原子慢光介质	浓度 N_a/ cm^{-3}	振子强度 f_{21}	等离子体频率 $\Omega_p/2\pi$/GHz	减慢的强度 F_{EIT}	1 比特存储容量的截止比特率 $B_{cut}^{(1)}$/(Gb/s)
Rb^{87}	0.5×10^{15}	0.1	100	2.5×10^{-4}	22
Pb^{205}	7×10^{15}	0.2	440	1.1×10^{-3}	100
Pr:Y$_2$SiO$_5$	7×10^{19}	3×10^{-7}	40	10^{-4}	9
QD	1×10^{16}	3	1000	3×10^{-3}	220

对于不同的存储容量,绘出的结果如图 15.12(a)~(c)所示。正如从图 15.12(a)看到的,在 10 Gb/s 的典型通信比特率下,或多或少所有的方案都能够存储一个比特,尽管在全固态 Pr:Y$_2$SiO$_5$ 的情况下相对于简单自由空间(虚线所示)的改善无关紧要。图 15.12(b)表明,在不到 10 cm 的长度中,只有 Pb 蒸气或量子点可以在数 Gb/s 的比特率下存储 10 个比特。当涉及 100 比特存储容量时(见图 15.12(c)),这些方案都不能以现实的紧凑长度工作在 1 Gb/s 比特率下。至于 40 Gb/s 的比特率,这些方案相比自由空间或光纤都不能提供任何改善。

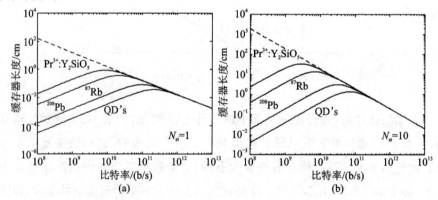

图 15.12　(a)~(c)实线:对于三个不同的存储容量,为存储 N_{st} 比特信息所需要的基于四种不同介质中 EIT 的慢光光缓存器长度随比特率的变化关系;虚线:能存储相同的比特数的非结构电介质的长度随比特率的变化关系

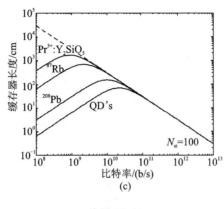

续图 15.12

这个令人失望的结果直接源于当比特率低于截止比特率时,EIT 延迟缓存器的长度与它的容量之间的关系不仅仅是超线性的,而且是二次方关系:

$$L(B,N_{st}) \approx 20 \frac{\lambda}{n} N_{st}^2 \frac{B}{\nu_0} F_{EIT}^{-2} \qquad (15.65)$$

它要比级联光栅 5/4 次幂的依赖关系强得多(见式(15.54))。

15.7 耦合光子谐振器结构

正如我们已经看到的,基于 EIT 过程的慢光方案拥有很多令人满意的属性,包括可调谐性和实现极大延迟的可能性,但是它们最好的性能是在低比特率下实现的。这个事实是由减慢因子与比特率 B 有 $1/B^2$ 的依赖关系决定的。正如我们在级联布拉格光栅的例子中看到的,那里,它们的性能对比特率的依赖关系不是很突出,而且在高比特率下并没有迅速恶化。但是级联布拉格光栅也有很多缺点:第一个缺点是可获得的折射率对比度相对较小;第二个缺点是制造具有规定的频率偏移值的两个光栅很困难。而且,级联结构适用于线性器件,无法与任何非线性或电光部件结合到一起。基于这个原因,交替使用具有不同周期的短节段光栅更为可取。但是,短节段布拉格光栅的周期序列可以认为是一种具有周期调制特性的新光栅——莫尔光栅(见图 15.13(a))。在莫尔光栅中,各个节段是独立的但又相干地相互作用,因此它的特性与参考文献[28]中提到的级联光栅的特性有所不同,主要区别是周期为 d 的莫尔光栅的色散曲线在周期为 $2\pi/d$ 的波矢空间中也是周期性的。莫尔光栅减慢光的能力最早是在参考文献[28]中预言的,并在参考文献[29]中得到了演示。还注意到,莫尔光栅只是能在其中观察到慢光的周期结构光子介质的一个例子,在周期结构介质中,光的能量密度是周期分布的,高强度的周期间隔区域可以被认为是彼此耦合的谐振器。因此,我们称它们为CRS[30]。除了用莫尔光栅外,通过耦合法布里-珀罗谐振器(见图15.13(b))、环形谐振器(见图15.13(c))[31],或者光子晶体中所谓的缺陷模式(见图15.13(d))[32][33],也可以制造CRS。

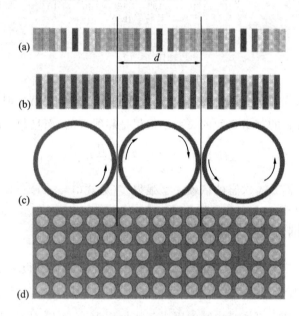

图15.13 基于耦合谐振器(CRS)的光子慢光结构。(a)莫尔光栅;(b)耦合法布里-珀罗谐振器;(c)耦合环形谐振器;(d)光子晶体中的耦合缺陷模式

耦合谐振器的周期链用三个参数来表征:周期d、单程通过每个谐振器的时间τ,以及耦合(或传输)系数κ。在这个链中色散关系可以写为

$$\sin(\omega\tau)=\kappa\sin(kd) \tag{15.66}$$

色散曲线如图15.14所示,它们由以宽间隙分隔的谐振频率$\nu_m=m/(2\tau)$附近的一系列通带组成,通带的宽度为

$$\Delta\nu_{\text{pass}}=(\pi\tau)^{-1}\arcsin\kappa \tag{15.67}$$

这三个参数彼此不是独立的。首先,d和τ显然彼此有关系,这个关系可以通过在$\kappa=1$处对式(15.66)取极限得到:

$$\frac{d}{\tau}=\frac{\omega}{\kappa}=\frac{c}{\bar{n}} \tag{15.68}$$

它简单表明,100％耦合时光仅仅是无反射地通过介质传输。还有,谐振器的尺寸即 d 与耦合系数 κ 有关系——为实现小的 κ,我们需要将光紧紧地限制在谐振器内,这就要求谐振之间的间隔很大。如果折射率对比度 $\delta n/\bar{n}$ 很大,则在相对小的谐振器内可以实现高度的限制,否则光将在谐振器间泄露。参考文献[15]详细讨论了这个问题,但是,这里简单假设我们应用最小的谐振器尺寸,它能用具有给定折射率对比度的工艺制造。

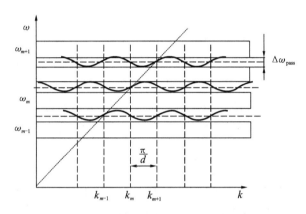

图 15.14   典型耦合谐振器中的色散

将色散关系式(15.67)用泰勒级数展开,我们得到群速度为

$$v_{\mathrm{g}}^{-1}=\frac{\tau}{d\kappa}=\frac{\bar{n}}{c}\kappa^{-1} \tag{15.69}$$

三阶 GVD 为

$$\beta_3=\frac{1}{d}\left(\frac{\tau}{\kappa}\right)^3(1-\kappa^2)=v_{\mathrm{g}}^{-1}\left(\frac{\tau}{\kappa}\right)^2(1-\kappa^2) \tag{15.70}$$

我们再次调用可接受的码间干扰条件式(15.18),可以得到

$$16(\ln2)^2\,|\beta_3|\,B^3L=16(\ln2)^2v_{\mathrm{g}}^{-1}\left(\frac{\tau}{\kappa}\right)^2(1-\kappa^2)B^3L$$

$$=16(\ln2)^2\,N_{\mathrm{st}}B^2\left(\frac{\tau}{\kappa}\right)^2(1-\kappa^2)=\left(\frac{B}{B_{\mathrm{cut}}^{(N_{\mathrm{st}})}}\right)^2\frac{1-\kappa^2}{\kappa^2}<1 \tag{15.71}$$

其中,我们引入截止比特率为

$$B_{\mathrm{cut}}^{(N_{\mathrm{st}})}=(4\ln2\tau)^{-1}N_{\mathrm{st}}^{-1/2} \tag{15.72}$$

因此,允许我们以比特率 B 存储 N_{st} 比特信息而没有过多码间干扰的最小的可

能耦合系数为

$$\kappa(N_{st},B)=\left[1+(B_{cut}^{(N_{st})}/B)^2\right]^{-1/2} \tag{15.73}$$

减慢因子为

$$S_{CRS}=\kappa^{-1}=\left[1+(B_{cut}^{(N_{st})}/B)^2\right]^{1/2} \tag{15.74}$$

它与级联光栅中的减慢因子不同(见式(15.47)),式(15.74)中的比特率被平方。现在,可以得到存储 N_{st} 比特需要的长度为

$$L(B,N_{st})=\frac{N_{st}c\bar{n}^{-1}B^{-1}}{\left[1+(B_{cut}^{(N_{st})}/B)^2\right]^{1/2}}=\frac{c\bar{n}^{-1}N_{st}/B_{cut}^{(N_{st})}}{\left[1+(B/B_{cut}^{(N_{st})})^2\right]^{1/2}}=\frac{4\ln(2)dN_{st}^{3/2}}{\left[1+(B/B_{cut}^{(N_{st})})^2\right]^{1/2}}$$

$$\tag{15.75}$$

式(15.75)最有趣的特征是,只要比特率低于截止比特率,CRS 延迟线的长度就不依赖于比特率。发生这种情况是因为当比特率增加时,需要的延迟时间 $T_d=N_{st}B^{-1}$ 减小,但与此同时,通带必须加宽以适应高比特率,因此群速度增加。需要的长度等于这两者的乘积 $T_d v_g$,它保持常数不变。

事实上,当离截止充分远时,可以得到需要的耦合谐振器的个数为

$$N_{res}(N_{st})=\frac{L(N_{st})}{d}\approx 3N_{st}^{3/2} \tag{15.76}$$

这是一个简单的且有启发性的关系。它告诉我们,不管比特率是多少(只要它远低于截止比特率),存储给定的比特数所需要的谐振器的个数并不取决于谐振器的类型或比特率。显然每个谐振器不能存储超过 1 比特的信息,事实是它们的个数随存储容量超线性地增长。以 3/2 次幂增长不像 EIT 缓存器长度的平方律增长(见式(15.65))那样强大——这可以被认为是谐振结构相对于光子结构的重要优势。

参考文献[15]中更详细的分析表明,如果能选择 CRS 的最佳周期,随着比特率的增加,需要的长度实际上略有下降,但是,这里我们忽略这个很小的影响并认为它与比特率无关,于是可以使用相同的 CRS 周期 d。

现在让我们考虑两种不同的 CRS,它们都基于 Si/SiO₂ 技术——一种利用耦合环形谐振器波导,半径为 6 μm[34],单程通过时间 $\tau\approx100$ fs;另一种利用光子晶体中的缺陷模式[33],缺陷间隔为 3 μm($\tau\approx25$ fs)。参数如表 15.2 所示,对于两个不同的存储容量需要的缓存器长度与比特率的关系如图 15.15 所示。正如我们看到的,从色散的角度,在具有高折射率对比度的 CRS 中以数十 Gb/s 的比特率存储 $10\sim100$ 比特信息是完全现实的。在光子晶体中存储 100 比特信息所需要的缓存器的长度不到 1 cm,而利用环形谐振器,这个长度大约为 2 cm。更重要的量度是缓存器的面积,因为在蜿蜒的缓存器中我们可以折叠光路。那么,利用环形谐振器存储 100 比特的信息,我们只需要大约

$0.3~\mathrm{mm}^2$,这甚至比光子晶体缓存器的面积都要小。尽管这一密度比电存储能达到的密度小几个数量级,但是比在这些比特率下利用原子介质能达到的指标好得多。可惜的是,一旦存储容量增加到 1000 比特(见图 15.15(c)),需要的缓存器的长度变得过大。虽然我们可以折叠光路,但很难想象我们能制造式(15.76)要求的 100000 个谐振器而不会招致过高的插入损耗。虽然我们可以用光放大器补偿插入损耗,但累积的噪声将耗尽信噪比。此外,这种方案的功率消耗将过高[35]。

表 15.2　CRS 慢光介质的特征参数

CRS 类型	单程通过时间 τ/fs	减慢速度 F_{EIT}	1 比特存储容量的截止比特率 $B_{\mathrm{cut}}^{(1)}/(\mathrm{Gb/s})$
耦合环形波导	100	0.017	4×10^3
带有缺陷的光子晶体	25	0.07	16×10^3

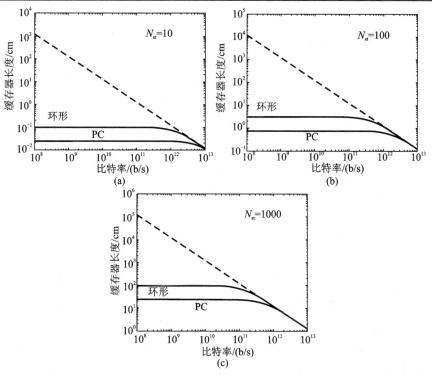

图 15.15　(a)~(c)实线:对于三个不同的存储容量,为存储 N_{st} 比特信息所需要的基于环形谐振器和光子晶体的慢光光缓存器长度随比特率的变化关系;虚线:能存储相同的比特数的非结构电介质长度随比特率的变化关系

总的来说,利用 CRS 存储高比特率信号明显要比利用 EIT 和其他原子方案具有优势。为了阐明这一点,我们可以利用式(15.67)来表示减慢因子:

$$S_{CRS} = \kappa^{-1} = \frac{1}{\sin(\pi \Delta \nu_{pass} \tau)} \approx \frac{\nu_0}{\Delta \nu_{pass}} F_{CRS} \qquad (15.77)$$

其中,我们引入 CRS 方案的强度为

$$F_{CRS} = \frac{1}{\pi \nu_0 \tau} = \frac{\lambda}{\pi \bar{n} d} \approx \frac{\delta n}{\bar{n}} \qquad (15.78)$$

其中,最后一个比例关系表明,制作小谐振器的能力随具有不同折射率的两种材料的可得性而定。正如在表 15.2 中看到的,与级联光栅方案(见式(15.52))和原子方案(见式(15.58))相比,在 $\lambda = 1.55~\mu m$ 处计算的 F_{CRS} 的值非常高。除了有较大的减慢强度外,CRS 中的减慢因子(见式(15.77))只是与通带宽度成反比,而在原子方案中,减慢因子总是与 $\Delta \nu_{pass}$ 的平方成反比。显然,对于宽带宽信号 CRS 方案更占优,而 EIT 和其他原子方案是延迟相对窄带宽信号的最佳选择,这里,极低的群速度已经得到证明。

15.8　非线性光子慢光器件的色散限制

早先,我们提到由于能量守恒,在所有慢光结构中能量密度随减慢因子按比例增加。在原子结构中,能量被转移到原子激发,而在光子慢光器件中,能量保持在电磁场中,电场的平方以减慢因子 S_{CRS} 被增强。除此之外,慢光传输还以因子 S 增强了光与物质之间的相互作用。因此,如果我们将慢光传输结合到非线性器件中,就可以期望将它的性能增强 S^m 倍,这里 m 取决于非线性效应的阶数。本书第 9 章已详细地描述了利用慢光效应的很多非线性器件[36][37][38],在本章中,我们只考虑一种重要的非线性效应——非线性折射率调制,也称为光克尔效应。在非线性克尔介质中,折射率取决于光的功率密度 I:

$$n(I) = \bar{n} + n_2 I \qquad (15.79)$$

其中,n_2 是非线性折射率,在谐振附近由于光的吸收,折射率可能发射变化。例如,如果我们考虑半导体介质,吸收导致在导带底产生电子而在价带顶产生空穴。结果,当自由载流子吸收增加时带间吸收被饱和,那么,根据 Kramers-Kronig 关系(见式(15.7)),折射率将发生变化。由于载流子的累积,折射率的变化可以相当大,但变化也很慢,因为载流子的复合需要花较长时间。这类近谐振非线性通常称为慢非线性,因为它发生在数百皮秒甚至更长的时间尺度上。但是,还存在非线性折射率变化的超快分量,它与载流子的虚拟激发相联系。

超快虚拟分量的速度与相对于谐振的失谐量成正比,可以比 100 fs 还快。这种几乎瞬时的非线性在超快全光器件中的应用引起人们的兴趣,n_2 的典型值从石英的 3×10^{-16} cm²/W 变化到Ⅲ-Ⅴ族半导体的 10^{-13} cm²/W[39]。

非线性开关最简单的例子包含一个弱信号和一个强光泵浦(见图 15.16(a)),泵浦导致的折射率变化造成信号相位的变化:

$$\Delta\Phi_s = \Delta kL = \frac{2\pi}{\lambda_0} n_2 I_p L \tag{15.80}$$

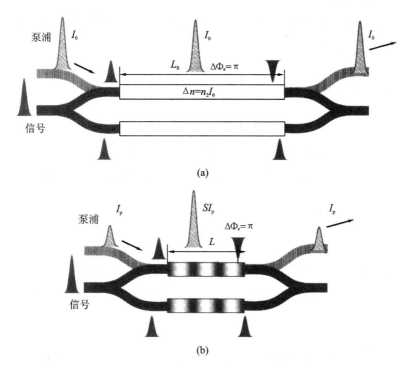

图 15.16　(a)具有非线性结构的 MZI 超快全光开关;(b)具有慢光非线性结构的全光开关

如果将非线性器件置于干涉仪的一条臂中,如图 15.16(a)所示的马赫-泽德干涉仪,那么,当光诱导的相移为 $\Delta\Phi_s = \pi$ 时,可以实现全光交换。如果我们考虑不同的交换方案,如基于定向耦合器或光栅,当诱导出 π 量级的相移时,仍可以发生完全交换,那么可以定义交换输入功率密度和交换长度,它们有以下关系:

$$I_0 L_0 = \frac{\lambda_0}{2n_2} \tag{15.81}$$

因为非线性折射率较小，而且交换器件的微型化很重要，因此器件内的光强通常接近光损伤阈值。对于半导体，这个强度（皮秒脉冲宽度）在 $I_0 \approx 10^9$ W/cm^2 的数量级。这个功率密度可以通过将 5 W 峰值功率的锁模光纤激光聚焦到模式尺寸大约为 1 μm^2 的波导中实现，这导致在 1550 nm 波长交换长度 L_0 大约为 0.75 cm。正是数瓦峰值功率的这个要求，阻碍了超快光交换的实际应用。现在，让我们看看慢光能否显著影响这个现状。下面考虑置于 MZI 一个分支中的 CRS 结构（见图 15.16(b)）。

此时，在 CRS 结构内光强（从而电场的平方）以减慢因子 S 被增强，折射率的非线性变化为

$$\Delta n = n_2 I_p S \tag{15.82}$$

通过时间的变化为

$$\Delta \tau = \frac{\Delta n}{\bar{n}} \tau \tag{15.83}$$

然后，我们对色散关系（见式(15.66)）取微分，得到信号的波矢的变化为

$$\Delta k = \kappa^{-1} \frac{\omega}{d} \Delta \tau = S \frac{\omega \tau}{d n} \Delta n = S \frac{\omega}{c} \frac{c \tau}{d n} \Delta n = S \frac{2\pi}{\lambda_0} \Delta n = S^2 \frac{2\pi}{\lambda_0} n_2 I_p \tag{15.84}$$

新的交换条件为

$$S^2 I_p L = \frac{\lambda_0}{2 n_2} \tag{15.85}$$

因此，通过减慢泵浦和信号，可以将交换功率与长度的积减小到 $1/S^2$ 倍。为了量化慢光效应，可以将交换强度和长度分别相对于 I_0 和 L_0 归一化为 $p_s = I_p/I_0$ 和 $l_s = L/L_0$，那么，交换条件式(15.85)变为

$$p_s l_s = S^{-2} = \kappa^2 \tag{15.86}$$

因为在慢光结构内部泵浦的功率密度 I_p/κ 不应超过光损伤阈值 I_0，利用式(15.86)，我们得到限制条件：

$$p_s \leqslant l_s \tag{15.87}$$

将式(15.86)代入 GVD 对比特率强加的限制式(15.71)，可以得到[40]：

$$16(\ln 2)^2 \frac{\bar{n}}{c} \tau^2 L_0 (1 - i_s l_s) B^3 \frac{l_s}{(p_s l_s)^{3/2}} = (1 - p_s l_s) \frac{B^3}{B_{cut,nl}^3 p_s^{3/2} l_s^{1/2}} < 1 \tag{15.88}$$

其中，我们引入了非线性截止比特率为

$$B_{cut,nl} = (4\ln 2)^{-2/3} \tau^{-2/3} \tau_{T0}^{-1/3} \approx 0.5 \tau^{-1} \left(\frac{L_0}{d} \right)^{-1/3} \tag{15.89}$$

其中，通过 L_0 的渡越时间为

$$\tau_{T0} = \frac{\bar{n}}{c} L_0 \qquad (15.90)$$

在这些术语中,定义 $B_{\text{cut,nl}}$ 为慢光 CRS 能带来好处的最大比特率,所谓的好处也就是器件长度或工作功率的减小。截止比特率的起源是群速度色散,当我们增加比特率时,群速度色散变得很大,我们不得不增加耦合系数 κ 从而减小减慢因子。那么,为了维持交换条件式(15.85),我们被迫增加功率从而减小了慢光的效益。最后,当比特率接近 $B_{\text{cut,nl}}$ 时,减慢因子将接近 1,表明慢光的效益荡然无存。我们可以将式(15.89)变换成:

$$B_{\text{cut,nl}} \approx 1.25 \nu_0 F_{\text{CRS}}^{2/3} \left(\frac{\Delta n_{\text{max,nl}}}{\bar{n}} \right)^{1/3} \qquad (15.91)$$

式中:$\Delta n_{\text{max,nl}} = n_2 I_0$,是在给定的材料中可实现的最大非线性折射率变化。

为了得到大的 $B_{\text{cut,nl}}$,我们需要好的非线性材料(也就是大的 $\Delta n_{\text{max,nl}}$)和强 CRS。注意到,式(15.89)中的截止比特率与渡越时间的 1/3 次幂有关,这与单一谐振腔器件(如单一的环形谐振器)强得多的渡越时间限制形成鲜明的对比。CRS 的这一带宽优势直接源于这个事实:与单腔不同,CRS 本质上是一个行波器件。

对于 $\tau = 25$ fs 半导体光子晶体,我们得到 $B_{\text{cut,nl}} = 1.5$ Tb/s;而在 $\tau = 100$ fs 的耦合环形谐振器结构中,$B_{\text{cut,nl}} = 600$ Gb/s。这是令人印象深刻的带宽,但是,这对在实际中实现超快光子交换就足够了吗?

在图 15.17 中,我们绘出了当器件的长度不同时,对于模式尺寸为 $1 \ \mu m^2$ 的 GaAs 光子晶体,比特率随输入交换功率的变化关系。结果虽不错,但不是真正的压倒性优势。在 100 Gb/s 的比特率下,我们在以大约 200 mW 功率驱动的 300 μm 长器件中实现了光交换。但是,当比特率接近截止比特率时,甚至在 300 Gb/s 比特率下,我们仍需以 1 W 功率驱动的 1 mm 长器件——尽管相比非结构器件有了改进,但很可能不够好,不能制成具有 3 pJ 交换能量的实用器件。

对于低于 10 Gb/s 的相对低的比特率,改进相当明显——器件长度可以只有 10 μm 长,交换功率为 10 mW,这能使器件更加实用。但是,交换能量的减小不是很多——每比特仍需 1 pJ,或至少比电子器件中的高三个数量级。

因此,我们可以简单地将本节做一总结,结论如下:慢光光子结构肯定能改进非线性器件的性能,但是,随着带宽的增加,这些改进将不复存在。每个特定任务的慢光适用性问题,需要考虑个体的基础。

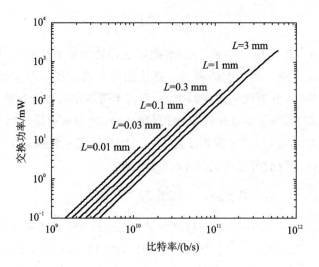

图 15.17 在 GaAs 超快开关中,对于 6 个不同的器件
长度,交换功率随比特率的变化关系

15.9 结论

在本章中,我们在最一般的条件下,考虑了群速度色散和损耗色散强加于慢光结构性能的带宽限制,线性和非线性器件都做了考虑。我们的主要结论是,对任何工作,不论是存储 N 比特信息、执行光子交换,还是其他,我们总可以定义一个截止比特率(对于模拟器件是带宽),超过这个值时慢光所有清晰显示的效益将不复存在。对于延迟线的情况,这并不意味着在给定的比特率下我们不能存储超过一定数量的比特数,它所意指的是:当超过截止比特率时,减慢因子如此接近于1,延迟线不比光纤线圈短。通过比较慢光原子方案和光子方案,我们发现它们的性能特性是互补的:原子慢光结构对小容量的相对窄带宽的信号表现最好,但它们能实现非常大的减慢因子;光子慢光结构在存储具有适度减慢因子的宽带宽信号的中等比特数和用于非线性操纵时表现最好。

🏛 参考文献

[1] K. -J. Boller, A. Imamoglu, and S. E. Harris, Observation of EIT, Phys. Rev. Lett. ,66,2593-2596 (1991).

[2] S. E. Harris, J. E. Field, and A. Kasapi, Dispersive properties of EIT, Phys. Rev. A. 46, R39-R32 (1992).

[3] A. Kasapi, M. Jain, G. Y. Jin, and S. E. Harris, EIT: Propagation dynamics, Phys. Rev. Lett. ,74, 2447-2450 (1995).

[4] L. V. Hau, S. E. Harris, Z. Dutton, and C. H. Behroozi, Light speed reduction to 17 metres per second in an ultracold atomic gas, Nature, 397, 594-596 (1999).

[5] D. F. Phillips, A. Fleischhauer, A. Mair, R. L. Walsworth, and M. D. Lukin, Storage of light in atomic vapor, Phys Rev Lett, 86, 783-786 (2001).

[6] Y. Tao, Y. Sugimoto, S. Lan, N. Ikeda, Y. Tanaka, and Y. K. Asakawa, Transmission properties of coupled-cavity waveguides based on two-dimensional photonic crystals with a triangular lattice of air holes, J. Opt. Soc. Am. B, 20, 1992-1998 (2003).

[7] S. Nishikawa, S. Lan, N. Ikeda, Y. Sugimoto, H. Ishikawa, and K. Asakawa, Optical characterization of photonic crystal delay lines based on one-dimensional coupled defects, Opt. Lett. ,27, 2079-2081 (2002).

[8] Y. Sugimoto, S. Lan, S. Nishikawa, N. Ikeda, H. Ishikawa, and K. Asakawa, Design and fabrication of impurity band-based photonic crystal waveguides for optical delay lines, Appl. Phys. Lett. , 81, 1948-1950 (2002).

[9] Y. Okawachi, M. S. Bigelow, J. E. Sharping, Z. Zhu, A. Schweinsberg, D. J. Gauthier, R. W. Boyd, and L. Gaeta, Tunable all-optical delays via Brillouin slow light in an optical fiber, Phys. Rev. Lett. ,94, 153902 (2005).

[10] J. E. Sharping, Y. Okawachi, and A. L. Gaeta, Wide bandwidth slow light using a Raman fiber amplifier, Opt. Express, 13, 692 (2005).

[11] F. Öhman, K. Yvind, and J. Mørk, Voltage-controlled slow light in an integrated semiconductor structure with net gain, Opt. Express, 14(21), 9955 (2006).

[12] R. W. Boyd, D. J. Gauthier, A. L. Gaeta, and A. E. Willner, Maximum

time delay achievable on propagation through a slow-light medium, Phys. Rev. A,71,023801 (2005).

[13] A. B. Matsko,D. V. Strekalov,and L. Maleki,On the dynamic range of optical delay lines based on coherent atomic media,Opt. Express,13, 2210-2223 (2005).

[14] R. S. Tucker,P. -C. Ku,and C. J. Chang-Hasnain,Slow-light optical buffers:Capabilities and fundamental limitations,J. Lightwave Technol. ,23,4046-4065 (2005).

[15] J. B. Khurgin,Optical buffers based on slow light in EIT media and coupled resonator structures—comparative analysis,J. Opt. Soc. Am. B,22, 1062-1074 (2005).

[16] J. B. Khurgin,Performance limits of delay lines based on optical amplifiers,Opt. Lett. 31(7),948-950 (2006).

[17] D. A. B. Miller,Fundamental limits of optical components,JOSA B,24 (10),A1-A18 (2007).

[18] T. Erdogan,Fiber grating spectra,J. Lightwave Technol. ,15(8),1277-1294 (1997).

[19] R. M. Camacho,M. V. Pack,and J. C. Howell,Low-distortion slow light using two absorption resonances,Phys. Rev. A,73,063812 (2006).

[20] N. M. Litchinitser,B. J. Eggleton,and G. P. Agrawal,Dispersion of cascaded fiber gratings in WDM lightwave systems,J. Lightwave Technol. ,16,1523-1529 (1999).

[21] S. Wang,S. Erlig,H. Fetterman,H. R. Yablonovitch,E. Grubsky,V. Starodubov,and D. S. Feinberg,Group velocity dispersion cancellation and additive group delays by cascaded fiber Bragg gratings in transmission,J. Microwave Guided Wave Lett. ,8,327-329 (1998).

[22] J. B. Khurgin,J. U. Kang,and Y. J. Ding,Ultrabroad-bandwidth electro-optic modulator based on a cascaded Bragg grating,Opt. Lett. , 25,70-72 (2000).

[23] M. S. Bigelow,N. N. Lepeshkin,and R. W. Boyd,Observation of

ultraslow light propagation in a ruby crystal at room temperature, Phys. Rev. Lett. ,88,023602 (2002).

[24] A. V. Turukhin, V. S. Sudarshanam, M. S. Shahriar, and P. R. Hemmer, Observation of ultraslow and stored light pulses in a solid, Phys. Rev. Lett. ,88,023602 (2002).

[25] R. M. Camacho, M. V. Pack, and J. C. Howell, Slow light with large fractional delays by spectral hole-burning in rubidium vapor, Phys. Rev. A, 74,033801 (2006).

[26] M. D. Lukin, M. Fleichhauer, A. S. Zibrov, and M. O. Scully, Spectroscopy in dense coherent media: Line narrowing and interference effects, Phys. Rev. Lett. ,79,2959-2962 (1997).

[27] P. C. Ku, C. J. Chang-Hasnain, and S. L. Chuang, Variable semiconductor all-optical buffers, Electron. Lett. ,38,1581-1583 (2002).

[28] J. B. Khurgin, Light slowing down in Moire fiber gratings and its implications for nonlinear optics, Phys. Rev. A,62,3821-3824 (2000).

[29] S. Longhi, D. Janner, G. Galzerano, G. Della Valle, D. Gatti, and P. Laporta. Optical buffering in phase-shifted fibre gratings, Electron. Lett. ,41,1075-1077 (2005).

[30] A. Yariv, Y. Xu, R. K Lee, and A. Scherer, Coupled-resonator optical waveguide: A proposal and analysis, Opt. Lett. ,24,711-713 (1999).

[31] C. K. Madsen and G. Lenz, Optical all-pass filters for phase response design with applications for dispersion compensation, IEEE Photon Technol. Lett. ,10,994-996 (1998).

[32] A. Melloni, F. Morichetti, and M. Martnelli, Linear and nonlinear pulse propagation in coupled resonator slow-wave optical structures, Opt. Quantum Electron. ,35,365-378 (2003).

[33] Z. Wang, and S. Fan, Compact all-pass filters in photonic crystals as the building block for high-capacity optical delay lines, Phys. Rev. E, 68, 066616-23 (2003).

[34] F. Xia, L. Sekaric, and Y. Vlasov, Ultracompact optical buffers on a

silicon chip, Nat. Photon. ,1,65-71 (2006).

[35] J. B. Khurgin, Dispersion and loss limitations on the performance of optical delay lines based on coupled resonant structures, Opt. Lett. ,32, 163-165 (2007).

[36] M. Scalora, J. P Dowling, C. M. Bowden, and M. J. Bloemer, Optical limiting and switching of ultrashort pulses in nonlinear photonic band gap materials, Phys. Rev. Lett. ,73,1368-1371 (1994).

[37] A. Hache and M. Bourgeois. Ultrafast all-optical switching in a silicon-based photonic crystal. Appl. Phys. Lett. ,77,4089-4091(2000).

[38] M. Soljacic. S. G. Johnson, S. Fan, M. Inanescu, E. Ippen, and J. D. Joannopulos, Photonic-crystal slow-light enhancement of nonlinear phase sensitivity, J. Opt. Soc. Am. B,19,2052(2002).

[39] D. A. Nikogosyan. Properties of Optical and Laser Related Materials. A Handbbok. Wiley. N Y. 1997.

[40] J. B. Khurgin, Performance of nonlinear photonic crystal devices at high bit rates. Opt. Lett. ,30,643-645(2005).

第 16 章
基于慢光可调谐光延迟线的可重构信号处理

16.1　引言

作为一项很有潜力的技术,慢光在过去几年中在获得连续可调谐光延迟线方面吸引了很多研究者的兴趣[1]。从原理上,慢光是通过在给定的非线性介质中对增强的群折射率谐振进行修饰来产生的。传输的数据流经过这个有效折射率变化,并由此对信号引起可控群延迟。基于慢光的光延迟线的主要特征是对光脉冲的细粒时间操纵能力。可以设想,这种精细可调谐延迟元件将对各种大带宽信号处理功能和应用非常有用。

通常,信号处理被认为是实现许多通信功能和系统性能提升的一种高效且强大的手段[2][3]。期望能够完全在光域内进行信号处理,这样可能减少任何光-电转换带来的低效率,并利用光器件固有的超大带宽优势[4][5]。获得高效且可重构光信号处理的最基本的构建模块之一是连续可调谐光延迟线,而这个元件历来难以实现[6]。这类延迟线的应用包括:①比特交织、复用/解复用和开关的精确同步[7];②用于信号均衡、光滤波和色散补偿[8][9];③在动态网络环境中的数据包同步、交换、时隙互换和缓存[10]。

可调谐延迟线已经通过改变自由空间或光波导的传输路径实现了,这些路径从预先设计的光程的组合中选择[7]。这种技术只能制备有限集的离散延迟线,随着延迟线级数的增加变得更加笨重且损耗增大。而且,延迟分辨率通常被限制到亚纳秒,这由最短光程决定[11]。从系统的角度,对可调谐光延迟线的一部分"期望清单"应当包括:①连续可调谐性;②宽带宽;③振幅、频率和相位保持;④大调谐范围;⑤快重构速度。这种延迟在光域内提供灵活的时域数据整理。

慢光现在被视为实现这种可调谐光延迟线的强有力的候选者。然而,为了在最小系统功率代价下实现数据信号最大可能的延迟,我们需要克服和补偿任何慢光感应信号劣化效应[12]~[15]。在任何实用的信号处理模块设计之前,数据保真度被认为是要解决的主要问题之一。

作为确定基于慢光的延迟线应用潜在目标领域的第一步,需要很好地理解光域的独特特性,下面列出了一些希望具有的特性。

(1)高速能力:为支持高速数据流,明智选择不同带宽限制的慢光材料。

(2)保持光学特性:保持相位信息的能力,以便支持不同的数据调制格式。

(3)多信道工作:在单一慢光器件中对多个波长信道独立延迟的能力。

(4)输入比特率可变:通过动态调节延迟元件,可适用于不同的输入比特率。

(5)同时多功能:在单一介质中同时完成多个处理任务。

这些特性连同吸引人的可调谐延迟特性一起,是建立可重构信号处理平台、超高速提取和处理多维度信息的关键。

本章的结构安排如下。在16.2节,我们给出慢光技术的简要综述,重点在于利用这种可调谐延迟线实现各种信号处理应用。这一节认真讨论了慢光感应的数据劣化,并明确了信号失真的一个主要原因是慢光延迟与数据模式相关。16.3节介绍了相位保持慢光,给出了对于 10 Gb/s 差分相移键控(DPSK)信号慢光延迟线的实验结果,表明慢光延迟对 DPSK 数据模式的相关性减小。另外还证实了利用先进的多级相位调制格式(即差分四相相移键控(DQPSK))的频谱高效的慢光。16.4节给出了基于慢光的新型信号处理应用的进展,重点强调了其独有的特性,如多信道工作、可变比特率工作和同时多功能,并给出了具体的例子。最后在 16.5 节进行了总结,简要讨论了未来的研究方向。

16.2 基于慢光的可调谐延迟线

16.2.1 慢光技术概述

慢光技术旨在减小和控制光脉冲的群速度。慢光技术的关键特性集中在当光通过介质时,对其引入相对大的折射率变化的能力。这使得光脉冲内不同波分量的传输速度不同,从而影响光脉冲包络的群速度。通过使材料的色散足够强,群速度可以被减小到显著低于真空中的光速,这为控制传输信息的速度提供了充分的机会。典型地,在慢光介质的振幅响应中实现谐振,具体可通过尖锐的吸收或增益峰[11][16]或与增益谱有类似效应的损耗背景中的透明窗口[17]实现。在大多数情况下,这种理解可以为在潜在介质中寻找慢光现象提供一条线索。

目前,文献已经报道了在大量介质中利用不同物理机制观察慢光,这些物理机制包括电磁感应透明(EIT)[17][18]、相干布居振荡(CPO)[19][20]、受激散射效应(受激布里渊散射(SBS)[21]~[25]和受激拉曼散射(SRS)[26][27][28])、光参量放大器(OPA)[29][30][31]、耦合腔光波导(CROW)[32][33][34]、光子晶体结构[35][36][37],以及各种其他方案[38][39][40]。

给定具体的物理机制,不同慢光介质的特性也可能会相当不同。例如,慢光带宽可以从赫兹到太赫兹变化,这取决于慢光材料和非线性过程[19][27]。还可以按照慢光谐振的振幅和相位响应对不同方案分类。例如,如图 16.1 所示,在 SBS 效应中,增益谱和延迟谱都具有窄带剖面。最大延迟发生在峰值增益波长处,在该点色散理论上为零。相反,在非线性参量过程中,如果泵浦光在零色散波长的红侧(长波侧),则增益剖面具有双边带峰特性且延迟随频率趋于线性变化,这意味着延迟不一定必须发生在增益峰值处,且在整个增益带宽内需要考虑色散。在参考文献[41]~[44]中还可以看到对不同慢光技术更具体的比较分析。

我们注意到,作为一个典型的慢光谐振,洛伦兹型增益剖面已被广泛观察到[16][17][21]~[26][28][45]。这种普遍性从根本上来自于决定了折射率的虚部和实部的 Kramers-Kronig 关系。作为洛伦兹谐振一个很好的代表,基于 SBS 的慢

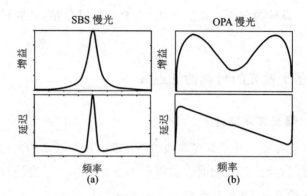

图 16.1 (a)、(b)基于 SBS 和 OPA 慢光的增益和延迟剖面,说明不同
慢光方案可以按照它们的特征振幅和相位响应来分类

光近年来吸引了相当多的关注。同时,基于 SBS 的慢光还具有如下优点:①宽
波长可调谐性;②低控制功率要求;③室温工作;④与光纤系统的无缝集成。
然而,传统 SBS 慢光的主要问题是几十兆赫兹的带宽限制。由于布里渊增益
带宽固有的窄,因此比特率通常被限制在每秒几十兆位的量级。

最近的突破已经将 SBS 增益带宽从几十兆赫兹[21][22]扩展到几十吉赫
兹[23][24][25],使其可以实现多 Gb/s 数据流的传输。通常,宽带 SBS 是通过频
率调制一个相干泵浦激光器实现的,这等效于展宽泵浦光的谱宽,从而展宽了
SBS 增益/延迟带宽。涉及泵浦展宽的技术包括:①基于伪随机比特序列
(PRBS)调制[23]或高斯噪声调制的泵浦激光的直接调制[24];②外相位调制[46];
③简单且非相干频谱切片的放大自发辐射(ASE)泵浦[47]。这些优点使得通过
SBS 慢光介质传输多 Gb/s 数据信号成为可能[14][46][48][49],使 SBS 机制在实际
系统中颇有希望。

其他一些有希望的宽带慢光技术也已经能够用于传输 Gb/s 及更高速率
的光信号,它们包括:①光纤中和硅芯片上的 SRS[27][28];②光纤中的 OPA 过
程[15][31];③半导体光放大器(SOA)中的非线性过程[50][51]。这些技术与 SBS
效应一起,为未来多 Gb/s 及更高速率的光开关和信号处理带来了希望。

16.2.2 基于慢光的可调谐延迟线的应用

人们认为,可调谐宽带延迟线的有效性能够显著提高未来可重构光网络
的效率和吞吐量[10]。因此,精确、宽可调谐光延迟线是未来光交换网络实现同
步、帧头识别、缓存、光时分复用和均衡的关键所在。有希望的基于慢光的可

调谐延迟线被认为在如下信号处理领域有直接的应用,如图 16.2 所示。

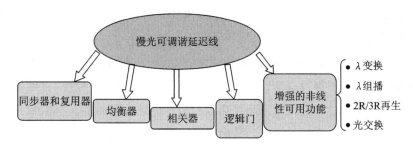

图 16.2　慢光可调谐延迟线在光信号处理领域中的应用

(1)光同步和复用[52]~[56]:同步多个未对准的输入数据流是光延迟的基本功能之一,几乎也是任何后序处理的前提条件。光时分复用(OTDM)是一个例子,它要求精确地将每个较低速率信号分配到特定的时隙中。这在发生帧头识别、缓存和时间切换的同步光包交换网络中也很重要。还可以构建依赖于比特级或分组级(包级)同步器的先进模块,如串行→并行转换器(时分复用→波分复用,TDM→WDM),并行→串行转换器(波分复用→时分复用,WDM→TDM),以及时隙交换器。

(2)光均衡[8][57][58]:均衡器可以用来减轻码间干扰和光纤色散效应的损伤。典型地,可采用将抽头光延迟线合并在内的干涉仪结构来设计光均衡器。基于慢光的可调谐延迟线是潜在的候选者,因为延迟可以精确并灵活地调节,能实现带宽可调谐工作并支持可变输入比特率信号。基于延迟线干涉仪(DLI)的 DPSK 解调器也可以看作是一种类似滤波器的均衡器。

(3)光学相关[59][60]:光学相关被认为是模式/帧头匹配和阈值化不可缺少的一项功能,而基本的"延迟和堆栈"功能强化了对快调谐速度和高调谐精度的要求。基于慢光的延迟线具备这些优点,因此被认为是潜在的候选者。

(4)光逻辑门[61][62]:完全在光域内进行逻辑运算是未来光网络所期待的,未来光网络的积极目标是信号处理速度大于 100 Gb/s,且有对模式和比特率透明的潜力。基于慢光的可调谐延迟线预期可以在 XOR 型奇偶校验、差分相位编码器和基于更复杂环路加法器的校验及处理中发现其应用价值。

(5)增强的非线性相互作用[63][64]:通过减小光的群速度,在一定的光子器件中,通过大大增加微小折射率变化导致的感应相移,可以实现非线性增强。可预见到的利用这种增强的非线性相移的关键应用包括:波长变换、波长组播、2R/3R 再生和光交换。关键参数如非线性系数、带宽、有效作用长度、偏振敏感度和调谐速度直接与慢光介质有关,预期的优点包括高消光比、可忽略的频率啁啾、数据格式透明和可扩展到多信道。

然而,慢光要在实际系统中应用,必须仔细考虑与可调谐延迟线有关的关键参数。每个应用都对基于慢光的器件施加了一定的度量标准,以证明其在实际光学系统中的特定应用。一些典型的延迟度量标准如下。

(1)延迟带宽:获得一定延迟量时的光学带宽。

(2)最大延迟:可以得到的最大延迟量。

(3)延迟范围:延迟可以实现的调谐范围(从最小到最大)。

(4)延迟分辨率:最小步进的延迟调谐步长。

(5)延迟精度:实际延迟值占理想延迟值的精确百分比。

(6)延迟重构时间:延迟从一种状态切换到另一种稳定状态所需的时间。

(7)分数(归一化)延迟:绝对延迟值除以脉冲宽度(比特时间),这对延迟/存储容量很重要。

(8)延迟损耗:对于给定的慢光机制,单位延迟导致的损耗量。单位延迟损耗量越小越好。

16.2.3　慢光感应的数据失真及其减轻

从信号处理和通信的角度,人们更希望通过充分利用慢光带宽以及获得尽可能大的延迟,来传输尽可能高比特率的信号。这要求有完美的慢光介质(但至今尚未实现),它具有恒定的振幅响应和线性相位响应。然而,几乎所有类型的慢光介质都显示出群折射率对频率的非线性依赖关系,这不仅导致获得的延迟中伴随着色散效应,还由振幅响应引起了一些"滤波"效应。信号延迟和信号质量间的权衡来源于延迟-带宽积,且一直被认为是慢光系统的基本限制。这个基本的权衡已经在由洛伦兹型谐振[13][41][48][65]和非洛伦兹型谐振[15][41][42][44]描述的系统中深入研究过。

我们强调的是,大多数研究只考虑了一个或几个脉冲在慢光介质中的传输。然而,通信系统传输的是具有各种各样的信息承载模式的真实数据流,不同慢光介质可能导致不同的模式效应[12]~[15],且需要根据特定的振幅和相位响应仔细分析。而且,设计和优化慢光元件来减小模式相关的失真,同时最大化引入的延迟成为慢光研究的重要方面。

16.2.3.1 数据模式相关失真

我们从折射率具有典型的洛伦兹型虚部的慢光元件的建模开始,其实部由 Kramers-Kronig 关系决定。慢光带宽可以从 5 GHz 到 50 GHz 灵活调谐,因此可适用于 10 Gb/s 非归零(NRZ)开关键控(OOK)信号。我们注意到,当延迟和增益均达到它们的最大值时,色散为零,信号载波中心位于增益峰值波长处,从而获得最大的延迟。

为突出慢光引入的模式相关失真,我们通过考查振幅和相位的响应来表征输出数据模式,振幅和相位的响应反映到数据信号上是模式相关增益和模式相关延迟。

借助于图 16.3,我们可以看出经过慢光介质后光脉冲的峰值功率明显依赖于数据模式。例如,连续的“1”比特(“0110”模式)比单一的“1”比特(“010”模式)具有更高的“1”电平功率,这使得眼图中“1”电平分裂且因此导致信号严重失真。这种失真是由模式相关增益引起的,可以做如下解释:当信号载波正处于增益峰值且比特率与慢光元件的带宽可比时,我们注意到在信号光谱中,相对于载波而言的较低频和较高频分量处于低增益区。连续的“1”比特的频率分量更接近载波,因此比单一的“1”比特的增益高,单独“1”比特的频率分量在低增益区扩展,结果是连续的“1”比特获得更高的峰值功率并引起输出端的“1”电平分裂。

洛伦兹型谐振不仅具有引起前面所述模式相关增益的窄带振幅响应的特性,而且还具有窄带延迟响应特征(见图 16.1)。结果是连续的“1”比特的频率分量更接近延迟峰值,因此相比单一的“1”比特经历更大的延迟。这种模式相关的延迟效应如图 16.3 所示。

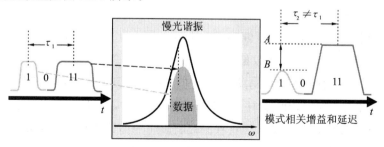

图 16.3 数据模式相关失真的起源。图中显示,模式相关增益和延迟
　　　是造成劣化的两个主要原因

我们在图 16.4 中量化了这两种模式效应,其中用电平比(定义为 B/A,见图 16.3)作为获得模式相关增益的关键参数。这里,我们用两种组合"010"比"01110"和"0110"比"01110",来考虑三种典型模式中的电平比。如图 16.4(a)所示,这两种组合的电平比都随慢光带宽的减小而迅速降低。对于慢光带宽等于信号比特率的典型情况,大于 30% 的电平比存在于"010"比"01110"的情况,意味着"010"模式是数据保真度的限制因素。

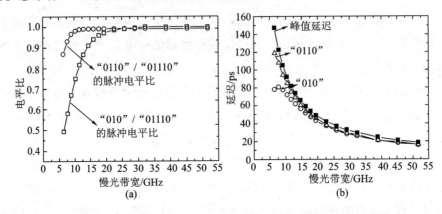

图 16.4　慢光感应的模式相关增益和延迟的量化。(a)数据模式两种典型组合的电平比与慢光带宽;(b)两种典型模式的延迟与慢光带宽

图 16.4(b)给出了不同数据模式的脉冲延迟与慢光带宽的关系,计算的峰值延迟(频率相关延迟曲线上的最大延迟,见图 16.1)作为不同类型数据模式的上限。图中给出了两种典型的模式"010"和"0110",以及延迟差随慢光带宽的减小而增加的情况。在一些极限情况下,模式相关延迟可能引起特定模式(例如,对于数据流"011010","0110"模式可能追上"010"模式)间的脉冲碰撞,因此会引起高误码率(BER)。

在认同并量化了来自振幅和相位响应的两个劣化效应后,重要的是确定这两个响应中的哪一个在数据劣化中扮演了重要角色。在我们的慢光模型中,通过在某个时刻人为地消除一种响应的方法来突出振幅响应或相位响应。图 16.5 给出了在只有振幅响应或只有相位响应时,或者两者都有时,信号 Q 因子与慢光带宽的函数关系。只有振幅响应时的曲线几乎与两种效应都有时的曲线相同,而只有相位响应的曲线整体显现出更好的性能,这意味着窄带振幅响应及由此产生的模式相关增益是数据劣化的主要因素。我们强调,对于洛伦兹型谐振峰值增益处的二阶色散为零,这意味着色散效应感应的脉冲展宽相对很小。

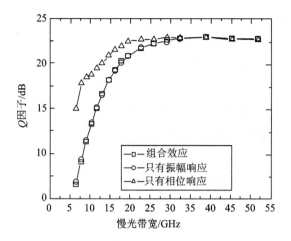

图 16.5　分离振幅响应和相位响应对信号质量（Q 因子）的影响,振幅响应
　　　　是造成信号失真的主要因素

作为比较,非洛伦兹型慢光可能显示出不同类型的模式相关失真。如图 16.6 所示,对基于 OPA 的慢光方案,振幅响应对模式效应的贡献并不显著。相反,相位响应感应的色散效应起到了主要作用。而且,与不同格式相联系的各种各样的相位模式也是信号劣化的因素。结果是数据模式相关失真不仅表现在脉冲展宽和融合上,还表现在"1"电平的涨落和"0"电平的上升[15]上。

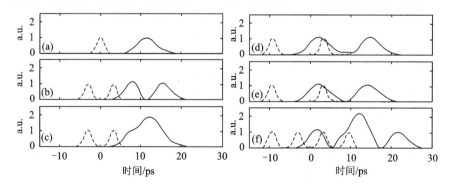

图 16.6　基于 OPA 慢光方案引起的不同数据模式相关性的举例。(a)单一脉冲;
　　　　(b)两个连续"1";(c)具有相反相位的两个连续"1";(d)被"0"分开的两个
　　　　"1"(1 0 1);(e)被"0"分开的具有相反相位的两个"1"(1 0 −1);(f)成对交替
　　　　相位-载波抑制归零(PAP-CSRZ)的典型模式(1 1 −1 −1)(经许可,引自
　　　　Liu,F.,Su,Y.,and Voss,P. L.,Proc. OFC,Anaheim,CA,paper OWB5,2007.)

16.2.3.2 品质因数

发展一套通用的品质因数(FOM)来比较不同慢光方案间的权衡,这引起了很多研究者的兴趣。因此,我们需要仔细考虑慢光感应的数据劣化,以便在脉冲延迟和信号质量之间保持平衡。迫切需要回答的问题是,什么是最优的慢光元件工作条件?

这里,我们定义两个 FOM 以找到最优的慢光带宽。为了使其更具一般性,用信号比特率对慢光带宽进行了归一化,用比特时间对脉冲延迟进行了归一化,后者称为归一化延迟。脉冲延迟是对单一"1"脉冲测量的;与文献中常用的分数延迟(定义为脉冲延迟除以脉冲宽度)相比,这里定义的归一化延迟从通信系统的角度看是更切实际的考虑。

第一个 FOM (FOM Ⅰ)定义为归一化延迟和信号 Q 因子的乘积。在图 16.7(a)中,我们给出了作为归一化慢光带宽函数的 FOM Ⅰ。当 FOM Ⅰ 最大时,我们便找到了对于 NRZ 信号的最优值,即归一化的慢光带宽等于 1.4。对于窄带慢光器件,FOM Ⅰ 由于信号 Q 因子的减小而迅速下降。由于延迟减小,FOM Ⅰ 在较宽的带宽范围也很小。

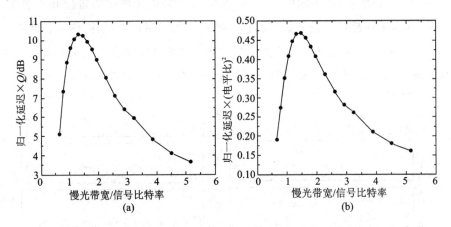

图 16.7 (a)FOM Ⅰ与归一化慢光带宽;(b)FOM Ⅱ与归一化慢光带宽。两个 FOM 均表明,最优的慢光带宽等于信号带宽的 1.4 倍。

电平比(B/A,见图 16.3)也可以用来度量数据信号经过慢光元件后的失真。我们定义 FOM Ⅱ 为归一化延迟和电平比平方的乘积,如图 16.7(b)所示,它与 FOM Ⅰ 有相似的变化趋势,且预言了一个与 FOM Ⅰ 给出的非常相似的最优的慢光带宽。这证实了在输出数据流中"1"电平分裂导致的垂直眼图闭合是信号失真的主要因素。利用 FOM Ⅱ，窄带慢光器件的系统影响可以通过计算简单得多的参数（电平比）来估计，因此器件研究者在优化慢光设计时不需要模拟整个系统并测量复杂的信号 Q 因子了。

我们注意到，FOM 的定义需要根据特定的慢光方案进行调整[43]，这说明 FOM 依赖于慢光机制特定的振幅和相位响应。例如，在评估和优化基于 OPA 的慢光方案中，用延迟除以眼图张开度代价（DOE）似乎更为恰当[15]。

16.2.3.3 失真减轻

本节我们介绍通过优化系统工作条件或设计新的慢光系统来减轻信号失真的不同方法。

这里，首先给出一种方法来减小洛伦兹型慢光元件中 NRZ-OOK 信号的数据模式相关性[13][65]。我们理解当信号频谱的中心位于谐振峰时，数据遭受最大的失真，因为"010"和"0110"的模式相关增益的差别最大。然而，如果设法使数据信道与谐振峰失谐一定的值，单一"1"比特和连续"1"比特的频率分量可能得到更为相似的增益，如图 16.8 表明的那样。这个结构潜在地使慢光元件输出端的峰值功率均衡化，并由此减小模式相关失真。我们注意到，使慢光谐振与信道失谐在减小失真上有类似的效果。

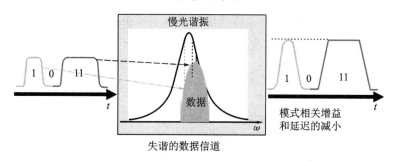

图 16.8　使信道从慢光谐振峰失谐来减小数据模式相关性的概念

图 16.9 定量给出了通过将信道从 14 GHz 带宽固定的慢光元件失谐后，10 Gb/s NRZ-OOK 信号质量的改善。与没有失谐的情况相比，正失谐和负失谐都得到了接近 2 dB 的信号 Q 因子提高。可以发现最优的失谐值在信号带宽的 40% 附近，且这种改善如预期的那样具有对称性。

人们还提出了通过审慎地修饰增益或吸收谐振形状来克服和减轻信号失真的方法。有趣的技术包括设计两个或多个增益谐振[49][66]~[69]，结果表明，利用这些技术可以有效地扩展延迟并保持很好的信号质量。例如，Stenner

等[66]已经证明,与最优的单增益谱线情况相比,利用一对增益谱线的失真管理可以提供约 2 倍的慢光脉冲延迟增加,并在最优带宽下得到 5 倍的延迟改善。

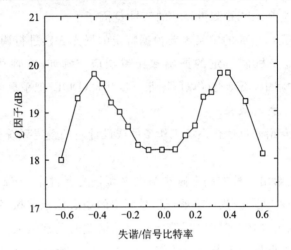

图 16.9　通过将信道与增益峰失谐实现数据模式相关性减小的模拟
　　　　结果,当以等于信号带宽 40％的失谐量向红侧和蓝侧失谐
　　　　时,均得到 2 dB 的 Q 因子改善

意识到延迟-带宽权衡对于线性谐振系统[9]是本征的,一些研究工作便从线性系统转移到了非线性系统。最近的研究[40]证明了光纤中布拉格光栅的非线性行为,通过形成带隙孤子,光脉冲在光栅中可以缓慢传输却在很长传输长度上始终保持不失真。如图 16.10 所示,Mok 等利用这个方法,通过调整输入脉冲强度,得到了两个半脉冲宽度的慢光延迟。

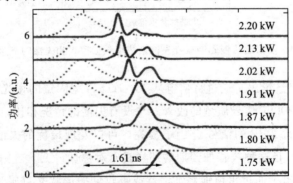

图 16.10　在光纤布拉格光栅中利用带隙孤子的慢光实验结果(经许可,引自 Mok,
　　　　J.,Sterke,C.,Littler,I.,and Eggleton,B. Nat. Phys.,2,775,2006.)

16.3　相位保持的慢光

我们强调,前面发表的几乎所有慢光系统的结果都是针对强度调制数据信号的。然而,相位编码调制形式,如 DPSK 和 DQPSK 以前还从未在慢光元件中研究过。DPSK 和 DQPSK 在光通信领域中越来越重要,因为它们有潜力增加接收机灵敏度、容忍各种光纤损伤以及提高光谱效率[70]。预期未来的光信号处理器应能够处理不同类型的调制格式[71][72]。要想使慢光可调谐延迟线真正成为异构通信系统中的通用器件,我们特别需要理解信息承载相位模式是如何保持的,以及信号在相位模式上能够承受多少分数延迟。此外,鉴定来自慢光非线性和先进调制格式组合效应的数据失真也非常重要,同时还要设计一些技术来减轻这些劣化。因此,一个值得赞赏的目标是,检验当多 Gb/s 相位编码数据信号在可调谐慢光元件中传输时的临界系统限制。

16.3.1　延迟 DPSK 信号

图 16.11 给出了减慢 10 Gb/s DPSK 信号的模拟和实验结果,慢光元件如16.2.3 节中讨论的那样解析建模。通过 8 GHz 带宽慢光元件之前和之后的DPSK 信号的相位模式如图 16.11(a)所示,可以看到相位模式延迟可达 46 ps,且对于延迟的副本差分 π 相位关系保持得相当好。

我们进一步进行 DPSK 慢光实验,该实验基于一段高非线性光纤(HN-LF)中的宽带 SBS 机制[23][24],具体的实验装置和关键参数可以参见参考文献[14]。我们注意到,在一比特延迟干涉仪(DI)后,在相长干涉的双二进制(DB)端和相消干涉的交替传号反转(AMI)端进行了 BER 测量。

图 16.11(b)给出了功率为 0 dBm 的 10.7 Gb/s NRZ-DPSK 信号在8 GHz SBS增益带宽下测量的延迟。测量的延迟随泵浦功率的增加呈很好的线性度,证明了可以连续控制 DPSK 相位模式的延迟的能力。还给出了在三种不同泵浦功率下平衡探测的 DPSK 眼图,在泵浦功率为 800 mW 时的最大延迟为 42 ps。对 10.7 Gb/s NRZ-DPSK 信号得到的 42 ps 延迟对应的分数延迟为 45%。

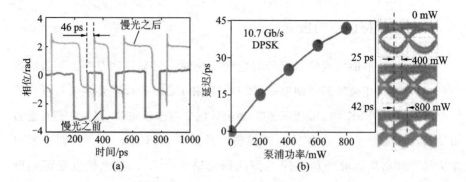

图 16.11　(a)10 Gb/s DPSK 信号在 8 GHz 带宽慢光元件之前和之后的相位模式
模拟结果,相位得到保持并被延迟了 46 ps;(b)DPSK 慢光的实验结果,
对 10.7 Gb/s DPSK 信号连续延迟达 42 ps

不久前,光纤中的 OPA 也被证明是可以减慢相位编码光信号的一种有希望的慢光延迟元件,它具有工作带宽更宽的潜在优点。Liu 等已经通过模拟证明,可以利用基于 OPA 的慢光来延迟 160 Gb/s DPSK 信号[15]。

16.3.2　DPSK 数据模式相关性及其减轻

与 OOK 格式类似,DPSK 格式在带宽限制的慢光元件中传输后也受到数据模式相关性的影响,这可以从图 16.11(b)中证实,平衡探测信号随慢光延迟的增加而显现出垂直方向眼图的闭合。为了评价信号的保真度,我们分析独立解调后 DI 的相长端口和相消端口。图 16.12 给出了通过慢光元件之前和之后的 10.7 Gb/s NRZ-DPSK 强度模式,记录位置分别刚好在解调之前(NRZ-DPSK)和刚好在解调之后(DB 和 AMI)。我们注意到,尽管 DPSK 数据模式相关性也起源于窄带振幅响应,但由于来自 DPSK 格式产生和探测的叠加效应,它仍值得小心对待。

如图 16.12 所示,当用马赫-泽德调制器作为典型的产生方法时,NRZ-DPSK 具有在相变过程中发生的残余强度调制的特征。我们可以将这些强度凹陷分为单独的“1”(两个连续凹陷之间)和连续的“1”(在两个分离较远的凹陷之间)。单独的“1”相比连续的“1”占据更高的频率分量,因此在通过一个窄带慢光谐振后将经历更少的增益。这个效应可以在通过慢光失真的 NRZ-DPSK 强度模式中清楚地看到(见图 16.12)。这个 NRZ-DPSK 经历的模式相关增益在两个解调端口转化为两类不同的数据模式相关性。对于

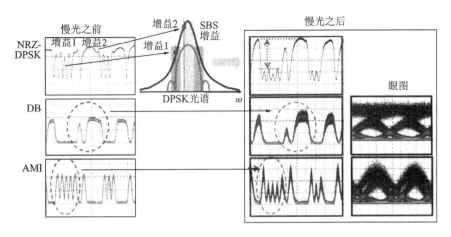

图 16.12　慢光感应的 DPSK 数据模式相关性：10.7 Gb/s NRZ-DPSK 信号通过一个 8 GHz 带宽的慢光元件，图中给出了刚好在慢光之前和慢光之后的 NRZ-DPSK、DB 和 AMI 的比特模式

DB 信号，长"1"的峰值功率远高于单"1"的峰值功率，可以这样解释：单"1"只是从 NRZ-DPSK 信号的两个连续"1"中解调出来的，由于慢光的三阶色散，两个连续"1"的上升时间慢得多[73]，这导致产生单"1"的相长干涉不充分。AMI 信号在一组"1"脉冲中展现出强的模式相关性。与中间的"1"相比，开头和结尾的"1"总是具有更高的峰值功率，因为它们都经历了不等功率的相长干涉，这个干涉来自延迟 NRZ-DPSK 模式一组分离凹陷中的边缘脉冲。DB 和 AMI 眼图都展现出了垂直数据模式相关性，而且，AMI 端口还具有不可忽略的脉冲走离特性，这可以归结于在一组"1"脉冲中，相比快速传输的中间脉冲，两个边缘脉冲具有较慢的上升和下降时间。具体的分析和比较表明，由于不存在模式相关强度变化，RZ-DPSK 格式只有较小的模式效应[14]。

在不同延迟条件下，10.7 Gb/s DPSK 信号在 DB 解调端口的 BER 测量和眼图如图 16.13(a)所示。我们强调，在功率代价为 9.5 dB、延迟为 42 ps 时，我们仍可以对解调的 DB 信号实现无误码工作。延迟和信号质量之间的权衡清晰可见，其中前面分析的 DPSK 数据模式相关性是主要的信号劣化原因之一，这可由垂直闭合的眼图证明。由于色散容忍性的减小和严重的脉冲走离，解调的 AMI 信号的性能比 DB 信号的差。

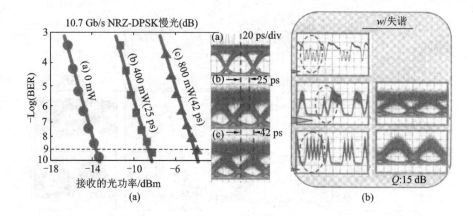

图 16.13 (a)10.7 Gb/s 信号经基于 SBS 慢光元件后的 DB 端 BER 测量,DPSK 数据模式相关是信号劣化的主要原因;(b)通过与 SBS 增益峰失谐,DPSK 数据模式相关减小;10.7 Gb/s DPSK 信号解调的 AMI 端口实现了 3 dB 的 Q 因子改善

认识到数据模式相关性主要来自于模式相关的慢光增益,我们将 SBS 增益包络相对信道中心向红侧失谐 0.016 nm,使得增益均衡,并因此使 NRZ-DPSK"强度凹陷"内单独的"1"和连续的"1"之间的模式相关性降低。如图 16.13(b)所示,对解调的 DB 和 AMI 信号进行失谐后,记录下比特模式和眼图,以便与图 16.12 所示的结果进行对比。对于 AMI 信号来说,Q 因子(由 BER 测量决定)最多有 3 dB 的改善(从 12 dB 提高到 15 dB),这证实了这种失谐方法的有效性。失谐不仅解决了垂直数据模式相关性,还对一组"1"脉冲中边缘脉冲的上升和下降时间进行了整形,从而减轻了脉冲走离。

16.3.3 高频谱效率慢光

近年来,向更先进(如多进制)调制格式发展的趋势越来越明显,因为它们的频谱效率更高,也因此对色散效应的容忍度更高。一种很流行的格式就是 DQPSK,尤其是它的 RZ 版本(即 RZ-DQPSK),因为它不存在模式相关的强度变化[70]。DQPSK 格式利用四个相位来对数据编码,并因此比 DPSK 格式具有更窄的频谱。这种高频谱效率的特点极为宝贵,因为大多数慢光介质的带宽有限。

图 16.14 的模拟结果显示,二进制相位模式的慢光延迟可以推广到多级多进制相位编码信号。图 16.14(a)给出了 20 Gb/s(10 Gbaud)DQPSK 信号

的四进制相位模式在经过具有 10 GHz 固定带宽的慢光元件前、后的结果。相位模式可以被延迟 35 ps,而四进制差分相位关系被很好地保留下来。这可以解释为:当与相变相比时,四个决定性的相对相位占据了慢光谐振带宽内的低频分量,因此免于慢光窄带滤波引起的失真。基于这种理解,慢光可以推广到延迟任意进制相位编码格式。图 16.14(b)将 10 Gbaud RZ-DQPSK 信号扩展到 RZ-D8PSK 信号,其中比特率与 10 Gb/s 二进制 DPSK 信号相比增加了 3倍,即达到 30 Gb/s。在相同的 10 GHz 有限慢光带宽下,由于 DQPSK 和 D8PSK 的频谱宽度几乎与 DPSK 的相同,因此尽管比特率增加了,但是对 DQPSK 和 D8PSK 格式最大可实现的延迟却几乎相同($\Delta T_1 = \Delta T_2$)。我们可以得出结论,理论上,带宽限制的 B-GHz 慢光元件可以为 $\log 2(M) * $ B-Gb/s M 进制($M = 2, 4, 8, \cdots$)的 DPSK 信号提供几乎相同的最大延迟。这里我们还注意到,由于相位噪声容忍度减小,以及由此导致的接收机灵敏度下降,失真限制延迟在实际慢光系统中对更高阶的 DPSK 信号可能要妥协。

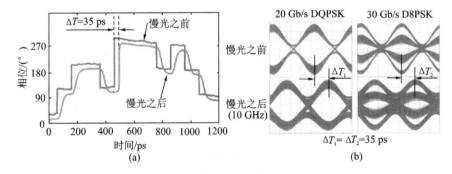

图 16.14　(a)经过 10 GHz 带宽的慢光元件之前和之后,10 Gbaud DQPSK 信号
的四进制相位模式的模拟结果;(b)10 Gbaud DQPSK 信号和 D8PSK
信号经慢光后解调的眼图

上述发现促使我们通过带宽限制的慢光元件传输多进制、高频谱效率的 DQPSK 信号。除了信号产生和检测部分外,实验装置与传输 DPSK 信号的装置类似[74]。通过独立驱动干涉仪结构中两个平行马赫-泽德调制器,产生 10 Gb/s RZ-DQPSK 信号,其中干涉仪两臂间的相对相移为 $\pi/2$。随后的脉冲 carver 调制器正交偏置以产生 50% 占空比的 RZ 信号。为最大化 SBS 效应,偏振控制的 RZ-DQPSK 信号与高功率掺铒光纤放大器(EDFA)控制的宽带泵浦光在 HNLF 中反向传输。经放大和延迟的信号送入前置放大的平衡

DQPSK 接收机,接收机对正交(I 或 Q)解调具有一个符号的 DLI 对准。后置编程的误差探测器对 I 和 Q 数据信道进行 BER 测量。

图 16.15(a)给出了 10 Gb/s(5 Gbaud)RZ-DQPSK 信号的慢光符号延迟的结果。平衡探测后 I 和 Q 信道解调的信号都显示出非常相似的延迟,在泵浦功率为 400 mW 和 800 mW 时,延迟分别为 35 ps 和 60 ps 左右。我们可以从图 16.15(a)看出,两个信道的符号延迟都随泵浦功率的增加而呈很好的线性增加。对于 10 Gb/s 50%占空比的 RZ-DQPSK 脉冲,60 ps 的最大可实现符号延迟相当于 I 或 Q 信道脉冲宽度 60%的延迟。图中还给出了经慢光延迟后三个典型的平衡探测眼图。

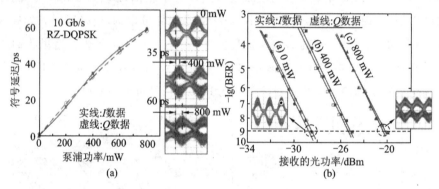

图 16.15　DQPSK 慢光实验结果。(a)10 Gb/s RZ-DQPSK 信号的符号延迟与泵浦功率的关系;(b)不同延迟值的 BER 测量

为了评价经慢光元件后的信号质量,图 16.15(b)给出了 10 Gb/s RZ-DQPSK 信号的 I 和 Q 数据信道的 BER 测量结果。由图可见,在相同泵浦功率的情况(即相同延迟值)下,I 和 Q 信道都显示出极为相似的功率代价(0.2 dB 的差别)。在 400 mW 泵浦功率下,BER 为 10^{-9} 时系统功率代价约为 3.5 dB;在 800 mW 泵浦功率下功率代价再增加 3 dB,对应最大延迟的情况。显然,在延迟和信号质量之间存在权衡。信号功率代价主要来自于慢光感应的数据模式相关性[12][13][14]和一些脉冲展宽。

基于模拟和实验结果,我们可以得出结论,慢光不仅适用于二进制振幅和相位调制的信号,还适用于四进制甚至多进制的调制光信号。将先进的调制格式引入到慢光领域,可以实现需要高频谱效率的有趣应用。对于光信号处理领域中的任何实际应用,在符号延迟、信号质量、接收机灵敏度和频谱效率之间进行优化都是非常重要的。

16.4 信号处理应用

尽管各种各样的技术已被用于实现单脉冲或数据流的慢光延迟,然而利用这样的可调谐延迟完成真正的信号处理功能的报道却很少。

在深入挖掘慢光可调谐延迟的应用之前,我们回顾一下通常对非线性光信号处理来讲一些理想的独特特征,这可以作为设计基于慢光的新型信号处理模块的灵感。

(1)超高速:光器件和材料提供了带宽范围从几吉赫兹到几十太赫兹的非线性[5],增加调制带宽的技术也已经被开发出来[75],结果是比特率≥320 Gb/s 的光信号处理已经被证实[76]。

(2)多信道工作:一些非线性过程(如四波混频、交叉相位调制)可以同时工作在多个波长[77],如果单一光学器件可以代替独立工作在每个信道的大量电子模块,我们可以预见到成本将显著降低。这个独特的光域特性已经被用于组播[78]和均衡[8]。

(3)光域特性的保持:光学特性,如相位和偏振,增加了在光域内承载信息的维度。光信号处理可以在保持这些光学特性的情况下进行,实现独特的技术,如用相位共轭[79]来减轻光纤传输损伤。此外,如果希望的光学特性得以保留,则可以分离并监测不同的信号劣化效应[80]。

(4)比特率和格式透明:未来的光学处理技术希望不使用特定比特率的元件,因此它们不受输入信号比特率变化的影响。而且,由于我们希望能够保持光学特性(如相位),可以用对格式透明的方法实现一定的功能[77]。

(5)同时非线性过程:几个非线性光学器件展现出可同时进行几种非线性过程的能力,能用来开发对输入信号实现一个以上的处理任务。这个能力已经用于实现不同的功能,如在单一器件中实现时钟恢复和解复用[81]。这个特性可能潜在地实现功能化集成,即通过单一器件实现多种功能[82]。

(6)功能的可重构性:利用特定的光学器件实现的先进处理模块,有望通过控制它们的工作旋钮来实现动态重构。例如,对于基于单一 SOA 的可重构光学逻辑门,已经证明只需使滤波器失谐,其功能就可以从 XOR(异或)转变到 AND(与)[83]。

下面的章节旨在描述各种基于慢光的新型光信号处理模块,特别侧重于上面提到的理想特性。

16.4.1 可变比特率 OTDM 复用器

传统的基于光纤的 OTDM 复用器(MUX)利用一段长度固定的光纤,它

只适用于一组离散的给定比特错位的输入数据流[7][11]。如图 16.16(a)所示,
当来自两个不同位置的两个输入数据流通过基于光纤的固定 OTDM MUX
时,它们在输出端很可能错位并引起比特交叠。利用基于慢光的 OTDM
MUX 的连续可控延迟特性,可以通过拧慢光控制旋钮(如泵浦功率)来控制相
对时间错位,并精确对准两个数据流。

设计基于慢光的 OTDM MUX 的另一个动机是,它对输入数据比特率的
动态自适应性,使其可以实现可变比特率 OTDM 系统,而传统基于光纤的固
定 OTDM 不具备这种能力。图 16.16(b)给出了两组输入比特率数据流的一
个典型例子,通过简单控制慢光旋钮来产生 200 ps 或 100 ps 的延迟,我们可
以分别有效复用两个 2.5 Gb/s 或两个 5 Gb/s 的数据流。需要注意的一点
是,因为慢光延迟连续可调谐,输入比特率理论上可以重构为任意值。这个特
色几乎对延迟分辨率没有施加限制。

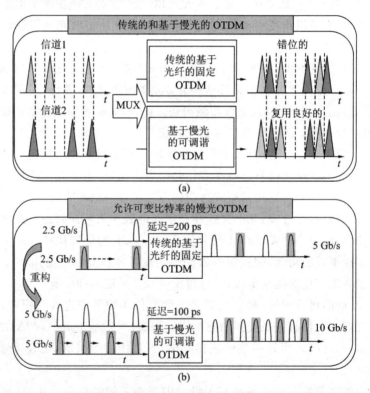

图 16.16　基于慢光的 OTDM 与传统基于光纤的 OTDM 相比的优势。
(a)慢光 OTDM 复用器提供连续可调谐性,可以动态调整输
入信道之间的偏移;(b)慢光 OTDM 复用器可以根据不同的
输入数据率动态重构其可调谐延迟

具体的实验装置和参数可以参见参考文献[55],这里我们给出这个可调谐 OTDM 复用器的结果。当将 SBS 的泵浦关闭时,根据良好复用的条件上下两臂初始偏移 75 ps。选择这个错位只是为了证明概念,而且它可以取决于不同的参数,如慢光带宽、SBS 泵浦功率和初始脉冲宽度。图 16.17 对功率代价的减小与分数延迟的函数关系进行了量化,它被定义为绝对慢光延迟除以 33% RZ 脉冲的脉宽。我们发现,随着分数延迟的增加,相对功率代价逐渐减小,结果是当下面的信道减慢 75 ps 时最大功率代价减小 9 dB。图中给出了对应三种泵浦功率水平的眼图。导致这个改善的主要原因是,经过有效的基于慢光的复用器后,相同波长处因比特交叠导致的拍频显著减小。由于色散慢光介质展宽了延迟比特,使其尾部透入到相邻的比特隙中,因此微小的拍频仍然存在于未延迟的参考比特隙中。因此,对高效 2:1 OTDM 的关键要求是,初始输入 RZ 脉冲应当理想地占据不到一半的比特隙,这样在复用后拍频区域能最小化。另一方面,我们不想用太窄的脉冲,因为它浪费慢光带宽。

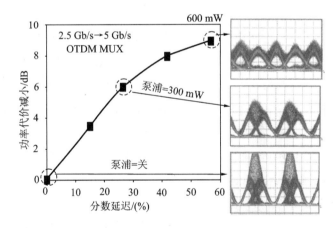

图 16.17　功率代价减小与分数延迟的关系及其相应的眼图。通过
利用基于慢光的动态可调谐 OTDM 复用器,在 5 Gb/s 下
实现了高达 9 dB 的功率代价减小

利用基于 SBS 的慢光也已经实验证明了可变比特率的 OTDM。在该实验中,将三种不同输入比特率 2.5 Gb/s、2.67 Gb/s 和 5 Gb/s 的 33% RZ PRBS 数据依次通过慢光元件。为比较不同比特率的结果,将宽带 SBS 的带宽固定为 5 GHz。图 16.18 分别给出了通过从 2.5 Gb/s 到 5 Gb/s、2.67 Gb/s 到 5.34 Gb/s 和 5 Gb/s 到 10 Gb/s 的 OTDM 复用的三个眼图,可以看到

MUX 性能随比特率的增加而变差,这主要是受限制的慢光带宽造成的。如果使用带宽更宽的慢光介质,如 OPA[29][30][31],则可以减轻这一限制。未来可变比特率 $N:1$ OTDM 复用既可以通过级联多个 $2:1$ OTDM MUX 实现,也可以通过单一慢光元件中的多信道工作实现[54]。

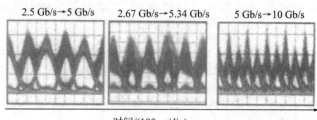

2.5 Gb/s→5 Gb/s 　 2.67 Gb/s→5.34 Gb/s 　 5 Gb/s→10 Gb/s

时间/(100 ps/div)

图 16.18　可变比特率 OTDM:在三个不同输入比特率下三个数据流的高效复用

16.4.2　多信道同步器

未来的慢光应用可能需要独立延迟控制的不止一个数据信道,这对大多数明显实施的同步和 OTDM 尤其如此,甚至是多数据信道的均衡或再生,还有可能是不同的调制格式[14]。在这些应用中,对每个信道的延迟进行独立的细粒度控制势在必行。对于 N 个信道,这当然可以通过粗略近似的方法将 $N-1$ 个并行的慢光元件合并在一起实现,从而将所有信道在输出端耦合在一起。然而,值得赞赏的目标应该是在单一慢光元件中实现多信道的各自独立控制。下面的设计代表了朝基于慢光信号处理实现多信道功能迈出的重要第一步。

在单一介质中产生多个、独立可调谐慢光谐振被认为是独立延迟控制多数据信道的关键挑战。SBS 慢光增益谐振受其蓝移约 10 GHz 的独特泵浦光激励,受这一事实的启发,我们在一段 HNLF 中利用间距足够大的多个这样的泵浦来实现多谐振。图 16.19 概念性地说明了这个想法的一个应用,即利用那些独立可控慢光延迟在单一慢光元件中实现多信道数据同步。

这里,我们给出在一段 HNLF 中实现三个 2.5 Gb/s NRZ-OOK 数据信道同步的实验演示,其中 HNLF 为慢光介质,具体的实验装置可以参见参考文献[54]。三个信道中的两个(1546.8 nm 和 1554.7 nm)具有它们自己的可控泵浦(泵浦 1 和泵浦 2),中间信道(1550.9 nm)作为参考信道没有任何泵浦。宽带 SBS 泵浦被调节到约 3.5 GHz,一个 7 GHz 带宽的滤波器选择同步的目标数据信号。延迟信号通过 2.5 GHz 接收机探测,并进行了 BER 测量来评估信号的质量。

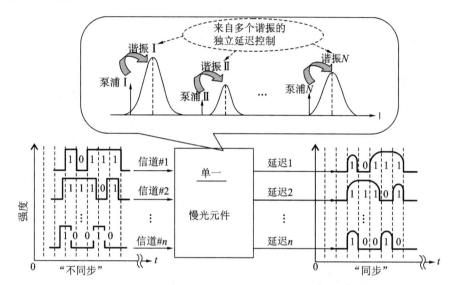

图 16.19　在单一慢光元件中对多数据信道的独立延迟控制和同步的概念图。关键功能是在一段慢光光纤介质中产生来自多个泵浦的多慢光谐振(插图),于是独立的细粒度延迟控制由它们对应的谐振实现

图 16.20(a)给出了经过多信道慢光同步器之前和之后的比特模式。当两个泵浦都关闭时,信道♯3(1554.7 nm)和信道♯1(1546.8 nm)相对参考信号♯2(1550.9 nm)分别偏移了 80 ps 和 112 ps。通过控制它们各自的泵浦功率,信道♯3 和信道♯1 都可以被独立延迟。利用 150 mW 的功率泵浦信道♯3 和 250 mW 的功率泵浦信道♯1,这三个信道被完美同步。注意到,同步范围(初始偏移)的增加可以通过进一步优化慢光带宽和泵浦功率来实现。

然后,进行了 BER 测量以评估多信道同步器的系统性能。图 16.20(b)中延迟和同步的信道(信道♯1 和信道♯3)均是无误码的,当延迟达 112 ps(信道♯1)时功率代价小于 3.5 dB。受限制的 SBS 增益带宽造成的数据模式相关性被认为是产生功率代价的主要原因,这可以通过记录的眼图(同步后)在垂直方向的闭合来证明。

对这种多信道工作,多数据信道之间的串扰效应可能对系统性能产生潜在的问题,因此必须仔细考虑[54],这不仅需要单一信道内的优化,而且需要在

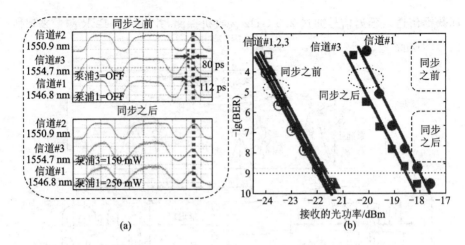

图 16.20　(a)同步之前和之后的比特模式证明对各个信道的独立延迟控制；(b)多
　　　　　信道同步之前和之后的 BER 测量

多信道慢光环境下全局优化(如各个泵浦功率和谐振带宽)。

16.4.3　同时多功能

慢光现象唯一地取决于材料和机制。通过合理地选择慢光介质,可以探索材料与生俱来的非线性过程和固有功能。这样,与延迟光脉冲的基本功能一起,形成通过同时非线性过程设计多功能的想法。

在参考文献[86]中,Yi 等证明,利用光纤中基于 SBS 的放大和光学滤波效应,可实现对灵活比特率 DPSK 信号的同时解调和慢光延迟。其中 10 Gb/s 和 2.5 Gb/s DPSK 信号均被以良好的性能解调和延迟,具有 50 ps 延迟的 10 Gb/s DPSK 信号的解调结果在图 16.21 中标出。当泵浦功率等于 18 dBm 时增益带宽为 6.5 GHz,此时得到最好的解调性能。

通过探索不同的慢光介质,Hu 等证明了基于时钟调制泵浦 OPA 的慢光延迟线同时具有脉冲整形的功能。这个想法基于的事实是,由于时钟调制的泵浦决定了延迟脉冲信号质量,OPA 可以整形信号脉冲并且最小化延迟脉冲的失真。他们给出了在 OPA 介质中传输 10 Gb/s 光 RZ 包和 PRBS 数据的结果。在参考文献[87]中,则突出了 25 ps 慢光延迟和 50 ps 到 20 ps 脉冲整形的同时实现,功率代价小于 2 dB。

16.4.4　其他应用

除了以上应用外,利用慢光效应的其他有趣应用也已得到证实,这些可以

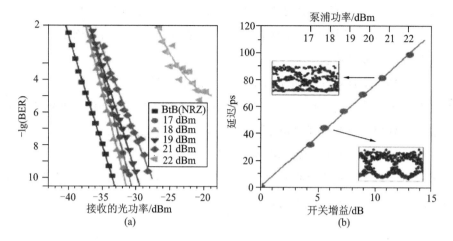

图 16.21　10 Gb/s DPSK 信号基于 SBS 慢光的同时解调和延迟的实验结果（经许可，引自 Yi,L.,Jaouen,Y.,Hu,W.,Zhou,J.,Su,Y.,and Pincemin, E.,Opt. Lett.,32,3182,2007.）

在广义的光信号处理领域中显示价值。

　　利用慢光的图像全光延迟[88]　　如图 16.22 所示，Camacho 等证明 2 ns 光脉冲承载的二维图像可以在铯原子蒸气室中被延迟 10 ns。将延迟的图像与本机振荡器干涉，即使在光极弱（例如，平均起来每个 2 ns 光脉冲包含不到一个光子）时，图像的振幅和相位信息也保存得很好。他们的工作为整个图像的缓存和处理带来了希望。

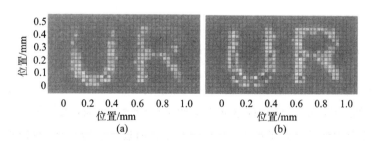

图 16.22　(a)、(b)伪彩色代表延迟的和非延迟的二维微光像（经许可，引自 Camacho,R. M.,Broadbent,C. J.,Khan,I., and Howell,J. C.,Phys. Rev. Lett.,98,043902-1,2007.）

　　利用慢光介质增强干涉仪的光谱灵敏度[89]　　如图 16.23 所示，Shi 等证明,增强因子等于慢光介质的群折射率,如果选用适当的介质,增强因子可达 10^7。这个显著的灵敏度增强对需要在干涉仪结构的输出端精确定位干涉条纹的各种应用非常有益。

具有布拉格反射器的慢光调制器[90]　作者证明,利用慢光效应可以将器件的长度减小到只有 $20~\mu m$,比传统的电吸收调制器的小 10 倍。这朝用于开关和信号处理的慢光光子回路的功能集成迈出了重要一步。

随着不同慢光机制物理学的展开,设计和开发新型的基于慢光的信号处理模块有望更多出现在文献中。这些展示将使越来越多的研究领域受益,从元件或器件集成到系统级功能或测量。

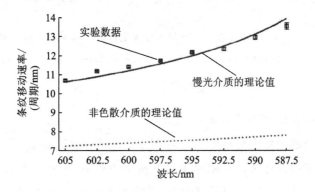

图 16.23　利用慢光提高干涉仪光谱效率的理论和实验结果(经许可,引自 Shi,Z.,Boyd,R. W.,Gauthier,D. J.,and Dudley,C. C.,Opt. Lett.,32,915,2007.)

16.5　总结

总之,我们讨论了慢光技术及其在光学信号处理应用中的最新进展。在过去几年中,从设计基于不同慢光方案的可调谐延迟元件,到将可调谐元件应用于新型光学处理模块的开发,都取得了显著的进步。特别地,我们将注意力集中在分析慢光感应的信号劣化效应和减轻该劣化的方法上。相位保持慢光被进一步提出和展示。最后,我们给出了几种新型的基于慢光的信号处理模块,重点强调了这些模块的独特特性,如多信道工作、可变比特率工作和同时多功能。未来的研究方向预计是通过提出新型且有效的慢光方案来进一步关注慢光感应的信号失真。在 16.4 节开头提出的光学信号处理器件的理想特性,对进一步探索慢光在可重构光开关,以及信号处理中的多维度和多功能应用是非常有价值的。

参考文献

[1] R. W. Boyd and D. J. Gauthier, Slow and fast light, in E. Wolf (Ed.), Progress in Optics, Vol. 43. Elsevier, Amsterdam, Chap. 6, pp. 497-530, 2002.

[2] A. V. Oppenheim, R. W. Shafer, and J. R. Buck, Discrete-Time Signal Processing, 2nd edn. Prentice-Hall, Upper Saddle River, NJ, 1999.

[3] S. G. Mallet, A Wavelet Tour of Signal Processing, 2nd edn. Academic Press, New York, 1999.

[4] D. Cotter, R. J. Manning, K. J. Blow, A. D. Ellis, A. E. Kelly, D. Nesset, I. D. Phillips, A. J. Poustie, and D. C. Rogers, Nonlinear optics for high-speed digital information processing, Science, 286, 1523, 1999.

[5] S. Radic and C. J. McKinstrie, Optical amplification and signal processing in highly nonlinear optical fiber, IEICE Trans. Electron. E88C, 859-869, 2005.

[6] K. Jackson, S. Newton, B. Moslehi, M. Tur, C. Cutler, J. Goodman, and H. Shaw, Optical fiber delay line signal processing, IEEE Microwave Theory Tech., MTT-33, 193-210, 1985.

[7] S. A. Hamilton, B. S. Robinson, T. E. Murphy, S. J. Savage, and E. P. Ippen, 100 Gb/s optical time-division multiplexed networks, J. Lightwave Technol., 20, 2086-2100, 2002.

[8] C. R. Doerr, S. Chandrasekhar, P. J. Winzer, A. R. Chraplyvy, A. H. Gnauck, L. W. Stulz, R. Pafchek, and E. Burrows, Simple multichannel optical equalizer mitigating intersymbol interference for 40-Gb/s nonreturn-to-zero signals, J. Lightwave Technol., 22, 249-256, 2004.

[9] G. Lenz, B. J. Eggleton, C. K. Madsen, and R. E. Slusher, Optical delay lines based on optical filters, J. Quantum Electron., 37, 525-532, 2001.

[10] D. K. Hunter, M. C. Chia, and I. Andonovic, Buffering in optical packet switches, J. Lightwave Technol., 16, 2081-2094, 1998.

[11] L. -S. Yan, L. Lin, A. Belisle, S. Wey, and X. S. Yao, Programmable opti-

cal delay generator with uniform output and double-delay capability, J. Opt. Network. ,6,13-18,2007.

[12] C. Yu, T. Luo, L. Zhang, and A. E. Willner, Data pulse distortion induced by a slow-light tunable delay line in optical fiber, Opt. Lett. , 32, 20-22,2007.

[13] L. Zhang, T. Luo, C. Yu, W. Zhang, and A. E. Willner, Pattern dependence of data distortion in slow-light elements, J. Lightwave Technol. , 25,1754-1760,2007.

[14] B. Zhang, L. Yan, I. Fazal, L. Zhang, A. E. Willner, Z. Zhu, and D. J. Gauthier, Slow light on Gbit/s differential-phase-shift-keying signals, Opt. Express,15,1878-1883,2007.

[15] F. Liu, Y. Su, and P. L. Voss, Optimal operating conditions and modulation format for 160 Gb/s signals in a fiber parametric amplifier used as a slow-light delay line element, in Proc. OFC, Anaheim, CA, paper OWB5,2007.

[16] C. J. Chang-Hasnain and S. L. Chuang, Slow and fast light in semiconductor quantum-well and quantum-dot devices, J. Lightwave Technol. , 24,4642-4654,2006.

[17] C. J. Chang-Hasnain, P. C. Ku, J. Kim, and S. L. Chuang, Variable optical buffer using slow light in semiconductor nanostructures, Proc. IEEE, 91,11,1884-1897,2003.

[18] C. Liu, Z. Dutton, C. Behroozi, and L. V. Hau, Observation of coherent optical information storage in an atomic medium using halted light pulses, Nature,409,6819,490-493,2001.

[19] M. S. Bigelow, N. N. Lepeshkin, and R. W. Boyd, Observation of ultraslow light propagation in a ruby crystal at room temperature, Phys. Rev. Lett. ,90,113903-1-113903-4,2003.

[20] H. -Y. Tseng, J. Huang, and A. Adibi, Expansion of the relative time delay by switching between slow and fast light using coherent population oscillation with semiconductors, Appl. Phys. B, B85,493-501,2006.

[21] K. Y. Song, M. G. Herráez, and L. Thevénaz, Observation of pulse dela-

ying and advancement in optical fibers using stimulated Brillouin scattering, Opt. Express, 13, 82-88, 2005.

[22] Y. Okawachi, M. S. Bigelow, J. E. Sharping, Z. Zhu, A. Schweinsberg, D. J. Gauthier, R. W. Boyd, and L. Gaeta, Tunable all-optical delays via Brillouin slow light in an optical fiber, Phys. Rev. Lett. , 94, 153902-153905, 2005.

[23] M. G. Herráez, K. Y. Song, and L. Thévenaz, Arbitrary-bandwidth Brillouin slow light in optical fibers, Opt. Express, 14, 1395-1400, 2006.

[24] Z. Zhu, A. M. C. Dawes, D. J. Gauthier, L. Zhang, and A. E. Willner, 12-GHz-bandwidth SBS slow light in optical fibers, J. Lightwave Technol. , 25, 201-206, 2007.

[25] K. Y. Song and K. Hotate, 25 GHz bandwidth Brillouin slow light in optical fibers, Opt. Lett. , 32, 217-219, 2007.

[26] K. Lee and N. M. Lawandy, Optically induced pulse delay in a solid-state Raman amplifier, Appl. Phys. Lett. , 78, 703-705, 2001.

[27] J. E. Sharping, Y. Okawachi, and A. L. Gaeta, Wide bandwidth slow light using a Raman fiber amplifier, Opt. Express, 13, 6092-6098, 2005.

[28] Y. Okawachi, M. Foster, J. Sharping, A. Gaeta, Q. Xu, and M. Lipson, All-optical slow-light on a photonic chip, Opt. Express, 14, 2317-2322, 2006.

[29] D. Dahan and G. Eisenstein, Tunable all optical delay via slow and fast light propagation in a Raman assisted fiber optical parametric amplifier: A route to all optical buffering, Opt. Express, 13, 6234-6249, 2005.

[30] E. Shumakher, A. Willinger, R. Blit, D. Dahan, and G. Eisenstein, Large tunable delay with low distortion of 10 Gbit/s data in a slow light system based on narrow band fiber parametric amplification, Opt. Express, 14, 8540-8545, 2006.

[31] L. Yi, W. Hu, Y. Su, M. Gao, and L. Leng, Design and system demonstration of a tunable slow-light delay line based on fiber parametric process, IEEE Photon. Technol. Lett. , 18, 2575-2577, 2006.

[32] A. Melloni, F. Morichetti, and M. Martinelli, Linear and nonlinear pulse

propagation in coupled resonator slow-wave optical structures, Opt. Quantum Electron. ,35,365-379,2003.

[33] M. F. Yanik and S. Fan, Stopping light all optically, Phys. Rev. Lett. , 92,083901-1-083901-4,2004.

[34] J. K. S. Poon, J. Scheuer, Y. Xu, and A. Yariv, Designing coupled-resona-tor optical waveguide delay lines, J. Opt. Soc. Am. B, 21, 1665-1673,2004.

[35] Z. Wang and S. Fan, Compact all-pass filters in photonic crystals as the building block for high-capacity optical delay lines, Phys. Rev. E, 68, 066616-1-066616-4,2003.

[36] M. Povinelli, S. Johnson, and J. Joannopoulos, Slow-light, band-edge waveguides for tunable time delays, Opt. Express,13,7145-7159,2005.

[37] Y. A. Vlasov, M. O'Boyle, H. F. Hamann, and S. J. McNab, Active con-trol of slow light on a chip with photonic crystal waveguides, Nature, 438,65-69,2005.

[38] X. Zhao, P. Palinginis, B. Pesala, C. J. Chang-Hasnain, and P. Hemmer, Tunable ultraslow light in vertical-cavity surface-emitting laser ampli-fier, Opt. Express,13,7899-7904,2005.

[39] Q. Xu, S. Sandhu, M. L. Povinelli, J. Shakya, S. Fan, and M. Lipson, Ex-perimental realization of an on-chip all-optical analogue to electromag-netically induced transparency, Phys. Rev. Lett. , 96, 123901-1-123901-4,2006.

[40] J. T. Mok, C. M. de Sterke, I. C. M. Littler, and B. J. Eggleton, Disper-sionless slow light using gap solitons, Nat. Phys. ,2,775-780,2006.

[41] R. W. Boyd, D. J. Gauthier, A. L. Gaeta, and A. E. Willner, Maximum time delay achievable on propagation through a slow-light medium, Phys. Rev. A,71,023801-1-023801-4,2005.

[42] J. B. Khurgin, Optical buffers based on slow light in electromagnetically induced transparent media and coupled resonator structures: Compara-tive analysis, J. Opt. Soc. Am. B,22,1062-1074,2005.

[43] R. S. Tucker, P. C. Ku, and C. J. Chang-Hasnain, Slow-light optical buff-

ers: Capabilities and fundamental limitations, J. Lightwave Technol. , 23,4046-4066,2005.

[44] J. B. Khurgin, Power dissipation in slow light devices: a comparative analysis, Opt. Lett. ,32,163-165,2007.

[45] R. M. Camacho, M. V. Pack, and J. C. Howell, Slow light with large fractional delays by spectral hole-burning in rubidium vapor, Phys. Rev. A, 74,033801-4,2006.

[46] L. Yi, L. Zhan, W. Hu, and Y. Xia, Delay of broadband signals using slow light in stimulated Brillouin scattering with phase-modulated pump, IEEE Photon. Technol. Lett. ,19,619-621,2007.

[47] B. Zhang, L. -S. Yan, L. Zhang, and A. E. Willner, Broadband SBS slow light using simple spectrally-sliced pumping, in Proc. ECOC, Berlin, Germany, paper P025,2007.

[48] E. Shumakher, N. Orbach, A. Nevet, D. Dahan, and G. Eisenstein, On the balance between delay, bandwidth and signal distortion in slow light systems based on stimulated Brillouin scattering in optical fibers, Opt. Express,14,5877-5884,2006.

[49] A. Zadok, A. Eyal, and M. Tur, Extended delay of broadband signals in stimulated Brillouin scattering slow light using synthesized pump chirp, Opt. Express,14,8498-8505,2006.

[50] J. Mørk, R. Kjær, M. van der Poel, and K. Yvind, Slow light in a semiconductor waveguide at gigahertz frequencies, Opt. Express, 13, 8136-8145,2005.

[51] F. Sedgwick, B. Pesala, J. -Y. Lin, W. S. Ko, X. Zhao, and C. J. Chang-Hasnain, THz-bandwidth tunable slow light in semiconductor optical amplifiers, Opt. Express,15,747-753,2007.

[52] M. C. Cardakli and A. E. Willner, Synchronization of a network element for optical packet switching using optical correlators and wavelength shifting, IEEE Photon. Technol. Lett. ,14,1375-1377,2002.

[53] D. Petrantonakis, D. Apostolopoulos, O. Zouraraki, D. Tsiokos, P. Bakopoulos, and H. Avramopoulos, Packet-level synchronization scheme for

慢光科学与应用

optical packet switched network nodes, Opt. Express, 14, 12665-12669, 2006.

[54] B. Zhang, L.-S. Yan, J.-Y. Yang, I. Fazal, and A. E. Willner, A single slow-light element for independent delay control and synchronization on multiple Gbit/s data channels, IEEE Photon. Technol. Lett., 19, 1081-1083, 2007.

[55] B. Zhang, L. Zhang, L.-S. Yan, I. Fazal, J.-Y. Yang, and A. E. Willner, Continuously-tunable, bit-rate variable OTDM using broadband SBS slow-light delay line, Opt. Express, 15, 8317-8322, 2007.

[56] I. Fazal, O. Yilmaz, S. Nuccio, B. Zhang, A. E. Willner, C. Langrock, and M. M. Fejer, Optical data packet synchronization and multiplexing using a tunable optical delay based on wavelength conversion and inter-channel chromatic dispersion, Opt. Express, 15, 10492-10497, 2007.

[57] M. Secondini, Optical equalization: System modeling and performance evaluation, J. Lightwave Technol., 24, 4013-4021, 2006.

[58] A. H. Gnauck, C. R. Doerr, P. J. Winzer, and T. Kawanishi, Optical equalization of 42.7-Gbaud bandlimited RZ-DQPSK signals, IEEE Photon. Technol. Lett., 19, 1442-1444, 2007.

[59] M. C. Cardakli, S. Lee, A. E. Willner, V. Grubsky, D. Starodubov, and J. Feinberg, Reconfigurable optical packet header recognition and routing using time-to-wavelength mapping and tunable fiber Bragg gratings for correlation decoding, IEEE Photon. Technol. Lett., 12, 552-554, 2000.

[60] A. E. Willner, D. Gurkan, A. B. Sahin, J. E. McGeehan, and M. C. Hauer, All-optical address recognition for optically-assisted routing in next-generation optical networks, IEEE Commun. Mag., 41, S38-S44, 2003.

[61] J. B. Meagher, G. K. Chang, G. Ellinas, Y. M. Lin, W. Xin, T. F. Chen, X. Yang, A. Chowdhury, J. Young, S. B. Yoo, C. Lee, M. Z. Iqbal, T. Robe, H. Dai, Y. J. Chen, and W. I. Way, Design and implementation of ultra-low latency optical label switching for packet-switched WDM networks, J. Lightwave Technol., 18, 1978-1987, 2000.

[62] A. J. Poustie, K. J. Blow, A. E. Kelly, and R. J. Manning, All-optical pari-

• 414 •

ty checker with bit-differentialdelay,Opt. Comm. ,162,37-43,1999.

[63] M. Soljačič,S. G. Johnson,S. Fan,M. Ibanescu,E. Ippen,and J. D. Joannopoulos,Photonic-crystal slow- light enhancement of nonlinear phase sensitivity,J. Opt. Soc. Am. B,19,2052-2059,2002.

[64] H. Schmidt and R. J. Ram,All-optical wavelength converter and switch based on electromagnetically induced transparency,Appl. Phys. Lett. , 76,3173-3175,2000.

[65] T. Luo,L. Zhang,W. Zhang,C. Yu,and A. E. Willner,Reduction of pattern dependent distortion on data in an SBS-based slow light fiber element by detuning the channel away from the gain peak,in Proc. CLEO, Long Beach,CA,paper CThCC4,2006.

[66] M. D. Stenner,M. A. Neifeld,Z. Zhu,A. M. C. Dawes,and D. J. Gauthier,Distortion management in slow-light pulse delay,Opt. Express,13, 9995-10002,2005.

[67] K. Y. Song,M. G. Herráez,and L. Thévenaz,Gain-assisted pulse advancement using single and double Brillouin gain peaks in optical fibers, Opt. Express,13,9758-9765,2005.

[68] A. Minardo,R. Bernini,and L. Zeni,Low distortion Brillouin slow light in optical fibers using AM modulation,Opt. Express,14,5866-5876,2006.

[69] Z. Shi,R. Pant,Z. Zhu,M. D. Stenner,M. A. Neifeld,D. J. Gauthier,and R. W. Boyd,Design of a tunable time-delay element using multiple gain lines for large fractional delay with high data fidelity,Opt. Lett. ,32, 1986-1988,2007.

[70] A. H. Gnauck and P. J. Winzer,Optical phase-shift-keyed transmission, J. Lightwave Technol. ,23,115-130,2005.

[71] P. Devgan,R. Tang,V. S. Grigoryan,P. Kumar,Highly efficient multichannel wavelength conversion of DPSK signals,J. Lightwave Technol. ,24,3677-3682,2006.

[72] J. K. Mishina,A. Maruta,S. Mitani,T. Miyahara,K. Ishida,K. Shimizu, T. Hatta,K. Motoshima,and Kitayama,NRZ-OOK-to-RZ-BPSK modulation-format conversion using SOA-MZI wavelength converter,J.

Lightwave Technol. ,24,3751-3758,2006.

[73] G. P. Agrawal, Nonlinear Fiber Optics, 3rd edn. Chap. 3, Academic Press,San Diego,2001.

[74] B. Zhang, L. Yan, L. Zhang, S. Nuccio, L. Christen, T. Wu, and A. E. Willner,Spectrally efficient slow light using multilevel phase-modulated formats,Opt. Lett. ,33,55-57,2008.

[75] M. L. Nielsen and J. Mork,Increasing the modulation bandwidth of semiconductor-optical-amplifier-based switches by using optical filtering,J. Opt. Soc. Am. B,21,1606-1619,2004.

[76] Y. Liu, E. Tangdiongga, Z. Li, H. de Waardt, A. M. J. Koonen, G. D. Khoe,X. Shu,I. Bennion,and H. J. S. Dorren,Error-free 320-Gb/s all-optical wavelength conversion using a single semiconductor optical amplifier,J. Lightwave Technol. ,25,103-108,2007.

[77] R. W. Tkach, A. R. Chraplyvy, F. Forghieri, A. H. Gnauck, and R. M. Desosier,Four-photon mixing and high-speed WDM systems,J. Lightwave Technol. ,13,841-849,1995.

[78] K. K. Chow,C. Shu,C. Lin,and A. Bjarklev,All-optical wavelength multicasting with extinction ratio enhancement using pump-modulated four-wave mixing in a dispersion-flattened nonlinear photonic crystal fiber, IEEE J. Sel. Top. Quantum Electron. ,12,838-842,2006.

[79] S. L. Jansen, D. Van Den Borne, P. M. Krummrich, S. Spalter, G. D. Khoe,and H. De Waardt,Long-haul DWDM transmission systems employing optical phase conjugation, IEEE J. Sel. Top. Quantum Electron. ,12,505-520,2006.

[80] A. E. Willner,The optical network of the future:Can optical performance monitoring enable automated, intelligent and robust systems? Opt. Photon. News,17,30-35,2006.

[81] H. -F. Chou,Z. Hu,J. E. Bowers,D. J. Blumenthal,K. Nishimura,R. Inohara,and M. Usami,Simultaneous 160-Gb/s demultiplexing and clock recovery by utilizing microwave harmonic frequencies in a traveling-wave electroabsorption modulator, IEEE Photon. Technol. Lett. , 16,

608 610,2004.

[82] V. Kaman, A. J. Keating, S. Z. Zhang, and J. E. Bowers, Simultaneous OTDM demultiplexing and detection using an electroabsorption modulator, IEEE Photon. Technol. Lett. ,12,711-713,2000.

[83] Z. Li, Y. Liu, S. Zhang, H. Ju, H. De Waardt, G. D. Khoe, H. J. S. Dorren, and D. Lenstra, All-optical logic gates using semiconductor optical amplifier assisted by optical filter, Electron. Lett. ,41,51-52,2005.

[84] M. Vasilyev and T. I. Lakoba, All-optical multichannel 2R regeneration in a fiber-based device, Opt. Lett. ,30,1458-1460,2005.

[85] P. K. A. Wai, Lixin Xu, L. F. K. Lui, L. Y. Chan, C. C. Lee, H. Y. Tam, and M. S. Demokan, All-optical add-drop node for optical packet-switched networks, Opt. Lett. ,30,1515-1517,2005.

[86] L. Yi, Y. Jaouën, W. Hu, J. Zhou, Y. Su, and E. Pincemin, Simultaneous demodulation and slow light of differential phase-shift keying signals using stimulated-Brillouin-scattering-based optical filtering in fiber, Opt. Lett. ,32,3182-3184,2007.

[87] Z. Hu and D. Blumenthal, Simultaneous slow-light delay and pulse reshaping of 10 Gbps RZ data in highly nonlinear fiber-based optical parametric amplifier with clock-modulated pump, in Proc. OFC, Anaheim, CA, paper OWB4,2007

[88] R. M. Camacho, C. J. Broadbent, I. Khan, and J. C. Howell, All-optical delay of images using slow light, Phys. Rev. Lett. ,98,043902-1-043902-4,2007.

[89] Z. Shi, R. W. Boyd, D. J. Gauthier, and C. C. Dudley, Enhancing the spectral sensitivity of interferometers using slow-light media, Opt. Lett. , 32,915-917,2007.

[90] G. Hirano, F. Koyama, K. Hasebe, T. Sakaguchi, N. Nishiyama, C. Caneau, and C. Zah, Slow light modulator with Bragg reflector waveguide, in Proc. OFC, Anaheim, CA, postdeadline paper PDP34,2007.

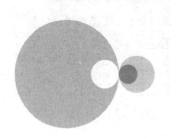

第 17 章
用于分组交换的慢光缓存器

17.1 引言

分组交换或路由是互联网基础设施的关键项目。路由器精心安排互联网协议(IP)分组在网络中的传输,并确保每个分组从其源向正确的目的地前进。在今天的网络中,路由器是高度成熟的电子系统,基于强大的电子处理、交换和缓存技术[1][2]。输入分组通过光纤链路到达路由器的输入端,并在进入路由器之前被转换成电信号,这个转换是利用路由器输入端的光-电(O/E)转换器实现的。同样,从路由器输出的分组在送入网络中的下一个光纤传输链路之前要通过 E/O 转换器。

当前路由器的所有内部功能,包括缓存和交换,除了板架之间的一些光互联外,都是利用电子器件实现的。光分组交换(OPS)(有时称为光子分组交换)[3]~[6]为这种电子分组交换或路由提供了一种有潜力的替代,因为 OPS 消除了输入和输出端对 O/E 和 E/O 转换器的需要。在一个光分组交换机中,是光学元件而不是电子器件提供了重要的缓存和交换功能。因为光分组交换机在数据路径上不需要 O/E 和 E/O 转换器,每个分组中的光数据在通过交换机时保留其光学格式。

已经有很多 OPS 在实验室进行了演示,以及在一些有限的场地进行过实验[7][8][9]。尽管其基本原理已经得到证明,但是在 OPS 的商业部署成为现实之前仍有很多障碍需要克服,其中一个原因是缺乏合适的可以存储高比特率光分组的光缓存存储器[10]。光纤延迟线已经在一些实验中用来提供缓存,但是它们笨重且与实际尺寸的光分组交换机不匹配。目前演示性的报道仅限于在几个输入和输出端口间交换,但是实际的分组交换机需要成百甚至上千个输入和输出端口。

最近,慢光研究的发展(参见参考文献[11][12]和本书其他章节)刺激研究者做这样的猜想:慢光延迟线可能适合作为光分组交换机缓存器的存储元件。本章将分析在 OPS 缓存器中利用慢光延迟线的前景,首先介绍大容量路由器的功能性构建块和分组交换对缓存器的要求,然后着重于介绍慢光延迟线用于缓存的容量和限制。这里考虑的两个关键参数是慢光缓存器的功耗及其物理尺寸,这些参数在商用分组交换机的设计中非常重要。

通信设备的能耗随着互联网规模和容量的扩展正在增长[13]。事实上,有一种担忧是,网络容量可能最终被元件的能耗限制,而不是被其带宽容量限制。缓存器或存储器元件的能耗可以由每存储和恢复 1 比特数据所需的能量来度量。缓存器消耗的功率等于写、存和读取 1 比特所需的能量乘以通过缓存器的数据比特率,本章的一个目标就是比较光缓存器和电缓存器的能耗。我们计算各个缓存器中每比特的能量,表明这是光缓存器一个有用的品质因数。我们将证明,通常光缓存器的能耗大于电缓存器的能耗。

17.2 分组交换机结构

图 17.1(a)给出了光分组交换机中关键光学元件的模块示意图,图 17.1(b)给出了输入分组的格式,包括一个持续时间为 τ_h 的分组头和持续时间为 τ_p 的有效载荷,分组总的持续时间为 τ_t。分组头包含地址信息,有效载荷包含数据。分组头通常占据 10% 或更少的总分组长度。在 IP 网络中,40 Gb/s 分组的平均持续时间 τ_t 约为 200 ns。图 17.1(a)中的交换机有 F 根输入光纤和 F 根输出光纤,每根光纤承载 K 个波长,总共 $F \times K$ 个输入和输出波长,其中每个波长都代表交换机的一个端口。输入分组的目的地和路由信息由 $F \times K$ 个输入波长上的每个 O/E 转换器从输入分组的分组头中提取(细节没有在图 17.1(a)中给出),理论上,这个信息的比特率可以比分组载荷的比特率低。地

址信息送入转发引擎,转发引擎通常是交换机结构外的电子处理器。当所有分组经过路由器时,转发引擎控制它们的交换和缓存。

值得注意的是,图 17.1 中的转发引擎处理地址信息,但是它不关心分组中载荷内的数据。因此,有效载荷数据可以直接通过分组交换机而无需任何电子处理过程。这就是 OPS 的关键——有效载荷数据无需任何电子处理,因此,分组交换机的数据容量不受 O/E 或 E/O 转换器速度的限制。O/E 转换器需要用来探测分组头并提取路由信息,但是分组头与有效载荷相比要短,且分组头的比特率可以低于有效载荷的比特率。

光分组交换机有两大类——同步交换机和异步交换机。在同步交换机中,所有分组同步地由交叉连接交换。为了实现这一点,利用一排 $F \times K$ 个输入同步器将所有分组在时间上排队,如图 17.1(a)所示。这些同步器为短的可调延迟线,能提供达 τ_t 的延迟。异步分组交换机不需要分组在时间上排队,因此在异步分组交换机中不需要图 17.1(a)中的同步器。

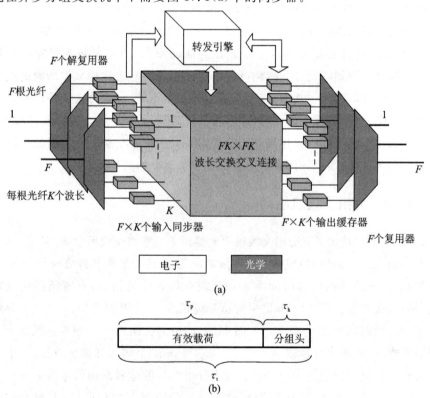

图 17.1 光分组交换机。(a)结构;(b)分组结构

图 17.1(a)中分组交换机中的交换结构为一个 $FK \times FK$ 的波长交换交叉连接[14],这意味着输入端的任何输入波长都可以被交换到任一输出端并在那个输出端转换为任意希望的波长。转发引擎的功能是确保每个分组被路由到适当的输出端,为实现这点,转发引擎在一个分组接一个分组的基础上控制交叉连接。

图 17.1(a)中的分组交换机为光分组交换机。但是,无论分组交换机是光的还是电的,如果在输入端不止一个分组要被发送到输出端的相同端口,那么总有分组在输出端口碰撞的可能。这些碰撞或竞争可以利用缓存来避免。通常,缓存器可以置于输入端口、输出端口,或在输入端口和输出端口之间共享。在图 17.1(a)中,缓存器在输出端口。一个缓存器被分配给分组交换机的每个端口,输出缓存器个数为 $F \times K$。

17.3 缓存器

17.3.1 分组交换机中的缓存器容量

在传统的电分组交换机中,缓存器由电随机存取存储器(RAM)芯片构成。RAM 相对便宜,因此通常路由器生产商很少有动力减小缓存器的尺寸。在电分组交换机中,每个端口一般提供 $RTT \times B$ 比特的缓存器容量,其中 RTT 为数据源与目的地之间的往返时间,B 为数据流的比特率。例如,对于往返时间高达 250 ms 的传输速率为 40 Gb/s 的跨海链路数据,对应每个端口的缓存器容量为 10 Gb。这个规格的缓存器用电 RAM 即可实现,但是具有这个容量的光缓存器就需要使用延迟线,且总延迟至少 250 ms,这比任何光学延迟线技术包括慢光实现的延迟都要大几个数量级。

实际上,不一定必须在每个端口提供满 250 ms 的缓存。事实上,缓存器在每个端口的容量可以从 $RTT \times B$ 减小到 $RTT \times B / \sqrt{n}$,其中 n 为共用相同波长用户的数量[15]。如果互联网上的每个终端用户访问速率为 4 Mb/s 且分组交换机每个端口的线路速率为 $B=40$ Gb/s,则共享同一波长或端口的最大终端用户数为 $n=10000$。在这个基础上,每端口缓存器容量可以从 10 Gb 减小到 100 Mb。如果每个用户的访问速率增加到 1 Gb/s,则需要的缓存器容量将变为 1.6 Gb。这些缓存器容量对 OPS 来说还是太大了,但是可以相信,在一定情况下缓存器容量可以更小。关于计算最小缓存器容量的最近工作[16][17]建议,缓存器容量小至 $10 \sim 20$ 个分组或大约 200 Kb 在一些情况下是可以接受的。在本章余下的部分,我们介绍面向实现 $10 \sim 20$ 个分组缓存器容量的慢光技术。

17.3.2　延迟线缓存器结构

光缓存器的基本功能构建块为图 17.2(a)给出的简单可变延迟线,在图中,宽箭头代表用来调整延迟时间的控制信号。延迟时间需要某种形式的外部控制,因为数据的缓存或存储要求可以在写命令的控制下从缓存器读出数据。在图 17.2(a)中,延迟线的内容可以通过减小延迟从输出端口读取。注意,没有延迟控制的单一延迟线不是缓存器。

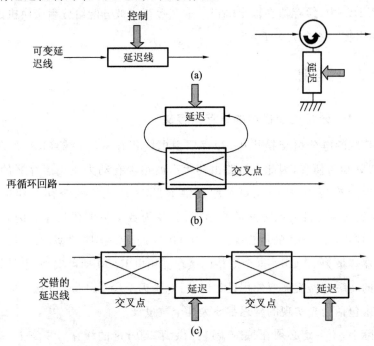

图 17.2　光缓存器结构(经许可,引自 Tucker, R. S. , J. Lightwave
Technol. ,24,4655,2006.)

为了提供分组交换中所需的缓存功能,需要使用更成熟的缓存器结构,而不是图 17.2(a)中的简单可变延迟线。图 17.2(b)给出了在反馈(再循环回路)结构中的可变(或固定)光学延迟线和交叉点[18]。严格地讲,图 17.2(b)中的延迟时间不需要可控,因为数据可以通过控制交叉点的状态读出。图 17.2(c)所示的为一个交叉点和延迟线的前馈安排。

图 17.2 中简单缓存器的容量和性能可以通过图 17.3 中构建块的串行或并行排布来提高,这两种方式分别如图 17.3(a)和(b)所示[18]。如果图 17.3(a)中的级联为图 17.2(a)所示的简单可变延迟线,则级联结果为先进先出(FIFO)缓存器,即从缓存器中出来的分组顺序与进入时的分组顺序相同。通常,FIFO 缓存器为读/写器件,其中输出的数据顺序与输入的数据顺序相同。FIFO 缓存器就像一列人在 Starbucks(星巴克)排队等待咖啡。通常,FIFO 输入的数据率和输出的可以不同。顺次连接的光延迟线缓存器是一种本征的 FIFO 器件,但是光 FIFO 存储器通常工作在相同的输入和输出数据率下。FIFO 很适合 OPS 应用。

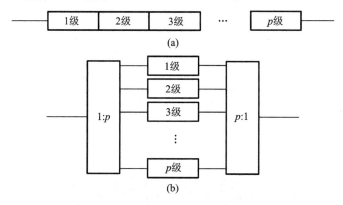

图 17.3　串行和并行缓存器(经许可,引自 Tucker,R. S.,J. Lightwave Technol.,24,4655,2006.)

17.3.2.1　慢光延迟线缓存器

现在,我们将注意力集中到利用慢光延迟线构建的延迟线缓存器上。我们考虑两种不同类的慢光延迟线——A 类和 B 类[19]。在 A 类延迟线中,光的群速度沿两个具有不同群速度的波导的界面减慢;在 B 类延迟线中,光的群速度在数据分组内被绝热且均匀地减慢[19]。B 类延迟线有时称为"绝热可调谐"慢光延迟线[20]。

图 17.4 示意性地给出了在 A 类慢光延迟线中的一列周期脉冲[19]。脉冲从右侧进入,在区域 1 中的群速度为 v_{g1},且在 x_A 点脉冲进入具有较低群速度 v_{g2} 的慢光延迟区(区域 2)。当脉冲在 x_B 点进入区域 3 时,速度增加到 v_{g1}。群速度沿器件长度的分布如图 17.4(a)所示,图 17.4(b)给出了器件内的脉冲快照。注意到,脉冲宽度和脉冲间的物理距离都随群速度减小而减小。在区域 1

内每个脉冲的长度为 L_{in}，在区域 2 内每个脉冲的长度为 L_b。脉冲长度的减小正比于群速度的减小，因此有 $L_b/L_{in} = v_{g2}/v_{g1} = 1/S$，其中 S 为减慢因子。慢光介质中的比特长度 L_b 是一个非常重要的实际参数，因为它影响着缓存器的物理尺寸。对于给定的缓存器容量，当 L_b 减小时缓存器尺寸减小。另外一个影响 A 类延迟线缓存器的重要参数是所谓的延迟-带宽积，它等于通过延迟线总的延迟 T（单位：s）和信息带宽 B 或吞吐量（单位：b/s）的乘积。延迟和吞吐量的乘积等于容量 C，也就是在延迟线中可以存储的信息比特数。因此，容量为

$$C = TB \tag{17.1}$$

我们将在 17.3.3 节中探索这个重要参数。

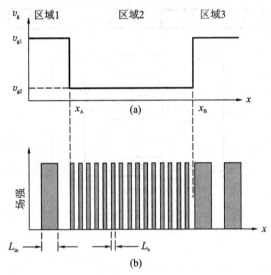

图 17.4　A 类延迟线（经许可，引自 Tucker,R. S. ,Ku,P. -C. ,Chang-Hasnian,C. J. ,J. Lightwave Technol. ,23,4046,2005. ）

图 17.5 给出了 B 类慢光延迟线内的一组三个脉冲[19]。中间的曲线给出了这三个脉冲沿延迟线长度方向不同点的快照，上面的曲线给出了这三个脉冲的群速度随时间的函数关系，并给出了我们采集快照的时间点（用点表示）。下面的曲线给出了慢光介质的带宽随时间的函数关系。A 类延迟线和 B 类延迟线的关键区别在于：在 A 类延迟线中，群速度随位置函数 x 变化，而在 B 类延迟线中，群速度随时间函数 t 变化。如图 17.5 所示，三个脉冲在区间 1 内进入延迟线。在区间 2 内，三个脉冲的群速度绝热地从 v_{g1} 减小到 v_{g2}；同时，介质带宽从 B_{g1} 减小到 B_{g2}。在区间 3 内，三个脉冲以速度 v_{g2} 传输；在区间 4 内，脉

冲恢复其初始速度和带宽。值得注意的是,在 B 类延迟线中每个脉冲的物理长度 L_b 不减小,这与 A 类延迟线相反,在 A 类延迟线中脉冲的物理长度减小。

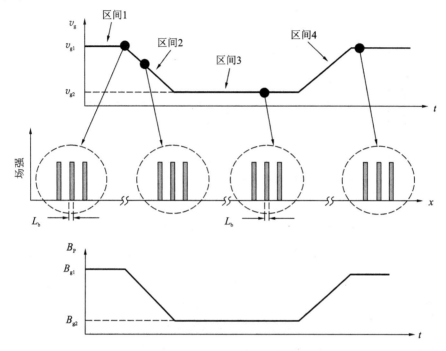

图 17.5 B 类延迟线(经许可,引自 Tucker,R. S. ,Ku,P. C. ,Chang-Hasnian,C. J. ,J. Lightwave Technol. ,23,4046,2005.)

17.3.2.2 利用级联延迟线的 FIFO

图 17.6 给出了如何利用 M 条级联的可控延迟线实现 FIFO 缓存器,其中每条延迟线的长度为 L [19]。在图 17.4 中,通过利用 M 个控制信号即控制 1~控制 M 来控制 M 条延迟线,可以将每个延迟线的群速度 v_g 设为 v_{g1} 或 v_{g2},其中 v_{g1} 的光为"全速"而 v_{g2} 的光为"低速"。图 17.6 中下面的曲线为在某一时间点群速度随延迟线长度方向上的位置 x 变化的函数关系。FIFO 缓存器按如下方式工作:第一条延迟线(见图 17.6 中的 DL1)中的群速度总是等于 v_{g2},如果分组到达第一个延迟线的输入端而其他分组存储在 DL1 中,那么到来的分组不能被接受。为了避免两个分组间不希望的碰撞,通常需要利用光开关或光门(图 17.6 中没有给出)倒空不被接受的分组。如果目前 DL1 中没有分组,则到来的分组被写到 DL1 中。

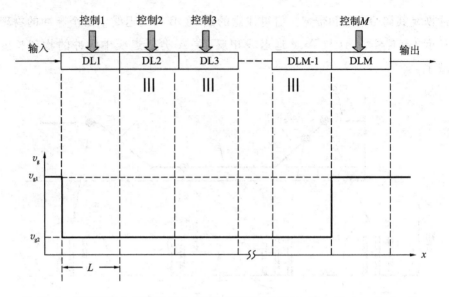

图 17.6　利用级联 A 类延迟线的 FIFO 缓存器(经许可,引自 Tucker,R. S.,Ku,
P. C.,Chang-Hasnian,C. J.,J. Lightwave Technol.,23,4046,2005.)

　　为了最大化分组可以存储的时间,在最近接受的分组和最靠近输出的分组之间,所有延迟线中的群速度设为 v_{g2},最靠近输出端的分组的右侧延迟线群速度也为 v_{g2}。当需要将最靠近输出的分组读出时,分组右侧所有延迟线的群速度设为 v_{g1}。为了说明上述内容,图 17.6 给出了储存在缓存器中一些 3 比特分组的快照。最靠近输出的分组目前在 DLM-1 中,且现在决定将其读出到输出端,为了完成该功能,DLM 中的群速度已经被设为 v_{g1}。

　　图 17.3(b)中的再循环回路缓存器可以作为一个 FIFO 缓存器,但是如果不止一个分组被存储在延迟线中,分组的顺序可以被改变。这里有一个普遍的误解,即是再循环回路缓存器而不是缓存存储器需要较少的波导延迟。事实上,当分组在回路内循环时,不会有其他分组进入。因此,如果需要缓存一个间隔紧密的输入分组流,则需要多个再循环回路,这可以利用图 17.3(a)中的串行结构或图 17.3(b)中的并行结构实现。

17.3.2.3　利用绝热慢光的 FIFO

　　图 17.7 给出了通过级联 M 个 B 类延迟线构建的 FIFO 缓存器[19]。M 个延迟线中的每个群速度可以在上限 v_{g1} 和下限 v_{g2} 之间利用 M 个控制信号中的控制 1 到控制 M 连续调节。FIFO 缓存器工作如下:输入分组以群速度 v_{g1} 进入 DL1,当整个分组进入 DL1 后,DL1 中的群速度绝热地从 v_{g1} 变化到 v_{g2}。图

17.7 中的第 个插图给出了群速度随时间的减小。在最近接受的分组和最靠近输出的分组之间,所有延迟线中的群速度为 v_{g2}。当需要将最靠近输出的分组读出时,分组所在延迟线中的群速度如第二个插图所示,以倾斜方式变化回 v_{g1}。

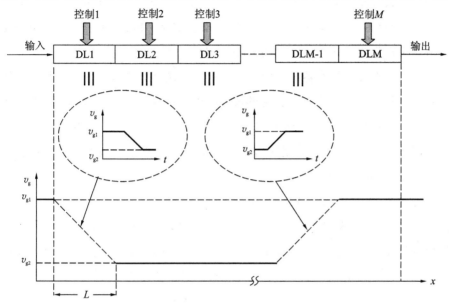

图 17.7　利用级联 B 类延迟线的 FIFO 缓存器(经许可,引自 Tucker,R. S.,Ku,P. C.,Chang-Hasnian,C. J.,J. Lightwave Technol.,23,4046,2005.)

在文献中常说的错误概念是,B 类延迟线避免了 A 类延迟线遭遇的延迟-吞吐量积的限制。然而,对于 B 类延迟线,在群速度绝热地减小前,必须向延迟线加载整个分组或分组的一段[18][19]。对于图 17.7 中的 FIFO 缓存器,这一事实的含义是,当 DL1 中的分组被减慢时,其他分组不允许进入 FIFO 缓存器。因此,单一 B 类延迟线或 FIFO 缓存器不能连续接收输入数据,结果是其有效信息带宽或吞吐量受到限制[19]。当延迟线上的群速度减小时,B 类延迟线的信息带宽变小。当 B 类延迟线上的群速度趋向于零时,信息带宽和容量 C 都趋于零。这在分组交换中产生严重影响,因为通信系统中的分组不可避免地紧密间隔且任何时间都可能到达。B 类延迟线中一个解决有限信息带宽的方案是利用图 17.3(b)所示的并行结构,即将一定量的 B 类 FIFO 缓存器并行排布。在这种结构中,输入分组直接送入可以接受它的 FIFO 缓存器中,但是,因为需要多个 FIFO 缓存器,这个解决方案的物理尺寸或占用的空间很大。

17.3.3 物理尺寸

在设计任何缓存器时,一个重要的实际考虑是其物理尺寸。当大路由器上的端口数增加到成百上千时,要确保每个缓存器足够小,以便整个路由器能在可管理的小范围内构建,这一点变得越来越重要。因此,考虑缓存器小型化的潜能非常重要。在本节中,我们考虑慢光缓存器的物理尺寸。

我们用来表征缓存器尺寸的关键参数是存储 1 比特数据的物理尺寸。缓存器的总长度 L 等于存储 1 比特的尺寸乘以比特数(即缓存器容量)。对于要求器件小型化的缓存应用,慢光技术似乎较有吸引力,因为在慢光波导(A 类)中群速度较小,结果各个数据比特的物理尺寸小于其在常规波导中的值。因此,对于给定的存储容量,波导长度小于常规波导。

正如图 17.4 所示,当输入脉冲突然从常规波导进入具有小群速度的 A 类慢光波导中时,作为波导中位置 x 的函数,1 比特的物理尺寸减小[19]。各个数据比特的长度等于比特周期乘以群速度,因此,比特的物理长度从输入线的 L_{in} 减小到慢光波导的较短长度 L_b。因此,延迟线长度为

$$L = L_b C = L_b TB \tag{17.2}$$

且比特长度 L_b 由

$$L_b = (\frac{C}{L})^{-1} \tag{17.3}$$

给出,其中 C/L 为单位长度的延迟-吞吐量积。因此,在 A 类延迟线中存储比特的物理尺寸直接与延迟-吞吐量积相联系。

对于给定的延迟 T 和给定的信号带宽 B,当每个比特的长度 L_b 最小时,延迟线长度 L 也最小。因此,在设计慢光延迟线时,了解能够实现的最小 L_b 是很有用的,这确定了延迟线物理长度的下限。参考图 17.8 可以估算最小比特长度,该图给出了理想慢光介质中有效折射率随光学频率 ω 变化的剖面。在这个理想特征中,波导的有效折射率 n 是频率的线性函数,它在光学频率 ω_{min} 下具有最小值 n_{min},在光学频率 ω_{max} 下具有最大值,且沿信号带宽的平均有效折射率为 n_{avg}。信号的中心频率 ω_0 与线性斜率区的中心对齐。

在慢光波导中,群速度 v_{g2} 可以用自由空间中的速度 c、波导的有效折射率 n 和光学频率 ω 写为

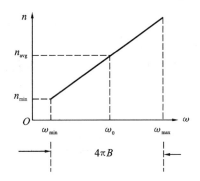

图 17.8　有效折射率与光学频率的关系

$$v_{g2} = \frac{c}{n + \omega(\mathrm{d}n/\mathrm{d}\omega)} \tag{17.4}$$

对于无色散慢光传输，$\omega\left(\dfrac{\mathrm{d}n}{\mathrm{d}\omega}\right)$ 项要求很大，且与沿信号带宽的光学频率无关。这可以利用图 17.8 所示的直线有效折射率实现。

为了使存储比特的长度 L_b 最小化，数据信号的光学角频率带宽（如图 17.8 所示的 $4\pi B$）需要从 $\omega_{\min}$ 到 $\omega_{\max}$ 完全占据器件带宽[19]。因此，由图 17.8 可得

$$\frac{\mathrm{d}n}{\mathrm{d}\omega} = \frac{n_{\mathrm{avg}} - n_{\min}}{2\pi B} \tag{17.5}$$

当 $n_{\min} = 0$ 时，可得关于比特尺寸 L_b 基本的下限尺寸[19]。将 $n_{\min} = 0$ 代入式（17.4）和式（17.5），可得 $v_{g2} = (c2\pi B)/(\omega n_{\mathrm{avg}}) = B\lambda_{\mathrm{avg}}$，其中 λ_{avg} 为慢光介质中的平均波长。因此，比特的长度为 $L_b = v_{g2}/B = \lambda_{\mathrm{avg}}$，换句话说，无论采用哪种慢光技术，都不能把 1 比特数据压缩到小于一个波长的尺度[19]。Miller[21] 利用更普遍的方法推导出了相似的限制。Miller 指出，利用介电常数非常大的材料，如金属，可能使比特长度更小（或等价地，单位长度的延迟-吞吐量积可以更大）。但是，这类与材料有关的损耗将对延迟线容量施加几种极端的限制（见 17.3.4 节）。

表 17.1 给出了用于 OPS 的延迟线缓存器所需的尺寸。对于工作在 40 Gb/s 线速率且具有 1000 个端口的 40 Tb/s 光路由器（即 1000 个分离的缓存器位于光交叉连接的输出端口，如图 17.1(a) 所示），表 17.1 比较了基于光纤的缓存器与理想慢光缓存器的物理长度。在 40 Gb/s 时光纤延迟线的比特长度 L_b 为 5 mm，理想慢光延迟线的比特长度 L_b 为一个波长或约 1 μm。在

表 17.1 中,我们假设缓存器尺寸为每端口 20 个分组或约 200 Kb,这对应于缓存器延迟为每端口 5 μs,或总延迟为 5 ms。所有 1000 个端口的总容量为 200 Mb。表 17.1 给出了在所有 1000 个缓存器中延迟线的总长度和每个端口的长度,光纤延迟线缓存器的总长度为 100 km①,而理想慢光缓存器的总长度为 200 m。

表 17.1　40 Gb/s 下光纤延迟线和理想慢光延迟线单位长度的存储密度和总长度

	光纤	理想慢光波导
存储密度	1 b/5 mm	1 b/μm
总长度	100 km	200 m
每个端口长度	1 km	20 cm

为了提供慢光缓存器的一个紧凑实现,通常有必要像图 17.9 所示的方案那样设计某种折叠的波导排布。在该图中,平行波导间隔大约 5 个波长。如果波导为理想的慢光波导,比特长度 L_b 为一个波长,则每个存储比特占据的芯片面积为 $5\lambda^2$ 或 5 μm^2 左右。表 17.2 根据规划到 2018 年的国际半导体技术蓝图(ITRS)项目[22],比较了理想慢光波导和互补金属氧化物硅嵌入式动态随机存取存储器(CMOS eDRAM)的比特面积、存储密度(单位面积上)和芯片面积。在表 17.1 中,缓存器的总容量设为 200 Mb——前面一段考虑的路由器中所需的总数据存储量。理想慢光器件的存储密度(即利用慢光可实现的最优值)为 150 Gb/m^2,这比 CMOS DRAM(150 Tb/m^2)的存储密度小 3 个数量级。理想慢光延迟线所需的总芯片面积为 13 m^2,而 CMOS 为 1.3 mm^2。注意,这里给出的存储密度值是最乐观的结果,因为它们没有包括任何交叉点的物理尺寸(见图 17.2),或任何辅助控制电路的物理尺寸。

由于一些非理想因素如信号色散,实际慢光器件不会像上述理想器件那样好。图 17.10 给出了当缓存器容量 C 为 100 和 10000 时,缓存器长度 L 随不同慢光延迟线比特率的函数关系[18]。图 17.10 中的数据是在假设所有比特率、慢光介质带宽被调到与数据的整个光学带宽匹配(见图 17.8)时计算出的。图 17.10 包括三种慢光延迟线技术:电磁感应透明(EIT)延迟线(实线)、耦合谐振器波导(CRW)延迟线(点划线),以及无色散且最小比特长度为一个波长的理想慢光延迟线(点线)。

---

①　原书此处 1 mm 有误! ——译者注

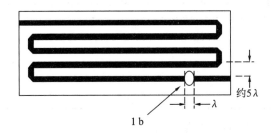

图 17.9　紧凑的延迟线结构(经许可,引自 Tucker,R. S.,J. Lightwave
　　　　Technol.,24,4655,2006.)

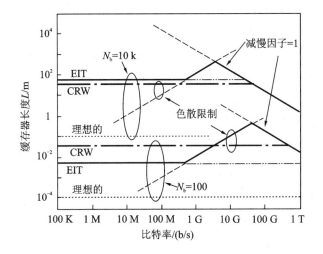

图 17.10　容量为 100 b 和 10 Kb 时,缓存器长度与比特率的关系(经许可,引自 Tuck-
　　　　er,R. S.,J. Lightwave Technol.,24,4655,2006.)

　　在低比特率,所有缓存器的长度与比特率无关,这是因为图 17.8 中有效
折射率的斜率随比特率的增加而增大。当比特率在大约 500 Mb/s 以上时,
EIT 器件中缓存器的长度由于色散而增加[18]。图 17.10 中具有负斜率的实线
代表减慢因子 $S=1$,在这条线上,光没有被减慢。因此,当 $S=1$ 时,慢光技术
并不比传统波导延迟线如光纤更有优势。由图 17.10 还可以看出,对于 EIT
延迟线,当 $S>1$ 且缓存器容量为 10 Kb 时,最大比特率约 3 Gb/s,而对于
CRW 延迟线该值为 20 Gb/s。对于 100 比特容量延迟线,其比特率分别增加
到 50 Gb/s 和 700 Gb/s。

表 17.2　慢光缓存器和 CMOS eDRAM 单位面积的比特面积和存储密度

	延迟线	CMOS
比特面积	约 5 μm^2	约 0.005 μm^2
存储密度	150 Gb/m^2	150 Gb/m^2
存储 200 Mb 所需的面积	13 m^2	1.3 mm^2

17.3.4　波导损耗和能量消耗

在本节中,我们考虑波导损耗对慢光延迟线、传统波导延迟线和光纤延迟线的影响。波导损耗是延迟线容量一种严格且基本的限制,在本节中我们将介绍如何量化波导损耗引起的限制。正如在 17.3.3 节指出的,延迟线容量的限制也是由色散引起的。然而,可以用一些技术补偿色散,包括线性色散补偿、非线性孤子效应[23],或数据信号的预补偿与后补偿[24]。损耗可以由光学增益一定程度地补偿,但是可以使用多大的增益是有上限的。因此,波导损耗决定延迟线容量的基本上限,这个延迟线容量上限与存储比特的下限一起,对设计实际延迟线缓存器至关重要。

波导损耗通常以单位长度的分贝数(dB)来量化。损耗的另一个量度是 e^{-1} 吸收时间,它是指波导中的脉冲振幅减小到 e^{-1} 所需的时间。吸收时间在慢光器件中是一个有用的损耗量度,因为它与慢光因子无关。慢光延迟线每单位长度的损耗(以 dB 为单位)随减慢因子成比例增长[18][25],因此,在减慢因子为 S 的慢光波导中以 dB 为单位的衰减为

$$A_{sl} = SA_i \qquad (17.6)$$

式中:A_i 为单位减慢因子下波导的固有衰减。

表 17.3 给出了固有衰减系数为 0.2 dB/km 的光纤、固有衰减系数为 0.5 dB/cm 的波导和固有衰减系数为 0.01 dB/cm 的波导吸收时间的典型值。通常波导损耗为 0.5 dB/cm 时将被视为"低损耗"区,特别是如果波导用在小型光学集成回路中,其中的最大波导长度在数厘米或更小的量级。但是,这种损耗水平对于 OPS 中的分组交换机是不可接受的高损耗。表 17.4 中包含了固有损耗为 0.01 dB/cm 波导的数据,以便和固有损耗为 0.5 dB/cm 的波导做比较。

表 17.3　光纤和慢光延迟线的衰减特性

	光纤	低损耗波导	极低损耗波导
固有衰减系数	0.2 dB/km	0.5 dB/cm	0.01 dB/cm
吸收时间	100 μs	400 ps	20 ns
20 分组延迟线的衰减	0.2 dB	16 500 dB	330 dB

表 17.3 还给出了总容量为 20 个分组或约 200 Kb,即延迟大约 5 μs 时,三种波导用于延迟线时各自的总衰减。光纤中的总衰减仅为 0.2 dB,但是对于固有衰减为 0.5 dB/cm 的波导延迟线(无论是慢光延迟线还是传统延迟线),总衰减居然达到难以置信的 16500 dB! 显然,需要超低损耗波导来存储这些多数据分组。例如,如果固有衰减系数减小到 0.01 dB/cm,则吸收时间增加到 20 ns,固有衰减减小到 330 dB。这个衰减仍然很大,但仍可能被带有光增益的延迟线接受。

光放大是克服延迟线缓存器中的损耗的一种简便方法。图 17.11 给出了大延迟线缓存器的示意图,包括用来克服损耗的光增益[18][26]。在图 17.11 中,各级光增益沿延迟线长度方向布置,这很像光放大器沿长途光纤传输系统的长度方向布置。与光传输系统相似,每级增益处可以灵活包含色散补偿级,以减小延迟线内色散造成的负面影响。

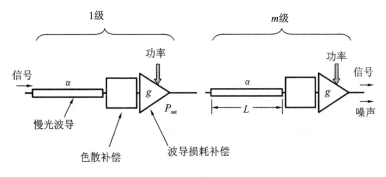

图 17.11　光放大延迟线

图 17.11 中放大延迟线的具体分析在参考文献[18]中给出,该系统利用了半导体光放大器(SOA)增益模块且假设理想(无损耗)色散补偿器消除了延迟线引入的所有残余色散。在该文中,考虑的关键是放大器链中的自发噪声,以及这种累积的自发噪声对延迟线输出端信噪比(SNR)的影响。另一个重点是由信号和累积的自发噪声引起的延迟线增益级中的增益饱和。利用这种分

析计算的用 SOA 补偿损耗的损耗延迟线的最大容量 C_{max}（比特单位）如图 17.12所示[18]，图 17.12 中横轴上的饱和功率为图 17.11 中损耗补偿放大器的饱和功率。

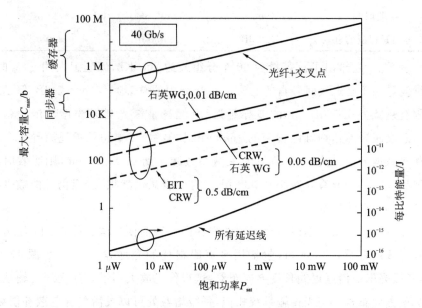

图 17.12　每比特的最大缓存器容量和能量与放大器饱和功率的关系（经许可，引自 Tucker, R. S., J. Lightwave Technol., 24, 4655, 2006.）

　　图 17.12 中上面的曲线是光纤缓存器的，包括固定延迟的光纤延迟线和利用图 17.2(c)所示结构的交叉点开关。在这个理想计算中，我们忽略了交叉点的损耗。由于光纤中的低损耗，光纤延迟线缓存器具有相当大的容量。例如，如果放大器的饱和功率为 10 mW，则光纤延迟线缓存器的容量为 10 Mb，这对于 OPS 中的缓存来说足够了。然而，这种方法的主要缺点是其物理尺寸非常大。图 17.12 中三条中间的曲线给出了不同波导损耗下的最大容量。

　　对于衰减为 0.01 dB/cm 且 SOA 饱和功率为 10 mW 的延迟线，最大可实现的容量约为 40 Kb，可能刚够 OPS 中的缓存，这取决于所需缓存器的尺寸。当损耗为 0.5 dB/cm 时，最大容量小于 1 Kb，这对于 OPS 中的缓存来说太小了，对在同步器（见图 17.1(a)）中的应用来说也太小了。从这个比较可以得出结论，如果延迟线要用作光分组交换机中的缓存器，任何波导延迟线（慢光或非慢光）的衰减系数需要等于或小于 0.01 dB/cm；如果延迟线要用作光分组交换机中的同步器,则衰减系数需等于或小于 0.1 dB/cm。

图 17.12 中下面的曲线为每比特的能量 E_{bit},其中 E_{bit} 在右侧坐标轴。能量 E_{bit} 的计算是先将总泵浦功率按放大器均分,再除以比特率得出[27]。图 17.12 中的 E_{bit} 曲线适用于所有延迟线和所有损耗。对于在前面一段中考虑的例子,SOA 的饱和功率为 10 mW,每比特的写/存/读能量为 0.5 pW。

图 17.13 给出了在比特率为 40 Gb/s 时,每个存储比特的长度 L_b 与图 17.11 中放大延迟线容量 N_b 的关系。这个图包含了由色散引起的限制(也就是说,图 17.11 中没有包含色散补偿),还包括了波导损耗引起的限制。在图 17.13 中,计算是在放大器饱和功率为 100 mW 时进行的,存储比特的最大尺寸(虚线)等于在常规(非慢光)波导中 40 Gb/s 的数据长度(近似 5 mm)。正如前面所述,利用任何慢光延迟线可以实现的最小 L_b 为一个光波长(近似为 1 μm),这个比特长度的下限在图 17.13 中用点线标出。慢光延迟线的允许工作区域位于理想最小长度的上方,低于 EIT 或 CRW 色散限制和 EIT 振幅限制的最小值,低于减慢因子为 1 的线,且在衰减限制的左侧。

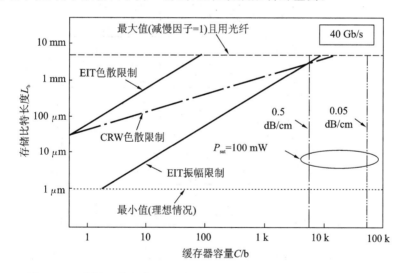

图 17.13　存储比特长度与缓存器容量的关系(经许可,引自 Tucker, R. S. ,J. Lightwave Technol. ,24,4655,2006.)

17.3.5　谐振器缓存器

延迟线缓存器一种可能的替代者是捕获各个数据脉冲能量的高 Q 值光学谐振器阵列。已经报道了 Q 值在 $10^5 \sim 10^9$ 范围的不同结构的光学谐振器,包括光子晶体(PC)和晶体回音壁谐振器,Q 值在该范围内的谐振器可以将能量存储数十纳秒或更长时间[28][29]。为了从输入脉冲捕获光能量并根据需要释放该能量,需要通过可调耦合区将光学谐振器耦合到输入/输出波导,耦合区确保当输入脉冲最先到达腔时腔的 Q 值很低,然后 Q 值随腔内能量的建立而增加。参考文献[30]推导了这个时间相关耦合的表达式,文中指出这类存储器的最大存储时间最终受限于可调耦合区的消光比而不是腔的 Q 值。

图 17.14 给出了可以存储若干多比特字或分组的光学环形谐振器随机存储器(RAM)的一种可能结构[30]。这个存储器是一个真正的 RAM,因为字可以按随机顺序释放。要写进 RAM 的分组从左上进入一个串行-并行解复用器(即行译码器),该解复用器包括长度等于一个比特周期 τ_b 的延迟线的级联,每段延迟线之间有一个交叉点。为了存储分组,当数据字中的所有比特进入级联的 τ_b 延迟线后,串行-并行解复用器中的交叉点同时切换,并行比特进入图 17.14 中的水平波导(即比特线)。

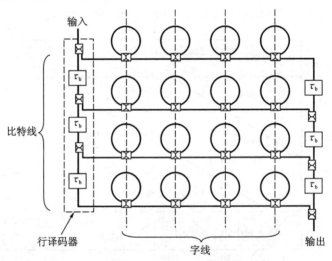

图 17.14 光学谐振器 RAM(经许可,引自 Tucker, R. S. and Riding, J. L., J. Lightwave Technol., 26, 320, 2008.)

同样,当数据从 RAM 中读出时,来自环形谐振器的比特在并行-串行转换器中从并行转换为串行,该转换器包括另外一个长度等于一个比特周期的延迟线的级联,每段延迟线之间有一个交叉点。图 17.14 中的字线控制单元中的可变耦合器。如果可变耦合器为电-光定向耦合器,这些字线为电导线。

就像延迟线缓存器那样,环形谐振器 RAM 缓存器也遭受光损耗。Q 值为 10^7 且耦合区具有高消光比的谐振器,存储脉冲的保持时间近似为 50 ns。通过比较,40 Gb/s 下存储 20 个 IP 分组所需的存储时间约为 5 μs,或者比前者大 2 个数量级。为了得到 5 μs 的存储时间,谐振器的 Q 值需要达到约 10^9,且可调耦合区的消光比需要达到约 80 dB。该量级的腔 Q 值可以实现,但是在可调耦合区实现 80 dB 的消光比将是一个极大的挑战。因此,正如前面指出的,谐振器缓存器好像并不适于分组交换。保持时间问题的一种解决方案可以是在谐振器内引入增益,但不经历激光行为是很难实现的。环形谐振器 RAM 的存储密度受谐振器和交叉点开关尺寸的限制。如果环形谐振器的直径为 100 μm 且谐振器间距为 50 μm,则存储密度在 40 Mb/m^2 的量级,这比理想慢光延迟线的小了 3 个数量级还多,且比 CMOS RAM 的小了 6 个数量级还多。

17.3.6　电缓存器

基于 2006 年的国际半导体技术蓝图[22],2018 年的规划指出,嵌入式 DRAM(eDRAM)将实现存储电容约为 1 fF,每个单元的读/写能量为 1.6×10^{-16} J/b,保持时间为 64 ms,读/写周期为 200 ps。有效单元间距近似 80 μm,阵列面积效率为 60%[22],eDRAM 的规划存储密度近似为 150 Tb/m^2(见表 17.2)。这几乎比容量 100 b、比特长度约 100 μm 且存储密度约 2 Gb/m^2 的 EIT 或 CRS 延迟线大 5 个数量级还多。很显然,从芯片面积的角度,光延迟线缓存器无法与电缓存器竞争,除非缓存器的尺寸非常小。

17.3.7　缓存器技术比较

表 17.4 比较了光放大延迟线缓存器、基于谐振器的光 RAM 单元和 CMOS eDRAM 缓存器在容量为 5 个 IP 分组(50 Kb)和 100 个 IP 分组(1 Mb)、比特率为 40 Gb/s 时,每比特的能量和功率消耗。延迟线缓存器又细分为固有衰减系数为 0.05 dB/cm 和 0.5 dB/cm 的慢光延迟线,衰减为 0.2 dB/cm 的光纤延迟线[18]。注意,慢光延迟线的能量和功率值也适用于单芯片非慢光延迟线,如硅平面波导[18]。除非标出的,表 17.4 中所用参数和图 17.12 中的一样。表 17.4 利用了 30 dB 的输出信噪比(与图 17.12 中的 20 dB 相比),对于多个光学器件级联的实际应用,这代表了系统所需的较高信噪比

值。表 17.4 中的每一项都适用于特定容量的单一缓存器，n 端口路由器需要 n 个这样的缓存器。在表 17.4 中的所有慢光延迟线和光纤延迟线中，都假设了单一波长工作。正如前面指出的，通过波分复用，可以实现器件面积效率一定程度的改善，但是，每比特的能量和总功率消耗不能通过波分复用改善。

表 17.4　缓存器技术比较

| | | | 容量 | | | |
| | | | 5 个 IP 分组(50 Kb) | | 100 个 IP 分组(1 Mb) | |
	固有损耗	SNR/dB	E_{bit}	功率	E_{bit}	功率
慢光	0.05 dB/cm	30	1.2 pJ	50 mW	—	—
慢光	0.5 dB/cm	30	—			
光纤	0.2 dB/km	30	1.3×10^{-2} fJ	5 mW	6.9 fJ	260 nW
基于谐振器的 RAM			$Q = 10^9$,	ER = 80 dB	—	—
CMOS			0.2 pJ	8 mW	0.2 pJ	8 mW

表 17.4 中光纤延迟线的功率消耗最低，然而，因为它们体积笨重，光纤延迟线通常被认为是不实用的。功率消耗次最低的是 CMOS 缓存器，功率消耗最大的是慢光延迟线和其他平面波导延迟线。当平面波导延迟线具有光纤延迟线相同的波导损耗和相同的缓存器容量时，它们消耗相同的功率。表 17.4 中的空白项表明，此时因为功率消耗不切实际的大或因为不满足带宽限制条件，慢光缓存器不能在实际中应用。

17.4　结论

大规模网络路由器的能量瓶颈已经成为设计未来网络设备的重要问题。表面上看，OPS 看起来可以替代电分组交换。光交换是一个有潜力的低功率技术，而且 OPS 的概念与全光网的梦想是一致的。但是，缺少实用的光缓存器技术是阻碍 OPS 发展的主要障碍。

在本章中，我们表明，即使光缓存器的容量不大于每端口 20 个分组，利用慢光技术或传统波导技术构建实际的光缓存器被证明还是非常困难的。遗憾的是，慢光缓存器很笨重，消耗大量能量，并在色散补偿方面提出了很大的技术挑战。在只考虑功率消耗的基础上，慢光技术和其他光缓存技术，如基于高 Q 值的微谐振器，不大可能与 OPS 中的电缓存器技术竞争。然而，光缓存技术可以在 OPS 同步器中找到有限的应用，其中所需的最大延迟最少比缓存器所需的小 1 个数量级。

网络协议的未来发展可以使路由器中的缓存需求进一步降低。事实上，已经有一些提议指出，随着传输控制协议（TCP）的改变，可能会完全消除缓存器[31]。

🏛 参考文献

［1］V. W. S. Chan, Guest editorial: Optical communications and networking series, IEEE J. Sel. Areas Commun. , 23, 1441-1443, 2005.

［2］D. T. Neilson, Photonics for switching and routing, IEEE J. Sel. Top. Quantum Electron. , 12, 669-677, 2006.

［3］D. Blumenthal, P. Prucnal, and J. Sauer, Photonic packet switches: Architectures and experimental implementations, Proc. IEEE, 82, 1650-1667, 1994.

［4］J. Spring and R. S. Tucker, Photonic 2×2 packet switch with input buffers, Electron. Lett. , 29, 284, 1993.

［5］S. J. Yoo, Optical packet and burst switching technologies for the future photonic internet, J. Lightwave Technol. , 24, 4468-4492, 2006.

［6］R. S. Tucker and W. Zhong, Photonic packet switching: An overview, IEICE Trans. , E82-B, 254-264, 1999.

［7］D. Chiaroni et al. , Physical and logical validation of a network based on all-optical packet switching systems, J. Lightwave Technol. , 16, 2255-2264, 1998.

［8］A. Okada, T. Sakamoto, Y. Sakai, K. Noguchi, and M. Matsuoka, All-optical packet routing by an out-of-band optical label and wavelength conversion in a full-mesh network based on a cyclic-frequency, Presented at the Optical Fiber Communications Conference (OFC 2001), Anaheim, California, 2001.

［9］C. Guillemot et al. , Transparent optical packet switching: The European ACTS KEOPS project approach, J. Lightwave Technol. , 16, 2117, 1998.

［10］D. K. Hunter, M. C. Chia, and I. Andonovic, Buffering in optical packet switches, J. Lightwave Technol. , 16, 2081-2094, 1998.

[11] R. W. Boyd, M. S. Bigelow, N. Lepeshkin, A. Schweinsberg, and P. Zerom, Fundamentals and applications of slow light in room temperature solids, presented at IEEE Lasers and Electro-Optics Society, Annual Meeting, LEOS 2004, 2004.

[12] C. J. Chang-Hasnain and S. L. Chuang, Slow and fast light in semiconductor quantum-well and quantum-dot devices, J. Lightwave Technol., 24, 4642-4654, 2006.

[13] J. Baliga, Hinton, K., and Tucker R. S., Energy consumption of the Internet, presented at COIN-ACOFT, Melbourne Australia, 2007.

[14] S. Yao, B. Mukherjee, and S. Dixit, Advances in photonic packet switching: An overview, IEEE Commun. Mag., 38, 84-94, 2000.

[15] G. Appenzeller, I. Keslassy, and N. McKeown, Sizing router buffers, presented at SIGCOMM'04, Portland, Oregon, 2004.

[16] M. Enachescu, Ganjali, Y., Goel, A., and McKeowan, N., Part III: Routers with very small buffers, ACM/SIGCOMM Comput. Commun. Rev., 35, 83-89, 2005.

[17] N. Beheshti, Y. Ganjali, R. Rajaduray, D. Blumenthal, and N. McKeown, Buffer sizing in all-optical packet switches, presented at Optical Fiber Communications Conference OFC/NFOEC 2006, Anaheim, CA, 2006.

[18] R. S. Tucker, The role of optics and electronics in high-capacity routers, J. Lightwave Technol., 24, 4655-4673, 2006.

[19] R. S. Tucker, P. -C. Ku, and C. J. Chang-Hasnain, Slow-light optical buffers: Capabilities and fundamental limitations, J. Lightwave Technol., 23, 4046-4066, 2005.

[20] J. Khurgin, Adiabatically tunable optical delay lines and their performance limitations, Opt. Lett., 30, 2778-2780, 2005.

[21] D. A. B. Miller, Fundamental limit to linear one-dimensional slow light structures, Phys. Rev. Lett., 99, 203903, 2007.

[22] International Technology Roadmap for Semiconductors, 2006 Edition (2006). [Online]. Available at: http://public. itrs. net/.

[23] J. T. Mok, E. Tsoy, I. C. M. Littler, C. M. de Sterke, and B. J. Eggleton,

Slow gap soliton propagation excited by microchip Q-switched pulses, presented at IEEE Lasers and Electro-Optics Society Annual Meeting, 2005, LEOS 2005, Sydney, Australia, 2005.

[24] Q. Yu and A. Shanbhag, Electronic data processing for error and dispersion compensation, J. Lightwave Technol. , 24, 4514-4525, 2006.

[25] S. Dubovitsky and W. H. Steier, Relationship between the slowing and loss in optical delay lines, IEEE J. Quantum Electron. , 42, 372-377, 2006.

[26] J. Khurgin, Power dissipation in slow light devices—comparative analysis, Opt. Lett. , 32, 163-165, 2006.

[27] R. S. Tucker, Petabit-per-second routers: Optical vs. electronic implementations, presented at Optical Fiber Communications (OFC' 2006), Anaheim, CA, 2006.

[28] J. Guo, M. J. Shaw, G. A. Vawter, P. Esherick, G. R. Handley, and C. Sullivan, High-Q integrated on-chip micro-ring resonator, presented at IEEE Lasers and Electro-Optics Society Annual Meeting, Puerto Rico, 2004.

[29] K. Vahala, H. Roksari, T. Kippenberg, T. Carmon, and D. Armani, Nonlinear optics in ultra-high-Q micro-resonators on a silicon chip, presented at Quantum Electronics Conference, 2005. International, 2005.

[30] R. S. Tucker and J. L. Riding, Optical ring resonator random-access memories, J. Lightwave Technol. , 26, 320-328, 2008.

[31] G. Das, Tucker, R. S. , Leckie, C. , and K. Hinton, Paced TCP gives higher utilization with no buffers than with small buffers, in 33rd European Conference on Optical Communication 2007. Berlin, 2007.

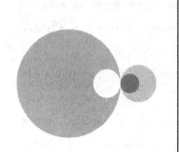

第18章
慢光在相控阵雷达波束控制中的应用

18.1 引言

　　所有早期雷达都是使用单个大天线如抛物面反射器,这些雷达通过向感兴趣的方向发射聚焦波束来工作。通常,这些天线在方位角上而且还经常在仰角上机械旋转,以提供全波束覆盖。很多老式雷达的频率相对很低且需要大的天线。随着雷达的发展,特别是向更高频发展,不需旋转但可以电控的天线变得切实可行且更有优势。在电控系统中,天线可以沿着相同方向缓慢旋转,或者可以具有允许以不同速率重新访问高优先权目标的任意搜索模式。目标时间的增加相对简单,而且多功能(如监视、多目标跟踪、照明目标、电子反对抗、通信等)也是可能的。在今天更先进的系统中,可以同时发射并接收多个波束。

　　相控阵雷达通过图18.1所示的一个天线元阵列发射和接收微波辐射来工作。通过以不同但精确的量移动每个阵元的相位,无需天线的机械扫描,一个窄波束即被相干地控制在特定方向。由于杂波抑制与发射机的稳定性相关,稳定性限制了探测多个感兴趣目标的能力。随着感兴趣的军事目标变小,且由于尺寸和重量要求,新的雷达通常使用固态放大器,它是相控阵发射/接收(T/R)模块自身的一部分。此外,固态放大器技术已经前进了一大步,这主要是由于手机产业也需要小型化的微波放大器。第一个主要的相控阵系统AEGIS SPY-1 建于 20 世纪 70 年代,多年来,固态放大器已经大幅度提高了动态范围且减小了庞大的体积,从而改善了杂波抑制且便于部署。技术的进步持续带来重量减小、成本降低和性能改善等发展。

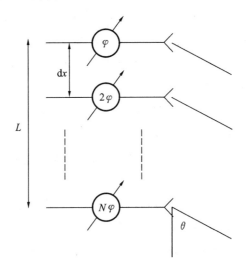

图 18.1　传统相控阵雷达,天线阵元以 φ 弧度一个一个地移相

　　但是,相控阵陷入了关于一个特殊性能度量标准的基本限制:距离分辨率。这种限制来源于一种被称为斜视的效应,该效应在使用高带宽信号时无例外地出现。当利用具有特定带宽 B 的脉冲时,传感器的距离分辨率为 $R=c/(2B)$,其中 c 为真空中的光速。在现代雷达系统中,目标分类和识别在军事应用中已经变得越来越重要。尽管很多旧的监视系统和跟踪雷达可以探测目标并跟踪位置,但是目标分类需要具体的空间信息,1 GHz 的带宽可以实现15 cm 分辨率。

　　为了更具体,我们考虑一个在位置 x_j 处的一维天线阵列,将波束控制到 θ_0 方向上的适当相移为 $\varphi_0{}^{(j)}=\omega_0 x_j \sin\theta_0/c$,其中 ω_0 为(中心)RF 载波频率。最常用的为 S 带 $\omega_0\approx(2\pi)3$ GHz 和 X 带 $\omega_0\approx(2\pi)10$ GHz,因此本章我们侧重于介绍与这些带相联系的参数。对于足够大的信号带宽 B,施加相移 $\varphi_0{}^{(j)}$ 引起斜视。波束控制所需的恰当的频率相关相移为 $\varphi^{(j)}=\omega x_j \sin\theta_0/c$，其中 $\omega=\omega_0+\delta$ 且 $\delta\approx B$ 代表信号的一个特定频率分量。忽略 $\varphi^{(j)}$ 中的频率相关部分 $\delta x_j \sin\theta_0/c$，不同频率被转向到不同角度(色差)引起波束损耗和失真。

检查 $\varphi^{(j)}$ 很快发现，我们需要施加随频率 δ 线性变化的相移，从而将所有频率分量相干地控制到一个单一方向上。然而，正如在本书描述的各种各样的慢光方法中所提到的，这个线性频率相移等于一个慢群速度。因此，如果要对每个阵元施加变化的脉冲延迟 $\tau^{(j)}$，比如通过慢光的方法施加，则可以自动获得宽带波束控制所需的频率相关相移，这在相控阵雷达范畴被称为实时延迟(TTD)(Frigyes,1995)。另外一个或许更符合自然规律的观点是，控制本质上是根据不同阵元各自的横向位置延迟其中的信号，从而使平面波被重新定向到一个特定的方向上实现的。在这种方案中，施加相移 $\varphi_0^{(j)}=\omega_0\tau^{(j)}$ 仅是这样做的一种近似方法，当沿信号频谱所需的相移变化 $Bx_j\sin\theta_0/c\ll 2\pi$ 时成立。为了利用 TTD 控制波束，需要在每个阵元中快速且精确地开关信号延迟。实现 TTD 的要求取决于很多与雷达设计有关的因素，本章讨论与 TTD 规格有关的几个基本的雷达设计概念。

TTD 已经通过在 RF(射频)域直接利用时间延迟单元(TDU)取得了有限的成功。电子实现的 RF TDU 通常是不够理想的，因为它需要长同轴电缆或带状线。对于足够长的延迟，这些将变得非常笨重且昂贵。由于这些限制，实际中 TDU 仅在子阵列级中实现，其中传统的相移被施加到每个独立的阵元，时间延迟被施加到相邻的阵元组。一种克服 RF TDU 实际限制的方法是利用光学 TTD，其中 RF 信号被转换成光载波的调制，然后对光波进行延迟。光学器件本质上具有小得多的空间尺寸(这缓解了一些重量和热消耗问题)且大得多的带宽，但是，在实现的过程中很多努力遇到了限制。最直接的技术是利用一系列二进制可开关路径(Madamopoulos and Riza,2000)，它受到损耗(典型地，每个开关损耗为 1.0～1.5 dB)的不利影响。这在损耗和延迟精度之间产生了一个固有的权衡问题(例如，7 级开关将产生 128 种可能的延迟，但是损耗为 7～10 dB)。一种更完美的技术是光纤光学棱镜(Esman 等,1993)，它利用高色散光纤通过改变波长来调谐光纤路径的延迟。这种技术尽管有前景，但是受长滞后时间限制，因为光纤通常是数百米长且不能将延迟调整得比光通过这些光纤所需的时间还快(微秒级)。此外，在宽范围内(数十纳米)快速且准确调整波长的需求将增加系统的滞后时间和可能的系统误差。最后，一个光学 TTD 系统从原理上讲,可以利用波分复用来同时且独立地按波长来控制每个波束上的信号,但是波长相关的延迟妨碍了这种简单的多波束结构。还有一个值得关注的混合系统(Riza 等,2004),该系统将开关和光纤布拉格光栅组合在一起实现延迟可调。

本书中讨论的慢光技术都有一个重要特性,即通过调节辅助的泵浦或控制场可以快速且轻易可控地延迟光信号,这使得很多慢光技术可应用于相控阵雷达中快速且灵活的波束控制。为了评价本书中不同技术的性能(原子系统、光纤光学技术、固体、半导体、光子带隙材料等),需要考虑其所能提供的适当延迟范围和精度、带宽、振幅和相位稳定性、动态范围、多波束能力以及易于与雷达系统硬件集成。

在本章中,我们首先考虑在不同参数下通过移相器进行波束控制的性能,来确定哪些区域需要 TTD。然后在存在延迟误差、幅值误差和有限带宽的情况下分析 TTD 波束成形,并确定为获得一定的基础水平的性能所需的特性。我们的大多数结果是针对 X 带参数给出的,然而,我们也给出了 S 带系统的对应数值,并且这些结果通常很容易推广到任何频率。通过分析,我们可以评价不同的慢光技术在这个颇具前景的应用中的表现。

18.2 雷达系统背景

雷达基本上可以分为两类:一类是发射一系列脉冲信号;另一类是发射并接收连续信号。大多数现代先进雷达为脉冲式多普勒雷达,且工作方式为第一类,即发射如图 18.2 所示的脉冲序列,在脉冲之间雷达接收机打开并且数据是数字记录的,数据通过雷达信号处理器以探测并跟踪感兴趣的目标。根据基本脉冲序列可知,脉冲式多普勒雷达中所用的参数有:脉冲重复频率(PRF),即脉冲发射的速率;脉冲重复间隔(PRI)T,即 PRF 的周期;脉冲宽度 τ,即脉冲发射的持续时间;占空比 $D=\tau/T$;峰值功率 P_{peak} 和平均功率 $P_{avg}=P_{peak}D$。根据应用,通常 PRF 和占空比分为几个范围。脉冲式多普勒雷达通常分为三个范围:高,PRF$>$50 kHz;中,PRF$=$5~50 kHz;低,PRF$<$5 kHz。现代相控阵雷达通常工作在中到高 PRF 范围。脉冲式多普勒雷达的占空比通常为 0.05~0.5。在任意一个 PRI 中可以探测的最大范围受限于 PRF,也就是说,当真正的目标距离 R 大于清晰距离 $R_u=2T/c$ 时,在对应发射脉冲的监听周期内不会发生目标回波。当 PRF 足够高时,感兴趣的目标回波经常叠

加到下一个 PRI 上,此时称为距离模糊。即使目标叠加到下一个 PRI 上,信号处理中仍有不同的技术来确定距离。一种常用的方法是发射脉冲的第二个相干处理间隔(CPI),但是与 PRF 略有不同。因为 PRF 的变化,目标回波相对第二个发射脉冲将出现在不同的距离内。相对于第二个发射脉冲的这个新距离称为模糊距离,通过相关两个 PRF 的探测结果,可以对距离解模糊并确定真正的距离。相似的过程发生在多普勒域。大于盲速 $V_b = \lambda/(2T)$ 的目标在多普勒域中可能是模糊的,也需要解模糊。利用不同频率的多个 CPI,用类似雷达解距离模糊的方法,可以确定清晰多普勒。有时距离和多普勒都是模糊的,但是这也可以利用具有不同频率和 PRF 的多个 CPI 来处理,并利用多个 CPI 相关距离和多普勒。应该注意的是,多普勒分辨率随追随目标时间的增加而提高(Skolnik,1990)。

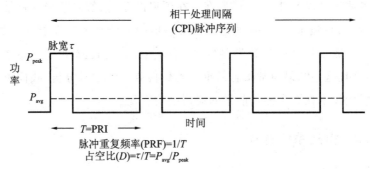

图 18.2　单一 CPI 射频脉冲序列

　　发射的波形分为两类,可以是正弦波,也可以是更复杂的所谓的脉冲压缩波。正弦波的时间-带宽积接近于 1,而脉冲压缩波的时间-带宽积远大于 1。脉冲压缩的目的是增加给定峰值功率下的距离分辨率,脉冲压缩通常利用线性频率斜坡信号或相位编码脉冲实现,类似于通信扩频技术用到的相移键控技术(PSK)。信号被发射和接收后,它被采样并送入信号处理器。信号处理器数将相位编码脉冲和接收信号数字化相关,这个处理称为匹配滤波,它优化了信噪比。此外,由于信号在接收后是脉冲压缩的,在模-数转换器之前要求动态范围仅仅是峰值功率的函数,而不是匹配滤波器积分功率的函数。因此,我们可以有效地在时间和频率上扩展能量,得到与较短的脉冲相同的距离分辨率,但是峰值能量和动态范围的要求被显著降低(Skolnik,1990)。

　　另一个重要参数是系统的滞后时间(即延迟能够调谐的速度和灵活性),

它决定着波束将以多快的速度被控制。根据不同的系统结构,滞后时间在 100 ns～10 μs 是比较理想的,这在很大程度上取决于时间延迟或移相器的互易性。非互易性移相器(其值依赖于是否发生发射或接收)需要在每个脉冲的发射和接收间隔重置,因此对非互易性移相器的滞后要求非常严格。对于互易性移相器,滞后时间值仅需要对每个 CPI 而不是每个脉冲改变一次。假设 20 kHz PRF 且每个 CPI 的脉冲数为 100,则脉冲序列内的每个脉冲周期 T 为 50 μs 且 100 个脉冲时间为 5 ms,因此 10 μs 的滞后时间等于 10 μs /5 ms＝ 0.2％的相对损失,这并不明显。另一方面,如果必须在每个脉冲处改变设置,则相对损失将变为 10 μs/50 μs＝20％,这就非常明显了。因为慢光脉冲延迟通常由泵浦功率来控制,因此滞后时间往往非常小且在这点上慢光性能非常好。然而,在特定系统中必须考虑这个问题,如长光纤(千米级)中的受激布里渊散射。

18.3　移相器波束成形中的斜视

正如前面提到的,由于色差(斜视)移相器对大带宽信号引入误差,为了对此进行量化,这里我们考虑一个一维($N＝128$)阵元 X 带(角频率 $\omega_0＝(2\pi)10$ GHz的载波)系统,半波长阵元间隔 $x_j＝j\lambda_0/2$。而雷达通常是一个二维平面阵列,每一维中的斜视效应是可分离的。因此,如果斜视在一维中导致 1 dB损耗,则在每一维中的相同角度范围内扫描波束时将有 2 dB 损耗(注意,通常在一维中的控制要求更为严格,例如,一个扫描地平线的船基雷达)。我们考虑可达±60°的扫描角。对控制朝向角度 θ_0 的波束产生的阵列因子等于所有阵元的相干叠加,它是角度 θ 和信号频率 ω 的函数:

$$A(\theta,\omega) = \sum_j a_j \exp[i(\omega u - \omega_0 u_0)x_j/c]$$

式中:$u＝\sin\theta$；$u_0＝\sin\theta_0$；a_j 为阵元权重。

这里我们将考虑泰勒权重的典型情况(Trees,2002),其旁瓣电平为 −40 dB(均匀权重旁瓣电平为−15 dB),这个低旁瓣电平在信号处理的杂波抑制算法中非常重要。注意,$\varphi_0^{(j)}＝\omega_0 u_0 x_j/c$ 代表施加在特定阵元 j 上的相移。为了考虑带宽为 B 的宽带信号,我们考虑对相关频率范围内的功率进行统一的积分。这假设了在雷达的匹配滤波器(Skolnik,1999)中使用的信号复

制被优化为包含阵列效应,也就是说,是预期接收的来自点目标的信号。由此可得波束包络为

$$| A_B(\theta) |^2 = \frac{1}{B}\int_{\omega_0-(2\pi)B/2}^{\omega_0+(2\pi)B/2} | A(\theta,\omega) |^2 d\omega$$

图 18.3(a)中的实线给出了一个控制到 45°的窄带信号($B=0$)的波束图样。由图可见,3 dB 波束宽度在 1°的数量级(通常约为 $100/N$ 度),旁瓣电平确实是设计的一40 dB。虚线和点线分别给出了 $B=300$ MHz 和 $B=1$ GHz 的结果。随着 B 的增加,可以看到主瓣电平(MLL)损耗严重且出现波束扩展。图 18.3(b)给出了几种不同转向角下 MLL 与信号相对带宽 B/ω_0 的关系。由于较大的转向角所需的相移也较大,引入的误差也相应较大。图 18.3(c)给出了当 $B=300$ MHz 时损耗与转向角的关系。选取在整个 $\pm 60°$ 扫描范围内 1 dB MLL 损耗的上限为基准性能要求,对于这样大小的阵列,斜视问题将 X 带系统限制到 $B<220$ MHz。由于相对带宽决定着损耗,因此 S 带系统将被限制到 $B<70$ MHz。

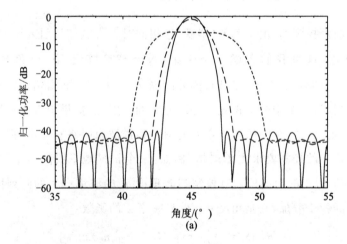

图 18.3　移相器波束成形中的斜视,$\omega_0=10$ GHz 中心频率(X 带)。(a)$B=0$(实线)、$B=300$ MHz(虚线)和 $B=1$ GHz(点线)时的阵列因子 $| A_B(\theta) |^2$,可以清楚地看到 MLL 的减小以及波束的扩展;(b)当转向角 $\theta_0=10°$(实线)、$\theta_0=30°$(虚线)和 $\theta_0=60°$(点线)时 MLL(单位 dB)与相对带宽 B/ω_0 的关系;(c)当 $B=300$ MHz 时 MLL 与转向角 θ_0 的关系;(d)在转向角 $\theta_0=60°$ 时 MLL 损耗变为 1 dB 的带宽 B 与阵元数 N 的关系

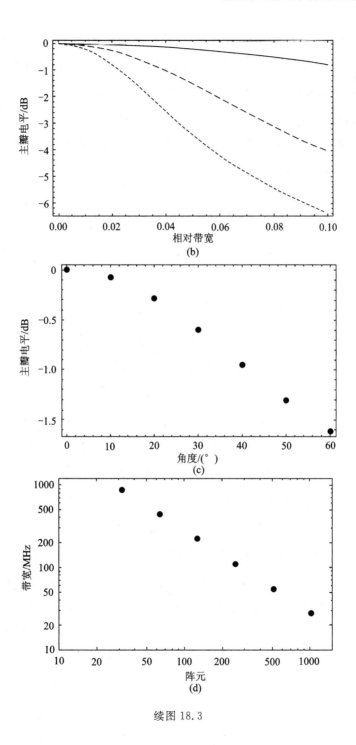

续图 18.3

为了获得更好的横向分辨率,阵列使用更多的阵元来减小波束带宽(约 $100/N$)。但是,这样做使得主瓣对特定带宽 B 的信号的色散更加敏感。图 18.3(d)给出了关键点(此处,波束方向为 $60°$ 时 MLL 损耗变成 1 dB)处的带宽与阵元数量 N 的关系,显然,带宽直接与 $1/N$ 成比例。该图表明了相控阵中出现的横向分辨率和距离分辨率之间的直接权衡,其中横向分辨率由波束宽度 $1/N$ 决定,且距离分辨率用 $1/B$ 标定。

18.4 实时延迟波束成形要求

TTD 通过提供随频率线性变化的相移消除了斜视,特别地,阵列因子变为

$$A^{(\text{TTD})}(\theta,\omega) = \sum_j a_j \exp[\mathrm{i}\omega(u-u_0)x_j/c]$$

此时真正的信号频率 ω(而不仅是中心频率 ω_0)决定了施加的控制相移 $\varphi^{(j)}(\omega) = \omega u_0 x_j/c$。要获得此相移,施加的物理延迟为 $\tau_d^{(j)} = \varphi^{(j)}(\omega)/\omega = u_0 x_j/c$。阵列因子 $A_B^{(\text{TTD})}(\theta)$ 的计算揭示,即使对大带宽 B 也能恢复完美的波束成形。图 18.4(a)中的实线给出了阵元 $N=128$,X 带且带宽 $B=1$ GHz 时的例子。在 TDD 系统中,大带宽 B 可以减小旁瓣变化并且保持主瓣完好。

为了扫描波束,需要在要求范围内调节每个阵元的延迟。注意,只有相对延迟影响波束控制,因此可以设计系统使一端的阵元($j=1$)不需要任何延迟调节,而远端的阵元($j=N$)具有按要求可调节的最大延迟范围 $\tau_d^{(\text{max})} = u_0 L/c$,其中 $L=N\lambda_0/2$ 为阵列的总尺寸。在 $90°$ 转向角的极限下,$u_0=1$ 且 $\tau_d^{(\text{max})}$ 简单等于光传输 L 距离所需的时间。对于阵元 $N=128$ 且 $60°$ 转向角的 X 带系统,$\tau_d^{(\text{max})} = 5.5$ ns,而一个具有相同阵元数的 S 带系统,由于较大的 λ_0,需要的 $\tau_d^{(\text{max})} = 18.3$ ns。

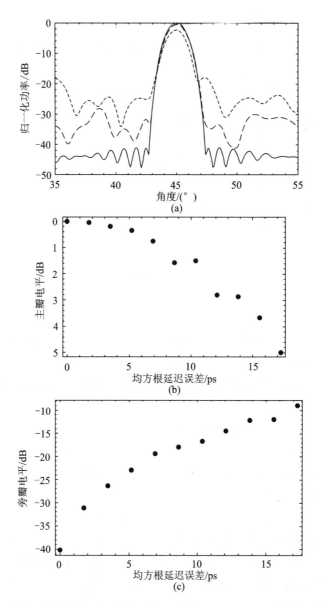

图 18.4　波束成形中的延迟精度,中心频率 $\omega = (2\pi)10$ GHz 且带宽 $B = (2\pi)1$ GHz。(a)具有完美 TTD(实线)的 $N = 128$ 阵元阵列的阵列因子 $|A_B^{(\mathrm{TTD})}(\theta)|^2$ 以及均方根延迟误差 $\tau^{(e)} = 3$ ps(虚线)和 $\tau^{(e)} = 11$ ps 的阵列因子(点线);(b)当转向角 $\theta_0 = 30°$ 时 MLL 损耗与延迟误差 $\tau^{(e)}$ 的关系;(c)当转向角 $\theta_0 = 30°$ 时最大 SLL 与延迟误差 $\tau^{(e)}$ 的关系

18.4.1 延迟精度

各个阵元延迟的非预期波动将使波束成形所需的相干叠加恶化,因此需要我们对其进行精确控制。图 18.4(a)中的虚线和点线画出了阵列因子,其中每个阵元给定一个随机的延迟误差,它是宽度为 $\tau^{(e)}$ 的高斯分布。从图中可以看到 MLL 的恶化,它还提升了旁瓣电平并在旁瓣中引入了一些随机波动,这是在杂波抑制运算中需要重点考虑的。图 18.4(b)给出了当 $N=128$ 时 MLL 损耗随 $\tau^{(e)}$ 的变化关系,我们确认这个损耗与 N 无关,且 1 dB 损耗发生在 $\tau^{(e\text{-}crit)}=8$ ps。时间尺度与光通过一个阵元的时间有关,该时间为 $\lambda_0/2c=1/2f=50$ ps(尽管精确值 $\tau^{(e\text{-}crit)}$ 的容忍度取决于我们选择的临界损耗,但在本分析中选为 1 dB)。然而要注意,需要的相对延迟控制确实与 N 有关。例如,对于 $N=128$, $\tau^{(e\text{-}crit)}/\tau^{(max)}=0.0015$(或 28 dB 动态范围),并且 N 中每 2 倍的因子都将增加 3 dB 的动态范围要求。S 带的雷达应有 $\tau^{(e\text{-}crit)}=27$ ps(尽管相应的延迟范围更大,但是动态范围要求是相同的)。

从图 18.4(a)中的波束图样可以看出,旁瓣电平随延迟波动剧烈增加。图 18.4(c)给出了最大旁瓣电平随时间波动水平 $\tau^{(e)}$ 的变化,特别地,当 $\tau^{(e\text{-}crit)}=8$ ps 时,旁瓣电平(泰勒权重)从设计的 -40 dB 增加到接近 -21 dB。这对杂波抑制有重要影响,因此,对于很多应用来讲,旁瓣要求比主瓣要求需要更为精细的延迟精度。

除了这种随机误差,我们还必须考虑想要控制的波束的角精度,因为这将驱动延迟调谐机制的设计。例如,在通常的 120° 范围内以 1° 步长控制方向,需要在每个阵元处有 120 个不同的延迟值。对于延迟由泵浦场驱动的慢光系统,泵浦必须能够调节到 120 个不同功率值中的任何一个。

在传统相控阵雷达中,一旦系统建立起来,就需要通过大量的校准和修正工作来更正阵元间距、阵元幅值等的错误。我们可以利用 TTD 系统中的相同策略,这样在特定阵元的特定延迟中的可重复系统误差就可以在现场系统中被修正,只有随机的频闪波动必须保持在这个临界精度 $\tau^{(e\text{-}crit)}$ 以下。

18.4.2 幅值精度

另一个重要特征是 TTD 过程中幅值所保持的精度。在基于电磁感应透明(EIT)的慢光中,退相干导致与延迟有关的信号衰减(Field 等,1996)。同样,在基于光纤的增益过程中,如受激布里渊散射,存在一个延迟相关的增益,尽管有方法来缓解这个问题(Zhu 和 Gauthier,2006)。在 TTD 雷达系统中,需要利用可变衰减器和/或增益过程来补偿这些延迟相关幅值效应(与校准传统相控阵雷达一样)。但是,总是存在一些残余幅值误差,它们将恶化波束成形。图 18.5(a)比较了利用理想 TTD 和相对幅值误差 $a^{(e)}=0.2$ 的 TTD 得到的阵列因子,在计算时将每个幅值 a_j 乘以因子 $(1+\alpha)$,其中 α 选自宽度为 $a^{(e)}$ 的高斯分布。我们可以看到幅值误差对主瓣没有影响,因为阵元仍然被理想地移相,并具有对称的正、负幅值误差。但是,幅值误差明显地抑制了通过泰勒权重实现的旁瓣抑制。图 18.5(b)给出了最大旁瓣电平与 $a^{(e)}$ 的关系,由图可见,当 $a^{(e)}=0.05$ 时我们损失了大约 3 dB 的抑制(或 13 dB 动态范围)。与更为严格的延迟精度要求相比,这是一个相当微弱的灵敏度。除了幅值波动,还会有随机的相位波动。但是,利用相应的相位误差 $\varphi^{(e)}=\omega_0\tau^{(e)}$,这些相位波动在数学上与延迟波动等价。由此我们发现对于 1 dB 损耗,临界相位误差电平为 $\varphi^{(e)}=0.08$。

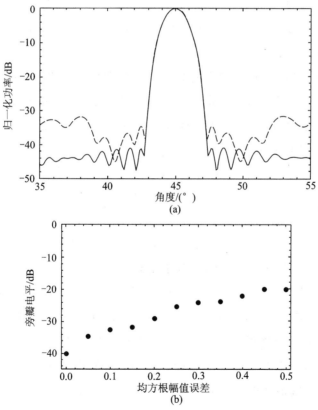

图 18.5　波束成形中幅值波动的影响,中心频率 $\omega_0=(2\pi)10$ GHz 且带宽 $B=(2\pi)1$ GHz。(a)$N=128$ 阵元阵列的阵列因子,转向角 $\theta_0=30°$,理想 TTD (实线)和幅值波动 $a^{(e)}=0.2$(虚线);(b)最大 SLL 与幅值波动 $a^{(e)}$ 的关系

18.4.3 带宽

将慢光方法应用于波束控制的一个重要考虑是,因为慢光依赖于在折射率中引入的色散特性,它们不可避免地(根据 Kramers-Kronig 关系)具有一个有限的带宽。普遍地讲,首要的带宽效应是由导致脉冲展宽的幅值增益或损耗的抛物线形频率相关性引起的(Boyd 等,2005)。对于一定的系统,如原子系统中的 EIT,在可观的泵浦功率下这个带宽非常窄(约 1 MHz)。也正是部分由于这个原因,半导体材料和光纤中的慢光近年来得到关注。作为雷达应用的带宽要求非常清楚,因为正是来自斜视(和其导致的距离分辨率限制)的信号带宽限制首次促进了 TTD。

图 18.6(a)给出了一个具有 1 ns 比特长度的典型 127 比特脉冲压缩序列。正如在前面背景讨论中提到的,这些序列有一个远大于 1 的时间-带宽积。受到慢光延迟机制 1 GHz 有限带宽的影响,高频分量将被衰减,导致图 18.6(b)所示的失真序列。

考虑有限带宽因素,对波束成形进行模拟,根据一些衰减或增益定律对不同频率加权,发现除了对整个波束图样衰减(或施加增益)之外,对阵列因子没有任何影响。因此,我们仅仅通过计算感兴趣带宽范围内慢光系统的透射率,就可以估计 MLL 损耗。

当利用信号处理获得距离信息时,带宽失真将产生更为直接的影响。最终,距离分辨率将被限制到 $R=c/(2B)$,其中 B 为慢光机制的带宽。我们注意到,正如幅值和相位误差可以被校准和纠正一样,脉冲失真或色散效应有时也可以被补偿。但是,如果某个特定频率成分相对于系统噪声被显著衰减,还是会受到限制。这在图 18.6(c)中得到了阐明,其中实线给出了两个理想传输序列的自相关,虚线和点线给出了理想序列分别与带宽为 1 GHz、0.5 GHz 的滤波序列的互相关。虚线是我们希望在实际中使用的。对于这些计算,比特长度为 1 ns,且应用的滤波器带宽(B)为 1 GHz 或 0.5 GHz 线宽的洛伦兹型,这对应距离分辨率近似为 $c/(2B)=15$ cm(1 GHz)或 30 cm(0.5 GHz)。

18.4.4 其他考虑

除了前面提到的波束成形的参数要求外,还有几个其他特性应该是 TTD 雷达系统希望具备的。首先,慢光机制本身的总衰减损耗将是一个重要因素,正像它对于任何光 TTD 技术那样,例如,简单的开关方案(Madamopoulos 和

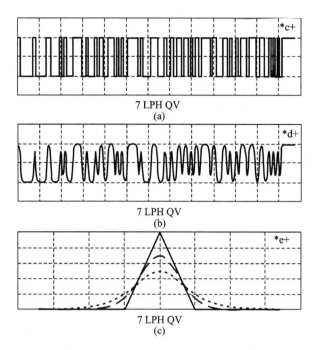

图 18.6　雷达脉冲序列的带宽限制。(a)典型脉冲压缩序列:比特长度为 1 ns 的 7 比特最大长度序列;(b)1 GHz 慢光有限带宽对序列的影响;(c)由压缩序列的互相关给出的有限带宽对距离分辨率的影响。实线:理想传输序列的自相关(见(a));虚线:理想(见图(a))和 1 GHz 带宽限制(见图(b))序列的互相关;点线:理想(见图(a))和滤波的 0.5 GHz 带宽限制序列的互相关

Riza,2000),每次开关遭受 1.0～1.5 dB 损耗。同样,从光载波到射频载波(反之亦然)的转换效率将是系统的一个重要部分,并且对于不同的慢光技术转换效率也不同(这取决于工作波长)。所有这些效应将进入系统的总损耗预算、噪声指数和动态范围。所要求的动态范围主要取决于应用,并且这个要求由可探测的最小信号和预期的最强干涉或杂波共同决定。例如,如果想要探测一个最大范围−10 dB 内的小横截面目标,其中预期在每个脉冲基上的杂波反射为 60 dB,那么就要求动态范围大于 70 dB。有以下几种方法可以将动态范围增加到 TTD 或其他模拟硬件限制的动态范围之上:①当将多个阵元的信号相干地组合时,可以增加 T/R 阵元电平处的动态范围限制;②脉冲压缩码通常被用来在多个单元范围内扩展发射的能量,在对信号数字化以后,接收到的

信号相对该脉冲压缩信号的时间反转复制是数字相关的或匹配滤波的;③相同的信号被发射很多次形成一个 CPI。一般来讲,110 dB 的总系统动态范围是很多应用的典型值。如果 1000 个阵元的积分增益为 30 dB,则一个 100 长度脉冲压缩码提供 20 dB 的脉冲压缩增益,每 CPI 的 100 个脉冲提供 20 dB 的积分增益,那么在阵元任何电平下只需要 110－70＝40 dB 的动态范围,虽然损耗会因此增加。

其次,大雷达系统有很大的使用需求,并且它的很大可取之处在于可以同时且独立地开关很多波束(约 100)。在移相系统中,这可以通过利用几个载波频率的偏移在波束位置引起相应的偏移来实现。这种实现方式通常是发射一连串不同频率的脉冲,所以整个脉冲是由几个子脉冲构成的。接收时,信道化的接收机用来处理不同的频率。其重要的优点就是,雷达搜寻时间可以减小为子脉冲的几分之一,只要获得的能量足以在子脉冲间扩展。如果能量是不可用的,那么这种优势就不那么明显了。如在光学系统中,这可以通过光纤中的波分复用实现。

最后,重量、功率消耗、成本和硬件集成等实际考虑将是极为重要的。如今大雷达系统有约 10000 个阵元,因此慢光方法用于大量阵元的可扩展性将是一个严格的要求。光 TTD 系统由于波长较短,在重量和空间上有较大优势。但是,因为慢光系统通常依赖于泵浦激光场,所以需要认真考虑其功耗要求。

18.5 总结

总之,我们考虑了通过慢光的可调光延迟是如何应用于提高相控阵雷达系统的距离分辨率的。通过考虑一个基本的相控阵波束控制模型,我们计算了导致传统相移系统引入斜视的带宽(利用主瓣小于 1 dB 的损耗作为基本要求)。我们发现对于具有 $N=128$ 阵元且 $\pm60°$ 转向能力的 X 带系统,在带宽 $B>220$ MHz时斜视衰减主瓣,这个截止尺度为 $1/N$。只要能在 $N=128$ 时得到 5.5 ns 的延迟范围且延迟精度动态范围为 28 dB,TTD 就可以消除这个问题。延迟范围要求直接正比于 N 和载波频率的倒数。旁瓣电平也会随延迟波动而剧烈增加,因此在要求低旁瓣的应用中,评价慢光机制性能时必须考虑进去。相反,波束成形对阵元幅值波动不很敏感,主瓣电平不受幅值波动的影响,13 dB 的相对幅值波动最终将旁瓣电平提高到 3 dB。最后,慢光机制的带宽将直接限制可以存在的脉冲带宽(特别是高时间-带宽积脉冲压缩序列),从而提供了预期的距离分辨率。此外,在评价用于雷达波束控制的给定慢光机制的能力时,还必须考虑动态范围、滞后时间和多波束能力。随着各种慢光技术不断在带宽、延迟范围和幅值控制中取得进展,它们在相控阵雷达系统中的应用在不久的将来将成为可能。

参考文献

[1] Boyd, R. W., Gauthier, D. J., and Willner, A. E., 2005, Maximum time delay achievable on propagation through a slow-light medium, Phys. Rev. A, 71:023801.

[2] Esman, R. D., Frankel, M. Y., et al., 1993, Fiber-optic prism true time-delay antenna feed, IEEE Photon. Technol. Lett. 5(11):1347-1349.

[3] Field, J. E., Hahn, K. H., Harris, S. E., 1991, Observation of electromagnetically induced transparency in collisionally broadened lead vapor, Phys. Rev. Lett. 67:3733-3736.

[4] Frigyes, I., 1995, Optically generated true-time delay in phased-array radars, IEEE Trans. Microwave Theory Tech. 43:2378-2386.

[5] Madamopoulos, N. and Riza, N. A., 2000, Demonstration of an all-digital 7-bit 33-channel photonic delay line for phased-array radars, Appl. Opt. 39:4168-4181.

[6] Riza, N. A., Arain, M. A., and Khan, S. A., 2004, Hybrid analog-digital variable fiber-optic delay line, IEEE J. Lightwave Technol. 22(2): 619-624.

[7] Skolnik, M., 1990, Radar Handbook, 2nd edn., McGraw-Hill, New York.

[8] Trees, H. V., 2002, Optimum Array Processing, Part IV, John Wiley & Sons, New York.

[9] Zhu, Z. and Gauthier, D. J., 2006, Nearly transparent SBS slow light in an optical fiber, Opt. Express 14:7238-7245.

中英文术语对照

E

Electromagnetically induced transparency（EIT），电磁感应透明

 Bose-Einstein condensation，玻色-爱因斯坦凝聚

 cryogenic temperature，低温

 eigenvector，本征矢量

 Feynman diagrams，费曼图

 group velocity，群速度

 Hamiltonian，哈密顿量

 hollow-core fibers，空芯光纤

 index of refraction，折射率

 optical absorption coefficient，光吸收系数

 optical pulse delay，光脉冲延迟

 Rabi frequency，拉比频率

 three-level system，三能级系统

Electronic buffers，电子缓存器

Electronical-to-optic（E/O）converters，电-光转换器

Erbium-doped fiber amplifier（EDFA），掺铒光纤放大器

Excitation-induced dephasing（EID），激发诱导失相

F

Finite difference-time-domain（FDTD）method，时域有限差分方法

Four-wave mixing（FWM），SWS，四波混频，慢波结构

 classical theory，经典理论

 coupled resonator optical waveguides（CROW），耦合谐振器光波导

 enhancement factors，增强因子

 frequency conversion，频率转换

 normalized bandwidth and conversion gain，归一化带宽和转换增益

 optical parameters，光学参数

 optical waveguide，光波导

 power transfer，功率转移

 quasi-phase-matched（QPM）schemes，准相位匹配方案

 wave mixing，波混频

Silica-stimulated Brillouin scattering,石英-受激布里渊散射

modulated pump,调制泵浦

complex amplitude,复振幅

gain spectral distribution,增益谱分布

group index change,群折射率变化

Lorentzian distribution,洛伦兹分布

power spectral density,功率谱密度

pulse amplitude,脉冲振幅

refractive index change,折射率变化

signal amplitude linear transformation,信号振幅线性变换

Stokes and anti-Stokes bands,斯托克斯和反斯托克斯带

monochromatic pump,单色泵浦

As_2Se_3 chalcogenide fibers,As_2Se_3 硫化物光纤

Cornell experiment,康奈尔实验

dispersion-shifted fiber (DSF),色散位移光纤

Ecole Polytechnique Fédérale in Lausanne (EPFL),瑞士洛桑联邦理工学院

electro-optic modulator (EOM),电光调制器

group index change,群折射率变化

group velocity,群速度

pulse amplitude,脉冲振幅

pulse delay time,脉冲延迟时间

multiple pumps,多泵浦

gain and loss spectral distributions,增益和损耗谱分布

signal frequency,信号频率

spectral transmission,频谱透射

superposed resonance,叠加谐振

time delay,时间延迟

zero-gain spectral resonances,零增益谱谐振

Slow and fast light propagation,慢光和快光传输

averaged PMD model,平均偏振模色散模型

delay line capacity limitations,延迟线容量限制

maximum buffer capacity vs. amplifier saturation power,最大缓存器容量～放大器饱和功率

semiconductor optical amplifier (SOA),半导体光放大器(SOA)

slowdown factor,减慢因子

stored bit length vs. buffer capacity,存储比特长度～缓存器容量

Slow light schemes,bandwidth limitation,慢光方案,带宽限制

atomic resonances,原子谐振

absorption coefficient,吸收系数

dielectric constant,介电常数

forbidden gap,禁带

group velocity dispersion (GVD),群速度色散

Kramers-Kronig relation,Kramers-Kronig 关系

Lorentzian absorption,洛伦兹吸收

loss dispersion,损耗色散

cascaded gratings,double-resonant photonic SL structures,级联光栅,双谐振光子慢光结构

atomic vs. photonic schemes,原子～光子方案

bit rate dependent slow down factor,比特率相关减慢因子

cascaded Bragg gratings,级联布拉格光栅

cutoff bandwidth,截止带宽

delay line length,storage capacity,延迟线长度,存储容量

group velocity dispersion (GVD),群速度色散

maximum bit rate,最大比特率

optical buffer length,光缓存器长度

slow down factor dispersion,减慢因子色散

coupled photonic resonator structures,耦合光子谐振器结构

characteristic parameters,特征参数

disadvantages of cascaded Bragg gratings,级联布拉格光栅的缺点

dispersion relation,色散关系

group velocity,群速度

limitations,限制

operational principle,工作原理

photonic band structure,光子能带结构

pulse propagation,脉冲传输

resonant photonic bandgap structure（RPBG）,谐振光子带隙结构

time dependent output pulse intensity,时间相关输出脉冲强度

trapping scheme,捕获方案

physical slow-light systems,物理慢光系统

quantum well structure,量子阱结构

electric field,电场

free electron mass,自由电子质量

Fresnel reflection and transmission coefficients,菲涅尔反射和透射系数

nonradiative and radiative decay,非辐射和辐射衰减

polarizability,极化率

quality factor,品质因数

schematic plot,示意图

second-order differential equation,二阶微分方程

stationary fields,恒定场

transfer matrix,传递矩阵

SCISSOR structure,SCISSOR 结构

coupling equations,耦合方程

fundamental resonance frequency,基本谐振频率

microresonator and channel waveguide coupling,微谐振器和通道波导耦合

propagation equations,传输方程

quality factor,品质因数

radiative and nonradiative coupling,辐射和非辐射耦合

reflection and transmission coefficients,反射和透射系数

schematic plot,示意图

transfer matrix,传递矩阵